AF402268

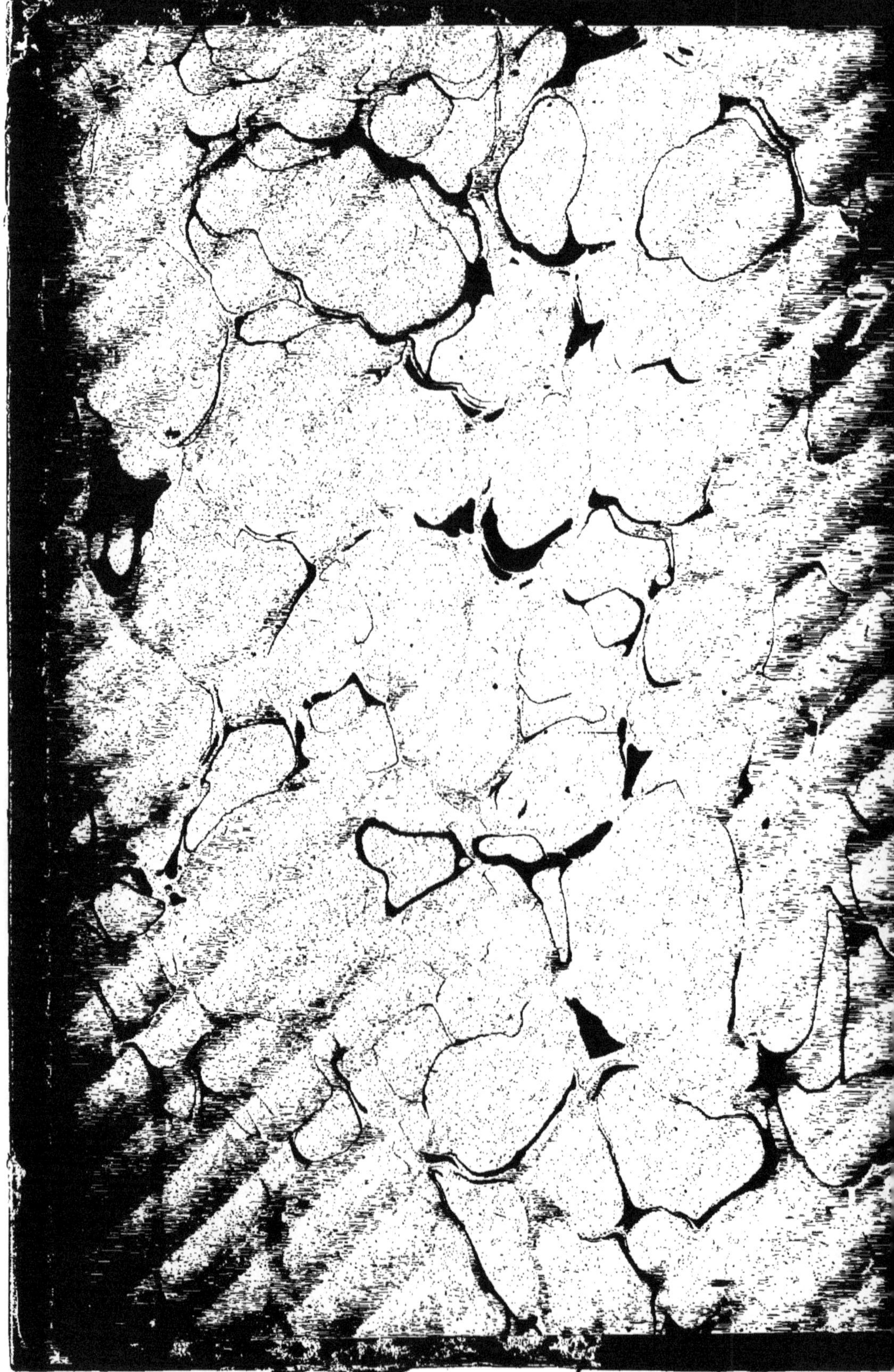

ÉTUDE

SUR LA

Flagellation

AUX

POINTS DE VUE MÉDICAL ET HISTORIQUE

PARIS

MDCCCXCIX

Cet ouvrage, édité dans les conditions légales, n'est en aucun cas mis en dépôt chez les Libraires, et n'est vendu qu'aux souscripteurs seulement.

ÉTUDE

SUR LA

FLAGELLATION

A TRAVERS

LE MONDE

BIBLIOTHÈQUE NATIONALE — IMPRIMÉS

JUSTIFICATION DU TIRAGE :

25 exemplaires sur papier impérial du Japon (N°s 1 à 25)
50 — — Whatman. . . . . (N°s 26 à 75)
500 — — de Hollande. . . . (N°s 76 à 575)

N° 157

Tous droits de reproduction et de traduction réservés.

ÉTUDE

BIBLIOTHÈQUE NATIONALE

SUR LA

Flagellation

A TRAVERS LE MONDE

*Aux points de vue Historique, Médical, Religieux, Domestique
et Conjugal*

AVEC

UN EXPOSÉ DOCUMENTAIRE DE LA FLAGELLATION

DANS LES ÉCOLES ANGLAISES ET LES PRISONS MILITAIRES

*Dissertation documentée,
basée en partie sur les principaux ouvrages de la littérature anglaise
en matière de Flagellation
et contenant un grand nombre de faits absolument inédits
avec de nombreuses annotations et des commentaires originaux*

DÉPÔT LÉGAL

PARIS

CHARLES CARRINGTON

LIBRAIRE-ÉDITEUR

13, FAUBOURG MONTMARTRE, 13

1899

PRÉFACE

En publiant cette étude nous avons voulu franchement rompre en visière avec un préjugé suranné qui
veut que certains sujets d'une nature parfois — mais
pas toujours — scabreuse soient systématiquement
exclus de la discussion. La Flagellation, dont l'origine
remonte aux époques les plus éloignées, est un de ces
thèmes que l'on s'est plu à classer dans la catégorie des
questions délicates que l'on ne doit aborder qu'avec la
plus extrême réserve. Des auteurs se sont complus dans
des dissertations quelque peu libertines où leur imagination a joué certainement le plus beau rôle, et un rôle dé-
moralisateur. Notre but n'est pas d'imprimer aux idées de
nos lecteurs une direction bien déterminée dans un sens
ou dans un autre : de porter aux nues, grâce à une surexcitation pernicieuse des sens, cette antique institution
qui, de nos jours, quoi qu'on en dise, n'en subsiste pas
moins sous une forme identique au fond mais modifiée
dans les détails de son exécution ; nous nous bornons à

soumettre au public un exposé aussi complet que possible, un recueil très consciencieux de toutes les théories émises sur ce thème, une collection de faits s'y rattachant, sans commentaires, tels qu'ils nous sont transmis par d'antiques chroniques et de plus récentes études. A nos lecteurs d'en tirer la conclusion qui leur plaira. Déviant cependant du point de vue essentiellement documentaire auquel nous nous plaçons en ce qui concerne strictement la publication de cet ouvrage, nous croyons tout de même pouvoir émettre un avis tout à fait personnel, qui peut se résumer en quelques mots : « La Flagellation n'est, en somme, qu'un moyen comme un autre de provoquer une surexcitation des sens, que l'on a employé de tous temps plutôt dans ce but réel que dans un autre et qui a constitué, comme il le constitue encore aujourd'hui, un moyen détourné de faire naître chez les *émoussés* des désirs et des jouissances qui doivent fatalement amener un assouvissement d'appétits charnels. Le fanatisme religieux, les pénitences ascétiques et tous les autres prétextes qui ont servi de couverture à cette pratique n'ont dû avoir cependant qu'un résultat unique qu'il conviendrait plutôt de considérer et d'analyser au point de vue médical. »

Ce recueil, qui contient un très grand nombre de faits et de relations entièrement inédits, intéressera certainement le lecteur à quelque classe qu'il appartienne : la lecture de cette étude produira sur lui, selon son tempérament ou ses principes, des impressions bien diverses : il pourra y puiser de l'étonnement ; il pourra aussi s'en délecter, comme également il n'y trouvera peut-être qu'une amusante distraction, peut-être même encore éprouvera-t-il un certain dégoût. Mais ce dernier cas se produirait-il, que nous ne saurions nous en plaindre, parce que nous aurions au moins réussi à faire prendre, par ce lecteur-là, en légitime horreur cette manie qui n'a pu éclore et n'éclôt encore qu'en des cerveaux maladifs.

Un grand écrivain français, une des gloires de notre littérature, Boileau, a dit quelque part qu'il appelait : *Un chat un chat.* Entendait-il dire par cela qu'il lui répugnait d'employer des périphrases pour traiter certains sujets? Évidemment oui. Il n'est pas absolument indispensable, quand on traite des matières quelque peu délicates, de tomber dans la crudité; comme il est parfaitement possible de ne pas donner un tour de phrase pornographique à des relations qui ne rapportent que des faits matériels, des choses arrivées, et qui, par conséquent, ne peuvent être que naturelles, car tout ce qui se passe sur terre ne peut être d'une autre essence. Une hypocrisie de mauvais aloi, une tartuferie affectée, sont mille fois plus méprisables et plus pernicieuses qu'une brusque franchise et qu'une liberté d'expression très étendue, quand elles n'ont pour but que de mettre à nu et à combattre, *à flageller*, c'est le cas de le dire, les vices inhérents à la race humaine.

Et, quand on peut passer au crible et faire défiler sous la férule les vices humains, c'est que ces vices existent : logiquement, un vice ne saurait être travesti; pour bien le combattre il faut le faire connaître, et pour le faire connaître, l'on ne peut se dispenser de le déshabiller, de le mettre à nu et d'en exhiber toutes les hideurs.

Nous n'éprouverons aucun embarras pour déclarer ici franchement que nous considérons la flagellation comme l'une des passions vicieuses inhérentes au genre humain. A ce titre, nous croyons le sujet digne d'attirer toute notre attention et nous sommes persuadés que son analyse et sa discussion s'imposent. Au grand public de s'ériger en juge de nos efforts, qui ne s'appuient certainement pas sur une pudibonderie déplacée. Nous pouvons, en effet, avec une légère variante, faire nôtre, en la circonstance, un adage latin : « *Castigat scribendo mores.* »

En présence des lois de la nature, lois que certainement l'homme n'a pas inspirées, nos préjugés surannés, nos vertus hypocrites s'évanouissent comme fumée : la réalité, la vérité nous apparaît nue, entièrement nue, et quand nous cherchons à la travestir nous commettons tout simplement un crime de lèse-nature : ce n'est plus la vérité, ce n'est plus la réalité dès qu'on l'affuble des oripeaux de nos conventions stupides qui permettent bien de penser en toute liberté de conscience, mais n'admettent pas que cette liberté se traduise franchement et sans ambages, nous mettant ainsi dans l'obligation de vivre en un perpétuel mensonge à l'égard de nous-mêmes.

Nous ne sommes que des animaux, en fin de compte, et, si la nature nous a doués d'un raffinement particulier, nous en faisons en général un bien mauvais usage : en de certains moments, notre instinct initial reprend le dessus : nous redevenons la bête humaine et c'est là le propre de l'homme.

Quand nous rencontrons donc de nos semblables qui sont animés d'instincts lubriques et sous l'influence d'idées brusques provoquées par des troubles ou des anormalités dans le système génésique, ne nous laissons pas influencer par une excitation malsaine et apprenons à envisager les choses froidement, à aller au fond des questions, à juger avec pondération et sans emballement ces questions qui ont une bien plus grande importance qu'on ne semble y attacher.

On nous a enseigné que le mariage, c'est-à-dire l'accouplement des deux sexes en vue de perpétuer la race humaine, tel qu'il nous est imposé par les lois, est le seul et unique système de copulation logique et légitime, l'idéal de l'hyménée, et que tous les autres systèmes, c'est-à-dire les rapports sexuels basés sur des principes différents, sont illicites et criminels et comportent forcément la damnation.

Cette théorie est identique à celles qui règlent toutes les religions : elle est trop consolante, trop idéale, pour répondre à la réalité des faits, car elle implique la bonté excessive et la vertu, ainsi que l'abnégation à toute épreuve chez les deux sexes.

Malheureusement l'homme, tout comme la femme, et cette dernière peut-être à un bien plus haut degré, sont dominés, subjugués par des passions qui ne sauraient obéir aux lois humaines, parce qu'elles subissent l'impulsion de la nature, souveraine maîtresse en ces sortes de choses.

Et ce sont précisément ces passions qui font naître en nous ces manies baroques, ces extravagances voluptueuses qui provoquent, de la part de notre pudibonderie de convention, les hauts cris que l'on pousse quand, par hasard, il se trouve quelqu'un qui s'attaque à la matière et entreprend de la disséquer et de l'analyser au point de vue psychologique.

De toutes les passions, la luxure est précisément celle qui s'impose le plus tyranniquement au genre humain : La flagellation, — et c'est un fait indéniablement établi, — est l'un des agents les plus actifs de cette luxure innée, à laquelle la chasteté la plus stricte n'échappe que très rarement.

L'homme a de tous temps cherché et trouvé dans la souffrance et dans l'infliction de douleurs corporelles une âpre jouissance ; il n'a pas seulement puisé d'étranges sensations dans son propre martyre, mais il a aussi joui d'étrange, de cynique, et, disons-le, de révoltante façon des tortures infligées à son semblable.

Dans *les Chants de Maldoror* (Paris et Bruxelles, chez tous les libraires, 1874, in-18) nous cueillons ce passage qui le dit bien :

« ... *Tu auras fait le mal à un être humain et tu seras aimé du même être : c'est le bonheur le plus grand que l'on puisse concevoir.* »

Il serait oiseux, dans cette préface, de refaire en

abrégé l'historique de la Flagellation qui se développe
avec toute l'ampleur que comporte le sujet dans le volume que nous présentons à nos lecteurs.

Notre rôle se borne ici à expliquer le but que nous
poursuivons en publiant cet ouvrage. Nous voulons propager dans la mesure du possible la connaissance approfondie d'une passion humaine qui se présente sous des
aspects tellement divers et revêt des formes si variées
qu'elle offre un champ d'études très vaste. On pourra
puiser dans notre *Étude sur la Flagellation* maints enseignements, en tirer maintes moralités et se faire une
idée exacte des différentes anomalies de la nature humaine dans ses vices, au point de vue des jouissances
toutes charnelles, qui n'empiètent en rien sur le domaine
intellectuel et moral. On ne saurait, en effet, taxer l'âme
de tares qui n'affectent que la vile enveloppe humaine,
le corps, et constituent, tout aussi bien que d'autres
défauts constitutionnels, des aberrations physiques,
c'est-à-dire un état maladif latent, dont, en somme, elles
procèdent.

C. C.

LA FLAGELLATION

AU POINT DE VUE HISTORIQUE ET MÉDICAL

ÉTUDE
Sur la Flagellation

COUP D'ŒIL GÉNÉRAL

SUR

LA FLAGELLATION EN ANGLETERRE

Selon le bon vieux principe de définir un terme avant de s'en servir, nous allons de suite dire ce que nous entendons par le mot FLAGELLATION. Ce terme, par lui-même, est une révélation, indiquant l'existence d'une coutume qui a prévalu dans la Rome ancienne[1] : les prisonniers et les esclaves y étaient battus par des maîtres

---

1. Ceux qui ont étudié les auteurs classiques de l'antiquité, se souviennent de l'inscription citée par Pétrone (*Satyricon*, chap. v), qui se trouvait sur une tablette à l'entrée de la maison :

LES ESCLAVES

qui sortiront de cette maison sans la permission de leur maître

RECEVRONT

CENT COUPS DE FOUET

(Voyez *Titi Petronii Arbitri* equitis Romani Satyricon. —*Amstelodami, 1669*).

et maîtresses irrités avec un *flagellum*, — diminutif de
flagrum, un fouet, un fléau — et de ce mot est dérivé
« flagellation » — une bourrade ou une fustigation. Aujourd'hui, ce mot est généralement employé dans le
sens de battre avec un instrument quelconque, en dehors
du fouet, comme par exemple, ces petites badines que
l'on vend dans certaines boutiques de Londres, et
qui servent au châtiment des enfants. Ces badines,
minces et flexibles, causent une douleur aiguë, comme
nous en avons conservé le souvenir depuis le temps où
elles nous furent appliquées à la maison paternelle.

En famille, on emploie fréquemment une courroie :
c'est l'instrument de castigation préféré des charbonniers,
des savetiers, des mécaniciens et autres ouvriers qui ont
l'habitude de maintenir leur pantalon à l'aide d'une ceinture de cuir, comme s'ils le faisaient intentionnellement
pour avoir toujours à leur portée immédiate un moyen
de corriger et leurs épouses récalcitrantes et leurs rejetons mal élevés. Une canne ordinaire remplit fréquemment le même usage, mais elle n'est certainement pas
aussi populaire que cet épouvantail de notre jeunesse,
ce terriblement souple, ce terriblement tendre instrument de torture, ce croquemitaine de nos jeunes ans, —
la verge de bouleau, puisqu'il faut l'appeler par son
nom[1].

Quel est l'homme, quelle est la femme qui, arrivés à
l'âge mûr, ne se rappellent les corrections infligées au
moyen de ce terrible coadjuteur de l'éducation, par papa
et maman ?

Le nom seul de la verge de bouleau évoque en nous

---

1. Il ne faut pas oublier que c'est un auteur anglais qui parle,
et qu'en Angleterre, la verge de bouleau joue un rôle capital.

de très lointains souvenirs de nature différente, tantôt heureux, tantôt pénibles... Heureux, nous l'étions à cette époque ; sans soucis, ignorants des déboires de ce monde. Malheureux, nous croyions l'être alors, mais les larmes de notre enfance ne sont que peu de choses auprès des angoisses éprouvées depuis, angoisses qu'auraient peut-être soulagées et que soulageront peut-être encore des larmes qui, malheureusement, ne coulent plus aussi facilement qu'autrefois. On reviendrait parfois de gaité de cœur à ces beaux jours où le *faisceau de verges* était notre unique préoccupation, où nos consolations prenaient la forme de jouets ou de bonbons, quand nous promettions d'être plus « sages » à l'avenir, promesse bien vite oubliée.

*
* *

L'histoire de la Flagellation remonte à l'origine de l'humanité. Il n'est pas besoin de bien longues recherches pour s'en convaincre ; une simple réflexion nous en fournit une preuve évidente : La flagellation est basée sur la brutalité plus ou moins excessive, et la brutalité est *peut-être* une habitude, *sinon une nécessité* de la nature humaine. Nous le voyons dans l'enfant né de vertueux *générateurs* et bons chrétiens, dans l'enfant, disons-nous, qui emploie son intelligence enfantine à attraper et torturer des mouches, chasser des chats inoffensifs, ou attacher une casserole à la queue d'un chien, à tel point que ses parents se trouvent contraints d'appliquer à son corps frétillant une torture équivalente. Ceci est triste à constater, nous le savons, mais précisément à cet âge, chaque fait commande l'attention et doit être scrupuleusement observé.

Les personnes qui peuvent trouver par trop trivial le sujet qui nous occupe, n'ont qu'une bien faible idée de sa véritable importance. Nos pages ne s'adressent qu'à ceux dont la peau, à une époque quelconque de leur vie, a subi la morsure d'une bonne fustigation et ce n'est guère que ceux-là que notre livre intéressera. Notre intention n'est pas de tracer l'histoire du *faisceau de verges* chez les différents peuples. Quoique suffisamment documentés pour entreprendre un semblable travail, nous voulons simplement offrir un aperçu de l'influence comparée de la correction des enfants et des femmes dans le cercle de la famille, au beau pays de France ou dans les confins trop méconnus de la « Vieille Angleterre ». Nous avons fait de notre mieux pour baser nos observations sur des documents historiques et médicaux, n'osant rien avancer qui ne s'appuyât sur des autorités dont le temps a consacré la valeur indiscutable.

Parmi nos lecteurs français, beaucoup ne voudront pas prendre notre thèse absolument au sérieux. Mais une telle prévention ne serait due qu'à leur ignorance des mœurs anglaises. La Flagellation, est, en effet, basée sur l'immuable doctrine de la Bible, et, par conséquent, fait partie de la foi de tout bon protestant anglo-saxon. Malheureusement, sous l'inspiration parfois d'une doctrine biblique prise à la lettre, les plus abominables crimes ont pu se commettre au nom d'une religion imparfaitement comprise.

*
* *

De temps à autre, dans des journaux de médecine ou

dans des revues, surgit une discussion concernant la Flagellation. Nous en citons un échantillon récemment pris dans un ouvrage intitulé :

QUESTIONS SANITAIRES ET SOCIALES D'AUJOURD'HUI [1].

Cet ouvrage renferme une série d'articles puisés dans différents journaux : *Medical Press and Circular*, le *Provincial Medical Journal* et le *Sanitary Record*.

Parmi les sujets, nous voyons une étude sur l'effet physiologique et mental de l'éducation des enfants, l'usage du *Birch* [2], les meilleures situations des bâtiments au point de vue sanitaire et d'autres sujets analogues, la plupart du temps sans le moindre intérêt.

Laissons la parole à l'auteur :

« ... Envisageons maintenant la forme préférable de punition corporelle. Il est décidément mauvais de frapper avec une badine sur les mains et sur le dos, cela nuit aux nerfs, en détruit même quelques-uns, et blesse les os. On pourrait même en casser! *Gifler* ne me semble pas meilleur. Les oreilles, voire même le cerveau, peuvent en être endommagés [3]. Un bâton est dangereux. Un faisceau de verges ne peut faire de mal sérieux, si ce n'est dans les mains de quelque ruffian bon pour un asile d'aliénés ou pour l'échafaud. D'ailleurs, l'art de flageller demande quelques préparatifs qui ne sont pas sans importance, tant pour le maître que pour l'enfant. C'est pendant la préparation que l'enfant passe le plus « mauvais quart d'heure », tandis que ce délai, si court

---

1. *Sanitary and Social Questions of the Day*, By an Observer (Cotton Press, 1897).
2. Verges.
3. Traduit littéralement.

soit-il, donnera au maître le prétexte de calmer sa colère. Une fustigation bien administrée est une sensation essentiellement désagréable : elle est brève et vive, et inspire pendant toute sa durée une terreur bien légitime, ne laissant après soi qu'une petite douleur et un souvenir cuisant quand le gamin s'asseoit.

« La Nature a pourvu l'individu d'un *coussin* sur lequel on peut agir sans qu'il en résulte de bien graves conséquences, si ce n'est par la suite une très vive sensation . »

*
 * *

Le *faisceau de verges* n'a jamais respecté personne. Sur le dos des riches et des pauvres, des grands et des humbles, il est descendu avec la même sévérité, ne se lassant jamais, toujours prêt à châtier les fautes commises.

Un bibliographe anglais, d'une infatigable activité, a consacré sa fortune et son loisir à décrire, avec un aperçu de leur contenu, tous les ouvrages sur l'Amour et le libertinage produits dans les principales langues d'Europe. Les Bibliophiles ont sans doute reconnu le fameux biblio-érotomane Pisanus Fraxi. Dans ses érudits et importants travaux, heureusement cachés aux yeux des profanes, sous un effrayant titre latin[1], il parle d'une façon courante de la Flagellation, et nous ne pouvons que le citer souvent, car il nous donne les récits de personnes nous ayant laissé des souvenirs de leurs misères d'école, décrivant les fustigations infligées par leurs tuteurs[2] et, dans quelques cas, par leurs parents. « Nous

---

1. Centuria Librorum Absconditorum. (Londres, 1879.)
2. Buchanan, précepteur du roi James Ier, avait l'habitude de

pouvons en conclure que ces *fouette-culs*[1] prenaient un plaisir extrême à cet exercice. Il nous suffit de mentionner ici : Erasme[2], Desforges[3], S. S. Coleridge[4], Charles Lamb[5], Alexandre Somerville[6], Capel Loft[7], le Colonel Whitethory[8], Leigh Hunt.

On en arrive à une conclusion similaire après lecture des fustigations décrites par bien des auteurs de fantaisie dont les narrations sont en général basées sur des expériences ou des observations personnelles[9]. Effectivement, des professeurs tels que : le Docteur Gill[10] et le Docteur Colet de l'Ecole Saint-Paul ; les Docteurs Drury et Vaughan de Harrow; les Docteurs Busby, Kate et le Major Edgeworth d'Éton, enfin le Révérend James Bowyer[11] ont acquis, en Angleterre, une popularité pro-

---

fouetter. délibérément Sa Majesté. Quand on lui demandait s'il ne craignait pas de frapper l'oint du Seigneur, il répondait avec un fort accent écossais : « Non, je ne touche jamais son côté sacré. »

1. Voyez Delvau : *Dictionnaire de la langue verte.*

2. *Le Poète.* Paris, 1819, vol. I.

3. De Pueris.

4. Specimens of Table Talk, mai 27, 1830.

5. *Essays of Elia* et *Recollections of Christ's Hopital.*

6. *Autobiography of a Working Man.* London, 1848.

7. Cell Formation, *or, The History of an Individual Mind.* London, 1837.

8. *Memoirs of a Cape Rifleman.* Je n'ai pas vu ce livre.

9. Richard Head's English Rogue; Fielding's Tom Jones; Smollet's Roderick Random; Capt. Marryat's Rattlin the Reefer; Dicken's Nicholas Nickleby; Kingsley's Westward Ho! Tieck's Reinsende; l'abbé Bordelon : *Gomgam ou l'Homme prodigieux.* — Quelques descriptions très réalistes de flagellation se trouvent aussi dans Settlers and Convicts. London, 1847 *Twelve Years a Slave.* London, 1853.

10. Voyez Gill upon Gill, or Gill's Ass uncased, unstript, unbound, MDCVIII; et aussi quelques lignes : *On Doctor Gill, Master of Paul's School.*

11. On raconte de Coleridge que, quand il apprit la mort de

verbiale en la matière. Ils nous paraissent avoir été d'avis, avec Edgard Allen Poë, que « les enfants ne sont jamais trop délicats pour être fouettés, et qu'ils sont un peu comme les beefsteaks qui ne deviennent que plus tendres à force d'être battus. »

> Oh ye! who teach the ingenuous youth of nations,
> Holland, France, England, Germany, or Spain,
> I pray ye flog them upon all occasions,
> It mends their morals, never mind the pain : [1] ...
>
> (Byron, *Don Juan, Canto II, Stanza I.*)

---

son vieux maître (Bowyer), il fit la remarque « qu'il était malheureux que les *chérubins* qui l'avaient emporté au ciel ne se composaient que de têtes et d'ailes, sans cela il les eût infailliblement fouettés en route. » La même histoire a été racontée, je crois, du docteur Busby.

1. O vous! qui élevez la jeunesse des nations, pédagogues de la Hollande, de la France, de l'Angleterre, de l'Allemagne ou de l'Espagne, je vous recommande de donner, en toute occasion, les étrivières à vos écoliers! cela corrige les mœurs; ne vous inquiétez pas de leurs cris de douleur..., etc.

DIVERS GENRES DE FLAGELLATION

La Flagellation comprend divers genres et peut, par conséquent, être divisée en catégories, suivant la cause dominante de l'opération.

Pour les besoins du présent ouvrage, notre classification sera aussi simple que possible :

La Flagellation dans l'Histoire.

La Flagellation Religieuse.

La Flagellation dans la littérature.

La Flagellation au point de vue médical.

La Discipline a l'École, chez les enfants des deux sexes.

Les corrections conjugales ou domestiques.

Les corrections dans l'armée.

Nous prévenons le lecteur que nous n'avons nullement l'intention d'approfondir toutes ces divisions, car chacun de ces sujets, traité consciencieusement, suffirait à former, à lui seul, un ouvrage important. Notre seul but est d'envisager et de commenter chacun de ces genres, laissant à une autre plume le soin de reprendre ou de continuer ce sujet attrayant et de le suivre jusque dans ses dernières ramifications.

LA FLAGELLATION DANS L'HISTOIRE

LA FLAGELLATION DANS L'HISTOIRE

Nous devons avouer n'avoir trouvé, dans l'histoire de la nation française, que peu de cas où la Flagellation a joué un rôle supérieur. Et, cependant, nous avons découvert quelques flagellations historiques qui ne manqueront pas d'intéresser le lecteur et qui peuvent être réparties à leur tour dans les catégories suivantes :

1° Flagellation Sadique ;
2° — Idiosyncrasique ;
3° — . Disciplinaire ;
4° — Vindicative.

La Flagellation Sadique. — Nous devons d'abord dire, avec le Docteur Krafft Ebing, que les médecins ont souvent fait l'observation que la volupté et la cruauté se montrent fréquemment associées l'une à l'autre. Même à l'état physiologique, il n'est pas rare de voir des individus, sexuellement fort excitables, mordre ou égratigner leurs consorts pendant le coït. Des écrivains de toutes les époques ont signalé ce phénomène. Nos lecteurs se rappellent ces vers célèbres de Musset :

> Qu'elle est superbe en son désordre
> Quand elle tombe, les seins nus,
> Qu'on la voit béante se tordre
> Dans un baiser de rage et mordre
> En hurlant des mots inconnus !

La flagellation et la cruauté instinctive se trouvent étroitement liées. Laissons la parole au Docteur Krafft-Ebing :

« Les anciens auteurs avaient déjà appelé l'attention sur la connexité qui existe entre la volupté et la cruauté.

« Blumröder (*Ueber Irrsin*, Leipzig, 1836, p. 51) *hominem vidit qui compluria vulnera in musculo pectorali habuitiquæ femina valde libidinosa in summa voluptate mordendo effecit.*

« Dans un essai *Ueber Lust und Schmerz (Friedreichs Magazin für Seelenkunde*, 1830, II, 5) il appelle l'attention particulièrement sur la corrélation psychologique qui existe entre la volupté et la soif du sang. Il rappelle à ce sujet la légende indienne de Siwa et Durga (Mort et Volupté), les sacrifices d'hommes avec pratiques ésotériques, les désirs sexuels de l'âge de puberté associés à un penchant voluptueux pour le suicide, à la flagellation, aux pincements, aux blessures faites aux parties génitales dans le vague et obscur désir de satisfaire le besoin sexuel.

« Lombroso (*Verzeni e Agnolletti*, Roma, 1874) cite de nombreux exemples de tendance à l'assassinat pendant la surexcitation produite par la volupté.

« Par contre, bien souvent, quand le désir de l'assassinat est allumé, il entraîne après lui la sensation de volupté. Lombroso rappelle le fait cité par Mantegazza que, dans les horreurs d'un pillage, les soldats éprouvent ordinairement une volupté bestiale[1].

« Ces exemples établissent des transitions entre les cas manifestement pathologiques.

« Très instructifs aussi les exemples des Césars dégénérés (Néron, Tibère), qui se réjouissaient en faisant égorger devant eux des jeunes gens et des vierges, ainsi que le cas de ce monstre, le maréchal Gilles de Rays[2], exécuté en 1440 pour viols et assassinats commis pendant huit ans sur plus de huit cents enfants[3]. Il avoua que c'était à la suite de la lecture de Suétone et des descriptions des orgies de Tibère, de Caracalla, que l'idée lui était venue d'attirer des enfants dans son château, de les souiller en les torturant et de les assassiner ensuite. Ce monstre assura avoir éprouvé un bonheur indicible à

---

1. Au milieu de l'exaltation du combat l'image de l'exaltation de la volupté vient à l'esprit. Comparez, chez Grillparzer, la description d'une bataille faite par un guerrier :

« Et lorsque sonne le signal, — que les deux armées se recontrent, — poitrine contre poitrine, — quels délices des dieux ! — Par-ci, par-là — des ennemis, des frères, sont abattus par l'acier mortel. — Recevoir et donner la mort et la vie, — dans l'échange alternant et chancelant, — dans une griserie sauvage ! » (*Traum ein Leben*, acte I.)

2. Voyez P.-L. Jacob, *Curiosités de l'histoire de France*. Paris, 1858. Seconde série : Le maréchal de Rays, pages 1 à 119.

3. A ce propos l'on peut citer un cas analogue qui a produit tout récemment et maintient encore, au moment où cet ouvrage paraît, une vive émotion en France : Vacher, le tueur de bergers, a acquis une triste célébrité par ses meurtres érotiques. De même, chez nos bons amis les Anglais, un monstre de la même envergure s'est forgé une triste célébrité en commettant, sur de pauvres prostituées, des meurtres dont la lubricité défie toute description. Nous voulons parler de cet être, aussi fameux que mystérieux, qu'au delà de la Manche on a appelé avec beaucoup d'à-propos : *Jack the Ripper*, Jacques « l'Éventreur. » (*Note de l'Éditeur.*)

commettre ces actes. Il avait deux complices. Les cadavres des malheureuses victimes furent brûlés et seules quelques têtes d'enfants exceptionnellement belles furent gardées comme souvenir.

« Quand on veut expliquer la connexité existant entre la volupté et la cruauté, il faut remonter à ces cas qui sont encore presque physiologiques où, au moment de la volupté suprême, des individus, normalement constitués, mais très surexcitables, commettent des actes, tels que de mordre ou d'égratigner et qui, habituellement ne sont inspirés que par la colère. Il faut, en outre, rappeler que l'amour et la colère sont non seulement les deux plus fortes passions, mais encore les deux uniques formes possibles de la passion forte (sthénique). Ces deux passions cherchent également leur objet, veulent s'en emparer, et se manifestent par une action physique ; toutes les deux mettent la sphère psychomotrice dans la plus grande agitation et arrivent par cette agitation même à leur manifestation normale.

« Partant de ce point de vue, on comprend que la volupté pousse à des actes qui, dans d'autres cas, ressemblent à ceux inspirés par la colère[1].

«L'une comme l'autre est un état d'exaltation, constitue une puissante excitation de toute la sphère psychomotrice. Il en résulte un désir de réagir par tous les moyens possibles et avec la plus grande intensité contre l'objet qui provoque l'excitation. De même que l'exaltation maniaque passe facilement à l'état de manie destructive furieuse, de même l'exaltation de la passion sexuelle

---

1. Schultz (*Wiener med. Wochenschrift,* 1869, n° 49), rapporte le cas curieux d'un homme de vingt-huit ans qui ne pouvait faire avec sa femme le coït qu'après s'être mis artificiellement en colère.

produit quelquefois le violent désir de détendre l'excitation générale par des actes insensés qui ont une apparence d'hostilité. Ces actes représentent, pour ainsi dire,
des mouvements psychiques et accessoires ; il ne s'agit
point d'une simple excitation inconsciente de l'innervation
musculaire (ce qui se manifeste aussi quelquefois sous
forme de convulsions aveugles), mais d'une vraie hyper-
bolie de la volonté à produire un puissant effet sur
l'individu qui a causé notre excitation.

« Le moyen le plus efficace pour cela, c'est de causer à
cet individu une sensation de douleur. En partant de ce
cas où, dans le maximum de la passion voluptueuse, l'individu cherche à causer une douleur à l'objet aimé, on
arrive à des cas où il y a sérieusement mauvais traitements, blessures et même assassinat de la victime[1].

« Dans ce cas, le penchant à la cruauté qui peut s'associer à la passion voluptueuse, s'est accru démesurément
chez un individu psychopathe, tandis que, d'autre part,
la défectuosité des sentiments moraux fait qu'il n'y a pas
normalement d'entraves ou qu'elles sont trop faibles
pour réagir.

« Ces actes sadiques monstrueux, plus fréquents chez
l'homme que chez la femme, ont encore une autre
cause puissante due aux conditions physiologiques.

« Dans les rapports des sexes, c'est à l'homme qu'échoit
le rôle actif et même agressif, tandis que la femme se
borne au rôle passif et défensif.

« Il en est de même chez les animaux ; là, c'est ordinairement le mâle qui poursuit la femelle de ses propositions
d'amour. On peut aussi souvent remarquer que la

---

1. Voir Lombroso (*Uomo delinquente*), qui cite des faits analogues chez les animaux en rut.

femelle prend la fuite ou feint de la prendre. Alors il s'engage une scène semblable à celle qui a lieu entre l'oiseau de proie et le volatile auquel il fait la chasse[1]. »

*
**

Non seulement l'homme peut être saisi du désir de cruauté, mais, s'il faut en juger par les trop vifs tableaux peints par les écrivains anglais sur la Flagellation, nous pouvons croire que le beau sexe de la race anglo-saxonne est atteint de cette maladie beaucoup plus que l'homme. Sauf quelques rares exceptions, dans la majorité des ouvrages anglais traitant de cette passion, nous avons constaté que le rôle agressif est, en général, rempli par des femmes. Nous remarquons qu'une aussi grande autorité que le docteur Krafft-Ebing a été frappé de la fréquence avec laquelle dans l'histoire se présentent des femmes dominées par la soif de la cruauté.

Nous citons ses propres paroles :

« On rencontre dans l'histoire, des exemples de femmes, quelques-unes illustres, dont le désir de régner, la cruauté et la volupté, font supposer une perversion sadique innée. Il faut compter dans la catégorie de ces femmes, Messaline, Valérie elle-même, Catherine de Médicis, l'instigatrice de la Saint-Barthélemy et dont le plus grand plaisir était de faire fouetter en sa présence les dames de sa cour.

« Heinrich von Kleist, poète de génie, mais évidemment

---

1. Dr R. Von Krafft-Ebing, *Psychopathia Sexualis*. Étude médico-légale, avec recherche spéciale sur l'Inversion sexuelle. Traduit de l'allemand.

d'un esprit déséquilibré, nous donne dans sa *Penthésilée*
le portrait horrible d'une sadiste parfaite imaginée par
lui.

« Dans la 22ᵉ scène de cette pièce, Kleist nous présente
son héroïne : elle est prise d'une rage de volupté et d'assassinat, déchire en morceaux Achille, qu'elle avait
poursuivi dans son rut et dont elle s'est emparée par la
ruse.

« En arrachant son armure, elle enfonce ses dents dans
la poitrine blanche du héros, en même temps que ses
chiens veulent surpasser leur maîtresse. Les dents d'Oxus
et de Sphynx pénètrent à droite et à gauche. Quand je
suis arrivé, elle avait la bouche et les mains ruisselantes
de sang. » Plus loin, quand Penthélisée est dégrisée,
elle s'écrie : « Est-ce que je l'ai baisé mort? — Non, je
ne l'ai pas baisé? L'ai-je mis en morceaux? Alors c'est
un leurre. Baisers et morsures sont la même chose, et
celui qui aime de tout son cœur peut les confondre. »

« Dans la littérature moderne, on trouve des descriptions de scènes de sadisme féminin, dans les ro-
mans de Sacher-Masoch, dans la *Brunhilde* de Ernst
von Wildenbruch, dans la *Marquise de Sade* de Ra-
childe, etc. »

*
* *

Mais revenons à l'Angleterre. Pour donner une idée
du sang-froid avec lequel les blondes misses aux yeux
bleus et les blanches mains des grandes dames, nos
voisines, procèdent aux « corrections » de leurs rejetons,
citons un compte-rendu, paru dans le *Paris* du mardi
24 décembre 1889. On pourrait nous taxer de parti pris,

mais cet article, écrit par le correspondant d'un grand journal de Saint-Pétersbourg, ne peut donner lieu à aucune suspicion de ce genre, de la part du lecteur. Nous ferons d'ailleurs remarquer que les Français, suivant notre observation, ne penchent pas, dans le cercle domestique, aux corrections, comme les entendent nos voisins. Une gifle ou un coup de badine, et tout est dit, alors que l'Anglais, ne trouvant pas la justice satisfaite, procèderait sans émotion à une correction en règle.

Que voulez-vous? le méthodique fils d'Albion pense que des coups ou des gifles appliqués au grand hasard ont une tendance démoralisatrice.

Nous reproduisons l'article :

COMMENT JOHN BULL FAIT FOUETTER SES FILLES. — On s'est beaucoup préoccupé dernièrement de trouver de nouveaux emplois pour les femmes qui ont reçu une bonne éducation et qui doivent pourtant gagner leur vie.

Nos ingénieuses voisines d'Outre-Manche viennent d'en trouver une qui ne manque certes pas d'originalité, mais qui ouvre une carrière où je crois que peu de Parisiennes seront tentées de s'engager. Elles en jugeront par les annonces suivantes, qu'elles peuvent lire dans le DAILY NEWS, le DAILY TELEGRAPH et le TIMES :

« MAUVAIS CARACTÈRE, HYSTÉRIE ET PARESSE PEUVENT ÊTRE GUÉRIS PAR UNE SÉVÈRE DISCIPLINE ET UNE ÉDUCATION SOIGNÉE. »

Ou bien encore :

« JE ME CHARGE DE L'ÉDUCATION DES JEUNES FILLES VOLONTAIRES. LES MEILLEURES RÉFÉRENCES QUE JE PUISSE DONNER SONT MES DEUX BROCHURES :

« *Conseils pour élever les enfants* et *La Verge*, 1 shilling. Conseils par écrit, 5 shillings. Adresse : Mrs Walter à Clifton. »

Le correspondant de la *Nediela*, de Saint-Pétersbourg, a eu la curiosité de faire interviewer Mrs Walter par une dame de ses amies.

On introduisit la visiteuse dans un petit salon anglais modeste et confortable, qu'égayait un beau feu de charbon. Autour de l'âtre plusieurs dames étaient assises et se regardaient avec un certain malaise, sans se parler, comme si toutes tenaient à conserver leur incognito.

Peu après, la porte du cabinet de l'autre côté du salon s'ouvrit et livra passage à une femme de taille élevée, carrée, de coupe masculine, le buste sans inflexion ; son bonnet et toute sa toilette avaient un air demi-monacal qui s'accordait avec l'expression de son regard calme et froid. Un médaillon ornait sa poitrine plate et portait cette inscription : « Le bon pasteur ».

Elle reconduisit sa visiteuse silencieusement, puis, se tournant vers une des dames assises près de la cheminée, l'emmena dans son cabinet. Cette fois la conversation ne fut pas longue, la dame russe était la dixième, et pendant un quart d'heure d'attente, elle eut le loisir de compter au moins six nouvelles venues.

Enfin ce fut son tour. Naturellement, une grosse Bible reposait sur le bureau de Mrs Walter ; à côté, était un livre encore plus volumineux.

— J'ai une nièce dont je ne peux faire façon et je serais disposée à la confier à vos soins, dit l'étrangère ; mais auparavant, je serais désireuse d'avoir quelques détails sur votre système d'éducation. Toutes ces dames que j'ai vues dans votre salon de réception viennent, je pense, comme moi solliciter vos conseils ?

— Ces dames sont mes clientes, plusieurs viennent de

Londres, répondit Mrs Walter d'une voix ferme, lente, nettement articulée.

Elle ouvrit son grand-livre qui était déjà couvert d'adresses.

— Les dames ayant des enfants rebelles ou vicieux, me prient de passer chez elles pour appliquer la discipline aux récalcitrants. C'est une demi-guinée la visite. Je reçois chez moi des pensionnaires à 100 livres sterling par an, nourriture, instruction et discipline comprises.

— Je voudrais précisément savoir en quoi consiste votre discipline.

— Je ne cherche que l'occasion de propager un système d'éducation dont j'ai fait l'expérience, qui repose sur les préceptes divins et qui est la vérité même.

Quand on confie une jeune fille à mes soins, je l'amène ici, je la fais asseoir là...

Elle montra un tabouret placé en pleine lumière.

— Je lui dis que je sais quels sont ses défauts et je lui fais comprendre que, dans son propre intérêt, elle doit dorénavant obéir sans raisonner. Je commence toujours par des suggestions morales, répéta Mrs Walter.

— Suffisent-elles quelquefois? demanda la visiteuse.

— Rarement, répondit Mrs Walter; en général, on a recours à moi quand tous les moyens de persuasion ont déjà échoué. Au premier acte d'insubordination, je préviens mon élève que, si elle persiste dans cette voie, j'aurai recours à des mesures plus énergiques pour la contraindre à l'obéissance. Après cet avertissement, je patiente encore, mais à la première faute, mensonge ou désobéissance, je déclare à la délinquante qu'elle sera fouettée. J'ai pour règle de ne jamais battre une enfant quand je suis en colère!

Le jour désigné pour le châtiment, je prépare une table longue, étroite et solide, je pose des coussins sur la table et je me munis de courroies et d'une bonne longue verge de bouleau, bien souple. Alors je dis à la jeune fille de venir et de se préparer pour recevoir sa punition. Je lui ordonne d'enlever sa robe, ses jupes, son pantalon et de revêtir un peignoir boutonné derrière. Lorsqu'elle est prête, je lui explique sa faute et la nécessité du châtiment, que je considère comme un remède.

Je lui promets que si elle ne crie pas, personne ne saura qu'elle a été punie, mais je la préviens que si elle crie et se débat, je serai obligée d'appeler à mon aide. Ordinairement, les jeunes filles aiment mieux subir leur peine et que personne n'en sache rien.

Lorsqu'elle est résignée au châtiment, je la place debout près de la table et j'incline le haut du buste sur les coussins jusqu'à la ceinture. Je lie les pieds et les mains et je les attache à la table.

Tout cela prend beaucoup moins de temps à dire qu'à faire, ajouta Mrs Walter.

— Ces préparatifs terminés, continua-t-elle, je déboutonne le peignoir, je prends la verge et je me place à une certaine distance, de côté. Alors je commence à fouetter lentement, mais avec force, me rapprochant à chaque coup de la patiente, de façon à ce que chaque coup tombe sur une place fraîche. Quand on fouette bien et avec énergie, il suffit de six coups pour enlever au sujet toute envie de recommencer. Si la faute est très grave, je me place ensuite de l'autre côté et je fouette en sens contraire.

Si la jeune fille crie, je donne quelques coups de plus. Si elle est sage et accepte le châtiment avec humilité, je lui fais grâce de deux coups sur douze, par exemple.

Enfin, quand tout est fini, je reboutonne le peignoir, je détache la jeune fille. En général, je la trouve dans de bons sentiments et je l'aide à venir à un vrai repentir. Si la fustigation a été faite dans de bonnes conditions, selon les règles et en bonne conscience, il est rare que la jeune fille se révolte contre la punition; au contraire, elle est, en général, humiliée et toute prête à se réconcilier avec moi. Il est rare qu'après une bonne correction une jeune fille me repousse quand je lui dis : « Faisons la paix et embrassons-nous » *(Kiss and be friends)*.

Après, je lui donne le temps de se remettre de ses émotions et je lui conseille de rentrer dans sa chambre sans rien dire à personne. Il est très rare que mes élèves retombent dans leurs fautes après une bonne fouettée, reprit fièrement Mrs Walter; en tous cas, je n'ai jamais eu à y revenir plus de deux fois.

Mrs Walter se tut un instant, puis reprit :

— Si vous êtes disposée à me confier votre nièce?...

— Elle est trop grande, répondit la visiteuse; elle a quinze ans.

— Trop grande? s'exclama Mrs Walter, mais j'ai des élèves de vingt ans; je les ai toutes fouettées, et elles ne s'en portent que mieux.

MICHEL READER.

*
* *

LA FLAGELLATION IDIOSYNCRATIQUE. — Parmi les cas curieux de ce genre de flagellation qu'à défaut d'un terme plus approprié, nous appelons idiosyncratique, nous en citons un — absolument extraordinaire, — qui nous rappelle le vieillard dans le conte du célèbre romancier

anglais Charles Dickens: *Roman de Deux Villes*. Ce cas
est raconté par Constantin de Renneville, auquel nous
laissons la parole [1]:

« ... En parcourant des yeux toute la chambre, j'aperçus
sur la cheminée une poignée de verges: ce qui me fit
dire que c'étoit le violon de Marquis, petit chien qui,
pour lors, étoit en pension dans la chambre, que j'avois
vu autrefois dans la mienne, qui dançoit parfaitement
bien, beau par excellence, et qui, sans doute, avoit plus
d'esprit que son Maître Ru, notre porte-clefs. Non, me
dit notre féroce Philosophe, c'est le violon de ce vieux
foû, en me montrant l'antique Docteur de la Faculté. Et
soudain, ce barbare correcteur, empoignant le redoutable faisseau: Allons, dit-il au puérile vieillard, dans
l'instant, sans réplique, chausses bas. Ce bon-homme
tout tremblant se jetta à genoux devant l'impitoïable
Satyre, et son bonnet à ses genoux, en se grattant la tête
des deux mains, il lui dit en pleurant: Pourquoi me
voulez-vous fouëtter? je n'ai pas encore fait de mal
aujourd'hui. — Faut-il me supplier en vous grattant la
tête? lui répondit l'arrogant Pédant; et, lui donnant des
verges rudement sur les doigts : — Allons, encore une fois
chausses bas; vous n'amendez pas votre marché, en vous
faisant tirer l'oreille. Je crus d'abord que ce n'étoit qu'un
jeu ; ce qui ne m'émut pas beaucoup. Mais quand je vis
le pauvre imbécille, redoublant ses pleurs, détacher sa
culotte, et, troussant sa chemise sanglante, découvrir des
fesses toutes flétries et décharnées, et tout en galle par
la violence des flagellations, je me mis au devant pour

---

1. *L'Inquisition françoise ou l'Histoire de la Bastille*, par
M. Constantin de Renneville, tome III. Amsterdam, chez Étienne
Roger, marchand-libraire, 1719, pages 257-8-9. — Le cas que
nous citons est illustré d'une curieuse gravure.

empêcher cet extravagant Bourreau d'outrager un vieillard qui aurait bien été son Grand-Père. —Monsieur, me
dit ce foû furieux, élevant sa voix de Stentor, Ariaga dit:
*Correctionem esse necessariam : sic opinor : ergo plectetur
Petulans iste.* — Ariaga, lui répondis-je, diroit s'il vous
voïoit faire, que non seulement il y a de la folie, mais
encore une cruauté outrée, de fouëter un vieillard plus
que septuagénaire, sans le moindre sujet: vous ne le
maltraiterez pas en ma présence. — Retirez-vous, continua
la Bête philosophique, en me regardant de travers comme
un taureau qui veut jouër de la corne, si vous ne voulëz
pas que je vous traite comme ce fou. —Mr *l'Emsirratio-
nalis*, lui répondis-je, je souffriroi chrétiennement toutes
vos folies, comme incurables, mais si vous vous avisez
de me donner seulement une chiquenaude, je vous
mettroi en un état de ne fouëtter plus votre aïeul:
pensez-y plus d'une fois, avant de vous jouër à moi. En
achevant ces paroles, je lui arrachoi le Docteur décrepit
d'entre les mains, qui, après s'être essüié les yeux com-
mençoit à rattacher ses chausses; lorsque du Wal vint à
à moi, son chapelet à la main, me dire du plus grand
sérieux du monde, que j'allois apporter dans la chambre
un désordre épouvantable, si j'empêchois que ce vieillard
ne fût corrigé qui étoit d'une malice insuportable. J'allois
lui répondre et lui faire connoître l'injustice qu'il y avoit
dans un procédé si extravagant, lorsque le Médecin rado-
teur me dit: — Mêlez-vous de vos affaires; je veux être
fouëtté, moi. C'est cette correction paternelle qui me
tient en vigueur; et courant vers Gringalet, ses chausses
détachées, il lui abandonna son derrière qui fut fustigé
par le Pédant, à double reprise, car mon opposition
avoit redoublé sa fureur. Après quoi le Docteur flagellé,
demanda du pain et du beure au Philosophe bouru, qui

lui en donna aux charges d'être plus sage à l'avenir[1]... »
(etc...)

* *

La Flagellation disciplinaire. — S'il faut se rapporter à Tallemant des Réaux, il y a tout lieu de croire que les *rotondités postérieures* des rois n'ont pas été exemptes de ce genre de punition quand l'occasion s'en présentait[2] :

« Henri IV écrivoit à madame de Montglat, gouvernante des enfants de France : « Je me plains de ce que « vous ne m'avez pas mandé que vous aviez fouetté mon « fils, car je veux et vous commande de le fouetter toutes « les fois qu'il fera l'opiniâtre, ou quelque chose de « mal, sachant bien par moi-même qu'il n'y a rien au « monde qui lui fasse plus de profit que cela; ce que je « reconnois par expérience m'avoir profité; car étant de « son âge j'ai été fort fouetté; c'est pourquoi je veux que « vous le fassiez et que vous lui fassiez entendre[3] ».

La Reine revint de son éloignement pour l'humiliante punition des verges; nous citerons le témoignage de Malherbe :

« Vendredi dernier, M. le Dauphin, jouant aux échecs

---

1. Il faut avouer que ce malheureux avait un goût assez... singulier. Nous ne voudrions pas en souhaiter un semblable à qui que ce soit. On nous a assuré qu'aujourd'hui encore il existe certaines personnes portées à de semblables penchants, mais alors dans un but aphrodisiaque. Nous aurons l'occasion de parler de ce genre de mœurs dans la partie médicale de cette étude.

2. Les Historiettes de Tallemant des Réaux. — Mémoires pour servir à l'histoire du xviie siècle. Paris, 1840, vol. I, p. 84.

3. *Lettres* à la suite du *Journal militaire de Henri IV*, publiées par le comte de Valori, 1821, p. 400.

« avec La Luzerne, qui est un de ses enfants d'honneur,
« La Luzerne lui donna échec et mat ; M. le Dauphin
« en fut si fort piqué, qu'il lui jeta les échecs à la tête.
« La Reine le sut, qui le fit fouetter par M. de Souvray,
« et lui commanda de le nourrir à être plus gracieux ».
(*Lettre de Malherbe à Peiresc, du 11 janvier 1610.*
Paris, 1822, 111). On en trouve d'autres exemples dans
les *Mémoires de l'Estoile.*

*
* *

La correction paternelle, au foyer, est commune à
tous les pays, mais elle règne à divers degrés selon les
mœurs et l'époque. Nous allons jusqu'à croire que la
recommandation de Salomon de ne pas épargner la
badine à l'enfant était inutile, car peu de parents hésitent
à fouetter leurs enfants, filles ou garçons, si cette fustigation peut les sauver de la dépravation morale.

Le cas que nous allons citer montre le côté habituel
de la correction en famille[1].

Miss Clara L..., âgée de dix-huit ans, rentrait dans sa
famille, après avoir passé quelques années dans un pensionnat de demoiselles, sis à quelques milles de la ville.
Elle avait dû prendre de ses compagnes des leçons qui
n'étaient pas sur le programme de l'institution ; toutes
les observations de sa mère la laissaient froide, et elle se
contentait de rire à la menace d'une correction.

Mais la patience n'est pas éternelle. Un soir que Miss

---

1. On trouvera plus loin dans cet ouvrage la reproduction
d'une lettre écrite par cette même jeune fille à une personne de sa
connaissance et dans laquelle elle fait elle-même un récit très
détaillé de son aventure.

Clara était rentrée tard du « *Music hall* »[1], malgré la
défense absolue qui lui en avait été faite, sa mère prévint
le major William H..., oncle de Clara, et quelle ne fut
pas la surprise de la jeune fille, le lendemain matin, de
trouver son oncle et sa mère, debout près de son lit,
épiant son réveil. En quelques mots, celle-ci mit le
major au courant de la mauvaise conduite de Miss Clara,
et tous deux, après réflexion, convinrent de la fouetter.
A ces mots, cris d'indignation et de rage de la jeune
fille : « Vous n'oserez jamais fouetter une fille de mon
âge!... J'irai me plaindre au magistrat... Je le ferai
mettre sur les journaux... » etc...

Ses pleurs n'en pouvant mais, elle se vit contrainte
de se laisser attacher avec une courroie, et même,
après quelques coups de badine, de crier grâce, en pro-
mettant de changer de conduite[2].

Citons un exemple pris en Prusse :

Le père de Frédéric le Grand était renommé pour la
sévérité avec laquelle il dirigeait son intérieur.

Le jeune Frédéric était tenu d'une façon étroite. Un
jour, il se procura pour sa table une fourchette en argent,
en remplacement d'une fourchette en fer dont il avait
l'habitude de se servir. Son père, s'en apercevant, le fit
fouetter pour lui enlever le goût des dépenses. Le roi,
jusqu'à l'année 1726, allouait à son fils 3,000 francs par
an, en lui recommandant de marquer la moindre
dépense. Cette rente était insuffisante pour Frédéric qui

---

1. Concert à Londres. — Les jeunes filles anglaises sont excessivement libres, nullement surveillées, et en profitent souvent pour
visiter des concerts ou autres lieux publics.

2. Nous assurons la parfaite authenticité du fait. Il n'est nullement exagéré, et nous avons tout lieu de croire qu'il se répète
chaque jour dans toute la Grande-Bretagne.

fit des dettes. Ce motif le fit fouetter plus d'une fois.

Il était interdit au Prince d'apprendre le latin. Un jour, le roi entra par surprise dans la salle d'études et trouva son fils gravement occupé avec son tuteur avec un exemplaire en latin de la *Bulle d'Or*. La scène qui s'ensuivit est racontée en ces termes par l'historien anglais Thomas Carlyle :

« Que faites-vous donc là ! s'exclame le roi, d'une voix courroucée.

— Votre Majesté, j'explique l'*Aurea Bulla* au Prince.

— Canaille ! je vous *aureabullerai !* s'écria sa Majesté, en faisant force moulinets avec son bâton qui, envoyant le malheureux professeur, terrifié, prendre au plus vite la clef des champs, mit fin au latin pour ce jour-là ».

En décembre 1729, le Prince écrit à sa mère :

« Je suis dans un profond désespoir. Ce que j'appréhendais depuis longtemps m'est arrivé. Le Roi a oublié complètement que je suis son fils : ce matin, il est entré dans ma chambre selon son habitude ; dès qu'il m'eut aperçu, il se précipita sur moi, m'empoigna par le cou et m'administra avec sa canne une succession de coups cruels. C'est en vain que j'essayai de me préserver. Il était dans une rage terrible, et ne me lâcha que quand il fut las de frapper. Je suis poussé à bout ; je me refuse à souffrir un pareil traitement et suis résolu à la dernière extrémité pour m'y soustraire... »

Mlle Doris Ritter, fille d'un professeur de Potsdam, avait attiré les regards du Prince, qui, d'ailleurs, n'alla pas plus loin. Mais le Roi ne voulut pas l'entendre ainsi et ordonna que la pauvre fille fût fouettée par le bedeau, et condamnée à battre du chanvre pendant trois ans.

Frédéric le Grand, devenu d'un âge mûr, fut porté à croire que cette sévérité avait été salutaire pour lui. On dit qu'il fit observer à Sir Andrew Mitchell qu'il ne regrettait nullement de ne pas avoir été élevé en Prince, ajoutant que la grande harmonie qui régnait entre sa mère et les membres de sa famille, était due à la façon dont les avait élevés son père.

LA FLAGELLATION

D'UN DISCIPLE D'ESCULAPE

Il en a bien souvent coûté très cher, à nombre de personnages haut placés, d'avoir eu la langue trop longue ou d'avoir, par leurs écrits, leurs quatrains, pamphlets, etc., déplu aux plus puissants qu'eux.

Tel fut le cas d'un certain chirurgien qui avait, au mépris de l'usage de ne jamais divulguer des secrets de femme, complaisamment lâché les rênes à son indiscrétion, et répandu dans le public certaines choses concernant une grande dame qui avait eu besoin de son assistance. La dame en question était la Reine de Navarre, femme du Prince qui devint plus tard roi de France sous le nom de Henri IV; elle était elle-même bien plus rapprochée du trône que son auguste époux et aurait certainement porté la couronne, sans la loi salique. La princesse en question était une femme instruite, spirituelle, jolie par-dessus le marché et possédant en particulier un bras si parfaitement modelé, que l'on disait couramment que le marquis de Canillac, sous la garde duquel elle avait vécu pendant quelque temps en qualité de prisonnière d'État, était tombé amoureux d'elle rien qu'à la vue de son bras. A ces avantages elle joignait un caractère gai, enjoué et coquet, qui la fit même passer, à un moment donné, pour s'être amourachée du grand duc de Guise, qui plus tard faillit s'emparer de la couronne. A côté de cela, elle avait un grand penchant pour les intrigues politiques.

Pendant les guerres de la Ligue, se trouvant à Amiens, elle tenta de se rendre maîtresse de la place; mais le parti de l'opposition, ayant réussi à provoquer un soulèvement contre elle, la reine fut obligée de fuir, accompagnée de 80 gentilshommes et de 40 soldats environ. Sa fuite fut même tellement précipitée, qu'elle dut partir à dos de cheval sans avoir même le temps de se procurer une selle de dame. Et, dans cette position, elle parcourut un grand nombre de lieues, derrière un gentilhomme, exposée continuellement au plus grand danger, étant donné qu'elle eut à traverser un corps d'arquebusiers, qui tuèrent plusieurs hommes de son escorte. Après avoir enfin atteint un lieu sûr, elle emprunta une chemise de l'une de ses servantes, puis continua son voyage jusqu'à la plus prochaine ville, qui était Usson en Auvergne. Elle put s'y remettre de ses transes. Les grandes fatigues qu'elle avait endurées lui donnèrent la fièvre pendant quelques jours et, en outre de cela, par suite du manque de confortable dans sa fuite précipitée à cause de l'absence totale de selle ou même de coussinet, la partie charnue de son corps sur laquelle elle s'était assise avait été passablement endommagée. En conséquence, on appela un chirurgien pour qu'il lui procurât quelque soulagement. Il fit si bien qu'en peu de jours la noble Reine fut guérie. Jusque-là, le chirurgien méritait certainement la reconnaissance de sa royale patiente. Mais, comme par la suite il ne put retenir sa langue et qu'il se mit à plaisanter agréablement sur les charmes intimes de la reine, celle-ci se mit fort en colère contre lui et, en fin de compte, lui fit infliger cette magistrale correction que l'on sait, — *elle lui fit donner les étrivières.*

*
* *

LA FLAGELLATION VINDICATIVE. — Il eût été étonnant de ne rencontrer dans la Gaule moderne aucun cas de ce genre de flagellation. Dans l'histoire d'aucun autre pays, nous n'avons rencontré de cas aussi malicieux que celui que nous allons citer [1] :

Nous l'avons trouvé dans les « Causes célèbres » recueillies par Gayot de Pitaval, en 1750[2], sous le titre énigmatique de :

« OUTRAGE SANGLANT FAIT A UNE DAME PAR UNE AUTRE DAME; OU HISTOIRE DE LA DAME DE LIANCOUR ET DU DIFFÉREND QU'ELLE EUT AVEC LA MARQUISE DE TRESNEL, ET DE L'INSULTE QU'ELLE EN ESSUYA. »

Nous rappelons ce procès avec d'autant plus de plaisir que, sauf quelques rares historiens qui l'ont mentionné en passant, il n'en est parlé aujourd'hui dans aucun

---

1. Dans l'histoire d'Angleterre, le lecteur se rappelle que Boadicca, la reine des anciens Bretons, fut fustigée par les soldats romains, à cause de son insubordination.

2. CAUSES CÉLÈBRES ET INTÉRESSANTES, *avec les jugements qui les ont décidées,* recueillies par M. GAYOT DE PITAVAL, *avocat au Parlement de Paris.* Amsterdam et Liège, 1755. Continuées par De la Ville, 26 vol. in-12. Editions de Paris, 1738-1743, en 20 vol., et d'Amsterdam, en 22 vol. Curieuse publication. *Le cas que nous citons est donné à la page 348 du 4ᵉ volume et occupe 40 pages.*

ouvrage. Voilà cependant un procès curieux et passionné qui a agité jusque dans ses fondements la France d'avant la Révolution. C'était, en effet, une singulière punition qu'une dame s'est imaginée d'infliger à une rivale. En Angleterre, nous n'en connaissons pas de semblable et nous ne pourrions dire si ce cas a été prévu par la loi. Nous nous permettons d'en douter.

LE CAS DE LA DAME LIANCOUR[1]

Il est des crimes qui n'ont pas été prévus par la loi ; cependant, ils troublent l'ordre de la société, intéressent l'honneur des particuliers, leur impriment des taches infamantes. Dans ce cas, les juges peuvent punir les coupables, eu égard aux circonstances du délit commis.

Telle est la vengeance exercée sur la dame de Liancour par la marquise de Tresnel ; quoique les domestiques, instruments directs de cette vengeance, ne se fussent pas portés aux derniers outrages, le public resta persuadé du contraire, mais il est de coutume, dans ces sortes de scandales, de donner libre cours à son imagination.

La dame de Liancour s'appelait de Lannoy. C'était la fille d'un financier qui mourut, lorsqu'elle n'était âgée que de neuf ou dix ans ; le frère de son père la recueillit, et se chargea de son éducation.

« Dès qu'elle fut en âge, — dit Gayot de Pitaval —

---

1. Nous nous sommes attachés à donner autant que possible le texte original, nous contentant de semer quelques commentaires et de supprimer certains passages peu intéressants.

son principal objet fut le mariage; elle étoit faite pour
avoir des amans, par *l'élégance* de sa taille et la délicatesse de ses traits : mais son bien, qui n'étoit pas clair et
liquide, étoit cause que les amans ne se transformoient
point en époux; ainsi sa beauté attiroit les amans, et sa
fortune rebutoit ceux qui aspiroient au mariage. »

Elle finit cependant par trouver un Auvergnat, *sous-
écuyer de Monsieur*, mais un sous-écuyer honoraire qui,
à défaut d'un appointement ou d'une fortune, apportait
à sa femme de nombreux talents; ceux qu'il avait en
matière de procès furent d'un grand secours à cette dame.
Il conduisit avec beaucoup de succès ceux qu'elle avait,
dégagea son bien et la mit en possession de cent mille
livres. Après cela, n'ayant probablement plus rien à faire
en ce bas monde, il mourut.

Laissons la parôle à Gayot de Pitaval, car il est intéressant de constater que si, depuis bientôt deux siècles,
les mœurs ont pu changer, le fond reste toujours le même.

« Quand la fortune de cette dame eut embelli sa beauté
jusqu'à la rendre l'objet des désirs de ceux qui visoient
au sacrement, ils se présentèrent en foule, mais, comme
elle alloit au solide, elle préféra le sieur Romet, veuf de
la sœur du Père Bonhours[1], maître des eaux et forêts, à
tous ses concurrens; son âge avancé détermina la jeune
veuve, qui ne consulta pas les sens sur son mariage. »

Cette prévoyante dame pensait sans doute, qu'un vieillard étant plus près de la fin de sa carrière, elle entrerait
plus tôt en possession des nombreux avantages qu'il lui
laisserait. En effet, peu de temps après, le sieur Romet
mourait, la laissant de nouveau veuve.

---

1. Célèbre Jésuite dont nous aurons l'occasion de parler.

Sa fortune avait augmenté, sans que sa beauté eût diminué. Cette raison la fit rechercher par une foule de soupirants, dont le plus grand nombre était plus épris de sa fortune que de ses charmes. Elle jeta les yeux sur Séguier de Liancour, qu'elle épousa.

Malgré la grande fortune de ce dernier, il eut une inconduite à ce point notoire que la dame de Liancour craignit pour sa dot. Elle demanda et obtint une sentence en séparation de biens. Cette précaution rendit les époux on ne peut plus divisés.

La demeure de la dame de Liancour n'était pas très éloignée de celle où demeurait le sieur des Ursins, marquis de Tresnel. Elle y allait souvent, étant d'ailleurs toujours bien reçue. Dans sa défense, la marquise de Tresnel dit que la dame de Liancour y dominait. Mais, à cette époque, le marquis n'était pas encore marié, et dès qu'il le fut à Mlle de Gaumont, il est fort naturel que les dames ne sympathisèrent point.

A cette époque la dame de Liancour fit contre la marquise une satire en vers, sous la forme d'une requête adressée à M. l'intendant de Paris. Les conclusions tendaient à faire envoyer la marquise aux *Petites-Maisons*. Celle-ci porta plainte, mais ne put prouver en aucune façon que la dame de Liancour fût l'auteur de la satire. Elle en demeura pourtant persuadée et chercha l'occasion d'une vengeance. Les poètes ont fait de cette passion le plaisir des dieux : nous croyons plutôt que c'est le plaisir du beau sexe et que les femmes ne le cèdent en rien en la matière aux hommes les plus vindicatifs; mieux qu'eux, elles connaissent les raffinements de la vengeance, elles savent s'élever au-dessus de la crainte quand elles veulent se venger à fond; il semble que leur cœur soit pétri du levain de cette passion.

La marquise, allant entendre un sermon à l'église, y trouva la fille de la dame de Liancour, qui salua la marquise sans lui offrir sa place. Celle-ci en éprouva un violent ressentiment qui ne devait que s'accroître avec le temps.

La marquise, escortée de ses laquais, s'étant rendue le 9 août 1691 à l'église de Gomerfontaine pour y entendre le *Panégyrique* de saint Bernard, y trouva la dame de Liancour déjà assise. Elle affecta d'aller droit à elle, et, comme elle s'était levée pour la saluer, elle la poussa hors de sa place et s'y assit. La dame de Liancour, ne pouvant l'emporter par la force, se soulagea par des injures, ce qui permit à la marquise de la traiter de petite bourgeoise, et de la menacer de la faire corriger par le marquis, son époux; la dame de Liancour répondit par une épithète qui désigne « une femme complaisante et officieuse pour les amoureux ». C'est au cours de semblables accès de colère que les dames du meilleur monde enrichissent la langue de nouveaux termes d'argot.

Un Maure, au service de la marquise, s'était fait l'instrument docile de sa vengeance. La dame de Liancour, qui n'ignorait pas ce détail, fit à ce propos un jeu de mots piquant. Ce sont là des injures que les femmes ne pardonnent guère.

La marquise se vengea d'une façon peu banale. Nous laissons la parole à Gayot de Pitaval :

« La dame de Liancour voulut rendre visite quelque tems après aux sieur et dame de Monbrun à Dauval, éloigné de cinq quarts de lieue de sa terre. La marquise, qui avoit des espions, fut bientôt avertie de ce dessein ; elle partit de sa terre dans un carosse à six chevaux, accompagnée de la demoiselle de Villemartin, suivie de

quatre hommes à cheval, armés d'épées et de pistolets,
dont l'un étoit le valet de chambre du marquis ; et trois
laquais avec ses livrées, et trois autres sans livrées derrière le carosse. Quelque diligence qu'elle eût faite, elle
ne put joindre la dame de Liancour qui alloit à Dauval ;
mais elle résolut de prendre mieux ses mesures au retour.
Elle entra chez le curé de Daucour, qui n'étoit pas loin
du chemin de Dauval, et elle posa en sentinelle un de ses
cavaliers sur ce chemin, pour l'avertir dès qu'il aperce-
vroit le carosse de la dame de Liancour. Au premier
avis, la marquise partit avec précipitation.

Dès que la dame de Liancour vit de loin une si grande
escorte, elle ne douta point que son implacable ennemie
ne vînt l'insulter : elle donna ordre à son cocher d'aller
au grand trot à son château; mais les quatre cavaliers
qui arrivèrent, lui barrèrent le chemin, et donnèrent le
tems à la marquise de la joindre. Lorsque les deux
carosses furent de front, elle donna ordre à son cocher
de tourner à droite pour renverser le carosse de la dame
de Liancour; le postillon obéit; mais le cocher plus sage
détourna à gauche les premiers chevaux qu'ils gouver-
noit. Le cocher et le laquais de la dame de Liancour qui
craignirent d'essuyer la fureur des cavaliers, prirent la
fuite. Deux laquais, qui étoient derrière le carosse de la
marquise, descendirent comme des furieux, ouvrirent
les portières du carosse de la dame de Liancour, se saisirent d'elle et de sa femme de chambre, et les firent descendre malgré elles. »

Alors se passa une scène qui n'était pas à l'avantage
de la dame de Liancour : « Je tirerai le rideau, dit Gayot
de Pitaval, sur toutes les indignités qu'ils firent ». Nous
ne croyons pas que ces lourdauds de valets se soient portés à aucun attentat sur la dame et sa bonne. Ils durent

se contenter de les flageller, mais de façon à laisser une impression vivace dans l'esprit de la malheureuse. Si, seules, des personnes de son sexe eussent été présentes, la dame de Liancour eut peût-être été moins blessée dans son amour-propre ; mais, sauf la marquise qui se repaissait de ce spectacle, et sa bonne qui partageait le même sort qu'elle, il n'y avait que des hommes de présents, et des hommes de condition roturière.

La marquise, après que sa vengeance fut satisfaite, fit remettre la dame de Liancour dans son carrosse, dont les laquais avaient coupé les traits, et lui dit, avec raillerie : « Je ne laisserai point une dame de qualité à pied au milieu d'un grand chemin », puis se retira triomphante.

La dame de Liancour, secourue par des passants, retourna dans sa terre, accablée de confusion.

Le Roi, informé de la chose, défendit les voies de fait aux maris. Le sieur et la dame de Liancour portèrent plainte devant les maréchaux de France. Ils consentirent de s'en rapporter à l'archevêque de Rouen sur la satisfaction qui était due à la dame de Liancour. Le public, qui tend toujours à grandir les scandales, se persuada vivement que la dame de Liancour avait été livrée à la lubricité des laquais de la marquise.

De Pitaval dit : « Pourquoi n'a-t-on pas, parmi les hommes, érigé un tribunal où préside la saine partie du monde, qui rende justice à une personne du sexe qui a eu cette infortune, en réformant les jugements du public l'oblige à la mettre dans la classe des personnes qui ont tout leur honneur, puisqu'on ne le peut perdre qu'avec une volonté criminelle?

« Une personne avilie dans l'opinion des hommes, parce qu'on croit qu'elle a été la victime de la licence, comment doit-elle s'exprimer dans sa plainte ? Doit-elle par son témoignage confirmer ce jugement? Elle n'aura plus de ressource dans l'esprit de ceux qui résistent au torrent de l'opinion publique; ils seront obligés après cela d'y céder. Si elle se retranche sur la négative, et qu'elle pallie elle-même son affront, le public, qui la croit deshonorée, la méprise encore davantage, à cause de l'insensibilité qu'il lui suppose. Quel parti prendre ? »

Il semble qu'il n'y en avait pas d'autre pour la dame de Liancour que de confirmer le public dans son opinion, puisqu'elle était inébranlable, et de se présenter à la justice, pour demander vengeance du dernier affront.

Cependant la dame de Liancour, déposant sa plainte, ne s'exprima pas bien clairement sur ce grave sujet. Mais elle fut prévenue par le Procureur général, qui, voyant la négligence des juges des lieux à poursuivre la punition du crime, obtint un arrêt du 16 novembre 1691, *qui ordonnoit que les informations et procédures, si aucunes avoient été faites pour raison de la rixe arrivée entre les dames de Fresnel et de Liancour, seroient apportées au Greffe criminel de la Cour, et qu'à sa requête il seroit informé.*

L'information fut faite par M. le Nain, ce célèbre rapporteur de plusieurs grandes affaires criminelles. Il se transporta sur les lieux et apprit qu'on n'avait fait aucune procédure. Le Procureur général obtint un arrêt, ordonnant au lieutenant criminel de ce bailliage et au Procureur du roi de comparaître à la Cour. Ils le firent, et après les avoir entendus on ordonna«*qu'ils seroient avertis qu'ils étoient en faute, qu'il y avoit de leur négligence de n'avoir pas informé de ce qui s'étoit passé, quoique les parties n'en eussent rendu aucune plainte; parce que le fait étoit arrivé sur le grand chemin.* »

On leur enjoignit d'être plus vigilants dans les fonctions de leurs charges, puis on leur permit de se retirer. La dame de Liancour déposa alors sa requête.

Elle dit, dans sa requête, qu'assez, et même trop longtemps, la douleur, dont elle était accablée, lui avoit fermé la bouche; qu'elle se rendroit indigne de la protection de la Cour, si elle ne paroissoit pas aussi occupée de sa vengeance particulière, que M. le Procureur-Général l'étoit de la vengeance du public.

Elle ne peut, dit-elle, se plaindre sans se donner de nouveau en spectacle aux dépens de sa pudeur; mais l'injure est trop cruelle pour la pouvoir dissimuler, quelque cher que la plainte lui coûte. On jugera de l'excès de cette injure, puisque, pour en demander la réparation, il faut qu'elle fasse un récit qui la déshonore de nouveau.

Elle a l'avantage qu'elle ne s'est attiré la haine implacable de la marquise de Tresnel, que par des qualités qui lui ont mérité l'estime des honnêtes gens. Elle n'a pas besoin de la dépeindre, pour la faire connoître : on jugera facilement qu'une femme, qui, pour venger des injures imaginaires, est capable de la noirceur de l'action dont elle s'est souillée, et qui, dans le tems qu'elle l'a commise, se repaissoit de sa vengeance avec tant de satisfaction, enchérit sur la malignité même. On ne peut pas s'en faire une autre idée. La dame de Liancour raconte ensuite le fait; et, quand elle vient à l'insulte, elle dit *qu'elle sentit des mains cruelles et hardies, qui exécutaient avec fureur les ordres cruels et infâmes de la marquise:* c'est tout ce qu'elle dit de plus fort; ce qui prouve qu'on ne commit pas le dernier attentat contre son honneur, mais qu'elle essuya de mauvais traitements, comme si on eût voulu la châtier. Elle désigne deux laquais du marquis de Tresnel, qui l'outragèrent de la sorte : Marolle, d'un visage long et maigre, les cheveux noirs ; l'autre, nommé Picard, d'un visage rouge, les cheveux châtains ; tous deux d'une taille médiocre. Elle dit que la marquise, par des paroles enflammées de colère, excitoit les ministres de sa vengeance : elle laisse penser que sa pudeur lui fait passer par-dessus le récit des outrages qu'on a faits à son honneur ; et, pour les exprimer, elle n'ose pas mettre en œuvre des expressions qui la feroient rougir. Elle dit que la marquise de Tresnel, dans sa vengeance, a enchéri sur la cruauté des tyrans.

Elle dit, en finissant, qu'elle espère « que la Cour lui accordera une réparation si complète, qu'elle étouffera dans sa naissance une haine propre à se perpétuer et se transmettre dans une famillle, lorsque l'honneur offensé a été mal réparé ».

. Dans le mémoire consacré à la défense de la marquise, il est d'abord déclaré qu'on ne se propose nullement de la faire paraître innocente. Mais on tient à prouver qu'elle est moins coupable que le public le suppose.

Le défenseur s'appuie sur les attaques écrites par la dame de Liancour, contre l'accusée, parlant de la fameuse satire en vers, sans prouver cependant que la dame de Liancour en fût l'auteur. « Une semblable satire, dit-il, est une injure plus grande, et fait plus de tort à l'honneur d'une dame, que la violence la plus qualifiée, parce que la première attaque sa conduite et ses mœurs, et porte une atteinte mortelle à son honneur, au lieu que l'autre n'attaque que le corps, sans blesser la réputation. Elle ne marque que la faiblesse de la personne qui souffre l'insulte ; mais elle ne donne point de mauvaise impression de sa conduite ».

Il prétend ensuite prouver, par l'information, qu'on n'a point commis la dernière insulte envers l'honneur de la plaignante. En effet, les dépositions qu'il rapporte prouvent qu'elle a essuyé de mauvais traitements, que sa pudeur a reçu plusieurs outrages, mais n'établissent nullement la dernière licence.

Puis il entre dans une série de considérations tendant à prouver son dire : La dame de Liancour n'apporte aucune preuve de l'injure sanglante. Elle avance un fait, qu'on ne trouve point dans l'information, en faisant tenir à la marquise un langage qui invite ses laquais à n'avoir aucun égard, *et à passer toutes limites*.

« Disons donc, ajoute-t-il, qu'il y a beaucoup d'art et peu de bonne foi dans la plainte de la dame de Liancour, et que la marquise de Tresnel est beaucoup moins criminelle qu'on ne le suppose. »

Nous ne voulons pas nous attarder sur toute cette défense, dans laquelle le point capital était celui-ci : La marquise n'a point porté atteinte à l'honneur de la dame de Liancour, et celle-ci n'a pas été outragée ainsi qu'elle semble le laisser deviner.

Voici l'arrêt qui fut rendu :

« Vu par la Cour le procès criminel fait de l'ordonnance d'icelle, à la requête du Procureur-Général du Roi, demandeur & accusateur, & dame Françoise de Lannoy, épouse, séparée quant aux biens, de messire Claude Séguier, chevalier seigneur de Liancour, reçue partie intervenante le 29 janvier dernier, pour raison des insultes et voies de fait commises en sa personne par les domestiques de dame de Gaumont, marquise de Tresnel, par son ordre en sa présence; contre messire Esprit Juvenal de Harville des Ursins, marquis de Tresnel, Enseigne des gens d'armes de la garde du Roi; ladite dame de Gaumont, son épouse; demoiselle Anne de Fleury, fille de Jacques de Fleury, écuyer, sieur de Ville-Martin; Antoine Bourcier, cocher de ladite dame de Tresnel; Pierre Jourdrain, dit la Rivière, palfrenier dudit sieur de Tresnel; Jean Baptiste, natif de S. Domingue, Maure, laquais de ladite dame; Jean Betouard, dit Picard, laquais du sieur de Tresnel; un quidam, vêtu de rouge, nommé Lartige, valet de chambre dudit sieur de Tresnel; les nommés Marolle, laquais, Rubbi, Jassemin et la Fatigue, vêtus des livrées dudit sieur de Tresnel; défendeurs et accusés, lesdits Bourcier, Jourdrain dit la Rivière, Jean-Batiste Maure, Betouard dit Picard, & Croquet dit Magni, prisonniers en la conciergerie du Palais; & ladite dame de Tresnel, lesdits Lartige, Marolle, Rubbi, Jassemin, la Fatigue, défaillans & contumax, etc.

« Tout considéré : dit a été, que la Cour, sans s'arrêter aux requêtes desdits de Harville, et Pierre Cordouan dit la Rivière, des 1er & 3 février dernier, ni à celle du 4 du présent mois de mars à fin de jonction des informations, a déclaré & déclare la contumace bien instruite contre ladite de Gaumont, femme dudit de Harville de Fresnel, lesdits Marolle, Lartige, Jassemin, Rubbi & la Fatigue; & adjugeant le profit, a condamné & condamne ladite de Gaumont, à comparoir en la grand'chambre, l'audience tenant, là, étant à genoux, dire & déclarer en présence de ladite Liancour, que, méchamment, malicieusement, comme mal-avisée, elle a de dessein prémédité fait commettre les insultes & voyes de fait mentionnées au procès, en la personne de ladite de Liancour par ses domestiques, en sa présence & par son ordre, dont elle se repent, & lui en demande pardon; ce fait, l'a bannie à perpétuité du ressort du Par-

lement; lui enjoint de garder son ban, à peine de la vie;
la condamne en 1,500 livres d'amende envers le Roi; &
lesdits Lartige et Marolles, d'être menés & conduits ès
galères du Roi, pour y servir comme forçats à perpétuité, déclare tous les biens desdits Lartige & Marolle
situés en pays de confiscation, acquis & confisqués à qui
il appartiendra. Et à l'égard desdits Jassemin, Rubbi
& Fatigue, les a bannis de cette ville, prévôté, & vicomté
de Paris, du bailliage de Chaumont en Vexin, pour trois
ans; leur enjoint de garder leur ban, aux peines portées
par la déclaration du Roi; les condamne chacun en dix
livres d'amende envers ledit seigneur Roi; & ledit
Betouard, dit Picard, d'être mené et conduit ès galères
du Roi, pour y servir comme forçat l'espace de neuf
ans; condamne, en outre, ladite de Gaumont, & lesdits Lartige, Marolle, Betouard dit Picard, Jasmin,
Rubbi & la Fatigue, solidairement en 30,000 livres de
réparation vers ladite de Liancour. Et après que ladite
Fleury de Villemartin, pour ce mandée en la Chambre
de la Tournelle, a été admonêtée, l'a condamnée à au-
môner au pain des prisonniers de la conciergerie du
Palais, la somme de 20 livres, & aux dépens à son égard.
Et sur l'accusation intentée contre lesdits de Harville,
Bourcier, Cordouan dit la Rivière, Jean-Baptiste, Maure
de nation, & Croquet dit Magni, a mis les parties hors
de cour & de procès : ordonne que les prisonniers seront
mis hors des prisons, & les écrous de l'emprisonnement
dudit Croquet seront rayés et hissés; le billet étant au
Greffe de la Cour à lui rendu, les dépens compensés à
cet égard envers lesdits de Harville, Bourcier, Cordouan
dit la Rivière, Jean-Baptiste Maure & Croquet, condamne, en outre, ladite de Gaumont, lesdits Lartige,
Marolle, Rubbi, Jassemin, la Fatigue, Betouard dit

Picard, solidairement en tous les dépens, même en ceux
faits contre lesdits de Harville, Fleury, Bourcier, Cordouan, Jean-Baptiste & Croquet; desquelles trente mille
livres de réparation & dépens, ladite Gaumont sera tenue
de les en acquitter. Et néanmoins, ordonne ladite Cour
que la somme de trente mille livres de réparations et de
dépens adjugés, seront pris sur ses biens, & sans que
ledit de Harville, son mari, puisse empêcher l'exécution
du présent arrêt. Et sera la présente condamnation, à
l'égard de ladite dame de Gaumont, lesdits Lartige &
Marolle, écrite dans un tableau, qui sera attaché à un
poteau planté en la place publique de Chaumont & en la
place de Grève de cette Ville ; & les autres condamna-
tions par contumace signifiées, & baillé copie au domicile ou résidence desdits Jassemin, Rubbi & la Fatigue,
si aucune ils ont, sinon affichées à la porte du Palais,
suivant l'ordonnance. Fait en Parlement, le 13 mars 1693.
Et prononcé auxdits Bourcier, Cordouan dit la Rivière
& Jean-Baptiste-Maure, le 18 desdits mois & an. »

*
* *

OBSERVATIONS SUR L'ARRÊT. — Il faut d'abord observer
sur cet arrêt que la marquise de Tresnel, qui a conçu,
médité, ordonné et fait exécuter le crime, est pourtant
jugée moins coupable que ses domestiques qui l'ont
commis par ses ordres, et cela pour la grande distance
des conditions entre eux et la dame de Liancour insultée;
joint à cela, que les hommes, dans ces sortes d'insultes,
sont plus coupables que les femmes; parce que la sauvegarde de la pudeur des femmes est particulièrement
établie contre eux par la loi. La marquise de Tresnel est,

par contumace, bannie à perpétuité hors du ressort du Parlement. Les domestiques sont condamnés aux galères.

La justice sévère d'une insulte légère faite à l'honneur d'une dame, nous fait envisager l'affront fait à la dame de Liancour, comme un crime public.

*
* *

Sous le pontificat de Sixte V, un avocat de Pérouse vint s'établir à Rome. Son fils devint éperdûment amoureux d'une fille d'une honnête famille, qui était d'une beauté rare; la mère de cette jeune fille était veuve. L'avocat demanda la main de sa maîtresse, mais il fut éconduit par la mère, qui aspirait à une brillante situation pour sa fille.

Le jeune homme, ne consultant que la violence de sa passion, imagina d'obtenir sa maîtresse, d'une façon assez singulière. Il l'épia, et l'ayant rencontrée dans une rue de Rome, l'arrêta, leva son voile et l'embrassa malgré elle et la mère qui l'accompagnait. Il crut que cette faveur, arrachée en public à sa maîtresse la déshonorerait et obligerait la mère de lui accorder sa demande. Cette dernière demanda justice au Pape, qui ordonna un procès contre le jeune homme. Mais la mère se laissa gagner et le mariage, décidé et fêté... fut troublé par l'arrestation de l'avocat, sur l'ordre du Pape. Les parties confrontées se déclarèrent satisfaites, mais le Gouverneur de la Ville, de connivence avec le Pape, déclara que la justice, elle, n'était pas satisfaite; le procès suivit son cours et le jeune homme fut condamné aux galères.

Pas commodes, les papes, à cette époque, pour les amoureux...

A la suite du cas cité plus haut par Gayot de Pitaval, nous en trouvons un, qui ne manque pas d'intérêt, sous le titre : *Insulte faite à la pudeur d'une femme, punie.*

LA DAME MARÉCHAL

ET LE SIEUR BUSSEROLE

La dame Maréchal, épouse du sieur Jean de la Brosse-Morlais, femme de condition, était mécontente de la conduite de son époux, qu'elle soupçonnait d'infidélité : elle accusait le sieur de La Busserolle de l'entretenir dans son désordre. Après lui en avoir fait des reproches, la querelle fut poussée si loin, que La Busserolle, autorisé par le mari présent, s'oublia jusqu'à la porter sur un lit, et la traiter comme un enfant qu'on châtie honteusement.

La dame Maréchal porta plainte et La Busserolle fut condamné par contumace le 31 mai 1728.

Il fut déclaré duement atteint et convaincu d'avoir proféré à la dame La Brosse les injures mentionnées au procès, et d'avoir exercé sur elle les outrages et mauvais traitements aussi mentionnés au procès : pour réparation il fut condamné aux galères pour neuf ans, préalablement flétri des lettres G. A. L.

Sur l'appel, qui fut interjeté, voici l'arrêt qui fut rendu :

« Notre cour ayant aucunement égard aux demandes de Magdeleine Maréchal, portées par ses requêtes des

21 février, 23 et 24 mars 1729, et sans s'arrêter à l'opposition formée par le dit Aujay de la Busserolle aux arrêts des 13 décembre 1726, et 10 avril 1728, ni à ses requêtes dont il est débouté, met l'appellation et sentencé dont a été appel au néant : émendant pour réparation des cas mentionnés au procès, condamne ledit Aujay à comparoir en la Chambre du Conseil du Présidial de Moulins, en la présence de la dite Magdeleine Maréchal et de douze personnes qu'elle voudra choisir : et là, nue tête et à genoux, dire et déclarer, que témérairement, et comme mal avisé, il a proféré les injures, et commis les excès et voies de fait mentionnés au procès, dont il se repent, en demande pardon à la dite Magdeleine Maréchal : lui fait défense de se trouver jamais ès lieux où sera ladite Magdeleine Maréchal, lequel sera tenu de se retirer des lieux où il pourroit la trouver, et de sortir de ceux où elle pourra aller, aussi-tôt qu'il la verra, sous peine de punition corporelle; le condamne en deux mille livres de réparations civiles, et en tous les dépens, tant de causes principales, que d'appel, et demandes envers ladite Magdeleine Maréchal. Ordonne que l'original et la copie du mémoire dudit Aujay de Busserolle, signés de la Busserolle, seront tirés des productions des parties pour être et demeurer supprimés, dont il sera dressé procès-verbal par le greffier de la Cour, et que les autres exemplaires dudit mémoire imprimé seront et demeureront supprimés. Permis à ladite Magdeleine Maréchal de faire publier et afficher partout où besoin sera, aux frais et dépens dudit Aujay, le présent arrêt; et pour le faire mettre à exécution, renvoie ledit Aujay prisonnier pardevant le lieutenant-criminel de Moulins. Mandons mettre le présent arrêt à exécution. Fait en Parlement le 31 mars 1729 ».

La Cour ne condamnant pas l'accusé à une peine afflic-
tive, ni même infamante, semble n'avoir regardé son
crime que comme un crime privé, quoique la voie de
fait dont il avait usé soit déshonorante, et que ce
crime intéresse l'honneur des dames, le corps de la noblesse. Mais deux circonstances en ont sans doute été
cause. La Busserolle était l'ami du mari, et en mesure
de venir dans la maison : il n'y était pas venu dans le
dessein de faire une semblable insulte à la dame. La
querelle s'est élevée; il s'est oublié dans l'ardeur de la
colère; le lieu n'était pas public. La seconde circonstance
est l'autorisation du mari. Aussi cette autorisation fut
e motif de la séparation de corps que la dame obtint.
Nul motif de séparation de corps plus légitime que le
procédé indigne de ce mari.

Les insultes que l'on fait aux dames, en Angleterre,
dans des lieux publics, sont punies de peines infamantes.
Ce sexe, qui fait les délices des honnêtes gens, qui a le
pouvoir de régner sur les cœurs, perdra-t-il son empire
sur ceux qui, n'ayant point de sentiment, sont par là
relégués au-dessous des autres? Puisque la saine partie
du monde se fait gloire de suivre les aimables lois du
Sexe, comment l'autre voudrait-elle s'y soustraire ? Si
cette raison paraît trop galante, quoiqu'elle soit fondée
sur le bel usage, disons que la faiblesse du sexe a engagé
le législateur à venir à son secours, et à la protéger contre la force de l'injustice et de l'insolence.

LA MARQUISE DE ROSEN

ET MADAME DU BARRY

Si la scène de flagellation que nous venons de retracer en dernier lieu eut pour théâtre la voie publique, celle que nous allons maintenant décrire se passa dans le boudoir d'une haute et puissante dame, la maîtresse d'un roi.

M. Robert Douglas, l'auteur de *Life and Times of Madame du Barry*[1] tâche de discréditer cette légende, et, avec la finesse qui distingue son origine écossaise, en démontre la fausseté absolue — à sa propre satisfaction.

Nous sommes portés à être un tant soit peu plus sceptique à ce sujet. La farce était parfaitement digne de la

---

1. *The Life and Times of Mme du Barry*, by Robert B. Douglas. London, L. Smithers, 1896, 1 vol. in-8º [L 27, 44,944.]

Le lecteur curieux trouvera l'ingénieuse interprétation de cette affaire à la page 240 *et seq.* de l'ouvrage ci-dessus, qui est d'ailleurs intéressant et écrit avec beaucoup d'esprit.

Vers 1850, on vendait ouvertement à Londres des gravures coloriées en *mezzo-tinto*, représentant la fessée administrée à la marquise de Rosen, d'après l'anecdote rapportée à ce sujet par Voltaire.

hautaine du Barry, et, somme toute, nous croyons que la
victime avait grandement mérité sa correction. Aucun
homme n'était présent : donc, aucun sujet de honte ; la
fessée avait été administrée dans la privauté de l'appartement d'une dame : donc, pas de scandale public. Si
la marquise avait su retenir sa langue, il est probable
que l'histoire de sa correction n'eût jamais été connue
du public. Rapportés sommairement, voici les faits :

La marquise de Rosen, une des dames au service de
la comtesse de Provence, avait depuis quelque temps fait
une cour assidue à Mme du Barry. Cette dernière l'aimait beaucoup, et elles devinrent bientôt des amies intimes. La marquise était jeune et belle, avec son minois
d'enfant. Ce détail a son importance. La comtesse de
Provence n'oublia pas de l'inviter à une fête splendide.
Mme de Rosen ne manqua pas de s'y rendre, mais peu
après elle cessa toute relation avec son amie, ou, du
moins, lui témoigna une grande froideur. C'était sans
doute du fait de la princesse (Mme de Provence) au service
de laquelle elle avait l'honneur d'être attachée, et qui lui
avait sévèrement reproché ses intimités avec une
femme aussi exposée à la censure publique ; d'autant
plus qu'elle avait été beaucoup remarquée à la Cour pour
avoir assisté à plusieurs des fêtes donnés par cette dernière.

Quelle qu'en ait pu être la cause, la comtesse ne fut pas
insensible à ce changement. Elle s'en plaignit au Roi,
qui prit la chose en plaisanterie, disant que la marquise,
au bout du compte, n'était encore qu'une enfant, pour
laquelle une bonne fessée suffirait comme punition.
Mme du Barry prit au mot les paroles du roi dans leur
sens le plus littéral et le plus rigoureux.

Un matin, la marquise vint lui rendre visite, et, après

avoir déjeuné amicalement ensemble, la favorite l'invita
à passer dans une autre pièce où elle avait quelque chose
de particulier à lui communiquer. A ce moment, quatre
robustes chambrières se saisirent de la malheureuse criminelle, et, retroussant ses jupes, la fouettèrent d'importance sur cette partie charnue, but ordinaire des corrections chez les enfants récalcitrants. La victime, souffrant
vivement sous le coup de cette indignité et écumant de
rage, alla se plaindre au souverain qui n'eut rien à
répondre lorsque sa maîtresse lui rappela qu'elle n'avait
fait qu'exécuter la sentence de Sa Majesté.

Il finit par rire de l'aventure, et Mme de Rosen, sur les
conseils du duc d'Aiguillon, revit la comtesse. Après
quelques railleries sur les postérieurs flagellés, qui confirmèrent l'anecdote, les deux amies s'embrassèrent et
décidèrent de passer l'éponge sur tout ce qui avait eu
lieu. Nos lecteurs ne peuvent qu'être d'accord avec nous
que la fustigation et la réconciliation après étaient tout
ce qu'il y avait de plus raisonnable qui pût arriver.

*
* *

Cette affaire Du Barry nous rappelle une aventure
semblable qui arriva au chevalier de Boufflers et que
nous rapportons ici sur la foi de *La Chronique scandaleuse* [1]. La seule différence, c'est que notre chevalier,
avec l'esprit pratique et le courage d'un honnête homme,

---

1. La Chronique scandaleuse, ou Mémoires pour servir à l'Histoire de la Génération présente. Paris, 1789, tome III, p. 11-13.
    Nous nous souvenons avoir vu deux très belles aquarelles,
d'Amédée Vignola, représentant ce curieux épisode, et dans
lesquelles les personnages portent les costumes de l'époque.

tint à procéder sur place et sans perdre de temps
au renversement des rôles et rendit la pareille à celle
qui avait voulu lui faire subir une cruelle correction et
un affront sensible, en les lui faisant infliger à son tour
par les mains de ses propres valets.

Le chevalier avait mis en circulation une sanglante
épigramme contre une certaine marquise — nous voyons
que les marquises jouaient un rôle important en affaires
de flagellations, en dehors des autres femmes de condition trop humble pour qu'on ait daigné s'occuper d'elles,
— et cette épigramme avait acquis une certaine noto-
riété. Quelque temps après, la grande dame en question
qui avait laissé passer l'affaire en affectant une discrétion
et un silence calculés, demanda une réconciliation et, à
cet effet, invita le chevalier à venir sceller la paix personnellement en un petit souper intime avec elle. Il s'y
rendit, mais, en homme avisé qui connaissait le caractère de la dame, il eut soin de mettre ses pistolets dans
ses poches. En effet, à peine fut-il entré, que quatre
solides gaillards s'emparèrent de lui, et, sous les yeux
de la séduisante marquise, le fouettèrent d'importance
sur cette portion de son corps qui se trouve située directement au bas des reins, en lui appliquant avec énergie
cinquante coups de verge. Il supporta stoïquement sa
correction jusqu'au dernier coup. Jusqu'alors, la noble
dame tenait tous les atouts en ce jeu. Mais, à un moment
donné, cette comédie, d'un goût douteux, prit une toute
autre tournure et le dénouement était certes bien différent de celui auquel la marquise s'était attendue.

Le chevalier de Boufflers se leva, rajusta tranquillement sa toilette en désordre, et, sortant ses pistolets de
sa poche, les braqua froidement sur les laquais maintenant tremblants, leur enjoignant, sous peine de mort,

de rendre incontinent à leur maîtresse ce qu'ils venaient justement de lui appliquer par ses ordres. La scène ne manquait pas de piquant; d'un côté, les cris et les imprécations de la dame; de l'autre, l'impassibilité glacée du chevalier et les gueules menaçantes de ses pistolets inaccessibles à la pitié ou au sentiment... Laissons tomber le rideau sur la scène et épargnons aux lecteurs des détails inutiles. Il peut très bien se les imaginer. Le chevalier compta scrupuleusement les coups... Et quand la fustigation de la marquise fut terminée, et qu'elle eut été confiée aux soins de ses femmes, ce fut le tour des laquais. Pour résumer, nous pouvons dire que chacun d'eux eut son derrière bien cinglé par les verges, administrées par l'un ou l'autre à tour de rôle. Lorsque le dernier coup eut été donné, le chevalier salua avec grâce et s'en alla tranquillement.

Cette histoire a été célébrée par un Anglais de beaucoup d'esprit dans un assez long poème intitulé : « Les Représailles », dont nous publions une traduction faite spécialement pour nos lecteurs :

LES REPRÉSAILLES

Onze heures avaient sonné au plus voisin beffroi...
La pluie tombait à verse et le temps était froid.
Mais, bravant les frimas, le chevalier de Guise,
Toussant, éternuant comme un homme qui prise,
S'avançait prestement, disant d'un air morose :
« Sangbleu !.. Je suis trempé... J'en ai, ma foi, ma dose ! »
Et, de fait, il était mouillé jusqu'à la peau ;
La pluie avait percé son pourpoint, son manteau...
... Déjà il ressentait un rhume de cerveau !..
Mais bah ! que lui en chaut ! D'un rhume il n'en a cure.
Il court d'un pas léger, songeant à l'aventure

Qu'en un coquet logis la divine marquise
De lui promettre a eu la gentillesse exquise...
Il se rit de la pluie; il se moque du vent;
Il est tout guilleret, s'avance bravement,
Bref, se comporte en tout comme un homme impatient.
Après avoir passé par nombre de ruelles,
Il arrive à la fin à l'hôtel de sa belle...
Il va droit au portail et cherche la serrure...
Mais la porte est fermée; et, grâce à sa rouillure,
Le marteau n'obéit aux efforts de sa main...
Il tire la sonnette : Drelain! Din, din, din, dain!
   L'huis s'ouvre en un clin d'œil,
   Guise en franchit le seuil,
Gravit un escalier aussi roide et aride
Qu'une échelle de soie suspendue dans le vide.
Un page maigrelet, au sourire sournois,
L'éclaire faiblement et, de sa grêle voix,
Lui dit : « Mon chevalier, ne perdez pas courage ;
Mais de grimper ici, n'est pas un mince ouvrage! »
De Guise ne dit mot; il trébuche dans l'ombre
Et reçoit en tombant des horions sans nombre...
D'autres auraient pesté... lui garde le silence,
Car ses pensées allaient vers la marquise Hortense...
Soulevant doucement une lourde portière,
Il se trouve soudain, inondé de lumières,
Ébloui, aveuglé et clignant des paupières...
   Il se frotte les yeux
   Et voit avec plaisir
   L'objet délicieux
   De ses ardents désirs...
A ses pieds aussitôt, Guise se laisse choir
Enivré des senteurs emplissant le boudoir...
Et, plus heureux qu'un roi, en cette folle ivresse
Il dévore des yeux sa divine maîtresse...
... Elle est là sur un lit aux ors resplendissants ;
... Ses yeux brillent ce soir d'un éclat tout puissant

Sous son front blanc neigeux... Ses beaux seins sont d'albâtre...
Ses soyeux cheveux noirs ont un reflet bleuâtre
Sur le satin gris clair et la soie rouge vif
Qui drapent son beau corps d'un manteau suggestif,
Sous les replis duquel, de façon indiscrète,
Se montre impudemment une jambe bien faite.
      Des bijoux à foison scintillent
      Partout, et des diamants brillent
    Mêlés aux perles de Golconde...
    Mais sa peau satinée et blonde
Est plus tendre et plus blanche ; a des reflets plus beaux
Que le plus précieux parmi tous ces joyaux.....
« ... Levez-vous, cher ami ; allons, je le désire ! »
Dit la Belle soudain avec un fin sourire.
Mais à peine eut-il fait le premier mouvement
Pour lisser ses cheveux, quitter ses vêtements,
Après avoir tourné quelques fins compliments,
Que quatre grands laquais à la poigne solide
Se saisissent de lui d'une façon perfide
En mettant le holà à ses galants propos,
Et sans plus de façon l'étendent sur son dos.
Il a ses pistolets, mais il ne peut les prendre ;
Il ne peut plus bouger, encor moins se défendre...

En un vif tour de main l'un des valets lui ôte
Son manteau, son pourpoint, ses brayes et sa cotte.
« Ha ! ha ! beau chevalier ! ricana la marquise,
Le regard triomphant, vous êtes de bonne prise !...
      Décochant votre dard
      Pensiez-vous que plus tard
      Vous payeriez cette folie ?...
      Ah ! votre mordante ironie
      A bien su me blesser...
      Devais-je vous laisser
      Impuni ? Certes non !
      Sans rime ni raison

Vous avez essayé, par un vil persiflage,
A me faire passer pour un être volage,
Tout en vantant d'ailleurs mes charmes, ma beauté...
Et vous aviez alors, par votre cruauté,
          Mis les rieurs de vos côtés...
Vous triomphiez alors... Mais le ciel en ce jour
Me donne ma revanche... Chevalier!... à mon tour! »
              Et sur le lit,
              Tout déconfit,
De Guise est maintenu en solides étreintes
Tandis qu'un des laquais le flagelle et l'éreinte
D'inhumaine façon : il hurle, geint, se tord,
Que ses cris serviraient à réveiller un mort !
Et la marquise Hortense de rire jusqu'aux larmes
En voyant ses laquais si bien user leurs armes.
Mais elle en a assez de la petite fête
Et fait signe au laquais dans le but qu'il s'arrête.
Le chevalier du coup saute du lit à terre
Et dans son haut-de-chausse recache son derrière;
S'habille promptement et renoue avec soin
Sa cravate et les nœuds qui ornent son pourpoint.
Puis, sans manifester ni honte, ni humeur
Il s'adresse à la dame, et dit avec candeur :
« Riez, Belle, riez, le jeu en vaut la peine,
C'était désopilant, oh, soyez-en certaine!... »
Et la marquise rit, et rit de très bon cœur.
« Mais tout n'est pas fini ! dit soudain le seigneur,
Il nous reste, ma foi, quelque chose en réserve,
De nature, marquise, à corser votre verve! »
« Et maintenant, seigneurs, deux mots, je vous en prie :
Vous avez déployé une ardeur que j'envie...
Je m'efforcerai donc, en retour de vos peines,
De vous tenir encore un moment en haleine...
Je ne doute un instant qu'en notre conscience
Nous ne soyons d'accord, qu'aucune différence
Ne saurait subsister entre gens de mérite :

Quand on est endetté, il faut que l'on s'acquitte!
Je me vois l'obligé de mon aimable hôtesse,
Et l'équité fait loi!... Il faut donc qu'on la fesse,
Avec le même entrain qui dirigea vos bras
Lorsqu'il y a un moment vous liquidiez mon cas! »
                    Mais la marquise
                    Devient cerise
                    Et tombe en crise,
                    Les yeux hagards :
                    Elle supplie
                    Tempête et crie :
                    « Quoi! sans égards
                    Pour ma faiblesse
                    Et ma jeunesse
Vous voudriez ainsi outrager ma pudeur,
Sans avoir de pitié de mes cris, de mes pleurs ? »
                    ... Il prend ses armes
                    Malgré ces larmes,
                    Et, ajustant la valetaille
                    Avec ses pistolets de taille
                    A canarder cette canaille,
Il dit en souriant à la Belle en terreur :
« Je suis navré, vraiment, car c'est un grand malheur
Pour moi d'être forcé d'en agir de la sorte
Avant de refranchir le seuil de votre porte...
Soyez assez gentille pour gagner votre couche
Sans vous déshabiller, et souffrez que vous touche
Ce « monsieur » que voilà, qui aura grand plaisir
A vous trousser vos jupes, ou à vous dévêtir...
A l'œuvre donc, messieurs, et portez-moi la Belle
Sur ce lit, ou je vous fais sauter la cervelle!... »
Et la scène qui suit est vraiment fantastique...
La marquise en fureur, pour fuir les coups de trique,
Égratigne les gens, arrache leurs cheveux,
Se débat et se tord entre leurs bras nerveux,
Quand ils vont pour saisir dans sa chaise dorée,

Malgré son désespoir, cette belle éplorée...
L'un la prend sous les bras, un autre par les seins,
Un troisième la prend par son derrière en plein,
Tandis que le dernier, l'empoignant par les cuisses,
La maintient fermement de façon qu'elle ne puisse
Se soustraire au péril... La voilà sur le lit:
La soie et le satin du somptueux habit
Sont vite rejetés par-dessus son visage...
Aux yeux profanateurs des manants, un mirage
Surgit, voluptueux, parfait, exquis, divin,
Et leurs regards lascifs, en suivant leur chemin,
Découvrent des trésors qu'en vain la Belle tente
De cacher, en plaçant ses deux mains sur la fente...

       Entre ses fesses
       Dont la tendresse
       Fait l'allégresse

Des valets excités qui, pour encor mieux voir,
Écartent ses deux mains, laissant apercevoir
Son beau corps velouté, nu jusqu'à la ceinture....
... Quel noble ou quel manant, qui n'aurait d'aventure,
Risqué dix fois sa vie pour jouir un instant
D'un si joli tableau, d'un aspect si troublant?..
La honte soulevait ses seins fermes et roses;
Ses hanches potelées cachaient, entre autres choses,
Comme un baiser posé voluptueusement
Par Vénus Aphrodite dans l'entrebâillement
De jambes que Thétis eût montrées avec gloire,
Du plaisir le plus pur la source méritoire!
Et tout autour, bouclés, frissonnants et folâtres,
De soyeux cheveux noirs aux beaux reflets bleuâtres!

. . . .

. . . .

Aux regards impudents des rustres en délire
La Belle a dû montrer ses charmes capiteux...
Alors, en moins de temps qu'il ne faut pour le dire,
Elle se voit retournée d'un coup de main nerveux...

Ses jupes retroussées, deux beaux globes d'ivoire
Font leur apparition, opulents, radieux,
Légèrement ombrés de tendre laine noire...
Et les manants, la pelotant à qui mieux mieux,
Sur un signal donné par le seigneur de Guise,
Frappent à tour de bras sur ces rotondités
Sans pitié, sans merci, et chacun à sa guise
Fouillant avec ardeur dans les profondités...

. . . .

La belle pécheresse emplit l'air de ses plaintes
A chaque coup nouveau retombant sur son cul;
Chaque coup vient encore ajouter à ses craintes
De voir ensanglanter son beau torse tout nu...
      Qui, n'ayant pas l'habitude
      D'un traitement aussi rude,
      Ressent doublement le mal
      De ce supplice infernal.
        Et sans pudeur
        La pauvre sœur
S'efforce de reprendre une position sûre,
Trouvant la correction trop longue et bien trop dure.
Ses cuisses et ses fesses se meuvent en saccades;
Se dressant, retombant, se tordant vivement,
Comme pour assouvir quelque inepte toquade,
Avec un rythme fol dans tous les mouvements.
Là où, bien satinée, blanche, éclatante et lisse
La peau auparavant plein d'orgueil s'étalait
Sur ses fesses, ses jambes, là où la verge glisse
On voit de longs traits bleus, rouges, verts, violets...
Des mois vont s'écouler avant que notre Belle
Aura perdu les traces de son petit malheur.
Mais comme le sang coule et qu'elle crie de plus belle
Et que de Guise a pu assouvir sa rancœur,
      La voyant se tordre,
      Il donne l'ordre
D'interrompre le jeu et de la relâcher;

Ce qui, certainement, n'est pas pour la fâcher...
   Agitant la sonnette,
   Il dit à la soubrette
  Que sa maîtresse avait besoin
  De son aide et de ses bons soins...
Elle revient bientôt avec quelques compagnes
Portant qui des onguents, de la toile, du champagne...
Cependant, de sang-froid, et sans aucune hâte,
Le chevalier s'en va... pendant que les donzelles
Examinent, essuient, rafistolent et tâtent
Le postérieur meurtri de notre chère Belle!...

Dans ce poème, les noms sont, bien entendu, changés, et on s'est permis également quelques petites licences poétiques que la *Chronique scandaleuse* ne peut guère autoriser. On pardonnera ces fautes pour la vigueur et la beauté des vers.

L'incident que nous avons à noter ensuite nous fournit un singulier aperçu du centre le plus démocratique de Paris, c'est-à-dire les Halles centrales. Les femmes qui y exercent leur métier sont originaires de tous les coins de la France. Leur moindre réponse à une insulte est un coup bien appliqué. Malheur à la femme ou à l'homme qui tombe sous la coupe de leurs mordantes invectives.

Théroigne de Méricourt, par exemple, était une femme qui prodiguait son éloquence pour la cause du peuple et ne parvenait qu'à être — incomprise. A présent, les erreurs populaires peuvent toujours être rectifiées par les journaux, et l'orateur qui n'a pas réussi à se faire comprendre des électeurs en séance publique peut, quelques heures plus tard, rendre compte de lui-même et de ses intentions dans la presse. Ces temps-là étaient plus orageux et plus violents. Un suspect était arrêté à une heure de l'après-midi, jugé à deux heures et exécuté une heure plus tard. Mais nous n'avons nullement l'intention de refaire l'histoire de cette époque. La tâche a été remplie par de nombreux écrivains avec habileté et — *ad nauseam.*

Nous préférons laisser parler M. Pellet[1] qui a écrit une admirable petite monographie de cette femme remarquable. Voici comment il nous raconte ce qui s'y est passé :

« Quand Théroigne arriva à dix heures pour assister à la séance, elle fut invectivée par ces mégères. Mais la belle Liégeoise n'était pas de celles qu'on intimide aisément.

« Elle essaya d'abord de reprendre son ascendant sur ces femmes qui, sans aucun doute, avaient fait avec elle, trois ans et demi auparavant, l'expédition de Versailles. Mais, se voyant entourée d'un cercle de furies, elle les menaça de leur faire tôt ou tard mordre la poussière.

« Les *tricoteuses* alors, l'appelant « Brissotine[2] » la saisirent à bras-le-corps, et, tandis qu'une d'elles lui relevait ses jupons par dessus sa tête, les autres la fouettèrent à nu. »

Cette fustigation sommaire et indécente était dans les mœurs de l'époque. Les commères de la rue avaient souvent appliqué cette rude méthode de prompte correction sur des femmes à l'allure aristocratique, ou à des religieuses qui étaient restées fidèles à leur habit professionnel. Pour s'en assurer on n'a qu'à se reporter aux nombreuses gravures de l'époque, particulièrement à celles

---

1. Pellet. *Étude historique et biographique sur Théroigne de Méricourt.* Paris, 1886, in-12.

2. Rapport inédit des Archives. *Révolutions de Paris,* n° 201.

qui illustrent les nᵒˢ 74 et 99 des *Révolutions de France et de Brabant*. En ce qui concerne Théroigne, Restif de la Bretonne, dans son *Année des Dames Nationales*, 1794, tome VI, p. 3807, racontant la scène de la Terrasse des Feuillants, dit que la belle Liégeoise fut « fessée à Saint-Eustache par les femmes de la Halle, à qui elle voulait imposer la cocarde tricolore ». Il est difficile d'entasser plus d'inexactitudes en trois lignes.

Théroigne subit ce supplice en hurlant de colère, au milieu des éclats de rire d'une foule sans pitié. Son fier orgueil, si masculin malgré ses dehors de femme élégante, reçut une cruelle atteinte de ce traitement barbare. L'héroïne sans peur, qui n'avait jamais pâli au sifflement des balles du 14 juillet et du 10 août, fouettée comme une enfant, en plein soleil, en présence de ce peuple, auquel elle avait consacré sa vie, reçut un choc dont son cerveau ne se releva jamais.

LES FLAGELLATIONS DE LA RELIGION

Ce sujet est tellement étendu et a été manié par des plumes si habiles que nous sommes tout excusés de n'en parler que d'une façon superficielle. Peu de gens soupçonneraient que la grande encyclopédie de la langue anglaise par Ogilvie, « *The Imperial English Dictionary* » est une autorité sur ce point, et cependant, en nous référant au mot « flagellation » dans la dernière édition de cet ouvrage si utile, nous y trouvons la mention « d'une secte fanatique fondée en Italie en 1260 qui maintenait que la flagellation avait autant de vertu que le baptême et le saint-sacrement : « Ils se promenaient en procession les épaules nues, et se fouettaient réciproquement jusqu'à ce que le sang ruisselât le long de leurs corps, pour obtenir la miséricorde de Dieu et pour apaiser sa colère contre les vices de l'époque. »

Nous n'avons pas ici de place pour des discussions théologiques. Il y a dans la chrétienté trente mille temples ouverts tous les dimanches pour s'en occuper uniquement. Toute erreur qui persiste s'élève contre quelque chose de vrai au fond. Les abus des flagellations religieuses devinrent d'autant plus sérieux que les enseignements qui les accompagnaient étaient, pour ainsi dire, entremêlés dans les lanières des fouets et des disciplines dont on se servait pour cingler les dos et les reins des belles pénitentes. Appliqués dans le but de réprimer et de diminuer les inclinations lascives, les coups, au point de vue de la nécessité physiologique, produisent un résultat contraire, c'est-à-dire qu'ils augmentent encore la chaleur animale, et c'est de cela que sont nées tant de causes de scandale, de honte, et de séduction, dont le retour si fréquent étonnait et affligeait la société.

Le danger de permettre à des prêtres, qui sont célibataires, de fouetter des jeunes filles et des jeunes femmes non mariées, vouées à une vie de chasteté, est fondé sur les principes connus de la nature humaine. Le péril pour ceux qui étaient actifs comme pour celles qui étaient passives était tellement flagrant qu'on est étonné que cela ne sauta pas immédiatement aux yeux. Partout où le christianisme avait de l'autorité les prêtres étaient autorisés à se flageller eux-mêmes, et à appliquer la même fustigation sur la peau de leurs ouailles, et il n'est pas besoin d'une intelligence bien subtile pour deviner que c'étaient sur les dos de ces derniers que les verges tombaient le plus souvent. Rien de plus naturel, d'ailleurs, qu'il en fût ainsi : nous croyons, en effet, qu'on doit trouver plus de plaisir à battre les autres qu'à être battu soi-même. La vue d'un être aimé se tordant, s'agitant, gémissant et implorant la pitié ne peut qu'être un spectacle agréable et édifiant lorsqu'on se rappelle que les punitions n'ont d'autre but que de garantir le salut de l'âme. Épargner la pénitente serait lui faire du tort. Lui faire grâce d'une parcelle seulement de la fustigation, aussi honteuse et dégradante puisse-t-elle être ici-bas, ne serait que lui assurer des peines infiniment plus terribles dans l'autre monde. La logique chrétienne prévalait alors, comme elle prévalut toujours lorsqu'elle eut la force et la majorité de son côté ; — des hommes hurlaient en priant, et des jeunes filles gentilles et des femmes belles, sous l'influence de fausses notions de piété, continuaient à se soumettre à la douleur, suppliant, criant, demandant grâce, acceptant la honte et la dégradation pour la plus grande gloire de Dieu et le salut de leurs âmes. Ces pratiques n'ont pas entièrement disparu. Dans maint cloître et dans maint couvent écarté, les mêmes pratiques se répètent encore de nos jours et des femmes se laissent toujours égarer par cette terrible imposture : des créatures nobles et d'un esprit élevé pour la plupart ! Combien ne devons-nous pas les plaindre, car ce sont autant de sœurs et de filles arrachées de nos foyers, et de charmantes et douces amantes qui auraient fait, dans les conditions normales, d'excellentes mères de famille pour perpétuer notre race.

Delolme dit :

« Le pouvoir des confesseurs d'administrer la discipline à leurs pénitentes devint à la fin si universellement accepté, qu'il finit par être étendu même à toute personne faisant profession de la vie ecclésiastique, et remplaçait les lois qui avaient été édictées contre ceux qui lèveraient la main sur un ecclésiastique. On essaya cependant de réprimer ces pratiques des prêtres et des confesseurs ; et déjà sous le pape Adrien I, qui fut élevé au pontificat en l'année 772 (ce qui, entre parenthèses, démontre que le pouvoir assumé par les confesseurs, était de date assez reculée), un règlement fut fait qui défendait aux confesseurs de battre leurs pénitents : *Episcopus, Presbyter aut Diaconus, peccantes fideles diver-*

berare non debeant. Mais ce règlement resta lettre morte : toute la tribu des prêtres, et avec eux tous les grands dignitaires de l'Église, ne continuèrent pas moins à préconiser les prérogatives du clergé et le mérite des flagellations, etc. ».

*
* *

Les Pères Adriaensen et Girard étaient tous les deux des amateurs distingués des verges, appliquant cet estimable moyen de correction sur le dos de leurs ouailles d'une main rien moins que légère. Il ne fait pas partie de notre programme d'entrer dans les détails des scandales soulevés par leur conduite, ni de parler de la séduction et de la ruine de Marie C. de la Cadière, par ce dernier, et du procès retentissant qui s'ensuivit[1]. Nous mentionnons leurs noms ici seulement pour rappeler que c'étaient d'ardents partisans de la doctrine conformément à laquelle la discipline devait être appliquée sur le dos nu de leurs pénitents[2]. On pourrait

---

1. Des détails complets sont donnés dans ce livre extraordinaire : Centuria Librorum Absconditorum, par Pisanus Fraxi ; une des plus remarquables bibliographies jamais imprimées. (Londres, 1879).

2. D\ :superscript:`r` Millingen dans ses « Curiosities of Medical Experience, » dit : « Dans la vie monastique des deux sexes, la flagellation devint un véritable art.

« La flagellation était de deux sortes : celle d'en haut et celle d'en bas ; la première était appliquée sur les épaules, et la deuxième était plutôt réservée pour la fustigation des femelles, parce que, d'après leur dire, on évitait ainsi les dangers qui auraient pu survenir, dans la flagellation supérieure, de blesser les seins, si sensibles, avec les lanières. On insistait de plus sur la nudité. » (Londres, 1839, p. 313).

sans doute facilement dresser une très longue liste des prêtres qui ont défendu la doctrine inculquée par le cardinal Paulus que la nudité du pénitent (ou de la pénitente) était un mérite de plus aux yeux de Dieu : *Est ergo satisfactio quædam, aspera tamen, sed Deo tanto gratior quanto humilior, cum quilibet sacerdotis prostratus ad pedes se cœdendum virgis exibet nudum.* Laissant de côté, comme en dehors de notre but immédiat, des saints hommes tels que saint Edmond, évêque de Canterbury, le capucin Frère Mathieu d'Avignon, et Bernardin de Sienne, qui ont châtié *in femoribus, clunibus ac scapulis,* les différentes femmes qui avaient voulu les inciter à commettre le péché charnel, nous pouvons avec quelque à propos citer les suivants; Abélard se délecta du souvenir des corrections qu'il avait administrées à son Héloïse; le jésuite Joseph Ackerbaum fut surpris en train de fouetter une jeune fille qui était venue se confesser à lui — *flagellabat virginem ut nudam conspicerat;* son compagnon, Petrus Wills, suivit gaiement son exemple — *frater, ejus socius, ludendi, flagellanti, potitanti aderat;* Peter Gresen prenait même moins de précautions — *virgines suas nudas caedebat flagris in agris. O quale speculum ac spectaculum, videre virgunculas pucherimasimas.* A ceux-ci on pourrait ajouter les Pères Nunnez et Malagrida, qui exerçaient une grande influence sur les dames des différentes Cours dont ils étaient les confesseurs et ne manquaient pas d'user assidûment de la discipline. Nous avons un exemple moderne encore plus remarquable dans la personne du capucin Achazius de Düren, qui était un émule très rapproché du frère Cornelis, ayant formé une sorte de société de femmes assez naïves pour se soumettre à ses caprices; mais il ne se bornait pas, comme Adriaensen, à les flageller en état de nudité, il assouvissait aussi sa luxure sur elles jusqu'à satiété. Lorsqu'on découvrit ses pratiques, Napoléon ordonna que ce scandale fût autant que possible étouffé ; et quoique, ultérieurement, l'affaire fût portée devant la cour de Liège, elle fut supprimée, par respect pour les familles qui s'y trouvaient compromises.

*
* *

Achazius n'avait pas l'avantage d'un physique agréable : « Ses manières ressemblaient autant à celles d'un satyre que son visage était déplaisant, et que la renommée de son éloquence et de sa piété exemplaire était convaincante ».

On a ainsi décrit sa façon de procéder avec une de ses pénitentes : « Comme la jeune fille avait assez de charmes et d'élégance pour éveiller les désirs du Père, il lui proposa un exercice spirituel qui fut volontiers accepté par elle. Après une confession plénière elle fut forcée de se mettre à genoux devant Achazius et de lui demander humblement pardon, et ensuite de se découvrir jusqu'à la taille. Alors le Père prit une grosse canne avec laquelle il la battit ; finalement il satisfit sa luxure bestiale sur elle. En le quittant elle eut à lui promettre de lui amener d'autres femmes de sa connaissance. C'est ce qu'elle fit, commençant avec quelques-unes de ses amies plus âgées qu'elle, des jeunes femmes mariées, pour la plupart. A la fin un grand nombre d'autres prêtres furent impliqués dans cette affaire. Peu à peu il se forma un vrai club Adamite de flagellants, dans lequel se passaient les choses les plus horribles, et que nous rougirions de transcrire ».

*
* *

Une de ces femmes, l'épouse d'un fabricant de papier, qui vint témoigner contre lui, quand on lui demanda comment il était possible qu'elle ait pu se livrer à un être aussi laid, aussi immonde que Achazius, répondit : « Qu'il l'avait entièrement ensorcelée, qu'elle s'était sentie liée à lui par un profond attachement, et comme une enfant sans volonté propre, elle s'était soumise à tout ce qu'il lui plaisait de commander; il l'avait si cruellement battue avec des verges très souples — il les gardait trempées dans du vinaigre et du sel — qu'elle avait quelquefois été obligée, sous un prétexte ou un autre, de garder le lit pendant plus de trois semaines ».

Les autres détails divulgués par cette dame ne peuvent pas être publiés, mais ils auraient fait honneur à l'imagination même de l'auteur de « Justine »[1].

---

1. Nous donnons l'original de ce document pour la satisfaction de ceux de nos lecteurs qui sont familiers avec la langue allemande :

« So faunisch seine Manieren, so hässlich seine Gesichtszüge waren, so überzeugend war der Ruf von seiner Beredsamkeit und exemplarischen Frömmigheit.

« Da die Jungfrau noch stattliche Reize genug besass um den Appetit des Paters zu wecken, so schlug er ihr eine Andacht vor, in die sie alsbad einging. Nach vollbrachter Beicht musste sie vor Achazius niederknien und demüthig Verzeihung für ihre Sünden erflehen, darauf sich bis an die Nieren enblössen. Der Pater nahm nun eine grosse Ruthe und hieb sie damit; endlich befriedigte er seine thierische Lust an ihr. Sie musste beim Fortgehen versprechen, auch andere Frauenzimmer ihrer Bekanntschaft zu gewinnen. Dies geschah in der That; mit einigen Freündinen von vorgerücktem Alter ward der Anfang gemacht und dadurch auch der Weg zu jüngern meist verheiratheten, gebahnt. Ebenso wusste man eine Anzahl anderer Geistlichen in die Sache zu ziehen.

La seule punition infligée à Achazius fut la réclusion dans un monastère jusqu'à la fin de ses jours.

*
* *

Le Diable lui-même était également un amateur de flagellations, et y mettait beaucoup d'ardeur, s'il faut en croire les récits des *Vies des Saints*. « Parmi les différents motifs qui ont porté. le malin esprit à rendre ses sinistres visites à notre pauvre humanité, celui de leur infliger une salutaire, mais désagréable fustigation, est souvent mis en avant par les pères de l'Église et par d'autres écrivains. C'était plus spécialement sur le dos des saints que ces castigations se faisaient. Saint Athanase nous apprend que saint Antoine a été souvent flagellé par le diable. Saint Jérôme rapporte également que saint Hilaire fut fouetté de semblable manière ; et il appelle le diable « un *gladiateur libertin* », et décrit comme suit ses modes de punition : « *Insidet dorso ejus festivus gladiator ; et latera calcibus, cervicem flagello verberans* »[1]. Grimalcaius, un savant théologien, confirme ce fait dans le passage suivant : « *Nunquam autem*

Allmahlig bildete sich ein förmlicher Adamistischer Flagellantentclub, worin alles gräuliche getrieben ward, was niederzuschreiben wir erröthen würden.

« Derselbe hatte sie ganz bezaubert, so dass sie mit unendlicher Neigung ihm zugethan worden und willenlos, wie ein Kind, zu allem sich hergegeben habe ; mit den geweihten Ruthen, er habe sie so geschlagen, das sie bisweilen gezwungen gewesen sei, unter irgend einem andern Vorwande über drei Wochen lang das Bette zu hüten. Die übrigen Dinge, welche die Dame angab, sind nicht mittheilbar, doch machen sie selbst der Phantasie der (sic) Autors der Justine Ehre. »

1. « Alors le joyeux bandit s'assit sur son dos, frappant ses côtes et sa nuque avec un gourdin. »

et aperta impugnatione grassantes, dæmones humana corpora verberant, sicut B. Antonio fecerant [1] ». Saint François d'Assise eut à subir une terrible flagellation de la part du diable la première nuit qu'il passa à Rome, ce qui lui fit quitter la ville sur-le-champ ». Les observations de l'abbé Boileau au sujet de cet incident sentent tant soit peu l'impiété et la libre pensée, car il dit : « Il n'est pas improbable, qu'ayant rencontré un accueil plus froid que celui qu'il croyait être dû à sa sainteté, il jugea bon de décamper de suite, et quand il retourna à son couvent il raconta cette histoire aux moines ses frères ». Mais, en tous cas, l'abbé Boileau n'est pas une autorité, et il est à présumer que, partageant l'humeur satirique de son frère, il n'ait sacrifié la piété à l'esprit ; car il est, bien entendu, absolument impossible, et au-dessus de tout doute sceptique, pour les vrais croyants, d'attaquer les affirmations de ce grand saint. Son pouvoir sur les éléments ignés était établi ; ce qui lui donnait la faculté de guérir l'érysipèle, honorée du nom de *Feu de saint Antoine*. De même, saint Hubert pouvait guérir de la rage, et saint Jean de l'épilepsie.

Il est cependant consolant d'apprendre que ce n'étaient pas toujours les béatifiés qui succombaient à ces niches sataniques. La volonté d'une femme peut quelquefois remporter la victoire sur le « *Vieux Malin* » dans ces assauts de verges. On rapporte pas mal d'exemples où le diable a eu le dessous dans ces joutes sacrilèges, comme il ressort pleinement de l'histoire de la bienheureuse Cornelia Juliana, dont on raconte ceci : « Un jour, les

---

1. « De plus, parfois les démons attaquent les hommes de plein assaut et les battent corporellement, témoin ce qu'ils ont fait à saint Antoine. »

autres nonnes entendirent un vacarme épouvantable
dans sa cellule; cela provenait d'une lutte qu'elle soutenait contre le diable, qu'elle venait de saisir, et qu'elle
fustigeait d'une façon impitoyable; puis, après l'avoir
terrassé, elle le piétina en l'accablant des injures et des
sarcasmes les plus mordants (*lacerabat sarcasmis*) ». Il
n'est pas permis de mettre en doute l'exactitude de ce
fait, puisqu'il est affirmé par ce savant et pieux Jésuite,
Bartholomé Fisen.

Cette prédilection des diables pour la flagellation doit
très probablement être attribuée à l'horrible jalousie de
leur disposition; car il est bien avéré que les saints se
délectaient infiniment à fustiger, non seulement ceux
qui les avaient offensés, mais aussi leurs disciples les
plus fidèles. Donc, la flagellation était la punition la
plus agréable qu'on pouvait infliger pour rendre les
saints propices; et nous possédons plusieurs faits qui
démontrent que la sainte Vierge a été souvent rendue
favorable par cette pratique. Sous le pontificat de
Sixte VI, un professeur hétérodoxe de théologie, qui
avait écrit contre le Saint-Sacrement et nié l'Immaculée
Conception, fut fessé en public par un robuste et pieux
frère cordelier, à la grande édification des spectateurs,
et plus particulièrement des dames.

La description de cette opération perd considérablement par la traduction, c'est pourquoi nous reproduisons le texte original en latin en le faisant suivre d'une
traduction aussi littérale que possible.

« *Apprehendens ipsum revolvit super ejus genua; erat
enim valdè fortis. Elevatis itaque pannis, quia ille mi-
nister contra sanctum Dei tabernaculum locutus fuerat,
cœpit cum palmis percutere super quadrata tabernacula
quœrant nuda, non enim habebat femoralia vel antipho-*

nam : et quia ipse infamare voluerat beatam Virginem, allegando forsitan Aristotelem in libro priorum, iste prœdicator illum confutavit legendo in libro ejus posteriorum : de hoc autem omnes qui aderant gaudebant. Tunc exclamavit quœdam devota mulier, discens : « Domine Prœdicator, detis ei alios quator palmatus pro me, et alia postmodum dixit », Detis ei etiam quatuor sicque multœ aliœ rogabant, ita quod si allarum petitionibus satisfacere voluisset, per totum diem aliud facere non potuisset. »

« Se saisissant de lui, il le renversa sur ses genoux. Et alors relevant ses vêtements, parce que, quoique ministre de Dieu il avait parlé contre le Saint Tabernacle de Dieu, il commença à le battre vigoureusement de ses mains ouvertes sur ses grasses fesses (tabernacula), qui étaient à nu, car il ne portait ni caleçon ni braies (antiphona), et de plus, puisqu'il avait trouvé bon de diffamer la Sainte Vierge en citant Aristote, comme il paraît, dans son livre des « Analyses Antérieures », dont il lui fit la réfutation en lui lisant un passage d'un livre du même auteur sur les « Analyses Postérieures ». Et à ceci tous les assistants étaient comblés de joie. Alors une certaine pieuse dame cria, en disant : « Sire Prédicateur ! donnez-lui encore quatre claques pour moi ! » et présentement une autre de crier : « Donnez-lui en quatre encore ! » et alors bien d'autres dames réitérèrent la demande de rechef et encore, — de fait, si souvent que, s'il avait consenti à accéder à leurs prières, il n'aurait pas eu de loisir pour faire autre chose de toute la journée[1]. »

---

1. Il est fort difficile de rendre en français exactement la saveur des jeux de mots existant dans le texte latin.

Nous n'avons guère besoin de rechercher des exemples de la grande efficacité d'une bonne fustigation dans d'autres pays. Les annales du Pays de Galles nous rapportent un singulier cas de ce genre qui se produisit en l'an 1188, comme il est raconté par Sylvestre Gerald, d'une façon tellement circonstanciée que seul le plus endurci des incrédules oserait douter de l'authenticité du fait :

« De l'autre côté de la rivière Humber, dit-il, dans la paroisse de Hoëden, vivait le curé de cette église avec sa concubine. Celle-ci s'assit un jour, assez imprudemment, sur le tombeau de Sainte Osanne, la sœur du roi Osred, lequel tombeau était en bois, élevé au-dessus du sol en la forme de siège : quand elle voulut se lever, elle resta collée au bois de telle sorte qu'il fut impossible de l'en détacher, jusqu'à ce qu'en présence du peuple qui s'amassait autour d'elle pour la voir, elle eut permis qu'on lui arrachât les vêtements de dessus son corps, et qu'elle eût reçu une sévère castigation corporelle à nu, et cela jusqu'à grande effusion de sang, avec beaucoup de larmes et de pieuses supplications de sa part ; et quand cela fut fait, et qu'elle se fut engagée à se soumettre à d'autres pénitences, elle fut miraculeusement libérée. »

Si on traitait toutes les concubines et femmes entretenues de pareille façon, les femmes légitimes recouvreraient vite leurs droits.

Dans ce cas, comme dans beaucoup d'autres, *l'absence de vulgaires vêtements* paraît avoir été considérée comme particulièrement agréable au Ciel ; à tel point même, que le plus ou moins de nudité était mesuré au degré du délit.

Les philosophes cyniques de la Grèce, parmi lesquels Diogène était un des plus marquants, avaient l'habitude de se présenter en public sans un seul lambeau de vêtements sur le corps. Les sages de l'Inde, appelés gymnosophistes, ou sages nus, se permettaient les mêmes fantaisies.

Dans des temps plus rapprochés de nous, les Adamites se montraient dans le simple appareil de notre premier père.

Au XIIIe siècle, les membres d'une secte qu'on appelait les Turlupins, parcouraient la France à pied, *débarrassés de vains accoutrements;* et, en 1535, quelques anabaptistes se rendirent à Amsterdam *dans l'état où ils étaient en sortant du bain,* et pour cette infraction aux règles du décorum les bourgmestres impies leur firent administrer la bastonnade.

Nous lisons aussi d'un certain Frère Juniperus, un digne Franciscain, qui, d'après l'histoire, « entra dans la ville de Viterbod, et tandis qu'il s'arrêta sous la porte, il mit ses chausses sur sa tête, et ayant roulé son froc autour de son cou, il se promena en cet état par les rues de la ville, où il eut à subir beaucoup d'injures et de mauvais traitements de la part des méchants habitants; *et enfin, toujours dans le même état,* il se rendit au couvent des Frères, qui tous s'élevèrent contre lui, mais il n'y prit garde, *tellement saint était ce bon petit frère (tam sanctus fuit ille fraticellus).*

Les farces du frère Juniperus ont été renouvelées à différentes époques par plusieurs saints personnages. Ne pouvons-nous pas nous croire en droit de prendre ces individus pour des démonomaniaques? Car assurément c'est le diable seul qui pouvait leur inspirer de pareilles fantaisies, quoique le cardinal Damian défend cette pratique dans les termes suivants, en parlant du jour du jugement : « Alors le soleil perdra son éclat, la lune sera enveloppée de ténèbres ; les étoiles tomberont de leurs places, et tous les éléments seront confondus ensemble ; *quel service pourront vous rendre alors ces vêtements et habillements dont vous êtes maintenant revêtus, et que vous refusez de mettre de côté pour vous soumettre à l'exercice de pénitence?*

On doit remarquer, pour atténuer l'étrangeté de ces exhibitions, qu'elles étaient accompagnées de flagellations qui souvent avaient une grande analogie avec celles des Saturnales et des Lupercales, et la discipline des flagellants souvent ne différait guère de celle des Luperci [1].

Les abus de la vie monastique ont été souvent exposés. Les protestants, avec une vraie charité chrétienne, sont ravis par-dessus tout lorsqu'ils peuvent exhiber les imperfections de leurs frères et sœurs de l'Église catholique. Dans un petit livre, dont le contenu a toutes les apparences de la vérité, puisque les noms et les dates y figurent au complet, il est affirmé que :

« Le plus grand mal dans les couvents, notamment parmi les « Nonnes Anglaises », est la flagellation avec des verges sur le corps nu, qui, comme les médecins l'ont remarqué, contribue puissamment à exciter le désir sexuel, lequel, ne trouvant point de satisfaction de la façon naturelle, tend le plus souvent dans les cloîtres à pousser à l'onanisme et au vice homosexuel, des jeunes filles entre elles, et même souvent entre institutrices et élèves. Ceci n'est pas une calomnie sur les couvents : beaucoup de dames qui y ont été élevées par les sœurs, plus tard, lorsqu'elles eurent quitté le

---

1. Dr Millingen, *loc. cit.*, p. 160-162.

couvent et se furent mariées, dévoilèrent ce qui s'y passait [1]. »

Le dernier exemple d'une flagellation religieuse est celui qui se rapporte à la secte des Fareinistes qui a été fameuse pour l'acharnement dont ils faisaient preuve.

Deux prêtres, les frères Bonjour, étaient la tête et l'âme de ce mouvement. Cette secte florissait vers la fin du xviiiᵉ siècle, et causa une grande sensation à cette époque. Il est difficile de deviner par quelle sorte de raisonnement ces messieurs furent portés à donner tant d'importance à la flagellation des femmes. Ce qui est avéré, c'est que les femmes de leur paroisse comptaient parmi leurs plus ardentes sectaires.

Ils avaient l'habitude de se réunir dans une grange près de l'église et là, à peine ou pas éclairés du tout, ils se fouettaient mutuellement d'une façon assez anodine.

L'influence qu'ils étaient parvenus à gagner sur leurs adeptes féminins était immense, et souleva les légitimes protestations de leurs maris qui ne pouvaient compren-

---

1. Nous donnons l'original de ce passage pour ceux qui n'auraient pas l'occasion de pouvoir consulter cet ouvrage.

« Der grösste Uebelstand in den Klöstern, namentlich auch bei den englischen Fraüleins, ist das Peitschen mit der Ruthe auf den nackten Leib was, wie dies ärztlich constatirt ist, sehr viel zur Aufstachelung des geschlechtlichen Triebes beiträgt, da aber dieser auf eine natürliche Weise nicht befriedigt werden kann, reisst in den Klöstern am oftersten Selbstbefleckung und homosexuelle Unzucht der Mädchen untereinander, manchmal sogar zwischen Lehrerinen und Schülerinen, ein. Dies ist keine Verleumdung der Nonnenklöster, sehr viele Damen, die bei den Nonnen erzogen worden, haben später, als sie heraus kamen und sich verheiratheten, das, was in den Nonnenklöstern geschieht, verrathen. »

Extrait de *Pfaffenunwesen, Mönchsscandale und Nonnenspuck*. Beitrag zur Naturgeschichte des Katholicismus und der Klöster von Lucifer Illuminator. Leipzig, 1872. Gustav Schulze.

dre pourquoi leurs foyers seraient abandonnés pour permettre à leurs femmes de se faire fouetter par des prêtres. Les femmes poussèrent les choses jusqu'à arrêter leurs pasteurs spirituels dans les champs pour les implorer de leur infliger une fustigation séance tenante.

« Bon père Bonjour, disaient-elles, nous vous en prions, fouettez-nous de suite! Oh! donnez-nous une petite correction ».

Et alors on voyait le spectacle ridicule d'un prêtre pourchassant autour d'un champ ouvert une femme ayant les jupes relevées et la fouettant comme on fouette une enfant!

L'imbécilité humaine ou le zèle mal dirigé peuvent-ils inventer quelque chose de plus stupide! Mais comme il est dit dans le vieux proverbe, « tout passe; tout lasse; tout casse », et il en fut de même pour ces prêtres fouetteurs de derrières de femmes. Nous n'avons aucun désir de suivre les fortunes diverses de cette secte insignifiante. Nous croyons bien que fort peu de nos lecteuts nous en seraient reconnaissants. Qu'il suffise de dire qu'un très notable et estimé habitant de ce petit village, qui s'était montré particulièrement acharné contre la mission des dignes pères, fut trouvé mort dans son lit, avec une aiguille plantée dans le cœur. Était-ce un accident, ou y avait-il eu crime? L'histoire ne nous renseigne pas là-dessus. Mais la rumeur publique prétendit qu'il s'agissait d'un crime, et des plaintes étant parvenues à l'évêque de Trévoux, il en résulta qu'un des frères fut exilé, et le deuxième fut emprisonné dans le couvent de Toulay, d'où il parvint à s'évader, après quoi il vint à Paris. Après quelques autres aventures et pérégrinations d'aucun intérêt pour notre sujet, les bons pères moururent à Lausanne, en Suisse, à un âge très avancé et en état d'indigence, et avec eux expira la secte des flagellants que leurs cerveaux hétérodoxes avaient enfantée.

Il n'entre pas dans notre cadre de formuler des conclusions quelconques au sujet de ces pratiques, et nous ne prétendons pas non plus avoir un seul instant fait plus qu'effleurer le sujet. Notre opinion, il nous semble, doit être assez nettement indiquée dans le texte. De plus, tout ce que nous pourrions en dire paraîtrait terne à côté de la magnifique sortie suivante de Michelet, qui servira de conclusion à nos observations sur la flagellation prise en tant que grâce divine.

*
* *

« Quoi! lorsque dans les bagnes même, sur des voleurs, des meurtriers, sur les plus féroces des hommes, la loi défend de frapper, — vous, les hommes de la grâce, qui ne parlez que de charité, *de la bonne sainte Vierge et du doux Jésus*, vous frappez des femmes... que dis-je? des filles, des enfants à qui l'on ne reproche après tout que quelques faiblesses.

« Comment ces châtiments sont administrés ? C'est une question encore plus grave peut-être... Quel genre de composition la peur y fait-elle faire? A quel prix l'autorité y veut-elle de l'indulgence ?...

« Qui règle le nombre des coups?... Est-ce vous, Madame l'Abbesse? ou bien le Père supérieur?... Que doit être l'arbitraire passionné, capricieux, d'une femme sur une femme, si celle-ci lui déplaît, d'une laide sur une belle, d'une vieille sur une jeune! On n'ose y penser...

« On a vu des supérieures demander et obtenir plusieurs fois des évêques le changement de confesseur,
sans en trouver d'assez durs, à leur fantaisie. Il y a encore une grande distance de la dureté d'un homme à la
cruauté d'une femme. La plus fidèle incarnation du
diable en ce monde, quelle est-elle à votre avis !... Tel
inquisiteur, tel jésuite? Non, c'est une jésuitesse, une
grande dame convertie, qui se croit née pour le gouvernement, qui, parmi ce troupeau de femmes tremblantes,
tranchant du Bonaparte, use à tourmenter des infortunées sans défense la rage des passions mal guéries! »

UNE FÊTE A SAINT-CLOUD

Sous la Régence, les mœurs avaient atteint un tel degré de dissolution, que les blasés, les « *vannés* » de l'époque s'ingéniaient à découvrir tous les jours de nouveaux stimulants. Il en résultait des orgies dignes de Sardanapale qui réunissaient la fine fleur de l'aristocratie dans des lieux de plaisir où la mise en scène ne le cédait en rien, en tant que pittoresque et charme, aux participants et surtout aux participantes. Le duc d'Orléans tenait la tête dans cette course aux sensations nouvelles et étranges. Secondé par son fidèle ami et confident Dubois — un cardinal, s'il vous plaît ! — il fit revivre la fête des flagellants, comme on en jugera, d'ailleurs, par le passage suivant, tiré des chroniques de l'*Œil de Bœuf,* tome III, p. 23 (Paris, Gustave Barba, 1845) :

« Mme de Tencin, cette religieuse sécularisée dont j'ai déjà parlé, a pris beaucoup d'empire sur le cardinal Dubois ; elle est le canal de ses grâces, s'en attribue souvent le prix et fait les honneurs de sa maison. Son plus grand soin, toutefois, est d'imaginer des divertissements nouveaux pour le régent, qui, à quarante-huit ans, n'est

guère plus amusable que Louis XIV ne l'était à soixante
et dix, tant les sensations sont usées en ce prince.
M. le duc d'Orléans, comme feu la princesse de Lon-
gueville, « n'aime pas les plaisirs innocents », et dès
longtemps a épuisé ceux qui ne le sont pas. Mais
Mme de Tencin a de l'érudition ; on l'a vue feuilleter des
livres grecs et latins pour demander des inspirations à
Laïs, Alcibiade, Cléopâtre, Messaline, Néron. Les annales, les médailles, les pierres gravées ont offert en ce
genre des exemples précieux à la savante antiquaire. Elle
emprunta aux anciens, pour en orner la fête de Saint-
Cloud, des danses où, dépouillant toutes les pompes du
monde, les danseurs figuraient dans ce costume primitif dont la nature fait tous les frais. Ces ballets, que le
régent faisait exécuter par quelques jeunes gens des
deux sexes tirés de l'Opéra, cessèrent bientôt d'attirer le
pacha du Palais-Royal ; il prescrivit au cardinal Dubois
de lui chercher des récréations plus piquantes, et Mme de
Tencin se remit à compulser les fastes des vieux siècles.

« Elle n'avait consulté jusqu'alors que l'antiquité
païenne ; cette fois, ce fut à l'histoire ecclésiastique qu'elle
s'adressa sans être pour cela forcée à une trop brusque
transition. Les fêtes des flagellants frappèrent notre éru-
dite ; les rouées et les beautés complaisantes de la
société secrète du régent étaient capables de se prêter
au renouvellement de ces étranges divertissements, et
les sens émoussés de son altesse royale ne pourraient
manquer d'être exicités par un plaisir si vif. La découverte, d'abord communiquée au cardinal, lui parut plaisante ; il courut au Palais-Royal. Philippe, très occupé
quand Dubois demanda à l'entretenir, lui envoya dire de
remettre l'affaire à un autre moment ; mais le favori insista en faisant répliquer à son altesse royale que l'objet

dont il voulait lui parler était trop important pour être retardé. Le cardinal fut introduit. Le régent était seul; mais Dubois vit en entrant disparaître un coin de robe bleue dans une porte dérobée qui se refermait.

« —C'est donc une grande nouvelle que tu as à me communiquer? dit le duc.

« — Très grande, très curieuse surtout.

« — Venant de Londres, de Madrid, peut-être?

« — Vous aurais-je dérangé si ce n'était que cela?

« — Diable, tu piques ma curiosité; parle vite, que viens-tu m'annoncer?

« — Un plaisir nouveau.

« — Ah, tu as raison, c'est bien plus important qu'une affaire... Et ce plaisir, c'est...?

« — La fête des flagellants renouvelée avec des variantes de ma façon.

« — Bon! ces fanatiques qui se fouettaient jusqu'au sang en manière de récréation?

« — Et qui n'étaient jamais plus puissants que lorsqu'ils s'étaient mis de la sorte aux abois.

« — L'idée n'est pas mauvaise.

« — Tenez, Monseigneur, dit le cardinal en tirant un martinet de dessous sa simarre, voilà le modèle de l'instrument.

« — Ah! morbleu! que ne m'apportais-tu cela un instant plus tôt?

« — Oui, mais votre altesse aurait moins goûté la fête que Broglie, Mme de Tencin et moi préparons pour ce soir.

« — Ah! Mme de Tencin? Je parie que c'est elle qui a renouvelé l'idée des flagellations?

« — Précisément. Cette femme est pleine d'imagination.

« — Et de science. Je veux la faire recevoir à l'Académie des Belles-Lettres.

« — Votre Altesse plaisante, mais elle en serait bien digne. Personne n'a porté plus loin qu'elle la connaissance des mœurs...

« — Qui ne sont pas morales... C'est dommage que ce bel esprit soit une femme; on n'a pas encore vu d'académiciennes.

« — Ma foi, Monseigneur, je suis bien informé des habitudes de Mme de Tencin, on pourrait en faire un académicien.

« — *Gaudeant bene nati*, mon cher Dubois. Revenons à la fête des flagellants.

« — Votre Altesse y viendra.

« — J'y consens, à condition que tu seras de la partie et que nous t'écorcherons.

« — Pourquoi ne m'amuserais-je pas comme un autre ?

« — Et les acteurs seront ?...

« — Tous vos roués.

« — Et parmi les femmes ?

« — Mmes de Gesvres, d'Averne, de Sabran, quelques autres dames de la Cour, et quatre ou cinq personnes de bonne volonté, que la Fillon doit envoyer, les yeux bandés, à Saint-Cloud.

« — J'aime assez cette confusion des rangs... c'est dans le vice que se retrouve l'égalité. Et tu crois que Mmes de Gesvres, d'Averne, de Sabran...

« — Elles ont reçu ce matin, comme toutes nos convives des petits soupers, les martinets que j'ai envoyés à chacun pour s'exercer à l'avance, et ces dames n'ont pas réclamé contre l'envoi.

« — A ce soir donc ».

« Avant onze heures, tous les invités hommes et femmes étaient rendus à Saint-Cloud. Personne ne manquait... Je tire le rideau sur une scène dont les détails ne peuvent découler d'une plume réservée... Le régent, retiré dans un coin avec une de ses favorites, qu'il avait appelée du geste du milieu des flagellants, riait, applaudissait et caressait tour à tour... Le lendemain, Philippe dit à Dubois : « Vraiment, nous avons passé une nuit délicieuse ; il faudra me donner une seconde représentation de cet heureux divertissement. — Je le veux bien, Monseigneur, répondit le cardinal ; nous recommencerons aussitôt que la peau de mes reins sera revenue ».

« Quelques jours après le ballet des flagellants, la Fillon vint au Palais-Royal. Le régent lui demanda comment ses pensionnaires s'étaient trouvées de la fête, et si, malgré la précaution que l'on avait prise de bander les yeux à ces prostituées, elles n'avaient pas reconnu le lieu de la scène. « Non, monseigneur, répondit la courtisane ; elles n'ont pu deviner où elles se trouvaient, mais toutes ont pensé qu'il n'y avait que votre Altesse royale et le cardinal Dubois capables d'imaginer de pareils divertissements ».

On voit que la flagellation licencieuse a occupé une certaine place dans les plaisirs ordinaires de ce prince dissolu, que les folles orgies du temps avaient blasé au point de lui faire rechercher des nouvelles jouissances plus excitantes, toujours et toujours : la flagellation lui fut une agréable diversion et réussit à faire revivre en lui la flamme somnolente de ses passions érotiques.

*
* *

Gayot de Pitaval, dans ses *Causes célèbres*, nous donne encore un exemple de flagellation. Certes, ce fait se produirait de nos jours, qu'il est fort probable qu'on en rirait, et ce serait tout, mais, vers le milieu du xviiie siècle, il produisit une certaine sensation, et fut mis au rang des gros scandales.

Voilà, d'ailleurs, comment s'exprime Gayot de Pitaval à ce sujet :

« Un des objets de l'attention de la justice les plus importans, est la défense du sexe : la foiblesse; la guerre continuelle que fait l'autre sexe, sous le voile de l'amour, à sa pudeur, la gardienne de sa vertu; la nécessité de conserver son honneur pour pouvoir unir deux personnes qui se conviennent, de remplir les vœux de la nature, et de faire durer cette union qui ne s'entretient que par le moyen de l'estime, sont de puissantes raisons qui déterminent la justice à protéger le sexe, à réprimer sévèrement les insultes qu'on lui fait, afin qu'il puisse être dans un abri sûr et inviolable. Son honneur est son bien le plus précieux. Les agrémens, dans celles qui en sont pourvues, sont les plus dangereuses amorces qui conspirent pour lui donner des atteintes; conspirations qu'on pare d'autant plus difficilement, qu'elles sont fondées sur le penchant des deux sexes, et sur les intelligences secrètes qu'ils ont dans le cœur l'un pour l'autre..... On ne sçauroit punir trop rigoureusement celui qui, malgré elle, brave les loix qu'on lui a imposées. L'exemple que la justice doit faire d'un homme effréné qui s'oublie, doit contenir ceux qui voudroient l'imiter.

C'est l'esprit qui a animé l'arrêt qui vient d'être rendu au Parlement, et qui en annonçoit un plus effrayant, si la patrie offensée n'eût pas accepté la voie d'accomodement. »

Et maintenant, passons au fait. Il est intitulé dans l'original : Fille dont l'honneur est outragé cruellement par des voies de fait, qui se pourvoit en justice.

« A cette époque, les lundi et mardi de la Pentecôte, un village voisin de Saumur était en liesse. Une fête s'y donnait sous le patronage du seigneur du lieu. Rien n'y était négligé pour la satisfaction des visiteurs.

« En l'an de grâce 1740, le très libéral seigneur invita à cette fête tout le voisinage, et pria les demoiselles, filles du sieur de la R. V***, d'y venir, en compagnie de la demoiselle Catherine F***, *distinguée par ses agréments* (?) »

On devine ce qui se passa. L'éternelle jalousie entre femmes, la coquetterie s'en mêlant, devait faire de ces jeunes filles, amies à l'arrivée, de mortelles ennemies au retour. C'est ainsi que les demoiselles de la R. V*** s'imaginèrent être éclipsées par Catherine F***, qui attirait tous les regards. Elles revinrent de cette fête avec le dessein bien arrêté de se venger (de quoi? du dépit qu'elles avaient éprouvé, sans doute).

Les parents consultés, loin d'éloigner cette idée enfantine des cerveaux qui l'avaient enracinée, applaudirent et fournirent même le sujet de vengeance :

« Une d'elles écrivit à Catherine F*** de venir à une partie de promenade dans un bois voisin, appelé la Chaboissière, un jour qu'elle lui indiqua. Celle-ci craignit de les désobliger, si elle manquoit à cette invitation. Le jour fixé, les enfants s'arment tous de houssines de chêne,

et de *cizeaux d'écurie,* que leur mère les avoit engagés
de prendre, pour respondre à une idée de vengeance
qu'elle avoit conçue. Vainement un des fils se refusa-t-il
à ces excès qu'on méditoit; plus il témoignoit de répug-
gnance, plus son père employa son autorité, et même
les menaces, pour l'obliger à seconder ses sœurs et son
frère. On verra bientôt de quoi sont capables des filles
qui veulent venger la querelle de leurs appas. Les
enfants se rendent les premiers dans le bois, et ont
grand soin d'en écarter les témoins qui pouvoient les
éclairer et déconcerter leur entreprise; étant maîtres de
la place, ils attendent leur victime. Cependant Catherine F*** se met en chemin. Le cadet vint au-devant
d'elle, dès qu'il la vît; il lui témoigna que son frère et
ses sœurs l'attendoient avec empressement. Elle fut à
peine arrivée, que les deux frères s'emparèrent d'elles,
et pendant qu'elle ne pouvoit leur résister, les deux
sœurs, oubliant la pudeur et l'humanité, la dépouillèrent; et quand elle fut dans cet état, tous quatre à l'envi
signalèrent leur fureur et leur rage, à exercer jusques au
sang les houssines dont ils étoient armés. Ils lui coupè-
rent ensuite ses cheveux avec leurs cizeaux : je tire le
rideau sur toutes les autres indignités qu'ils lui firent
essuyer. On n'imagine point les excès que la licence et
la vengeance inspirent à une jeunesse déréglée. »

Catherine F***, retirée près de sa mère, se refusait à
porter plainte, et ce pour deux raisons. D'abord, que ne
coûte-t-il pas à une jeune fille de faire le détail des outrages faits à la pudeur? En faire le récit, c'est, lui semble-
t-il, les essuyer une seconde fois.

La seconde raison était également importante. La
justice ne condamne pas sans preuves, et aucun témoin
n'avait assisté à l'outrage.

Mais, heureusement, l'imprudence de ses adversaires vint à son aide. Au lieu de faire le plus grand silence autour de leur crime, ils le publièrent et s'en firent gloire.

En peu de temps il fut connu de tous, et Catherine F***, après hésitation, déposa sa plainte.

Nous ne rendrons pas compte de ce procès dans tous ses détails. Un seul point eut une certaine importance. Le père et la mère des accusés, pour éluder l'accusation, présentèrent à la cour une requête de plainte de rapt de séduction, prétendu commis par Catherine F*** envers les deux fils; et sur cette requête ils obtinrent un arrêt. L'enquête n'aboutit pas et les accusés furent déboutés de leur plainte.

Voici l'arrêt qui fut rendu, le 12 août 1741:

*La Cour reçoit Catherine F*** opposante à l'arrêt du 15 mars dernier faisant droit sur son opposition, ensemble, sur son appel, a mis et met l'appellation, et ce dont a été appelé, au néant : émendant, déclare la procédure nulle, renvoye Catherine F*** de l'accusation intentée contre elle, condamne les sieurs et dame de la R. V*** père et mère solidairement en deux mille livres de dommages et intérêts, et aux dépens, aussi solidairement. Faisant droit sur l'appel interjetté par les sieurs de la R. V***, père, mère et enfans, a mis, et met l'appellation au néant, avec amendes. Reçoit le Procureur général appelant des decrets d'assignés pour être ouïs décernés contre le père et la mère et d'ajournemens personnels décernés contre les enfans. Faisant droit sur son appel a mis et met l'appellation, et ce dont a été appellé, au néant : émendant, renvoye la mère en état d'ajournement personnel, le père et les enfans en état de prise de corps, pour leur procès leur être fait et* *parfait par le Lieutenant-criminel d'Angers, jusqu'à sentence définitive, sauf l'exécution, s'il en est appelé, permet audid juge de se transporter partout où besoin sera, même hors l'étendue de son ressort. Condamne le père, la mère et les enfans solidairement aux dépens.*

LES NUITS VÉNITIENNES

Comme nous avons eu l'occasion de le dire ailleurs, la flagellation n'a pas seulement servi d'échappatoire au fanatisme religieux, aux époques même les plus reculées : des passions inavouables et inavouées ont trouvé dans cette pratique un moyen d'assouvir ce besoin inné chez l'homme de jouir, malgré et contre tout, de sensations extraordinaires, barbares mêmes. Napoléon a dit autrefois qu'en grattant le Russe on retrouverait toujours le Cosaque et Zola n'a pas eu de peine à démontrer qu'au fond de l'âme humaine sommeillait toujours cet instinct bestial qui nous met au premier rang des animaux, seulement parce que nous savons exploiter avec plus d'intelligence nos tendances au libertinage et employer des moyens plus raffinés pour nous procurer ces jouissances charnelles que les bêtes se contentent de goûter simplement et sans artifice dans la mesure des moyens dont la nature les a dotés.

Nous n'en voulons pour preuve que le récit suivant qui nous est adressé par un de nos correspondants, en les affirmations duquel on peut avoir pleine et entière foi. Les faits relatés ci-dessous remontent à quelques années seulement et ont eu pour théâtre l'une des villes les plus célèbres d'Italie; nous avons nommé **Venise**.

« Je venais de rentrer chez moi, après une promenade en gondole sur le canal Grande et une courte visite à mes petits amis les pigeons de la place San Marco, lorsque le concierge de l'hôtel m'avertit qu'un monsieur demandait à me voir. Et, tout en parlant, il me présentait un bristol sur lequel je lus à ma grande surprise le nom d'un dessinateur de talent que j'avais connu à Paris, puis revu un peu plus tard à Marseille, un charmant garçon d'ailleurs, qui, en sa qualité de Vénitien, pouvait m'être d'une inappréciable utilité dans mes pérégrinations à travers la ville des Doges.

« Je m'empressai de me rendre au salon où m'attendait le visiteur.

« Point n'était besoin, évidemment, de renouer connaissance. Une cordiale poignée de main, quelques mots de bienvenue et un bon fauteuil au coin du feu flambant dans la cheminée — car nous étions en hiver — nous mirent tout de suite à l'aise. Après quelques instants d'entretien banal, mon ami me demanda comment je trouvais Venise, et comme je lui exprimai toute la satisfaction que j'avais jusqu'alors éprouvée de mon séjour dans les murs — il est un peu risqué de parler de murs dans une ville que seule l'eau entoure d'une enceinte, — dans les murs, dis-je, de Venise, il me posa à brûle-pourpoint cette question : — « Et vos soirées, comment les passez-vous? — Ma foi, répondis-je, mes soirées sont bien ternes, on ne peut guère s'amuser quand on est seul et que l'on ne sait où diriger ses pas... Les théâtres ne me disent rien. Les cafés chantants non plus. Les affiches sont d'une banalité désespérante et quand ce n'est pas la *Cavaleria Rusticana* que l'on joue, ce sont les *Huguenots*, quand ce ne sont pas les *Huguenots*, c'est la *Traviata* ou *la Juive*, parfois même la *Gran Via;* en somme, de vieilles rengaines qui me sont archi-connues. Je voudrais bien voir quelque chose de nouveau, mais à part les promenades nocturnes et amoureuses sur le grand canal, à grand renfort de lanternes vénitiennes, même par ce temps d'hiver, — il est vrai que les amoureux ne craignent pas les intempéries, — je ne vois rien qui puisse me sourire. — Qu'à cela ne tienne, répliqua mon ami. Si vous voulez bien, je vous conduirai ce soir dans un théâtre où, très probablement, vous n'avez pas mis les pieds encore, un théâtre où l'on joue des pièces improvisées. Mais, pour y aller, il faut pouvoir montrer patte blanche et se soumettre à certaines conditions, nullement difficiles à remplir ou vexatoires, mais qui sont une condition *sine qua non* d'admission. Il s'agit de savoir si vous voulez de moi comme *cicerone?*

« — Je veux bien, à la condition qu'il y ait quelque chose d'intéressant à voir, car je commence à en avoir assez de la banalité obsédante des souvenirs historiques et de la décrépitude des antiquités.

« — Soyez sans crainte, je vous montrerai quelque chose qui en vaut la peine, un spectacle que vous n'oublierez pas de sitôt. Je viendrai vous prendre vers huit heures et demie. Soyez prêt! — C'est entendu, à huit heures et demie donc !...

« Sur ce, mon ami me quitta et, à l'heure dite, il vint me chercher.

« Notre première halte fut devant un magasin assez luxueusement tenu, bien achalandé et sur la devanture duquel s'étalait en grosses lettres jaunes sur fond noir : *Parruchiere,* et au-dessous, en lettres plus petites et d'un bleu criard : « Coiffeur de Paris ». Le nom de l'honorable exerçant, Giovanni Tagliatesta, m'en disait suffisammet long sur le parisianisme de ce raseur qui devait l'être à double titre s'il ressemblait à ses confrères, et par la langue, et par son instrument de travail. J'en étais à me demander ce que pouvait bien vouloir chez le coiffeur mon ami, lorsqu'il me pria de l'attendre un instant, tandis que lui-même entrait délibéremment chez le disciple de Figaro. Mon attente fut de courte durée. Mon cicerone ressortit bientôt, muni d'un petit paquet dont le contenu était soustrait à mes regards par une enveloppe de papier de soie rose. « Que diable apportez-vous là ? demandai-je intrigué. — Ça, me répondit-il, ce sont des *loups*, des masques si vous préfèrez. Ils nous sont indispensables, car, d'après les règlements, nous ne saurions être admis dans la salle de spectacle ou je vous mène que masqués. Et certainement, vous ferez comme tout le monde et vous ne vous en plaindrez pas ! »

« Ma curiosité, je l'avoue, était à ce moment-là excitée à un haut degré. J'accablai mon ami de questions, mais en vain. Il jouait de mystère et ses réponses ne me satisfirent nullement. A la fin, nous arrivâmes devant une maison de modeste apparence, que rien ne distinguait de celles qui l'entouraient. « Nous voici arrivés, dit mon ami. — Comment ! m'écriai-je, c'est là le théâtre dont vous me parliez ? Mais il ne peut y avoir de théâtre ici ! — Chut, dit-il en mettant un doigt sur ses lèvres, il est absolument inutile de vous faire remarquer. Suivez-moi. » L'aventure devenait intéressante. Je suivis donc mon aimable conducteur dans un sombre couloir au bout duquel se trouvait une porte massive sur laquelle il se mit à tambouriner avec un rythme particulier. Quelques secondes s'écoulèrent, après lesquelles la porte s'ouvrit doucement, nous livrant passage dans une vaste antichambre-salon où se mouvaient en un désordre bizarre une trentaine de personnes, toutes en grande toilette. Il y avait là des femmes en satin et en soie, outrageusement décolletées, avec, sur leurs poitrines nues, des rivières de diamants et de perles ; des hommes, en habit et cravate blanche, avec des souliers vernis et d'autres d'allure plus modeste. Mais il m'aurait été difficile de distinguer un seul visage : tout le monde était masqué, comme nous, d'ailleurs, qui avions ajusté nos loups avant d'entrer. Mon ami s'avança vers un bureau-comptoir pour prendre des billets. Les places — à mon avis — étaient un peu chères : 20 francs ! Quel spectacle nous attendait donc, quels mystères allaient se dérouler sur cette scène dont je m'efforçais en vain de deviner l'emplacement ? Je me laissai aller à mille conjectures, mais je ne pressai plus de questions le jeune Vénitien, mon ami, parce que j'avais compris qu'il voulait me réserver une surprise. D'autre part, je le connaissais trop bien pour supposer un seul instant qu'il m'eût conduit dans un lupanar quelconque. La société qui nous entourait, les dames surtout me tranquillisaient de ce côté…

« Nous sommes en avance, me dit mon compagnon. Le spectacle ne commence qu'à neuf heures et demie ce soir ; patientons donc ! »

« Il pouvait être neuf heures et demie lorsqu'une porte dissimulée jusqu'alors par d'épaisses tentures, s'ouvrit à deux battants, nous livrant accès dans une salle brillamment éclairée et très luxueusement aménagée : C'était une salle de spectacle parfaite, avec loges, balcons, parterre et fauteuils. Rien, absolument, ne la distinguait d'un théâtre quelconque, si ce n'était l'absence totale de sièges inconfortables et de places vulgaires : l'endroit était éminemment *select*.

« Une petite cloche, comme celle d'un hameau de village, se mit à tinter et, comme par enchantement, la salle fut plongée dans l'obscurité. Alors s'éleva une musique douce et mélancolique d'abord très lente, puis peu à peu augmentant d'intensité, et, finalement, atteignant un diapason extraordinaire. C'était entraînant : la musique remuait, devenait voluptueuse et, dans cette mystérieuse pénombre, nous faisait l'effet d'un concert infernal, aux séduisantes harmonies. Il n'y a rien de tel que d'entendre un orchestre invisible jouant, dans l'obscurité, des mélodies... lascives, si ce mot peut s'appliquer à un égrènement de notes voluptueuses dans un ambiant bien fait pour tendre à l'extrême les nerfs et surexciter les attentes.

« Nous avions pris place dans les premiers rangs de fauteuils, placés néanmoins à une certaine distance de la scène qui se détachait au fond de la salle dans un encadrement de plantes exotiques et de guirlandes de fleurs aux chatoyants contours.

« L'assistance était relativement peu nombreuse. Malgré les masques, beaucoup de spectateurs semblaient se connaître entre eux et il était facile de se rendre compte qu'ils devaient être des habitués ou, si l'on peut dire ainsi, des abonnés.

« Je n'avais pu tirer de mon complaisant ami le moindre renseignement sur le genre de spectacle auquel nous allions assister. Je savais bien que la représentation devait sortir de la banalité et, quoique les suppositions les plus diverses m'eussent traversé l'esprit, il ne m'était pas venu à l'idée de m'imaginer ce qui advint.

« Une obscurité profonde régnait dans la salle où se trouvaient les spectateurs et les masques devenaient

pour ainsi dire inutiles. La scène elle-même était éclairée
d'une lueur très douce et harmonieuse qui se mariait
admirablement bien au vert du feuillage.

« Comme dans un théâtre ordinaire, les trois coups du
régisseur retentirent et l'orchestre entonna une marche
à cadence rythmique très entraînante, quoique de mé-
lodie plutôt langoureuse.

« Un groupe d'une dizaine de jeunes filles, aux magnifiques chevelures blondes, aux minois adorables, magni-
fiquement travesties en bayadères, firent leur entrée sur la
scène, avec un balancement de hanches et de gracieuses
inclinaisons de leurs corps que l'on devinait souples et
voluptueux, sous les amples plis des soies et des satins.

« Les pantalons très larges, serrés tout bas aux fines
chevilles, bouffaient comme emplis de vent. Les corsages,
modestement et très discrètement entr'ouverts pour laisser tout juste apercevoir la naissance d'un cou très blanc,
très laiteux, avaient des manches d'une ampleur extraordinaire qui permettaient à chaque mouvement des jeunes filles, quand elles levaient leurs tambourins et les se-
couaient au-dessus de leurs têtes ornées de diadèmes de
perles et de sequins, d'admirer des bras potelés et d'un
galbe exquis.

« Elles s'avancèrent ainsi jusqu'aux feux de la rampe,
puis, avec une savante évolution, toujours dansant, elles
se rangèrent sur la gauche de la scène, chacune comme si
elle avait voulu se cacher derrière l'un des palmiers à
éventail qui formaient le centre des petits massifs d'ar-
bustes. Alors un nouveau groupe de jeunes filles, tout
aussi nombreux, apparut. Elles avaient toutes d'aussi
beaux cheveux que les premières, mais noirs comme du
jais. Leur visage était hâlé, comme celui des Andalouses,
et, sur leurs joues, un rouge sombre et vif, qui dénotait

chez elles un sang ardent et passionné, donnait encore plus d'éclat à la fulgurance de leurs yeux, dont les prunelles brillaient comme des charbons ardents dans la nuit.

.« Elles revêtaient un costume rouge assez bizarre, mais à coup sûr de haute fantaisie : on aurait pu les prendre aussi bien pour des Walkyries de Wotan que pour des amazones assyriennes. Il y avait dans ce costume un peu de tout, de la reine de Saba et de la Messaline, de la Cléopâtre et de la Pallas–Athèné armée de pied en cap.

« Elles exécutèrent la même manœuvre que les premières venues et allèrent se poster dans les massifs du côté opposé de la scène.

« Alors, une troisième fois dix jeunes filles s'amenèrent, produisant, sous les réflecteurs électriques, l'effet de dix rayons de soleil. Elles étaient rousses comme les blés mûrs, de ce roux doré et chatoyant qui, encadrant un visage, accentue la pâleur d'une peau déjà diaphane, marbrée par-ci par-là de petits points jaunes comme d'infiniment petites étoiles brillant dans la voie lactée.

« Je ne pus réprimer une petite exclamation que m'arrachait l'admiration provoquée chez moi par l'apparition de ces jeunes filles dont la plus âgée pouvait bien avoir tout au plus atteint sa vingtième année. Elles étaient évidemment choisies entre beaucoup, car il ne m'avait encore été donné de voir dans aucun corps de ballet un assemblage aussi parfait de statues vivantes, et de statues qui réellement auraient, pour leur impeccable plastique, fait la gloire du sculpteur qui les avait créées.

« Elles étaient travesties en Dianes chasseresses, armées de l'arc et portant sur leur chevelure d'or un magnifique croissant d'argent, incrusté de pierreries.

« Leur costume faisait ressortir l'élégance de leurs formes, la parfaite harmonie dans l'ondulation des hanches et des reins et les délicieuses rotondités d'un corps fait dans son entier au moule.

« Maintenant commença une danse bizarre, à laquelle prenaient alternativement part les jeunes filles de chaque groupe. La musique d'abord lente s'anima peu à peu, devint plus chaleureuse, augmenta d'intensité, tourna au galop, jusqu'à ce que les danseuses, entraînées dans un tourbillon échevelé, s'effondrèrent dans les massifs de verdure, harassées, exténuées.

« A ce moment, un groupe nombreux fit irruption sur la scène. Ce pouvaient être de vingt-cinq à trente jeunes gens, très richement vêtus de costumes vénitiens de l'époque des Doges, et portant tous au côté une élégante épée et sur le visage un masque de velours noir, garni de dentelles blanches.

« Ils s'arrêtèrent comme en extase devant les jeunes filles lascivement étendues à terre, puis, rompant le silence qui avait été observé jusqu'alors, ils engagèrent avec les jolies coryphées des dialogues dont la lasciveté empêche la reproduction. Les propositions les plus saugrenues, les plus indécentes furent faites aux jeunes femmes avec accompagnement de force compliments sur leurs beaux cheveux, leurs yeux de flamme, etc. Mais les jeunes filles firent mine de ne rien vouloir entendre et se prirent à s'enfoncer de plus en plus dans les buissons.

« Un des membres de la compagnie figurant les seigneurs vénitiens, — j'ai appris plus tard que quelques jeunes gens de la haute noblesse se trouvaient parmi eux, — s'avança alors et à haute voix s'écria :

« — Messeigneurs! nous sommes venus pour nous baigner dans le lac enchanté du bois ! Tudieu, puisque le ciel nous envoie des nymphes, nous ne nous baignerons pas seuls ! Apprêtons-nous pour le bain, et si les déesses se rebiffent, nous les forcerons bien à nous rejoindre. Dixi ! ».

« Il ne fallut que quelques minutes aux acteurs de cette scène, pour se dépouiller de tous leurs vêtements et pour se trouver en costume d'Adam en face du public, où commençait à se manifester, surtout parmi les dames, une certaine émotion mal contenue. A mes côtés une mystérieuse masquée haletait et donnait des signes évidents d'excitation nerveuse.

« J'allais oublier de dire que ces beaux seigneurs avaient ceci de différent avec le père Adam, qu'ils avaient gardé leurs masques noirs, ce qui ajoutait encore à l'étrangeté de leur apparition.

« Une fois prêts *à aller au bain*, comme s'était exprimé leur chef de file, chacun des acteurs se mit à poursuivre, à travers la vaste scène et les massifs de verdure, celle d'entre les jeunes filles sur laquelle il avait jeté son dévolu. Aux sons cadencés de la musique de plus en plus entraînante, une folle sarabande, une course au clocher échevelée s'engagea entre les jeunes filles qui avaient l'air de fuir éperdument et leurs poursuivants qui les harcelaient maintenant de très près.

« A un moment donné, chaque jeune fille sortit d'un arbuste une longue verge de noisetier et se mit à se défendre avec, la faisant claquer sur la peau nue de son persécuteur qui s'éloignait de quelques sauts pour la rejoindre de nouveau puis s'éloigner encore. Ce chassé-croisé dura quelque temps, puis, tout à coup, changeant de tactique, à chaque coup reçu, les jeunes baigneurs arrachèrent à celle qu'ils poursuivaient une partie de son vêtement : une manche, un revers de la jaquette, un lé du pantalon — je sus plus tard que les coutures, préparées d'avance à cet effet, ne tenaient qu'à un fil — et l'on vit apparaître tour à tour des bras, des jambes, des seins, des torses, des derrières, des dos, blancs, grassouillets, appétissants et excitants au possible, jusqu'à ce que, finalement les jeunes filles, qui, elles, n'étaient pas masquées, se trouvèrent dans le même état que Vénus naissant des flots. Entre temps la flagellation se continuait, l'ardeur des jeunes femmes croissait, tandis que chez les hommes les désirs semblaient avoir atteint leur paroxysme.

« Soudain la toile du fond se sépara en deux et la scène se trouva transformée en parc, tapissé, comme avec de la mousse, d'une moelleuse couche de peluche verte. Au fond, sortant d'une grotte, se déversait dans un large réservoir rocailleux une claire cascade aux notes argentines.

« Alors, avec une voluptueuse ivresse, les jeunes gens s'entrelaçant, se laissèrent tomber qui sur la mousse fictive, qui dans l'eau, et tandis que la salle haletante, surexcitée au dernier degré par un spectacle bien fait pour tendre à l'extrême tous les nerfs du corps humain, se levait, — une orgie indescriptible se déroulait sur la scène... avec tous les détails de la plus lascive dépravation...

« Cinq minutes après le rideau tombait... Il n'était que temps car l'émotion sensuelle produite par ce spectacle d'un naturalisme inouï aurait pu avoir de bien funestes conséquences.

« Plus tard, j'appris que Venise n'avait pas le monopole de ce genre de spectacle et que Verona et Bologne étaient aussi bien partagées sous ce rapport — sinon mieux... »

LA FLAGELLATION

AU POINT DE VUE RELIGIEUX

LA SECTE DES FLAGELLANTS

Nous avons vu les pratiques de la flagellation attachée
à la religion prenant leur origine chez les nations païennes
et adoptées ensuite par l'Église chrétienne, pour faire
partie de son système de pénitence. Pratiquée d'abord
çà et là par des ermites, qui menaient une vie de soli-
tude et de mortification, la flagellation s'étendit dans
l'Église, et eut une prise profonde sur l'esprit du peuple,
jusqu'à atteindre son point culminant vers le milieu du
XIIIe siècle, amenant la constitution de confraternités
pour la pratique régulière et publique de la fustigation.
Cette secte fit sa première apparition en Italie en 1210, et
voici ce que le moine Saint-Justin de Padoue nous en dit
dans son *Chronicon Ursitius Basiliensis* : « A cette époque, l'Italie entière étant souillée de crimes de toutes
sortes, les habitants de Pérouse furent saisis d'une superstition subite, jusqu'alors inconnue du monde, et après
eux les Romains, et ensuite presque toutes les nations
de l'Italie; ils étaient affectés de la crainte de Dieu, à
tel point, que des nobles aussi bien que des roturiers,
jeunes et vieux, des enfants de cinq ans même, se promenaient tout nus par les rues, sans aucun sentiment de

honte, cheminant en public, par deux, comme dans une procession solennelle. Chacun d'eux tenait à la main une discipline, faite de lanières de cuir, et avec pleurs et gémissements ils se flagellaient mutuellement le dos, jusqu'à faire couler le sang. Pleurant tout le temps et affichant l'affliction la plus profonde, comme s'ils avaient été réellement eux-mêmes spectateurs de la passion de notre Sauveur, ils imploraient le pardon de Dieu et de sa Mère, en le suppliant, Lui, qui avait été apaisé par le repentir de tant de pécheurs, de ne pas leur refuser cette grâce. Non seulement pendant le jour, mais pendant des nuits entières même, des centaines, des milliers et des dix milliers de ces pénitents couraient, malgré la rigueur de l'hiver, à travers les rues, et se rendaient dans les églises, des cireges allumés à la main, précédés de prêtres qui portaient des croix et des bannières et se prosternaient humblement devant les autels : les mêmes scènes se répétaient dans les villes et dans les villages, de sorte que les montagnes et les plaines semblaient partout résonner de la voix des hommes qui imploraient Dieu!.. Les instruments de musique avaient cessé de se faire entendre et avec eux les chants d'amour... La seule musique qui retentissait dans les villes comme dans les campagnes, c'était la voix lugubre du pénitent, dont les tristes accents auraient pu émouvoir des pierres : et même les pécheurs endurcis ne pouvaient refouler leurs larmes. Et cet esprit général de dévotion n'épargnait pas les femmes : car non seulement chez le bas peuple, mais aussi chez les matrones et les jeunes patriciennes les mêmes mortifications s'accomplissaient en famille. Ceux qui en ce temps étaient désunis se réconcilièrent. Les usuriers et les voleurs se hâtèrent de restituer à leurs légitimes propriétaires leurs biens mal acquis; d'autres,

qui étaient souillés de différents crimes, les confessèrent
humblement et renoncèrent à leurs vanités. On ouvrit
les geôles et les prisonniers furent mis en liberté, et on
permit aux gens exilés de rentrer chez eux. Tant et de
si grandes œuvres de sainteté et de charité chrétienne
étaient accomplies par les hommes comme par les femmes, qu'il semblait que l'humanité entière avait été saisie
subitement d'une peur universelle : on paraissait redouter un cataclysme final ; on aurait dit que l'on s'attendait à la vindicte divine et que les crimes des hommes
allaient recevoir le juste châtiment que leur réservait
Dieu dans son courroux.

« Un tel repentir général et subit qui s'était étendu sur
toute l'Italie, et avait même gagné d'autres pays, ne provoquait pas seulement l'admiration des illettrés, mais
aussi celle des savants. Ces derniers se demandaient
d'où pouvait provenir une aussi ardente ferveur, une
aussi profonde piété, d'autant plus que les pénitences
publiques et les cérémonies de ce genre étaient presque
inconnues dans les temps anciens, et que, par la suite
même, elles n'avaient pas été approuvées par aucun souverain pontife, ni recommandées par aucun prédicateur,
ni personnage éminent, mais avaient pris inopinément
leur origine chez des gens simples, dont l'exemple avait
été suivi plus tard par les savants et les lettrés. »

On prétend que l'initiateur des processions solen-
lennelles des flagellants avait été saint Antoine. Il est
établi que la secte fut réorganisée en Italie en 1260 par
Rainer, un ermite de Pérouse qui trouva rapidement des
adhérents un peu partout en Italie. En effet, leur nombre
atteignit rapidement dix mille, qui se promenèrent partout, conduits par des prêtres portant des bannières et
des croix. En 1261, ils traversèrent les Alpes pour se

répandre en Allemagne ; ils se montrèrent en Alsace, en Bavière, en Bohême et en Pologne et y trouvèrent beaucoup d'imitateurs.

Malgré l'opposition des différents gouvernements, les doctrines des flagellants se propagèrent à travers l'Europe, et, en 1349, alors que la peste faisait rage en Allemagne, ils apparurent dans ce pays. D'après la chonique d'Albert de Strasbourg, deux cents flagellants se rendirent de la Souabe à Spire, sous la conduite d'un chef principal et de deux subordonnés, aux ordres desquels ils obéissaient implicitement. Les populations vinrent en foule à leur rencontre. Leur façon de procéder était la suivante : Se plaçant à l'intérieur d'un grand cercle tracé sur le sol, ils se mettaient à nu, ne laissant qu'un linge autour de leurs reins. Alors, les bras étendus en croix, ils se promenaient pendant un certain temps autour du cercle, se prosternant finalement par terre. Au bout d'un certain espace de temps, ils se relevaient et commençaient à se frapper mutuellement avec une discipline dont les lanières étaient garnies de nœuds et de quatre pointes en fer. Ils réglaient les coups au rythme des psaumes. A un signal donné, la flagellation était arrêtée. Ils se jetaient alors à genoux, et ensuite à terre, en gémissant et en pleurant.. Après s'être relevés, le chef leur adressait une courte allocution, les exhortant d'implorer la miséricorde divine pour leurs bénéfacteurs ainsi que pour les âmes au purgatoire. Alors avait lieu une autre prosternation et, après cela, une nouvelle flagellation. Puis venait le tour de ceux qui avaient eu la garde des vêtements qui se soumettaient en tous points aux mêmes opérations.

Un autre auteur décrit graphiquement leur façon d'opérer : — « La pénitence se faisait deux fois par jour :

le matin et le soir, les Flagellants s'en allaient par couples,
entonnant des psaumes au son des cloches, et, en arrivant sur le lieu de la flagellation, ils se mettaient à nu
jusqu'à la ceinture et ôtaient leurs souliers, ne portant
plus qu'une espèce de jupe en toile qui les enveloppait
de la ceinture jusqu'aux pieds. Ils se couchaient ensuite
par terre en un large cercle en différentes positions, selon
la nature du crime qu'ils avaient commis : l'adultère, la
face contre le sol; le parjure, sur le côté, élevant trois
doigts en l'air, etc. Ils étaient alors fustigés, chacun plus
ou moins, par le chef, qui leur donnait ensuite l'ordre
de se relever en employant pour cela des formules spécialement prescrites :

> Stant uf durch der reinen martel ere ;
> Und hüte dich vor der Sünden mere [1].

Là-dessus, ils se flagellaient réciproquement en chantant des psaumes et donnant cours à de bruyantes supplications pour éloigner la peste, à grand renfort de
génuflexions et d'autres simagrées dont les écrivains de
l'époque font des descriptions diverses. Il y avait dans
leurs rangs des paysans aussi bien que des prêtres, des
gens instruits et des ignorants. Ils affirmaient tenir leur
autorité d'une lettre apportée par un ange à l'Église de
Saint-Pierre à Jérusalem : cette lettre déclarait que
Jésus-Christ était offensé des péchés qui prévalaient à
cette époque — en particulier, de la non observation du
sabbat, du blasphème, de l'usure, de l'adultère et de la
négligence à observer les jeûnes precrits. Ayant imploré
le pardon de Jésus-Christ par l'entremise de la Sainte

---

1. Lève-toi, assaini par le pur martyre,
    Et garde-toi du péché à l'avenir.

Vierge et des anges, il leur aurait été enjoint de vivre exilés de leur pays pendant trente-quatre jours et de se fouetter pendant ce temps afin de rentrer en grâce. Les habitants de Spire firent preuve à l'égard de la secte d'une grande hospitalité; mais ne voulurent accepter de cadeaux que pour se munir de cierges et de bannières. Ces dernières étaient en soie de couleur pourpre et on les portait pendant les processions. Ils firent environ cent recrues à Spire, et, à Strasbourg, près de mille nouveaux adhérents vinrent renforcer leurs rangs après avoir accepté les règlements aux termes desquels il fallait que chacun pût dépenser au moins quatre deniers par jour, qu'il déclarât qu'il avait confessé ses péchés, qu'il pardonnait à ses ennemis et qu'il avait obtenu le consentement de sa femme. Les Frères de la Croix, comme on les appelait, ne devaient pas chercher à se loger gratis, ni même à entrer dans une maison sans y avoir été invités ; il leur était interdit de causer avec des femmes; et, s'ils violaient ces règlements ou agissaient sans discrétion, ils étaient obligés de se confesser au Supérieur qui les condamnait à recevoir plusieurs coups de fouet.

Hecker, qui ne semble pas avoir eu connaissance de l'existence de cette secte à une époque plus reculée, donne l'explication suivante de leur seconde apparition dans son *Épidémie du mariage*. Il dit : « Tandis que tous les pays retentissaient des lamentations, des cris de douleur, il se forma en Hongrie et ensuite en Allemagne la confraternité des flagellants appelés aussi *Frères de la Croix* ou *Porteurs de Croix*, qui prirent sur eux-mêmes de faire pénitence pour le peuple et pour la rémission des péchés qu'ils avaient commis et offraient des prières et des supplications pour éloigner la peste. Cet ordre se composait principalement de gens de la plus basse classe qui étaient ou poussés par une contrition sincère, ou qui saisissaient avec joie ce prétexte pour ne rien faire et qui, saisis par la contagion, s'étaient à leur tour lancés à corps perdu dans ce tourbillon de folle frénésie.

Mais, à mesure que cette confraternité, dont la réputation grandissait, était accueillie par le peuple avec vénération et enthousiasme, beaucoup de nobles et d'ecclésiastiques se rangèrent sous sa bannière et leurs rangs s'augmentaient souvent d'enfants, de femmes honorables et de nonnes, tellement les tempéraments les plus hétéroclites se trouvaient sous l'influence de cette infatuation. Ils marchaient à travers les cités dans des processions bien organisées, précédés de leurs chefs et des chanteurs ; leur tête était couverte jusqu'aux yeux, leurs regards étaient fixés à terre ; ils donnaient tous les signes de la plus profonde contrition et de deuil. Ils étaient revêtus de sombres vêtements avec des croix rouges sur la poitrine, sur le dos et sur leur coiffure, et portaient des fouets à trois lanières avec trois ou quatre nœuds dans lesquels étaient fixées des pointes en fer. Devant eux on portait des cierges et de magnifiques bannières en velours et en drap d'or ; partout où ils faisaient leur apparition, on les accueillait au son des cloches et les foules venaient de très loin pour écouter leurs hymnes et assister avec dévotion et tout en pleurs à leurs pénitences. En 1349, deux cents flagellants entrèrent à Strasbourg où ils furent accueillis avec une grande joie ; on leur fit la plus large hospitalité et ils furent logés aux frais des citoyens. Plus de mille personnes vinrent se joindre à la confraternité qui prit dès lors l'apparence d'une tribu nomade qui se sépara en deux corps, l'un se dirigeant vers le nord et l'autre vers le sud.

Tel était l'enthousiasme qu'ils provoquaient, que

l'Église se trouva menacée, car les deux partis étaient si nettement en contradiction qu'ils s'excommuniaient mutuellement. Les flagellants prirent possession des églises, et leurs nouveaux chants, qui furent bientôt connus, influaient fortement sur l'esprit du peuple. Leur principal psaume, qui était chanté à cette époque en différents dialectes partout en Allemagne, était rempli de sentiments pieux, et bien fait pour favoriser le fanatisme qui régnait alors. Ils essayèrent à quelques reprises de faire des miracles, comme à Strasbourg, où ils tentèrent, dans leur propre milieu, de ressusciter un enfant mort. Mais ils ne réussirent pas et leur échec leur causa un grand préjudice. Malgré cela, ils réussirent par-ci, par-là à maintenir quelque confiance en la sainteté de leur mission en prétendant pouvoir chasser les mauvais esprits. Les membres les plus éclairés du clergé étaient opposés à ces flagellations publiques. Le pape Clément VI (élu en 1332, mort en 1352) lança une Bulle contre eux ; et les évêques en Allemagne confirmèrent le bref apostolique, en défendant aux flagellants de former des associations dans leurs diocèses. Vers cette époque, la prédication d'un frère dominicain de Bergame, nommé Venturinus, amena environ dix mille personnes à entreprendre un nouveau pèlerinage. Ils se fouettèrent dans les églises, et on les traita sur les places du marché aux frais des villes. A Rome, le moine Venturinus fut bafoué, banni par le pape, et condamné à se retirer dans les montagnes de Ricondona. Ainsi combattue, la secte s'éteignit momentanément; mais elle fut rétablie en 1414, sous la conduite d'un nommé Conrad qui, ainsi que ses prédécesseurs, prétendit avoir reçu une révélation divine avec mission de faire pratiquer les flagellations publiques.

Conrad prétendait que le prophète Énoch et lui-même n'étaient qu'une seule et même personne; que les Flagellants étant établis, il plaisait à Dieu d'abolir la papauté; et qu'il n'y avait point de salut que par le moyen du nouveau baptême de sang, c'est-à-dire par l'action de la flagellation. Cette fois, l'Inquisition prit parti contre la secte, et, après une grande enquête sur les accusations portées contre eux, quatre-vingt-onze des leurs furent brûlés à Sangenrhusen, et en un grand nombre d'autres endroits. On voit quelles profondes racines cette folie avait jetées dans le peuple, par la déposition d'un citoyen de Nordhausen (1446), dont la femme, croyant accomplir un acte chrétien, voulait fouetter ses enfants dès qu'ils avaient été baptisés.

Les persécutions affaiblirent mais ne réussirent pas à détruire la secte des flagellants, et, quoique disparaissant en Allemagne, nous la retrouvons pratiquant ses rites, mais ne prétendant plus avoir une mission spéciale, en France, en Espagne et au Portugal.

Au xvi⁰ siècle, on vit se créer en France un grand nombre de compagnies de Flagellants et de Pénitents, qui se divisaient en pénitents blancs, noirs et rouges. Ils étaient plus nombreux dans le sud du royaume; mais la capitale même n'avait pas échappé à la contagion. En 1574, il arriva ce fait inouï que la Reine mère se mit à la tête des pénitents noirs : elle prit une part active aux cérémonies habituelles de la confrérie, qui avait, tant à Avignon qu'à Lyon et à Toulouse, de solides ramifications. Paris non plus n'était pas resté en arrière et payait tribut à la flagellation. Le roi de France, Henri III, alla même jusqu'à prendre les nouvelles sectes sous son haut et puissant patronage. Il s'était non seulement fait admettre comme membre honoraire, mais avait pris également, par la suite, une part active aux processions.

La première assemblée générale eut lieu lors du Grand Jubilé de 1575 : toute la cour y fut conviée ; mais on ne permettait à aucune femme d'y paraître — le roi ne les aimait pas. — Catherine de Médicis fut, par conséquent, obligée de fouetter les dames de sa cour avec les portes fermées. Les Parisiens trouvèrent toute l'affaire bien amusante et en firent pas mal de gorges chaudes ; le roi lui-même n'échappa pas à leurs satires. On l'affubla du sobriquet de *Père conscrit des blancs battus*. Au commencement de l'année 1585, le jour de l'Annonciation, il fonda une nouvelle confrérie de Pénitents blancs, qui compta dans ses rangs bon nombre de courtisans distingués et de notables citoyens.

Une procession fastueuse préluda à la constitution de la néo-confrérie. Elle eut lieu le 25 mars, fête du saint patron que les pénitents s'étaient choisi. Les règles de l'Ordre étaient identiques à celles des autres confréries de flagellants, et avaient été ratifiées par le Pape. La procession, partie du couvent des Augustines, se dirigea vers l'église Notre-Dame. Le roi ne portait aucun insigne de sa dignité, le garde du Grand Sceau et d'autres personnages illustres étaient présents. Le cardinal de Guise portait la croix ; le duc de Mayenne remplissait les fonctions de maître des cérémonies, et Auger et Du Peynat l'assistaient en qualité de lieutenants.

Le temps, en cette occasion, était loin d'être propice, car la pluie ne cessa de tomber à torrents pendant toute la durée de la cérémonie La procession fut répétée à plusieurs reprises, et, en une certaine occasion, ses membres s'étant rendus à l'église à la lueur des torches, les favoris du roi, comme le racontent les chroniques du temps, se flagellèrent avec tant d'acharnement que l'un d'eux en mourut. Mais on ne sut pas si c'était par l'effet de la fustigation ou pour s'être exposé au froid — probablement que les deux causes y étaient en égale mesure pour quelque chose.

Les Parisiens continuèrent à plaisanter, tandis que les membres les plus austères du clergé prêchèrent du haut de la chaire contre cette profanation éhontée de ce qui était noble et saint, et insinuèrent que les Pénitents blancs méritaient d'être fouettés tout autrement.

Cependant, les jésuites les encourageaient, et s'employaient activement à instituer des règles pour ces confréries; conformément à leurs principes, ils poussaient les femmes à en faire également partie, de sorte qu'à un moment donné il y avait de nombreuses compagnies de flagellants dans toutes les provinces de la France. Pour épargner aux femmes des accès de honte et sauvegarder leur pudeur, on leur permettait de porter des masques pendant les processions. Après un service religieux solennel le soir, et après souper, le beau sexe se fouettait mutuellement et avec enthousiasme. Les femmes participaient pieds nus à la procession, qui durait quelquefois six heures. Les dames qu'on ne pouvait pas décider à paraître en public étaient encouragées par les jésuites à se flageller mutuellement dans l'obscurité: à les entendre, il était déjà fort méritoire de porter simplement une discipline à la main.

Plus tard, Henri III reprit cette pratique avec encore plus de vigueur, mais ses ennemis tirèrent de cette manie un grand parti au point de vue politique, et, par la suite, le roi perdit beaucoup de la confiance qu'il avait placée dans la vertu de cette institution.

Crillon, qui commandait la garde du roi, fit fouetter

de la façon la plus violente, dans une procession, Joyeuse, le favori du roi ; le monarque fut obligé de calmer l'indignation de son mignon le mieux qu'il le pût, sans oser, cependant, punir le pseudo-flagellant. Après la mort des Guise, cette manie fanatique reprit de plus belle. Les processions de pénitents furent renouvelées et, cette fois, des femmes et des jeunes filles nues jusqu'à la chemise, y participèrent en tenant des fouets à la main. Des dames de la noblesse se montrèrent également à la populace à demi-nues, s'administrant le fouet, pour encourager les autres par leur exemple.

A un moment donné, le mal devint si effrayant, et la cause de la religion et de la morale sembla tellement compromise, que beaucoup d'ecclésiastiques s'élevèrent du haut de la chaire contre ces désordres. Gerson, un célèbre théologien de cette époque, et chancelier de l'Université de Paris, écrivit un réquisitoire très sévère contre les Flagellants. Il dénonça leurs pratiques comme étant contraires aux saintes écritures, et contraires, également, à la décence et à la morale. Parlant de la cruauté de ces pratiques, Gerson dit : « Il est tout aussi illégal pour un homme de tirer autant de sang de son propre corps, à moins que ce ne soit pour des raisons médicales, qu'il serait pour lui de se châtrer ou de se mutiler autrement. Sans cela, on pourrait, d'après le même principe, admettre qu'un homme puisse se brûler avec des fers rouges, une chose que personne n'a jamais osé prétendre ni admettre, à moins que ce ne fussent de faux chrétiens ou des idolâtres, comme on en trouve dans les Indes, qui croient qu'il est de leur devoir de recevoir le baptême du feu. »

Enfin, en 1601, le Parlement de Paris promulgua une loi pour abolir la confrérie des Flagellants, appelée les

Pénitents bleus, dans la ville de Bourges. De plus, le
Parlement procéda bientôt contre toutes les confréries
de flagellants sans distinction, déclarant que leurs
prêtres n'étaient pas seulement hérétiques, traîtres et
régicides, mais encore impudiques. A partir de ce moment, la secte commença à décliner, et finalement s'éteignit complètement en France. On rapporte qu'au dix-
septième siècle, il y avait, de temps en temps, des
processions à certains jours de fête en Italie, en Espagne
et au Portugal. Le Père Mabillon rapporte qu'en 1689,
il vit une procession de gens qui se flagellaient en public,
le Vendredi-Saint; et en 1710, on pouvait encore voir
des processions de ce genre en Italie. Colmenard, dans
ses *Annales d'Espagne et de Portugal*, fait mention d'une
procession semblable qu'il avait vue à Madrid; et, d'après
son récit, nous trouvons que de nouveaux éléments
avaient été introduits dans la cérémonie, qui en faisaient
en même temps un acte de galanterie et de dévotion.
Colemenard dit: « Dans cette procession, on pouvait
voir tous les pénitents ou flagellants de la ville qui
affluaient de chaque quartier. Ils portaient un bonnet,
couvert de toile blanche, de trois pieds de haut, en forme
de pain de sucre, duquel pendait un morceau de toile
qui leur couvrait le visage. Il y en avait qui se soumettaient à cette flagellation publique guidés par des sentiments de réelle piété; mais d'autres la pratiquaient
seulement pour complaire à leurs maîtresses, genre et
galanterie tout à fait nouveau et inconnu des autres
nations. Ces bons flagellants portaient des gants et des
souliers blancs, une chemise dont les manches étaient
ornées de rubans, ils avaient attaché à leur coiffure et à
leur discipline, un ruban de la couleur favorite de leur
maîtresse. Ils se fouettaient, d'après des règles bien éta-

blies, et d'après un plan déterminé, avec une discipline
formée de cordes, aux bouts desquelles étaient fixés des
morceaux de verre. Celui qui se fouettait avec le plus de
vigueur et d'adresse, était considéré comme le plus cou-
rageux et le plus méritant. »

Des processions de flagellants avaient lieu à Lisbonne,
et continuèrent même jusqu'en 1820.

En dépit de l'affirmation de quelques auteurs qui ont
prétendu que l'origine des flagellations publiques datait
de la grande peste en Allemagne, nous croyons plutôt
qu'elles ont pris naissance lors des mouvements qui se
sont créés, sous l'impulsion de divers personnages, en
différentes contrées et à des époques distinctes, dans le
but d'apporter des modifications aux canons de l'Église
et aux règles présidant à l'exercice du culte. De tous
temps il a semblé que l'humanité s'est sentie guidée
par des instincts de cruauté dans la manifestation de
ses croyances religieuses. Ainsi les hommes, qui, en
général, semblent, en matière morale, se contenter de
maximes absolument sobres et naturelles, en religion,
au contraire, paraissent rechercher avec affectation,
tout ce qu'il y a de plus compliqué et de plus pénible.
Ainsi, chez toutes les nations de l'antiquité, païennes ou
non, les peines corporelles, infligées par conviction religieuse, ont été d'usage courant et cette constatation
s'applique particulièrement à la flagellation, qui existait
sous une forme ou une autre depuis les temps les plus
reculés. Cette pratique se recommandait de plus aux
chrétiens comme étant allusoire aux souffrances que le
Christ avait endurées ; et les aspirations des gens pieux
se tournaient tout naturellement vers un genre de mortification de la chair dont on fait si fréquemment allusion
dans les livres religieux, dans les hymnes, les sermons, et

au cours des conversations édifiantes. Mais dans la pratique, la flagellation était toute différente chez les chrétiens d'Orient et chez ceux d'Occident. En Orient, où les chrétiens étaient toujours en minorité tant au point de vue numérique qu'au point de vue de l'influence, ils ne se livrèrent jamais à autant d'extravagance, en théorie ou en pratique, que leurs coreligionnaires en Occident. Par exemple, ils considéraient que l'expiation la plus efficace du péché était de faire, sans aucune retenue, acte de contrition, et que les larmes en étaient la plus évidente manifestation. C'étaient, par conséquent, les larmes qu'ils cherchaient à produire dans leurs actes de dévotion : et comme ils pensaient que de se procurer une vive douleur corporelle était un excellent moyen pour provoquer les larmes, ils s'en servaient souvent pourarriver à cet état salutaire. Les chrétiens d'Occident, au contraire, poussèrent les choses bien plus loin. Pour eux, la flagellation personnelle expiait les péchés passés, et ils y avaient recours comme à un moyen direct et immédiat de rémission.

Nous trouvons beaucoup de témoignages nous prouvant que les chrétiens d'Orient envisageaient la flagellation de la façon que nous venons de dire : et nous reproduisons ici quelques exemples qu'on trouve dans leurs écrits. Gabriel, archevêque de Philadelphie, raconte l'histoire suivante dans son ouvrage intitulé *Collection des actes des Pères et des Saints* : « Un certain saint avait résolu de renoncer au monde, et avait fixé sa demeure sur la célèbre montagne de Nitria, dans la Thébaïde ; et à côté de lui se trouvait un autre saint qui, comme lui, s'était également retiré du monde, et qu'il entendait souvent pleurer amèrement sur ses péchés. Trouvant que pour lui-même il lui était impossible de pleurer de la même ma-

nière, et enviant de tout son cœur le bonheur de l'autre
saint, il s'adressa à lui un jour pour lui demander comment il parvenait à si bien pleurer ; l'autre lui répondit :
« —Tu ne pleures pas, misérable : tu ne pleures pas pour
tes péchés. Je vais te faire pleurer ; je te ferai pleurer de
force, puisque tu ne peux le faire de ton propre gré : je
te ferai déplorer tes péchés comme tu dois le faire. » Et
ce disant, dans sa colère, il se saisit d'une large discipline qui se trouvait à côté de lui et la lui appliqua si
vigoureusement sur le dos qu'il fut bientôt aussi heureux
que l'autre. » Un autre auteur, Saint-Jean Climax, dans un
passage qui a donné lieu à pas mal de controverses, parlant de la façon dont les premiers chrétiens faisaient
leurs dévotions, dit : « Quelques-uns des moines arro-
saient les pavés de leurs larmes, tandis que d'autres qui
n'en pouvaient pas verser se battaient eux-mêmes. » Ce
qui veut dire évidemment qu'ils s'infligeaient la discipline pour faire jaillir des larmes. Mais les chrétiens
d'Occident, qui avaient un champ plus vaste et de plus
grandes facilités d'invention, allèrent beaucoup plus
loin dans l'application de leurs idées sur l'utilité de la
flagellation. C'était d'abord, comme chez les premiers
chrétiens, dans le but de se sanctifier par la pénitence,
et pour y contribuer. Mais ils étaient aussi mûs par le
désir de s'associer aux souffrances de leur Sauveur. Le
motif se trouve exposé dans les statuts de différents
ordres religieux, qui recommandent, lors de la flagellation, de se souvenir de Jésus-Christ attaché à la colonne
et fouetté par les soldats. »

Mais l'idée principale des Flagellants était d'expier
leurs péchés passés ; et il n'est pas étonnant qu'une pratique aussi commode, qui permettait à chacun — grâce
à une opération dont lui seul pouvait, selon son gré, atté-

nuer ou accroître l'intensité et la durée — de racheter chaque faute qu'il aurait commise, et imposer silence à sa conscience troublée, ait rapidement gagné du terrain, et se soit concilié la faveur, non seulement du vulgaire, mais aussi des gens plus éclairés de la société. Ces idées de la flagellation de soi-même étaient cultivées outre mesure par la secte des Flagellants. Ils considéraient que les corrections cruelles auxquelles ils soumettaient leurs individus avaient infiniment plus de mérite que la pratique de n'importe quelle vertu chrétienne. Non seulement ils prétendaient que leurs flagellations avaient été spécialement recommandées par le ciel, que l'un de leurs chefs était le prophète Élie, et un autre le prophète Énoch, mais ils soutenaient encore les doctrines hérétiques suivantes : — « Que le sang qu'ils versaient eux-mêmes pendant leurs flagellations se mêlait à celui de Jésus-Christ ; que la flagellation de soi-même rendait la confession inutile ; que ces pratiques étaient plus méritoires que le martyre, parce qu'elles étaient volontaires et que le martyre ne l'était pas ; que le baptême par l'eau était inutile, parce que tout bon chrétien doit être baptisé avec son propre sang ; que la flagellation pouvait expier tous les péchés passés et futurs, et suppléait à toutes autres bonnes œuvres ». Contre des doctrines aussi hérétiques, l'Église lança ses anathèmes, et, à plusieurs reprises, les flagellants eurent à expier leurs théories sur le bûcher.

La plupart des confréries de flagellants dont nous avons précédemment parlé ne professaient pas des idées aussi extrêmes ; au contraire, ils accueillaient docilement tous les enseignements de l'Église, leur principal souci étant cependant de se fouetter en public dans les grandes solennités religieuses, telles que les dimanches de l'Avent, les dimanches qui précèdent la semaine Sainte et certains jours pendant le carnaval. Ils avaient des articles d'association, comme une loge maçonnique, possédaient des accessoires tels que bannières, croix, ornements, etc., et chacun payait une légère cotisation. Les confréries encore existantes organisent des processions dans les villes aux grands jours fériés, revêtus d'un habillement spécial, et portant des masques ; et, dans cet accoutrement, ils visitent plusieurs églises. Dans l'église qui leur sert de point de départ, ils entendent un court sermon sur la Passion et, dès que le prêtre a prononcé les mots : « Tâchons de nous amender », les disciples se lèvent, entonnent le *Miserere*, quittent l'église en rangs, et commencent leurs processions à travers les rues. La Confrérie est sous la juridiction de l'évêque, qui examine et donne sa sanction épiscopale aux règles de l'ordre.

Lorsque l'opinion publique ne put plus tolérer l'apparition des Flagellants dans les rues et dans les églises, cette manie prit la forme d'associations particulières, dont les membres se labouraient la chair consciencieusement à huis clos. C'est surtout en Bavière que l'on put le constater ; ce pays peut, d'ailleurs, être cité comme le champ classique de la discipline. Les scènes les plus outrées et les plus scandaleuses s'y déroulèrent. Nous ne parlerons que d'un seul cas, dont nous ne pouvons d'ailleurs donner ici que quelques détails superficiels ; il eut un retentissement énorme, et se termina par un procès.

Un moine capucin, du nom d'Achazius, du couvent de Duren, dont nous avons déjà eu l'occasion de parler, par ses prédications et le confessionnal, était arrivé à conquérir une grande influence sur l'esprit du peuple.

D'un extérieur repoussant, il était cependant doué d'une éloquence extrêmement persuasive, et son pouvoir sur les femmes était illimité : les veuves et les femmes d'un âge mûr lui étaient particulièrement dévouées. Commençant par celles-ci, il parvint bientôt à en pervertir d'autres d'un âge plus tendre, car dans ses instructions à ses pénitentes, il insistait surtout sur la nécessité pour elles de s'efforcer à décider leurs amies plus jeunes à le choisir comme directeur spirituel. Sa doctrine était : « L'homme, pris tel qu'il est, est absolument incapable de dompter les plaisirs du cœur; mais l'esprit peut rester vertueux tandis que le corps, par ses désirs naturels, peut succomber. L'esprit est de Dieu, le corps est du monde, et cependant, dans son ensemble il représente les deux : par le corps, Dieu s'adresse à la partie supérieure de l'être, le monde à la partie inférieure : Ce qui appartient à chaque partie doit y retourner; donc, gardez l'âme pure, tout en laissant pécher le corps ».

On voit bien où pouvait conduire une telle doctrine. Le digne Père avait organisé un vrai club adamite de flagellation, où ont dû se passer, dit-on, des choses bien étranges. Après quelques années, toute l'affaire vint à être dévoilée par les confessions d'une jeune nonne — qui avait été enlevée de son couvent par un officier français — et qui s'était cru obligée de faire ces révélations à la veille de son mariage. Une enquête fut ordonnée, qui dura très longtemps, et qui démontra que beaucoup de familles respectables étaient compromises. Il y avait tant de détails, et de tellement scabreux, qu'il fut ordonné au procureur général d'étouffer l'affaire. On a vu précédemment quelle a été la punition infligée au Père Achazius. Mais les actes constituant cette affaire ont été détruits ou ont disparu, grâce à l'influence des familles compromises.

En Espagne, comme nous l'avons dit, ces processions de flagellants se distinguaient aussi bien par la galanterie à laquelle elles donnaient naissance, que par la dévotion qu'on y mettait à jour. Un ancien écrivain nous en fournit une description : « Des amants se mettent souvent à la tête d'une procession d'amis, et se fouettent sous les fenêtres de leurs adorées ; ou bien, en passant sous leurs fenêtres avec une procession dont ils font partie, ils redoublent de vigueur dans l'application de leur discipline. Tous les flagellants de ce genre manifestent leur admiration pour les dames qu'ils peuvent rencontrer, surtout si celles-ci sont jolies, de la même façon, en s'efforçant, si possible, de les asperger de quelques gouttes de leur sang en passant. Dans ce cas, on s'attend à ce que la dame, pour reconnaître la galanterie de son admirateur, relève son voile. Il est difficile, pour nous, de comprendre comment un fait de ce genre peut plaire aux dames espagnoles, à moins que ce soit que, dans un pays où subsistent encore quelques coutumes barbares telles que les courses de taureaux où l'on voit journellement couler le sang, les sensibilités sont tellement émoussées que la vue du sang, coulant sur le dos nu de leurs admirateurs, ne leur apparaisse que comme un hommage rendu à leur beauté. D'ailleurs, cela se faisait avec une élégance suprême, et il existait même dans les villes des professeurs émérites pour enseigner à se flageller selon les règles de l'art, comme chez nous nous avons des professeurs de maintien et d'escrime.

LA FLAGELLATION
DANS LES MONASTÈRES ET LES COUVENTS

Nous n'avons que peu ou pas de preuves que la Flagellation par elle-même existait dans les premières institutions monastiques. Le Code des règlements préparés
par leur fondateur ne fait pas mention de l'usage volontaire de sangles ou de fouets. De fait, le principal genre
de flagellation mentionné par ces anciens écrivains est
celui que le démon appliquait lui-même sur le dos des
saints, étant évidemment mis en fureur par l'excessive
abnégation de ces hommes si pieux. Saint Antoine, le
fondateur de la vie monastique, était particulièrement
favorisé sous ce rapport. Le Diable l'honorait de nombreuses visites personnelles, soumettait sa vertu à
diverses épreuves et tentations, et souvent lui tombait
dessus et le fouettait d'importance. On peut également
mentionner d'autres saints qui furent traités de pareille
façon. Quoique la Flagellation n'était pas prescrite par
les anciens règlements monastiques, cependant leurs
statuts indiquaient la fustigation comme moyen de correction, et conféraient le pouvoir de l'infliger aux mains

des supérieurs de ces établissements. On nous dit aussi que même avant la fondation des monastères, les évêques des premiers chrétiens s'étaient arrogé ce pouvoir, et l'exerçaient non seulement sur leurs ouailles, mais aussi sur d'autres n'appartenant pas à leurs églises.

Par rapport à la Flagellation dans les monastères, non seulement l'abbé avait le droit de corrections, mais encore carte blanche pour l'appliquer. Par exemple, il était ordonné que, pour un moine convaincu d'être un menteur, voleur, ou d'en avoir frappé d'autres, « que si, après avoir été prévenu par les moines plus âgés, il néglige de s'amender, à la troisième fois il sera exhorté, en présence de tous les frères, d'abandonner ses mauvaises pratiques. Mais s'il néglige encore de se corriger, il sera flagellé avec la dernière sévérité ». Dans la même collection nous trouvons le règlement suivant concernant le vol. « Pour ce qui est du moine convaincu de vol, si l'on peut encore l'appeler moine, il sera fouetté comme s'il avait récidivé en adultère, et avec une grande sévérité : parce que ce ne peut être que la luxure qui l'ait amené à commettre un vol ». Parmi d'autres délits qui étaient punis de la même façon, étaient les actes d'indécence de toutes sortes, tels que ceux commis avec des gamins ou d'autres moines, et dans ce cas la correction était infligée en public ; étaient très rudement fouettés ceux qui, par orgueil, niaient ou cherchaient à atténuer leur faute et refusaient d'offrir satisfaction devant leurs supérieurs. Ceux qui cherchaient à s'évader du monastère subissaient la correction du fouet, et cette punition était infligée en public pour délits de conversation licencieuse, ou pour avoir encouragé un frère à mal tourner. Bien entendu, leurs relations avec l'autre sexe étaient très simples et entourées de pénalités aussi strictes que possible. Ainsi nous trouvons parmi ces règlements, le suivant : « Que celui qui a été seul et a conversé familièrement avec une femme soit mis au pain sec et à l'eau pour deux jours, ou bien il recevra deux cents coups de fouet ». Cet article, par lequel le fondateur d'un ordre religieux taxe le malheur de vivre au pain sec et à l'eau pendant une journée égal à cent coups de fouet, est une preuve convaincante de l'amour de la bonne chère qu'on dit avoir prévalu à cette époque parmi les bons moines.

L'histoire suivante est tirée d'un vieux livre écrit par des moines et qui donne une idée de leurs penchants pour les plaisirs de la table : Un certain frère bénédictin s'était procuré une quantité de bons vins et de plats bien assaisonnés; afin de pouvoir savourer ses victuailles en toute tranquillité, lui et ses camarades s'étaient rendus dans une cave, et là s'étaient blottis tous dans une tonne vide. Le père abbé, voyant ces moines manquer à l'appel, commença par les chercher et surprit les coupables en montrant sa tête par-dessus la tonne. Les moines, bien entendu, étaient fort alarmés, mais furent bientôt rassurés lorsque le père abbé leur demanda de partager leur bonne chère, et immédiatement prit sa place parmi eux. Après une heure ou deux passées d'une façon agréable et joyeuse, le père abbé se retira. Bientôt, les autres se séparèrent, les uns admirant la condescendance de l'abbé, quoique d'autres n'étaient pas sans quelque appréhension au sujet du résultat final. Et en effet, leurs craintes ne furent pas infondées, car le lendemain le père abbé demanda au prieur de prendre sa place, tandis que lui, allant au milieu de l'assemblée, confessa publiquement le péché qu'il avait commis la veille, en demandant que la discipline lui fût infligée.

Les moines furent obligés de suivre son exemple, et l'abbé, par les mains d'une personne spécialement choisie à cet effet, administra une bonne raclée à chacun de ses convives de la veille.

L'expédition et la ponctualité qu'ont les moines pour se mettre à table a donné lieu au dicton connu : *On l'attend comme les moines font pour l'abbé* — c'est-à-dire qu'on ne l'attend pas, car les moines se mettent à table dès que la cloche a sonné, sans se soucier le moins du monde si l'abbé est là ou non.

Le crime de rechercher la société des femmes devait être puni par des fustigations répétées ; et il était ordonné que ceux qui jetaient des regards de désir sur les femmes et manquaient de s'amender après avoir subi la discipline du fouet, pouvaient être expulsés de la communaùté, de crainte que leur mauvais exemple ne pût corrompre leurs frères. De fait, les fondateurs des monastères avaient tellement foi dans la flagellation que ces punitions étaient ordonnées pour tous les crimes imaginables, et pour quelques délits, les statuts conféraient même au supérieur le droit de continuer la flagellation *ad libitum*. Il n'est guère étonnant que ce pouvoir arbitraire ait été quelquefois outrepassé, à tel point qu'il devenait nécessaire à l'évêque du lieu de leur rappeler de temps en temps qu'il pouvait être coupable d'homicide quand la mort survenait après une punition infligée. Les statuts n'oubliaient pas les novices, ni les candidats aux ordres ecclésiastiques, mais au contraire leur ordonnait d'être fouettés de temps en temps pour améliorer leur condition morale.

Dans les couvents, le droit de flagellation était également conféré à la supérieure, et prescrit pour des manquements à la morale et pour négligence ou paresse dans l'accomplissement des devoirs religieux. Il était ordonné que cette discipline fût infligée en la présence de toutes les sœurs, conformément au précepte de l'apôtre : « Confondez les pécheurs en présence de tous ».

A cette époque, les opinions se partageaient au point de vue de la façon d'appliquer la flagellation. En 817, dans une assemblée ecclésiastique tenue à Aix-la-Chapelle, il avait été résolu de fouetter les moines nus, en présence de leurs frères. Cette ordonnance fut observée dans quelques monastères ; mais, dans beaucoup d'autres, les Supérieurs préféraient infliger la correction sur le corps nu du pénitent, émettant d'ailleurs l'opinion que, de cette façon, la pénitence était beaucoup plus méritoire.

Pour ce qui est de la doctrine du nu, il y en a qui ont porté leurs vues très loin — assez loin même, pour affirmer que le manque de vêtement en lui-même avait quelque chose de sain et de méritoire. Les Philosophes Cyniques de la Grèce se présentaient souvent en public sans un chiffon pour couvrir leur nudité ; et les philosophes de l'Inde, les Gymnosophistes (ce qui signifie littéralement *sages nus*) en faisaient souvent de même. Chez nous, il y avait les *Adamites*, dont parle saint Augustin : ces Adamites, croyant pouvoir s'assimiler plus effectivement à nos premiers parents avant la chute, eurent l'idée d'apparaître en public dans le même costume, se mettant ainsi en un état de nudité complète pendant certaines solennités de leur secte, et, dans cet état, s'affichaient dans les rues et se présentaient dans des réunions.

Vers l'année 1300, apparut en France une secte semblable, qu'on appelait *les Turlupins*, qui proclamaient hautement la doctrine de la nudité. Environ cent ans après, une secte semblable prit naissance en Allemagne et, on ne sait pourquoi, fut appelée *les Picards*. Ceux-ci manifestèrent leur doctrine pleinement, se présentant toujours nus en public. Une section des *Anabaptistes*, en février 1535, voulut faire une procession, étant à l'état nu, dans les rues d'Amsterdam ; malheureusement pour eux, les autorités municipales n'en voulurent rien entendre et traitèrent les processionnistes assez sévèrement. Dans le « *De Conformitatibus* » des moines franciscains se trouve un rapport sur le bon frère Juniperus qui s'amusait à faire des processions tout seul dans ce même état dépourvu de luxe inutile et sans souci du mépris et du mauvais traitement que lui octroyaient le public et même ses propres frères en religion.

Ces processions et manifestations de gens tout nus, ou Cyniques ou Gymnosophistes, Adamites, Turlupins ou Picards, ne semblent pas avoir joui ni maintenu beaucoup de faveur auprès du public, et, comme les flagellations sans nudité — simple bastonnade — n'ont été considérées généralement que comme piètres actes de pénitence. De même la nudité sans flagellation était estimée de différentes façons. La combinaison des deux a été envisagée de différentes manières : alors, des pénitents conscients de leur mérite continuaient à pratiquer leurs exercices avec persévérance, et ce à tel point que le monde considéra que l'affaire valait bien les cérémonies et les solennités publiques.

Le cardinal Damian, une grande autorité en matière de flagellation, exprime bien clairement son opinion en faveur de la nudité comme étant la condition la plus propre pour recevoir la correction, et appuyait son argument sur ce que le pénitent ne devait pas avoir honte de suivre l'exemple de notre Sauveur — ce qui était, certes,

un très fort argument. Le fondateur de l'abbaye de
Cluny a dû être un homme du même cliché que ledit
cardinal, car, dans les statuts de cet établissement, il est
ordonné que les délinquants doivent « être mis à nu au
milieu de la rue ou la place publique la plus proche, de
façon que tout le monde puisse les voir et qu'ils soient
là attachés et fustigés. »

Bien longtemps avant que la flagellation fût adoptée
d'une façon symptomatique par l'Église, nous en trouvons des exemples chez les Saints. Pierre l'Ermite s'en
est servi au moins une fois en une occasion mémorable.
Ayant sauvé une jeune femme d'entre les mains d'un
officier de l'armée qui avait voulu la séduire, ses propres
désirs devinrent si obsédants et si forts qu'il avait été
obligé de s'enfermer et de subjuguer ses passions au
moyen d'une sévère castigation. — La mère de la jeune
femme assistait à cette punition. Saint Parduphe, qui
vivait vers l'an 737, avait l'habitude de se mettre à nu
pendant le carême, et de prier un de ses disciples de le
fouetter. Son exemple fut suivi par saint Guillaume, duc
d'Aquitaine. Saint Rodolphe semble avoir exercé la discipline avec une grande sévérité. On rapporte de lui
qu'il s'imposait souvent une pénitence de cent ans et
qu'il l'acquittait en vingt jours par la vigoureuse application d'un manche à balai ; armé d'un balai dans chaque
main, il s'enfermait dans sa cellule et se fustigeait ferme
pendant qu'il récitait les Psaumes. Trois mille coups, et
réciter les trente psaumes de pénitence, suffisaient à effacer les péchés de toute une année et ainsi la pénitence
de cent années pouvait être faite par une flagellation qui
durait tout le temps qu'il fallait pour chanter vingt fois
le Psautier !

C'était là une pénitence préférée de saint Dominique

Loricat. On nous apprend que sa pratique constante pendant le carême, était, après s'être mis complètement à nu, de prendre des verges des deux mains, et de se les appliquer vigoureusement sur les flancs, dans ses moments de loisir; aussi lui arrivait-il souvent, en temps de carême, de s'infliger cent ans de pénitence. La durée des flagellations était réglée à l'avance par l'entonnement ou récitation des psaumes; mais nous devons sûrement avoir bien dégénéré dans ces derniers temps, puisque les *disciplines* modernes ne durent guère que le temps nécessaire pour chanter en courte mesure le *Miserere*, le *De Profundis* et le *Salve Regina*, le *Miserere* étant le cinquante et unième et le *De Profundis* le cent trentième psaume. De ce même saint Dominique Loricat, on rapporte qu'il portait toujours sa discipline sur lui, et qu'il se fouettait régulièrement avant de se coucher, n'importe où il devait passer la nuit.

Le cardinal Damian, évêque d'Austia, qui vivait vers l'an 1056, a l'honneur d'avoir beaucoup contribué à mettre en vogue la pratique de la flagellation dans l'Église. Il l'inculquait par préceptes et par exemples, et de son temps cette pratique prit pied dans l'estime publique : Des hommes pieux de tous rangs et conditions se trouvaient armés de fouets, de verges, de lanières, etc., dont ils se faisaient un devoir de lacérer leur propre corps pour mieux mériter une part dans la grâce divine. Les rois même ne croyaient pas leur dignité sublunaire exempte de telles pénitences, et des nobles s'y soumettaient allègrement. A première vue il doit paraître surprenant que les prêtres aient pu introduire et faire accepter une pratique aussi pénible à subir que la flagellation parmi ceux qui les regardaient comme leurs moniteurs spirituels. Mais notre étonnement cesse lorsque nous nous rappelons qu'à cette époque le pouvoir du confesseur était, en pratique, sans limite en ce qui concerne la pénitence.

La pénitence étant un sacrement de l'Église, et la *satisfaction* en faisant une partie nécessaire, le confesseur pouvait remettre l'absolution jusqu'à ce que le pénitent eût accompli les prières, mortifications ou discipline ordonnées. L'histoire nous montre qu'à l'appel des prêtres, des rois ont entrepris les guerres et les croisades en terre Sainte, et que des reines ont fait de longs et périlleux pélerinages vers des sanctuaires éloignés ; il n'est donc pas si étonnant, alors, que l'Église ait pu, avec succès, inculquer l'usage de la discipline.

Depuis son introduction, beaucoup d'auteurs capables, parmi les Pères Jésuites, ont recommandé la flagellation comme moyen de mortifier la chair, et ce sont surtout les peintures dans les Églises qui ont contribué à perpétuer cette pratique. Horace, dans son « *Ars Poetica* », dit :

Pictoribus atque Poetis
Quid libet audendi semper fuit œqua potestas ;

en bon français : « Les peintres et les poètes ont joui également du droit de tout oser, » et c'est surtout dans les peintures religieuses que les artistes se sont prévalus de cette licence. Nous trouvons qu'ils n'ont jamais représenté aucun des anciens anachorètes ou saints sans ménager un petit coin de leur canevas pour y placer des fouets et des verges, comme suggestion que ces hommes pieux devaient souvent avoir recours à de tels instruments ; et si, comme le dit le pape Grégoire le Grand, ces peintures sont les « bibliothèques des chrétiens ignorants », la verge doit nécessairement être associée dans leur esprit à une vie pieuse.

Partant du principe de se flageller eux-mêmes, les prêtres et les confesseurs vinrent bientôt à ordonner cette même punition à leurs pénitents, et, au bout d'un certain temps, s'arrogèrent même le pouvoir de l'infliger de leurs propres mains. Une prérogative aussi exorbitante, comme on peut bien le croire, engendrait pas mal d'abus, surtout quand elle s'exerçait sur des pénitentes, et, sous ce couvert, bien des confesseurs ne manquaient pas de trouver une occasion de satisfaire leurs propres passions.

Les confesseurs étant exposés à beaucoup de dangers d'une nature particulière, on ne doit pas être surpris si quelquefois ils ont des sentiments tout autres que platoniques envers leurs pénitentes. En vertu de leur office, ils sont obligés d'écouter de longues confessions de femmes de différents âges, des péchés qu'elles ont commis ou médité de commettre, et, dans ces circonstances, les prêtres doivent être souvent agités par des pensées pas très en rapport avec les vœux qu'ils ont dû prononcer. De plus, il arrive quelquefois que des pénitentes, sous le semblant de la naïveté innocente de leurs confessions, dissimulent le dessein de faire naître des sentiments d'amour chez un confesseur. La déclaration de Mlle Cadière démontre, il nous semble, qu'elle-même avait résolu de faire la conquête du père Girard — quoiqu'il eût déjà atteint cinquante ans — attirée qu'elle était par sa renommée de prédicateur et d'homme distingué.

Dans les ouvrages destinés à diriger et instruire les confesseurs, ceux-ci sont prémunis contre les dangers qui peuvent surgir d'une fréquentation trop suivie avec leurs pénitentes qui donnent beaucoup plus de détails exacts que les hommes. Dans un de ces ouvrages, il leur est enjoint d'avoir toutes les portes ouvertes, quand ils reçoivent la confession d'une femme, et on leur cite une série de passages tirés des psaumes qui devaient être collés en quelque endroit évident pour servir de moyen de répression pour les mauvaises pensées qui pourraient les agiter ; une sorte de *Retro Satanas,* en un mot, de façon à pouvoir leur servir à l'occasion.

Cependant, on rapporte beaucoup de cas, qui prouvent que ces règles si sages étaient oubliées, ou qu'elles étaient inefficaces pour empêcher de jeunes confesseurs de nourrir des desseins périlleux contre la chasteté de leurs pénitentes ; et ils employaient toute espèce de moyens détournés pour cacher leurs intrigues aux yeux du public. Un moine espagnol, nommé Menus, avait persuadé à de jeunes femmes de vivre avec lui en une sorte d'union conjugale sainte, comme il le leur représentait, mais qui ne se terminait pas du tout de la façon intellectuelle qu'il promettait. D'autres ont persuadé à des femmes que les œuvres du mariage étaient tout aussi bien assujetties à la dîme que les fruits de la terre.

C'est sur cette idée que La Fontaine a créé un de ses contes : *Les Cordeliers de Catalogne.* D'autres confesseurs ont eu recours à la flagellation afin de détourner les soupçons et pour mener à bonne fin leurs intrigues amoureuses. Pour combattre des scrupules de délicatesse, ils déclaraient que nos premiers parents étaient nus dans le paradis terrestre, que les gens doivent être nus au moment du baptême et que tous seront ainsi au jour de résurrection. Et d'autres soutenaient l'état de nudité chez le pénitent en citant le texte : « Va et montre-toi au prêtre. » Il existe de nombreuses anecdotes des choses et pratiques étranges des moines à l'époque dont il est fait mention, mais dont la plupart sont absolument impossibles à publier.

Nous ne saurions nous priver de donner ici une histoire assez risible de flagellation, rapportée par *Scott* dans *Mensa Philosophica* :

« Une femme ayant été confessée, le prêtre la conduisit derrière l'autel, et la prépara pour recevoir une discipline inférieure. Son mari, qui l'avait secrètement suivie par jalousie, fut ému de pitié de la douleur qu'elle aurait à supporter et s'offrit à sa place. La femme, comprenant que son mari était plus apte à recevoir la correction, y consentit et cria à son confesseur au moment où il opérait : « C'est bien, saint Père, tapez fort, car je suis grande pécheresse[1]. »

La flagellation était regardée comme un acte de soumission nécessaire envers l'Église, en même temps qu'une part de *satisfaction* due pour le péché, et une sentence d'excommunication ne pouvait donc ne pas être rapportée, si le pénitent ne se soumettait pas à la discipline en public. L'histoire nous rapporte deux cas

---

1. Cette anecdote inspira sans doute *Bernard de la Monnoie* quand il écrivit son conte : LA DISCIPLINE :

Une femme se confessa ;
Le confesseur, à la sourdine,
Derrière l'autel la troussa
Pour lui donner la discipline.
L'époux, non loin de là caché,
De miséricorde touché,
Offrit pour elle dos et fesses.
La femme y consentit d'abord :
— Je sens, dit-elle, ma faiblesse,
Mon mari sans doute est plus fort,
Sus donc, mon père, touchez fort,
Car je suis grande pécheresse.

bien authentiques de ceci dans le cas de Henri II d'Angleterre et celui de Henri IV de France. Par quelques
mots trop vifs : « Quels vils fainéants, quels poltrons ai-je
élevés à ma cour, qui se soucient si peu de fidélité :
que pas un ne me délivrera de ce prêtre de bas étage! »
qui furent prononcés par le roi Henri II, plusieurs
gens avaient été amenés à croire qu'il désirait la mort
de Thomas Becket, archevêque de Canterbury. Peu de
temps après, l'archevêque était assassiné, et quoique le roi
exprimât une grande douleur à ce sujet, l'Église ne
voulut pas lui accorder l'absolution jusqu'à qu'il eût soumis son dos à la discipline. La pénitence fut accomplie
à la cathédrale de Canterbury. Le roi, s'étant agenouillé
devant le tombeau de Thomas Becket, se dévêtit de la
lourde cape jetée sur ses épaules, mais, tenant la chemise de laine pour cacher la chair, pourtant visible sur
sa peau, mit sa tête et ses épaules au-dessus du tombeau,
et en cette position, reçut cinq coups de chaque évêque
et abbé présents — commençant avec Jaliot qui se tenait
là avec le « balai », ou verge monastique, à la main — et
trois coups de chacun des 80 moines. Henri IV de France
eut à recevoir une correction de l'Église avant de recevoir l'absolution d'une sentence d'excommunication
et d'hérésie qui avait été prononcée contre lui. Mais ce
prince eut soin de recevoir cette discipline par procura-
tion; ce furent MM. d'Assat et du Perron qui le rem-
placèrent et furent, nous supposons, comme compensa-
tion, élevés plus tard à la dignité de cardinaux. La
correction fut administrée par les mains de Sa Sainteté
le Pape, pendant que le chœur entonnait le *Miserere*, et, s'il
faut en croire plusieurs rapports, elle paraît avoir été d'un
caractère très bénin, ne ressemblant en rien aux castigations infligées à des personnages d'un rang moins élevé.

On n'excluait pas les hérétiques des bienfaits supposés conférés par la flagellation, car on l'appliquait fréquemment dans le but de les réformer et de les convertir aux doctrines de la sainte Eglise; et les saints, qui ont de tous temps prodigué leurs conseils à la masse ignorante de l'humanité ne manquaient pas de renforcer et d'appuyer leurs arguments en faveur d'une sainte conduite par une vigoureuse application des verges, de façon à chasser de chez eux le « vieux pécheur Adam ».

A différentes époques, le beau sexe eut aussi sa part de ces admonestations péremptoires, si nous devons en croire les biographes des saints. D'après la Vie des Saints, ces bienheureux étaient souvent assaillis par les artifices de la femme, et chaque fois, le saint était victorieux, et rarement ne renvoyait la belle pécheresse sans lui administrer une bonne flagellation. C'est ainsi que saint Edmond, plus tard évêque de Canterbury, agit en une certaine occasion. Tandis qu'il étudiait à Paris, il fut tourmenté par une très belle jeune femme : l'appelant alors dans son cabinet, il la déshabilla et la fouetta avec tant de violence qu'elle eut le corps couvert de meurtrissures. Le père Mathieu d'Avignon, un frère capucin, fit une réponse identique à une jeune dame qui pénétra dans sa chambre à coucher pendant qu'il dormait.

Ceux qui soutiennent la flagellation ne se limitent pas strictement aux préceptes et à l'exemple dans leurs recommandations; non contents de se flageller eux-mêmes et d'autres en toutes les occasions possibles, et d'écrire de longues et savantes dissertations en faveur de cette pratique, ils inventaient encore les histoires les plus extraordinaires s'y rapportant. Il se peut que, dans leur enthousiasme, ils aient pu ajouter foi à ces histoires,

ou bien peut-être ont-ils cru que plus elles étaient extravagantes, plus elles demandaient de crédulité, et plus le
peuple vulgaire serait enclin à les croire. Quelques saints
hommes maintenaient que la flagellation avait le pouvoir
de sauver des âmes de l'enfer, un exploit qu'on ne supposait pas les masses d'effectuer.

Un nommé Vincent, qui vivait vers 1256, rapporte
que dans le monastère de Saint-Silvestre, dans le duché
d'Urbino, en Italie, un certain moine vint à mourir.
Les frères, comme d'habitude, entonnèrent des psaumes,
et, lorsqu'ils arrivèrent à l'*Agnus Dei*, l'homme mort
ressuscita. Les frères, bien entendu, l'entourèrent pour
écouter ce qu'il pourrait dire, et alors, il commença à
blasphémer et à invectiver Dieu, la croix et la Vierge
Marie, disant qu'il avait été tourmenté en enfer, et que
c'était inutile d'entonner des psaumes pour lui. Ils
l'exhortèrent à se repentir mais il ne répondit que par
des malédictions. Alors les moines se mirent à prier pour
lui, et, comme dernière ressource, ôtèrent leurs vêtements et se mirent à se flageller entre eux; et alors!
l'homme désespéré recouvrit la raison, renonça à ses
erreurs et pria Dieu pour être pardonné. Il continua à
vivre, louant et bénissant le Seigneur, jusqu'au jour
suivant où de nouveau il rendit l'âme.

Nous avons non-seulement des histoires pour montrer
le mérite et l'efficacité de la flagellation comme ci-dessus,
mais d'autres pour terrifier ceux qui refusaient de
l'adopter ou raisonnaient contre cette pratique. On rapporte communément que le cardinal Etienne, de bonne
heure ennemi déclaré de la flagellation, est mort subitement, parce qu'il méprisait cet exercice. Thomas de
Chantpré raconte dans son livre comment un certain
chanoine de Saint-Victor eut à souffrir après sa mort

pour avoir négligé pendant sa vie de pratiquer la discipline usuelle. Ce savant chanoine faisait partie du monastère de Saint-Victor à Paris. Pendant sa vie, il avait toujours refusé de se flageller en particulier ou devant le chapitre. Aux approches de sa mort, il promit à un frère qu'il viendrait le voir d'outre-tombe si cela était possible. Peu après, il mourait. Bientôt, il put rendre la visite promise à son ami. Ce dernier lui demanda : « Comment vous trouvez-vous, là-bas ? — Assez bien, répondit le chanoine décédé, mais parce que j'ai refusé pendant ma vie de recevoir la discipline, il n'y a presque pas un seul esprit dans tout l'empire infernal qui ne m'ait cinglé d'un bon coup pendant mon chemin au purgatoire ». On nous dit que le diable, à certaines occasions, a prescrit la flagellation pour des péchés. Ainsi, on rapporte dans la vie de saint Virgile qu'un homme possédé par le diable fut, par ordre de sa majesté satanique, battu avec quatre verges, pour avoir volé quatre bougies de l'hôtel du saint.

Les révérends pères n'ont pas manqué de nous apprendre que le diable lui-même a attrapé sa part de flagellation, et cela d'une sainte. C'est Cornélia Juliana qui a l'honneur distingué d'avoir accompli cet acte méritoire, comme le père Tisen le rapporte dans son « *Ancienne origine de la fête du Corps du Christ* ». Il raconte « que les sœurs entendaient quelquefois un vacarme prodigieux dans la cellule de sœur Cornélia, ce qui provenait de la lutte qu'elle soutenait contre le démon, et que, l'ayant saisi, elle le fouettait de tout son pouvoir ; alors, après avoir réussi à le renverser, elle le piétinait en lui adressant les reproches les plus amers ».

Les saints qui habitent le Paradis sont supposés redescendre sur la terre à la demande de ceux qui les en

supplient pour fouetter leurs persécuteurs. Ce malheur
échut à un serviteur de l'empereur Nicéphore. Ce serviteur, après avoir opprimé les citoyens en prélevant de
lourds impôts, voulut faire payer un tribut au monastère de Saint-Nicon. Ce fut en vain que les moines protestèrent, en plaidant l'indigence. — Quelques-uns,
parmi eux, furent mis en prison — les autres, alors,
implorèrent l'aide de leur saint Patron. La nuit même,
le saint apparut au serviteur du roi et lui infligea une
bonne correction, ce qui eut pour effet qu'après cela
les moines furent laissés tranquilles. En dernier lieu, on
nous raconte que la Vierge Marie appliqua la correction
suivante pour venger ceux qui étaient sous sa protection ; par exemple, elle fit flageller en sa présence un
certain évêque, parce qu'il avait déposé un chanoine,
qui, quoique illettré et ne possédant guère de dons spirituels, était très assidu dans ses dévotions à l'autel de
la sainte Mère. La Vierge Marie apparut à l'évêque pendant la nuit, accompagnée d'un homme portant une discipline, et, après avoir ordonné que l'évêque fût châtié,
elle lui commanda de rendre sa prébende au chanoine.

Bernardin de Bustis, dans un sermon écrit par lui en
l'honneur de la Vierge, donne un autre exemple pour
appuyer l'opinion que la flagellation du pécheur lui était
particulièrement agréable, en racontant qu'un moine
franciscain, sous le pontificat de Sixte IV, en pleine place
du marché, administra une discipline sur le derrière à
un professeur de divinités, en présence d'une foule de
spectateurs charmés, parce qu'il avait prêché contre
l'Immaculée Conception de la Sainte Vierge. Le conteur
décrit ainsi graphiquement l'opération : « Se saisissant
de lui, il le renverse sur ses genoux, car il était très
fort ; alors, relevant son froc, il commença par le frapper

de la paume de la main sur le bas de sa personne, qui était nu, car au grand amusement des spectateurs, le professeur de théologie ne portait ni culotte, ni caleçon. — « Donnez-lui encore quatre tapes pour mon compte », cria une dévote femelle, qui était présente; une autre cria : « Donnez-lüi-en encore quatre pour moi ». Ainsi firent grand nombre d'autres. De sorte que s'il avait consenti de faire tout ce qu'on lui demandait, il aurait eu de quoi s'occuper pendant la journée entière ».

Bernardin ajoute que dans ce cas, le moine agissait sous l'inspiration directe de la Vierge, tellement cette correction paraissait convenable.

*
* *

C'est par la fustigation que les prêtres entretenaient leur foi. Nous ne pouvons affirmer si l'aventure qui arriva dans le cas suivant fut absolument du goût du fustigé, quoique étant certainement religieuse :

LE CURÉ FESSÉ

Un jour j'étais aux noces vis-à-vis d'un curé, qui était près de la mariée, laquelle avait eu de l'usance qu'elle avait usée. Je lui donnai un croupion qu'elle voulut saucer; et, ne trouvant rien en sa saucière, dit :

— Monsieur le curé, tremperai-je mon c.. en votre sauce ?

— Trempez, ma mie, trempez.

Mais ce curé fut très bien trompé. Ce curé était amoureux de cette fille, de laquelle il avait pratiqué le mariage pourvu qu'après il fût reçu à faire avec elle choses et autres, selon l'intelligence délectable ; à quoi la fille s'ac-

corda, et en avertit son mari, afin qu'il ne le trouvât point
étrange, s'il n'y remédiait.

Sur cette promesse, le mariage fut fait; et le mignon
de curé s'attendait de faire goûter à la jeune femme de
son fruit de cas-pendu.

Cas-pendu est le cas qui pend; les pommes qui ont des
pendants sont pommes de cas-pendu; et telles sont les
pendiloches naturelles des hommes.

Monsieur l'amoureux poursuivit son instance. La jeune
mariée, qui, comme toutes nouvelles jeunes femmes sont,
aimait son mari encore pour le bien et aise qu'elle avait
eu d'avoir été accomplie, ne faisait guère d'état de messire Jean, principalement ayant eu l'argent qu'elle prétendait.

C'était autant de vinette cueillie.

Un jour qu'il la trouva, il lui dit :

— Sais-tu pas bien ce que tu m'as promis?

— Et quoi?

— De mettre un de mes membres dans un des tiens.

— Je le veux, monsieur le curé; mettez donc votre
nez en mon c..; ainsi, vous boucherez trois pertuis
d'une cheville.

Les petits menus propos lui donnaient l'espérance que
bientôt il l'émouverait toute vive : par ainsi, il se rendait
plus privé et importun : dont la jeune femme se voulut
défaire, moyennant le complot pris avec son mari, qui
fit semblant d'aller aux champs.

Par ainsi, monsieur le curé, qui allait et venait pour
rencontrer la belle, eut assignation de venir au soir. Sur
la brune venant, voici mon curé qui vint. Comme elle le
vit :

— Hélas! dit-elle, personne ne vous a-t-il vu? et en
suis toute tremblante.

— Ma mie, tout ira bien ; assurez-vous.

— Eh bien, monsieur, soyez le bienvenu. Tâtons au vin.

— Non, pas encore, Françoise, ma mie ; tâtons à autre chose, avant.

— Vraiment, vous avez grand'hâte ; si votre fausset est fait, la pièce n'est pas percée. Attendez que nous soyons couchés ; vous aurez assez de quoi vous embesogner ; je vous baillerai un petit endroit, où il y a plus à travailler, qu'il n'y a à moudre en quatre setiers de blé. Soupons vitement ; puis, nous nous coucherons.

Cependant, il déroba quelques baisers, qu'il fureta tandis qu'elle apprêta tout. Il se hâtèrent de souper ; puis elle dit :

— Là, couchons-nous ; c'est assez friponné sur la viande morte ; c'est trop languir.

Jamais le mignon ne se trouva pas si aise. Il se jeta bientôt au lit ; et elle, presque toute nue, faisait mine d'aller éteindre la chandelle, et musait un peu ; et il lui disait :

— Françoise, venez tôt : venez qu'on vous serve.

Elle approche, comme pour se jeter au lit, n'ayant plus que sa chemise.

— Ho ! dit-elle, je m'en vais ôter ma chemise ; mais aussi vous ôterez la vôtre ; je ne la pourrais souffrir.

Il l'ôte ; puis, elle lui dit :

— Je vais éteindre la chandelle ; tendez-moi la main pour vous trouver ?

Elle faisait de l'interdite, semblant d'ôter sa chemise, une manche, puis l'autre.

— Foin des puces ! bran, elles me mangeront.

Le drôle prenait plaisir, à la lueur de la chandelle, de voir ces mystères, qui avaient bonne grâce ; mais voici bien du changement. Ainsi que déjà cette chemise passait par-dessus la tête, qu'il voyait un beau tableau, on heurta à la porte assez épouvantablement.

Lors, elle, comme surprise :

— Hélas! monsieur, où vous mettrez-vous? je suis perdue.

De l'autre côté, on frappait disant :

—Ouvre-moi, Françoise; ouvre vivement; je suis mort ; je te prie, ouvre vite!

Elle criait :

— Mon mari, je me lève en si grand'hâte, que je ne sais ce que je fais.

Cependant, elle aidait au curé à monter sur un appentis, où les poules nichaient. Cela fait, comme toute hors de soi, elle vint ouvrir la porte à son mari, et lui dit :

— Et où allez-vous si tard ? Il est belle heure de venir!

— Ha! ma mie, excuse-moi; je suis mort. Ne te fâche point; tu ne me verras plus guère, je me meurs ; envoie enquérir monsieur le curé, que je me confesse!

Il se tenait le ventre auprès du feu, comme s'il eût eu la colique, et faisait semblant parfois de s'évanouir. Il fait appeler des voisins à l'aide, qui s'assemblent à le réconforter, et le mettent sur un lit à terre. Mais il ne faisait plus que soupirer, et dire :

— Jamais, jamais.

— Hé, compère, prenez courage.

— Jamais.

— Ce ne sera rien : or sus, mon ami; là, aidez-vous.

— Jamais.

— Il faut voir monsieur le curé.

— Jamais.

— Il vous dira quelque bonne parole.

— Jamais.

— Encore ne faut-il pas se laisser ainsi aller?

— Jamais.

— Il semble que vous ne nous connaissiez point.

— Jamais.

— Voilà mon compère cetti-ci, mon cousin cetti-là, qui vous sont venus voir.

— Jamais.

Quand presque toute la paroisse fut assemblée, et que l'on lui va dire :

— Or çà, compère, debout; allons au lit, vous y serez mieux. Eh bien, que vous faut-il?

Adonc, jetant les yeux, et dressant la main vers le curé, il va dire :

— Jamais je ne vis un tel Jean avec mes poules.

Adonc, monsieur le curé de se trémousser : et lors, les destinés à faire fouetterie lui aidèrent à descendre, et le cinglèrent à droite et à gauche, sans faire semblant de le connaître.

Quelle loi Canis !

— Là, là, disaient les femmes, fessez, fessez; c'est le foulon. Tels sont les esprits familiers, incubes, succubes et fées, qui, en fantômes domestiques, trompent hommes et femmes. Flanquez-lui ces nerfs de bœuf autour des échines, tant que la peau lui parte!

Béroalde de Verville.

LES SAINTS FLAGELLATEURS

« LE BUT SANCTIFIE LES MOYENS »

Saint Antoine, et avec lui quelques serviteurs de Dieu célèbres pour leur austérité et la pureté de leurs mœurs, ont été soumis à des tentations qui valaient bien celles que messire Satan tenta en vain de mettre en œuvre vis-à-vis du fils de Marie, car le chef des Démons s'était contenté de soumettre à l'épreuve l'orgueil et la vanité du fils de Dieu, tandis que les saints en question s'étaient vus pris par le côté le plus faible de l'humanité, l'appel aux instincts sensuels et l'excitation des appétits charnels... Et, en dévots et pudiques cénobites qu'ils étaient, ils avaient réussi à éviter le naufrage de leur innocence, l'effondrement de leur chasteté, en fermant les yeux et en se plongeant avec plus de ferveur et d'acharnement que jamais dans les prières et les méditations.

Il n'y avait à notre avis pas grand mérite à cela, en ce sens, qu'en supprimant la vue de ce qui pouvait exciter les sens, ils neutralisaient l'effet de la tentation, au moins en grande partie, en n'en laissant subsister que la vague apparition et finalement que le souvenir visionnaire...

Il y eut d'autres saints, cependant, qui, bon gré ou mal gré, firent bravement face à l'orage et se débarrassèrent du démon tentateur — lisez : *la femme* — au moyen d'arguments tout à fait frappants.

Reste à savoir si, pendant qu'ils repoussaient ainsi l'assaut des assiégeantes de leur vertu, ils n'ont pas commis le péché que justement ils s'efforçaient d'éloigner d'eux de si énergique et expéditive façon.

Trois exemples nous suffiront à établir les faits. Dans les gravures qui nous représentent les saints, nous les avons presque toujours trouvés sous forme de vieillards vénérables qui, sans être précisément laids, n'en étaient pas moins d'un physique qui différait un tant soit peu de ce que l'on a de tous temps suggéré sur Adonis. En bon français, on pourrait dire que, d'après ces images, les saints, en grande majorité, ne sont pas *jolis*, jolis !

Mais il paraît qu'il y en eut quand même dont les charmes physiques exercèrent sur l'élément féminin que le hasard mettait en leur présence une influence attractive extraordinaire, et l'histoire nous enseigne que, s'ils savaient provoquer les désirs, ils s'entendaient également à merveille à se faire... désirer.

Saint Edmond, qui fut plus tard archevêque de Canterbury en Angleterre et qui eut l'avantage de faire une partie de ses études à Paris, nous en fournit un frappant exemple.

Une jeune dame, travaillée par ce que l'on appelle en langage vulgaire *la Soif d'amour* et subjuguée par les avantages physiques dont dame Nature avait doté le futur canonisé, s'était acharnée après lui et, sans vergogne, lui avait fait des propositions qui n'étaient nullement en harmonie avec ses principes vertueux.

Il fit à la belle la réception que lui inspirait sa conscience. — Mais toutes les rebuffades ne servaient de rien
— si ce n'est qu'à aiguiser encore davantage les appétits
sensuels de la pécheresse. Pour en finir, saint Edmond
accorda à la soupirante le rendez-vous qu'elle sollicitait
avec tant d'acharnement et lui permit de venir en son
logement qu'aucun pied mignon de fille d'Éve n'avait
encore, jusqu'à ce jour, profané.

L'amoureuse Manon fut exacte au rendez-vous; on le
devine. Mais ce que l'on ne devine pas, c'est la réception
qui lui fut faite par le jeune théologien.

Celui-ci, après l'avoir fait dévêtir, — ce que la belle
enfant s'empressa de réaliser, — se mit à la fouetter avec
un tel acharnement, que le beau corps tout blanc de la
tentatrice en fut tout couvert de traces d'un rouge vif, qui
la fit ressembler à une écrevisse retirée de l'eau bouil-
lante.

La chronique ne nous dit pas si, après ces témoignages d'amour, la jeune femme fut pénétrée de reconnaissance à l'égard de son bien-aimé.

Le frère Mathieu d'Avignon, de l'ordre des Capucins,
qui mourut en 1564 en Corse en odeur de sainteté,
donna en une circonstance particulière une preuve de sa
résistance, identique à celle rapportée sur saint Edmond.

Se trouvant un jour dans un château du Piémont, où
on lui avait accordé une hospitalité des plus larges, au
cours d'une de ses tournées pour quêter dans le pays,
une jeune dame extrêmement belle et de noble essence,
s'introduisit le soir dans sa chambre. Elle était nue
comme Ève avant le péché.

Ainsi accoutrée, elle s'approcha du lit du dormeur,—
il dormait du sommeil du juste — et fit tout ce qui fut

en son pouvoir pour inciter le brave homme à commettre le péché de la fornication.

Mais le saint frère, pour toute réponse, se saisit de sa discipline, qu'il portait par hasard par devers lui dans sa pérégrination et qui était composée de cordes espagnoles, garnies de nœuds solides et résistants, et commença à la cingler de si furieuse manière sur le dos, les fesses et partout ailleurs où, dans sa rage flagellatrice, il faisait tomber ses lanières vengeresses de sa pudeur offusquée, que la jeune femme fut non seulement couverte de honte, mais d'une profusion de cicatrices, témoignages ineffaçables de la leçon qu'il lui avait donnée...

La vertu des saints a certainement été mise à une plus rude épreuve que le commun des mortels ne se l'imagine. Bernardin de Sienne sut, lui aussi, se tirer d'affaire avec toute la présence d'esprit et l'énergie qui convient à un saint homme de sa trempe.

Surius — d'illustre mémoire — nous rapporte ainsi l'aventure :

« Un jour que Bernardin s'était mis en route pour acheter du pain, une femme, l'épouse d'un bourgeois de Sienne, l'appela dans sa maison. Mais aussitôt qu'il en eut franchi le seuil, elle verrouilla la porte et dit : « Maintenant, à moins que vous ne satisfassiez à mon désir, je vous couvrirai de honte en affirmant que vous avez tenté de me violer ».

Bernardin, se voyant dans une situation aussi critique, pria Dieu en son for intérieur, le suppliant de ne point l'abandonner, car il détestait grandement le crime de fornication. Dieu ne resta pas sourd à sa prière. Il lui suggéra de dire à la femme que, puisqu'elle tenait absolument à l'avoir, elle devait pour cela se dépouiller de ses vêtements. La femme ne fit aucune objection à cela.

Elle eut à peine enlevé le dernier voile que Bernardin sortit son fouet qu'il portait incidemment sur lui, et, la saisissant d'une poigne solide, se mit à l'exercer vigoureusement; il ne s'arrêta d'ailleurs pas dans son opération jusqu'à ce qu'en elle toute ardeur se fût éteinte. Elle n'en aima pour cela que mieux le saint homme, par la suite; et son mari fit de même quand il eut appris comment les choses s'étaient passées ».

Et voilà comment les saints d'autrefois se prêtaient à la fornication. En est-il de même des saints de nos jours, en sera-t-il ainsi de ceux que l'avenir nous tient en réserve?

FLAGELLATION DES DERVICHES

Il n'y a pas que les Mahométans et la Turquie possè-
dant leurs derviches tourneurs, des mono-flagellateurs
par excellence, qui de nos jours encore se meurtrissent
le corps, le réduisent à un état lamentable : Dans la
Russie méridionale et principalement dans le région du
Caucase, il existe encore de nombreuses sectes de flagellateurs qui sont inspirés par le fatanisme religieux seul,
et par rien autre chose [1].

Comme les derviches tourneurs de Constantinople,
ces flagellateurs se labourent tout le corps de coups de
lanières de cuir, dans lesquelles ont été figés des clous
pointus. Après avoir, par une danse échevelée, mis le
sang en ébullition et atteint un degré de surexcitation
extraordinaire, ils commencent l'opération sur leurs torses nus. D'ordinaire, les derviches turcs se contentent
de s'infliger à eux-mêmes et de leurs propres mains les

---

1. A ce propos, il nous revient que des sectes de flagellateurs
religieux existent aujourd'hui et pratiquent ouvertement au
Mexique. Nous n'avons pu malheureusement nous documenter à
ce sujet, mais nous tenons le renseignement de la meilleure
source.

coups. Mais en Russie, la pratique est poussée un peu plus loin, et, quand les pauvres diables ne peuvent plus, de lassitude, mouvoir les bras, ils trouvent de charitables personnes qui suppléent à leurs forces épuisées et les flagellent jusqu'à leur faire perdre les sens, ce à quoi contribue dans une large mesure la perte de sang.

Le gouvernement russe a cherché, par des mesures très sévères, à mettre fin à ces pratiques moyennâgeuses — quoique le knout soit encore, en l'an de grâce 1898, un instrument courant de correction officielle dans les provinces du Caucase. Mais, malgré tous les efforts des autorités, cette pratique ne peut être déracinée et les sectes de derviches flagellateurs n'en continuent pas moins de florir et de faire de nombreux adeptes. Contrairement à ce qui arrive en Turquie, les sectes russes comprennent des femmes, et ce sont elles qui se montrent les plus ardentes dans les pratiques flagellatoires. Les réunions se tiennent généralement dans des endroits écartés, en pleine forêt, ou encore même, si les lieux ne présentent pas de suffisantes garanties de sécurité, dans des endroits clos, où personne ne peut venir troubler les flagellants, ni les empêcher de chercher à gagner, par le plus droit chemin, le Paradis, en soumettant leurs corps à des mortifications parfois tellement sévères que mort s'ensuit.

LA FLAGELLATION EN RELIGION

LA PUDEUR DES DAMES ALLEMANDES

Dans les sociétés qui affectent le plus de respect pour la pureté absolue des mœurs, chez les peuples qui prétendent au monopole de la décence et de la chasteté, se rencontrent parfois la plus grande dépravation, la plus cynique dissolution et cela surtout dans cette classe de personnes, que la naissance, la fortune et l'éducation placent au rang le plus élevé de la société.

Nous n'en voulons pour preuve que le récit des faits suivants qui nous sont relatés par un ancien juge correctionnel de l'empire d'Allemagne et qui sont rigoureusement exacts. Ils remontent à 1886 et ont eu pour théâtre Charlottenbourg et Potsdam, près Berlin.

A cette époque, comme d'ailleurs très probablement aujourd'hui encore, existait à Berlin une société mondaine qui avait pris pour titre : « *Gesellschafts Club Gemüthlichkeit* » [1]. Les membres de cette association se recrutaient dans les hautes sphères de la société berlinoise : il y avait des médecins, des avocats, de grands

---

1. Club de Société *La Bonhomie.*

négociants, des juges, et, comme on le sut plus tard, un procureur impérial qui en faisaient partie.

Le but officiel du club était d'entretenir parmi ses membres des relations amicales, des attaches sociales, récréatives et agréables, au moyen de soirées, bals, banquets, excursions, etc. Un très grand nombre de dames, pour la plupart mariées, — des épouses des membres masculins du club, — avaient été admises au même titre que les hommes à faire partie de la société.

Or, un jour on apprit avec stupéfaction qu'une perquisition nocturne avait été opérée dans la maison où se réunissait le club à Charlottembourg et que l'on avait découvert un scandale qui dépassait toutes bornes et défiait toute description. Il y eut toutes sortes de bruits mis en mouvement, on parla de hauts personnages compromis dans une affaire de mœurs.

Mais le bruit soulevé par cette affaire ne tarda pas à s'éteindre; l'oubli se fit peu à peu et l'on n'entendit, en fin de compte, plus parler de ce scandale. On avait évidemment étouffé l'affaire à cause des personnages compromis et parmi lesquels se trouvait précisément un procureur impérial.

Voici, cependant, très exactement ce qui se passait dans ce club de la *Gemüethlichkeit*. Il y régnait une bonhomie d'un ordre tout à fait spécial et qui n'avait absolument rien de la vieille et si réputée pudeur teutonique. Au contraire, les festins sardanapalesques, les orgies dignes des meilleurs jours de Babylone y étaient consommés avec un raffinement sans bornes. Les Gretchens de l'Allemagne rendaient des points aux courtisanes de Paris.

Les dames et les jeunes filles faisant partie du club s'habillaient avec recherche et s'efforçaient de mettre dans leur toilette toute la suggestivité nécessaire pour enflammer chez les hommes d'ardents désirs. Très souvent, pour mieux réussir dans le but qu'elles se proposaient, elles adoptaient alors des travestis qui leur permettaient de paraître en costumes de bébés, les manches courtes, les corsages discrètement échancrés, les blouses flottantes, les jupes court troussées, avec des chaussettes de tendre couleur qui leur permettaient de découvrir leurs mollets et une partie de leur chair voluptueusement frissonnante, pour donner à leurs partenaires un avant-gout de ces plaisirs sensuels qui, régulièrement, devaient clore les séances.

On commençait avec un grand cérémonial. Mais les re-présentations variaient souvent. Il arrivait fréquemment que les membres du club improvisaient un menuet qui devenait peu à peu un quadrille échevelé puis un chahut en règle. Peu à peu, dans cette danse, les pudiques socié-taires se dépouillaient, pièce par pièce, de leurs vêtements et finissaient par se trouver les uns vis-à-vis des autres dans le costume primitif et peu compliqué dont Dieu gratifia notre bon père Adam.

Une fois réduits en cet état, voilà comment ils pro-cédaient :

On représentait absolument une scène de castigation domestique. Quelques dames ou messieurs, habillés en écoliers ou écolières, avec les jupes court troussées, re-cevaient la punition qu'ils avaient méritée. Mais on ne s'y prenait pas avec violence, au contraire. D'autres fois on jouait à la main chaude. On tirait au sort le nom de celui ou de celle qui devait commencer et la petite dis-traction était mise en pratique comme d'ordinaire. La personne qui se trouvait sur la sellette se plaçait à genoux, la tête cachée entre les jambes de l'une de ces dames, dont les jupons l'empêchaient de voir. Mais, au lieu de lui

faire placer la main sur le dos, pour frapper dessus, on
mettait à nu le derrière, soit en retroussant les jupes
quand c'était une femme, soit en descendant les pantalons quand c'était un homme que le sort avait désigné.
Une fois en position, tout le monde se mettait de la partie et c'était à qui frapperait le plus fort sur le pauvre
postérieur qui, bien souvent, endurait un réel supplice,
quoique les coups ne fussent portés que du plat de la
main. C'était d'ailleurs là une circonstance qui permettait de pousser loin ce singulier sport, car beaucoup de
membres en profitaient pour explorer des régions pro-
hibées. Ces attouchements audacieux étaient, d'autre
part, une chance de salut pour le receveur ou la rece-
veuse des coups, car, à la longue, avec un peu d'observation, on avait remarqué les particularités de chacun des
membres et la manière dont ils frappaient, de sorte que
le nom libérateur était encore assez fréquemment de-
viné.

Une des cérémonies qui étaient en très grand honneur
dans ce club adamique était une sarabande infernale,
dansée par tous les membres jusqu'à complet essouffle-
ment et au cours de laquelle les danseurs se défaisaient
de leurs vêtements ainsi que nous l'avons dit plus haut.
Des contacts qui se produisaient inévitablement, il résultait un excitement qui dépassait toutes les bornes. Il
s'ensuivait des orgies, auxquelles bien souvent prenaient part aussi bien les époux et les épouses que très
souvent le père ou la mère et la fille, et, quoique cela pût
paraître étrange et invraisemblable, il s'est vu qu'un
époux se laissait aller aux plus frénétiques transports
érotiques avec l'épouse d'un ami qui, en retour, se payait
largement en la même monnaie sur la femme de son
complaisant ami. De même on a pu voir dans ces orgies

des pères sacrifier à l'érotisme aux côtés de leurs filles à peine échappées du pensionnat.

On conçoit aisément que la police ait étouffé un pareil scandale. Mais faut-il croire que ces mœurs dépravées n'existent plus en Allemagne et que la peur du scandale ait pu étouffer du coup les instincts de libertinage dont la haute société teutonne est dominée ? On serait bien plus fondé de croire qu'aujourd'hui comme auparavant ces clubs érotiques existent encore et qu'après avoir laissé passer l'orage le *Verein Gemüethlichkeit* se sera reconstitué sur d'autres bases [1].

On voit que s'il y a eu en France des clubs des dames fouetteuses où le beau sexe se livrait exclusivement à des ébats d'un goût très discutable, on ne s'est pas gêné en Allemagne d'y faire prendre part indistinctement hommes et femmes jeunes, et vieux, et cela, dans les cercles les plus élégants de la société. Nous avons été obligé de passer sous silence certains détails qui auraient, par leur crudité même, fait naître des doutes sur leur parfaite exactitude.

---

1. Que l'on nous permette de citer à ce propos un grand scandale, à peu près du même genre, qui éclata à la cour de Berlin vers 1879 ou 1880 et auquel fut mêlée la famille du baron de Schleinitz, maréchal de la cour.

LA FLAGELLATION EN LITTÉRATURE

A titre purement documentaire et pour prouver à nos lecteurs que la flagellation en matière religieuse et médicale, — dans ce dernier cas au point de vue de l'influence qu'elle exerce sur le réveil des sens assoupis, — a été traitée par des auteurs en prose et même en vers à différentes époques et dans les formes les plus variées, nous publions une série de morceaux recueillis au fur et à mesure dans des ouvrages anciens et récents.

Le style de ces morceaux est parfois un peu risqué : les images sont quelquefois un peu audacieuses dans leurs tendances réalistes, mais, au fond, roulent tous sur le même sujet : « la fustigation. »

LA FLAGELLATION EN LITTÉRATURE

On aurait tort de s'imaginer que l'usage des verges était de tout temps un apanage des sectes religieuses. Bon nombre de littérateurs de talent ont largement usé de la flagellation — dans leurs ouvrages...

Sous le titre général que nous plaçons en tête de notre

article, nous nous proposons de réunir les nombreux exemples de ce genre qui sont à notre connaissance et qui nous paraissent mériter quelque attention. En France comme en Angleterre, un grand nombre d'auteurs ont fait de la flagellation le thème favori de leurs dissertations [1].

Brantôme, ce fin courtisan et spirituel auteur de contes salés, avait depuis longtemps attiré l'attention sur ce fait que la flagellation n'était pas exclusivement pratiquée par les membres d'une secte mystique quelconque. De grandes dames n'avaient pas dédaigné de se rallier à la doctrine démodée de Salomon dont elles étaient devenues de ferventes adeptes. En notre fin de siècle, ces coutumes ont disparu, laissant le champ libre à l'esprit libertin d'une génération naissante qui affecte, vis-à-vis de l'autorité sacro-sainte d'antan, le plus cavalier mépris par cette seule raison qu'elle est devenue trop intelligente pour se plier à des usages surannés et dignes d'autres temps. Notre progrès démocratique nous a débarrassés

---

1. A ce propos, nous pouvons mentionner les ouvrages suivants *Jupes troussées, Les Callipyges* (2 vol.), *La Danseuse russe* (3 vol.), *Mémoires de Miss Ophelia Cox, Défilé des Fesses nues, Histoire d'un pantalon, Correspondance d'Eulalie* (Londres, 1785), *Aphrodisiaque externe ou Traité du fouet, et de ses effets sur le physique*, par le Dr Doppet (1788). Parmi ces ouvrages, nous signalons la « Danseuse russe » comme contenant une théorie très curieuse, au point de vue pathologique, sur la production de la rondeur des fesses, et nous ne pouvons que regretter que l'auteur anonyme, qui a signé E. D., n'ait pu choisir un style plus châtié Mais l'avant-propos est surtout digne d'attention, et nous l'avons reproduit en *post-scriptum* pour que le lecteur puisse en juger par lui-même, d'autant plus qu'il ne contient absolument rien qu puisse offenser, au milieu de la broderie romantique dont il est orné.

Il nous a semblé qu'il revêtait une certaine couleur locale, non dénuée d'une forte dose de vérité.

des anciennes superstitions, non sans laisser subsister
cependant les plus anodines. Nous vivons à une époque
que l'on pourrait, sans grande exagération, taxer quelque
peu de détraquée. Max Nordau [1], dans ses ouvrages,
nous en fournit des preuves qu'il ne nous appartient pas
de discuter, mais que nos lecteurs pourront tout à leur
aise et consulter et disséquer en en tirant les conclusions
qui leur plairont et qui leur paraîtront les plus justes.

« Charité bien ordonnée commence chez soi-même »,
dit le proverbe. Il y a cependant des pères dont le *cœur
tendre* pousse le scrupule jusqu'à l'excès en ne se chargeant pas de la correction de leurs rejétons, mais en en
confiant le soin — longtemps après — quand il est trop
tard — aux magistrats [2] qui ont pour mission de réprimer
des offenses qu'une application judicieuse des verges en
temps opportun aurait certainement empêché de se produire, comme Shakespeare, d'immortelle mémoire, le
disait fort bien, il y a deux siècles, dans *Mesure pour
Mesure*, acte I, scène III :

> . . . . . Des pères indulgents
> Qui n'ont cru bien agir en menaçant de triques
> Leurs fils récalcitrants que dans le but unique

---

1. Max Nordau est l'auteur d'un ouvrage intitulé : « La Dégé-
nérescence » (Paris, 1896), et de deux autres forts ouvrages :
« Les Mensonges conventionnels de la Civilisation » et « Les Pa-
radoxes. » Ces trois ouvrages analysent les manifestations mor-
bides et ont créé une grande sensation dans le monde littéraire
et philosophique.

2. Peu de personnes en France savent qu'en Angleterre le magistrat a le pouvoir de faire donner douze, plus et moins, de
coups de verges à des gamins, de moins de quatorze ans, amenés
devant lui pour des menus vols ou dont les parents déclarent
ne pouvoir s'en faire obéir. Aussi, plus d'un gamin têtu a été
amené à comprendre l'erreur de sa conduite par une vigoureuse
application de tiges de bouleau sur son derrière.

De jeter dans leur âme une sainte terreur...
Font plutôt rire d'eux sans inspirer la peur...

Pour revenir à Brantôme, il nous donne la relation
aussi curieuse que singulière de la façon dont une grande
dame s'y prenait pour punir des femmes. Mlle de Limeuil,
une des dames d'honneur de la Reine, fut flagellée pour
avoir écrit une pasquinade et, de plus, toutes les autres
eunes dames qui avaient eu connaissance du contenu
de la chose partagèrent son sort. Il nous serait difficile
de donner le texte exact du document et nous ne pouvons que renvoyer nos lecteurs à l'ouvrage même [1].

Dans un autre endroit, Brantôme nous dit :

« J'ay ouy parler d'une grande dame de par le monde,
mais grandissime, qui ne se contentoit de lascivité naturelle, car elle estoit grande putain et estant mariée et
veuve, aussi estoit-elle très belle; pour se provoquer et
s'exciter davantage elle faisoit despouiller ses dames et
filles, je dis les plus belles, et se délectoit fort à les voir,
et puis elle les battoit du plat de la main sur les fesses,
avec de grandes claquades et blamuses assez rudes, et les
filles, qui avoient délinqué en quelque chose, avec de
bonnes verges, et alors son contentement estoit de les
voir remuer et faire les mouvements et torsions de leurs
corps et fesses, lesquelles, selon les coups qu'elles rece-
voient, en montroient de bien estranges et plaisantes.
Aucunes fois, sans les despouiller, les faisait trousser en
robbe, car pour lors elles ne portoient point de caleçons,
et les claquetoit et fouettoit sur les fesses, selon le sujet

---

1. « Les Sept Discours touchant les Dames galantes » (3 vol.),
du sieur Brantôme, publié d'après les manuscrits de la Bibliothèque nationale, par Henri Bouchot, Paris, 1882.

qu'elles lui donnoient ou pour les faire rire ou pleurer, et sur ces visions et contemplations s'y aiguisoient si bien ses appétits qu'après elle les alloit passer bien souvent à bon escient avec quelque galant homme bien fort et robuste. »

REMARQUE. — Nous croyons être utile d'attirer ici l'attention sur la coutume ignoble existant dans l'armée anglaise de faire fouetter des soldats avec le *chat à neuf queues*[1], pour des actes d'insubordination. Nous sommes d'avis que les soldats ne doivent pas être punis de cette façon indigne. La punition corporelle ne peut qu'humilier et démoraliser les soldats qui ne devraient connaître d'autre défaite que celle d'une bataille perdue, mais perdue loyalement en combattant bravement un ennemi digne d'eux-mêmes. De même la punition corporelle existe encore dans la marine anglaise, mais seulement pour des faits excessivement graves. En Autriche, la fustigation a été abolie en 1866, elle n'existe pas en France; en Allemagne, on ne l'applique que dans les prisons, mais elle n'a pas de place dans le Code pénal. En Italie, ce genre de punition fut aboli en 1868. Il en fut de même en Belgique et en Hollande. Mais nous sommes parfaitement d'avis de maintenir cette correction pour ceux qui battent les femmes, pour les étrangleurs qui ne s'attaquent généralemement qu'à des femmes sans défense ou à des ivrognes. Mais en France, elle aurait l'avantage de nous débarrasser de ces deux fléaux de Paris, l'infect *souteneur* et son ignoble confrère *le rôdeur de barrières*. Ces êtres, qui au fond sont de misérables lâches, comme les loups, ne chassent que par bandes et ne redoutent rien autant comme une bonne raclée. C'est de la même

---

1. Fouet à neuf lanières.

façon que nous voudrions voir traiter les coquins qui violent des jeunes filles mineures.

***

Jean-Jacques Rousseau nous fournit une preuve à l'appui de la thèse d'après laquelle de jeunes garçons peuvent parfaitement bien éprouver du plaisir à être fouettés. Il nous raconte dans le tome Ier de ses *Confessions* comment il fut fouetté par Mlle Lemercier :

« Comme Mlle Lemercier avoit pour nous l'affection d'une mère, elle avoit aussi l'autorité et elle la portoit quelquefois jusqu'à nous infliger la punition des enfans quand nous l'avions méritée. Assez long-temps elle s'en tint à la menace, et cette menace d'un châtiment tout nouveau pour moi me sembloit très effrayante ; mais après l'exécution, je la trouvai moins terrible à l'épreuve qu'elle ne l'avoit été : et ce qu'il y a de plus bizarre est que ce châtiment m'affectionna davantage encore à celle qui me l'avoit imposé. Il falloit même toute la vérité de cette affection et toute ma douceur naturelle pour m'empêcher de chercher le retour du même traitement en le méritant, car j'avois trouvé dans la douleur, dans la honte même, un mélange de sensualité qui m'avait laissé plus de désirs que de crainte de l'éprouver de rechef par la même main. Il est vrai que, comme il se mêlait sans doute à cela quelque instinct précoce du sexe, le même châtiment reçu de son frère ne m'eût point du tout paru plaisant[1]. »

***

Du philosophe au poète il n'y a qu'un pas. Le bon

---

1. *Les Confessions*, partie I, livre II.

La Fontaine, dans un de ses contes rimés, nous fait assister à une scène de flagellation assez piquante. On la trouvera dans le premier volume de ses œuvres sous le titre de : *Les Lunettes*.

Il s'agit d'un jeune homme libertin qui avait réussi à s'introduire clandestinement dans un couvent où il vécut au milieu des bonnes sœurs qui s'en trouvèrent fort bien, trop bien même, puisque le dicton biblique *Croissez et multipliez* se trouva suivi à la lettre. Mais comme le jouvenceau avait réservé ses faveurs pour les jeunes et guillerettes nonnains, à l'exclusion des vieilles ratatinées, mal lui en prit.

Les vieilles découvrirent le pot aux roses et, le jeune galant démasqué fut, par la vieille garde du couvent, attaché tout nu à un arbre du bois voisin pour être fouetté. Tandis que les bonnes sœurs étaient retournées au couvent pour s'armer de verges et de fouets, vint à passer un meunier fièrement campé sur sa mule. Il s'informa du motif pour lequel le jeune homme se trouvait en pareille posture.

Né malin, la victime des religieuses raconta que les bonnes sœurs l'avaient attaché ainsi et qu'elles allaient revenir dare dare pour le fouetter parce qu'il n'avait pas voulu les embrasser et leur faire autres douceurs qu'elles convoitaient. Le meunier supplie le jeune homme de bien vouloir lui céder la place, ce à quoi il consent volontiers. Délivré de ses liens par le meunier, il l'attache à son lieu et place et s'éloigne.

Mais voilà que les sœurs arrivent. Laissons parler La Fontaine :

> Large d'épaule, on aurait vu le sire
> Attendre nu les nonnains en ce lieu.

> L'escadron vient, porte en guise de cierges
> Gaules et fouets, procession de verges,
> Qui fit la ronde à l'entour du meunier,
> Sans lui donner le temps de se montrer,
> Sans l'avertir. — Tout beau ! dit-il, mesdames,
> Vous vous trompez ; considérez-moi bien :
> Je ne suis pas cet ennemi des femmes,
> Ce scrupuleux qui ne vaut rien à rien.
> Employez-moi ; vous verrez des merveilles ;
> Si je dis faux, coupez-moi les oreilles ;
> D'un certain jeu je viendrai bien à bout :
> Mais quant au fouet, je n'y vaux rien du tout.

Mais, plus il parle, plus les vieilles nonnes s'acharnent sur lui, qu'on en juge :

> — Qu'entend ce rustre, et que nous veut-il dire ?
> S'écrie alors une de nos sans dents :
> Quoi ! tu n'es pas notre faiseur d'enfants ?
> Tant pis pour toi, tu paieras pour le sire ;
> Nous n'avons pas telles armes en main
> Pour demeurer en un si beau chemin.
> Tiens, tiens, voilà l'ébat que l'on désire.
> A ce discours fouets de rentrer en jeu,
> Verges d'aller et non pas pour un peu ;
> Meunier de dire en langue intelligible,
> Crainte de n'être assez bien entendu :
> — Mesdames, je... ferai tout mon possible
> Pour m'acquitter de ce qui vous est dû.
> Plus il leur tient de discours de la sorte,
> Plus la fureur de l'antique cohorte
> Se fait sentir. Longtemps il s'en souvint.
> Pendant qu'on donne au maître l'auguillade,
> Le mulet fait sur l'herbette gambade.
> Ce qu'à la fin l'un et l'autre devint,
> Je ne le sais, ni ne m'en mets en peine :
> Suffit d'avoir sauvé le jouvenceau.

*
* *

Voici l'opinion de Paul-Louis Courier sur la Flagellation :

« Tous ces célibataires fouettant les petits garçons et
confessant les filles me sont un peu suspects. Je voudrais
que les confesseurs fussent au moins mariés, mais les
frères fouetteurs, il faudrait, sauf meilleur avis, les
mettre aux galères, il me semble. Ils cassent les bras aux
enfants qui ne se laissent point fouetter. Quelle rage ?
Flagellandi tam dira Cupido! »

*
* *

Paul Bonnetain, dans *Charlot s'amuse*, nous donne
une scène de flagellation dans une école congréganiste :

« Un jeudi, après le dîner, pendant que, sous couleur
de prières, les maîtres faisaient la sieste au dortoir, en
attendant l'heure de la promenade, frère Eusèbe appela
Charlot.

« — Bébé! viens répéter ton catéchisme.

« L'enfant, tout rouge d'avoir joué au soleil, à travers
la cour, fit la moue, alla chercher son livre et s'assit à
l'ombre à côté du frère, sur les marches du perron.

« Couramment, il récita les premières pages, puis
ralentit son débit, chantant, s'endormant grisé de chaleur. De fines gouttelettes de sueur brillaient sur son
front à la naissance des cheveux. L'homme cependant
l'avait pris à la taille, l'approchant peu à peu à lui, et
l'écoutait, les yeux à demi fermés, un halètement
oppressé soulevant sous sa soutane débraillée sa forte
poitrine campagnarde.

« Charlot, envahi d'une torpeur molle, psalmodiait à présent sa récitation, ne songeant pas, dans sa lassitude somnolente, à rire, comme à l'ordinaire, des cheveux plats, du front étroit, des yeux vairons, des boucles d'oreilles en or, et des oreilles velues du frère. Au-dessus des géraniums, de grosses mouches tournoyaient, ronflant dans le soleil.

« Eusèbe, pâle, les dents serrées, attirait le gamin plus fort contre lui. Brusquement, l'homme lui faisait mal, l'enfant eut un cri révolté. Alors, le frère le lâcha pour le ressaisir aux poignets. L'ignorantin était livide, ses prunelles luisaient et un tremblotement plus violent secouait, sur sa poitrine, les bords déboutonnés de sa soutane :

« — Tu ne sais pas ton catéchisme !

« — Mais, si, cher frère...

« — Tu mens ! tu oses mentir, quand tu te prépares à ta première communion ! A genoux !

« Charlot, surpris de cette explosion de colère inattendue, obéit, mais en se roidissant sous la main de son maître, avec cette révolte inconsciente que toute injustice inspire à l'enfant. Jamais, il n'avait vu frère Eusèbe dans un pareil état. L'homme bégayait, les yeux hors de la tête, comme pris soudainement d'une sorte de folie.

« — Maintenant, comme pénitence, tu vas faire une croix avec ta langue sur le pavé !

« Le pauvre petit regarda la marche de grès sur laquelle son maître le courbait et, en la voyant couverte de tous les détritus poussiéreux ramassés par la cour et le jardin, qui s'étaient accumulés là, chacun frottant ses semelles sur cette pierre, avant d'entrer dans le vestibule, il eut un hoquet de dégoût, un instinctif mouvement en arrière. Le frère se mit alors en devoir de le faire obéir. L'enfant ferma les yeux, s'attendant à une correction épouvantable, et, résolument, pris à son tour de rage, s'écria, indigné :

« — Non ! non ! non ! jamais ! je ne veux pas !

« — Ah ! tu ne veux pas, mauvais chrétien ! Nous allons voir !

« Et frère Eusèbe empoigna Charlot sous son bras et l'emporta comme un paquet. Arrivé au premier étage, il ouvrit la porte du parloir, et jeta son fardeau sur le sol.

« Le gamin frissonnait, ne reconnaissant pas cette pièce où il n'était jamais venu et où le demi-jour filtrant à travers les volets clos permettait à peine de distinguer la couleur des meubles. Dans l'effroi d'un châtiment inconnu, ses cheveux se hérissaient, et il claquait des dents, n'osant bouger. L'homme ferma la porte à clef, donna un peu de lumière et s'assit sur un fauteuil.

« — Ote ton pantalon ?

« Charlot obéit, tout pâle, et sentant ses jambes flageoler sous lui. Alors, le frère Eusèbe le reprit. Les joues du misérable tremblaient, sa respiration sifflait et son regard brillait d'une flamme étrange. Lentement, il promena ses mains sur les nudités de cette chair d'enfant ; mais, comme Bébé frissonnait plus fort, la chair de poule bleuissant sa peau de gros grains, l'homme sentit, comme dans un désappointement, sa colère renaître. Brusquement, il saisit sa victime par le cou, et la courba à genoux devant lui, lui maintenant violemment la tête entre ses jambes ; puis, sortant un martinet de sa poche, il se prit à fesser avec rage cette blancheur qui l'affolait, frappant toujours plus fort, scandant l'envolée de ses bras d'un han entrecoupé et ne cessant de se repaître de la vue de son horrible besogne que pour en contempler l'image réfléchie par la grande glace du parloir.

« Aux premiers coups, Charlot avait hurlé de douleur, mais ses cris s'étaient vite éteints ; le frère le serrait plus fort entre ses jambes, l'étranglant d'une étouffante et brutale pression des genoux. Et pantelant, violet, les yeux hors des orbites, écumant, tirant la langue, le petit martyr, sous le cinglement de l'atroce souffrance, roidissait tout son être et vibrait chaque fois que le martinet s'abattait, lui meurtrissant la chair. »

*
* *

Nous trouvons dans le Journal des Goncourt (2e vol. — 1862-1865. — 1887) un épisode d'un grand intérêt ; c'est pourquoi nous le reproduisons ci-après :

« Lundi 7 avril. — Aujourd'hui, j'ai visité un fou, un monstre, un de ces hommes qui confinent à l'abîme. Par lui, comme par un voile déchiré, j'ai entrevu un fonds abominable, un côté effrayant d'une aristocratie d'argent blasée, de l'aristocratie anglaise, apportant la férocité dans l'amour, et dont le libertinage ne jouit que par la souffrance de la femme.

« Au bal de l'Opéra, il avait été présenté à Saint-Victor un jeune Anglais, qui lui avait dit simplement, en manière d'entrée de conversation : « Qu'on ne trouvait guère à s'amuser à Paris, que Londres était infiniment supérieur, qu'à Londres il y avait une maison très bien, la maison de mistress Jenkins, où étaient des jeunes filles d'environ treize ans, auxquelles d'abord on faisait la classe, puis qu'on fouettait, les petites, oh ! pas très fort, mais les grandes tout à fait fort. On pouvait aussi leur enfoncer des épingles, des épingles non pas très longues,

longues seulement comme ça, (et il nous montrait le bout de son doigt). Oui, on voyait le sang !... » Le jeune Anglais ajoutait placidement et posément: « Moi, j'ai les goûts cruels, mais je m'arrête aux hommes et aux animaux... Dans le temps, j'ai loué, avec un ami, une fenêtre, pour une grosse somme, afin de voir une assassine qui devait être pendue, et nous avions avec nous des femmes pour leur *faire des choses* — il a l'expression toujours extrêmement décente — au moment où elle serait pendue. Même, nous avions fait demander au bourreau de lui relever un peu sa jupe, à l'assassine, en la pendant... Mais c'est désagréable : la Reine, au dernier moment, a fait grâce. »

« Donc aujourd'hui, Saint-Victor m'introduit chez ce terrible original. C'est un jeune homme d'une trentaine d'années, chauve, les tempes renflées comme une orange, les yeux d'un bleu clair et aigu, la peau extrêmement fine et laissant voir le réseau sous-cutané des veines, la tête — c'est bizarre — la tête d'un de ces jeunes prêtres émaciés et extatiques, entourant les évêques dans les vieux tableaux. Un élégant jeune homme ayant un peu de raideur dans les bras, et les mouvements de corps, à la fois mécaniques et fiévreux, d'une personne attaquée d'un commencement de maladie de la moelle épinière, et avec cela d'excellentes façons, une politesse exquise, une douceur de manières toute particulière.

« Il a ouvert un grand meuble à hauteur d'appui, où se trouve une curieuse collection de livres érotiques, admirablement reliés, et tout en me tendant un MEIBOMIUS. *Utilité de la flagellation dans les plaisirs de l'amour et du mariage,* relié par un des premiers relieurs de Paris avec des fers intérieurs représentant des phallus, des têtes de mort, des instruments de torture, dont il a donné les dessins, il nous dit: « Ah! ces fers... non, d'abord il ne voulait pas les exécuter, le relieur... Alors, je lui ai prêté de mes livres... Maintenant, il rend sa femme très malheureuse... il court les petites filles... mais j'ai eu mes fers. » Et, nous montrant un livre tout préparé pour la reliure: « Oui, pour ce volume, j'attends une peau, une peau de jeune fille... Qu'un de mes amis m'a eue... On la tanne... C'est six mois pour la tanner... Si vous voulez la voir, ma peau?... Mais c'est sans intérêt... il aurait fallu qu'elle fût enlevée sur une jeune fille vivante... Heureusement, j'ai mon ami le docteur Bartsh... vous savez, celui qui voyage dans l'intérieur de l'Afrique... eh bien, dans les massacres... il m'a promis de me faire prendre une peau comme ça... sur une négresse vivante.

« Et tout en contemplant, d'un regard de maniaque, les ongles de ses mains tendues devant lui, il parle, il parle continuellement, et sa voix un peu chantante et s'arrêtant et repartant aussitôt qu'elle s'arrête, vous entre, comme une vrille, dans les oreilles ses cannibalesques paroles... »

EXERCICES DE DÉVOTION DE M. HENRI ROCH

AVEC MADAME LA DUCHESSE DE CONDOR

Sous ce titre, l'abbé de Voisenon, auteur de quelques contes de fées charmants mais quelque peu décolletés, écrivit un petit ouvrage très intéressant qui fut retrouvé parmi les papiers du poète après sa mort. Voisenon était un ami intime de Voltaire.

Dans la préface de ce livre, M. Querlon nous apprend que l'abbé de Voisenon avait composé cet ouvrage quelque temps avant sa fin, dans le but d'amuser et de distraire « Mademoiselle Huchon », sa nouvelle amie, qu'il avait prise comme David prit Abishag, pour réchauffer les derniers jours de son automne... »

Le biographe ajoute que « elle était d'une grande beauté ; elle dormit toujours à ses côtés et ne cessa pas de rester... une vierge ![1] »

Au demeurant, quelle que soit l'origine de l'ouvrage, nous y trouvons un tableau des plus spirituels pour nous dépeindre une piété bien cultivée telle qu'elle existe dans les classes élevées de la société.

Les exercices pieux de la Duchesse, dont le mari, un mondain de haut rang, fait preuve à son égard d'une coupable négligence, — sont dirigés par un *ami* de la famille, un ami qui a des principes sévères.

Pour faire fléchir les réveils et les frivolités de la chair, qui, selon Saint-Paul, est en lutte constante avec l'esprit, on a recours au châtiment corporel.

La dame, que son ami et conseiller spirituel a réussi à persuader que cela était nécessaire pour le salut de son âme, ne fait pas de grandes difficultés pour se soumettre à son *raisonnement*.

M. Henri Roch était membre d'une *Assemblée de Saints* « où se réunissaient les béats et béates du

---

1. Comme ces choses sont dites *d'un abbé*, nous ne voyons aucune raison pour mettre en doute cette dernière affirmation, étant donné que les *Abbés* ne sont *pas*, paraît-il, pareils aux autres hommes.

quartier, pour s'entretenir du prédicateur, du confesseur et du saint du jour, du purgatoire, du jugement, de la mort, de l'enfer et de beaucoup d'autres choses, toutes de cette espèce et toutes fort amusantes. » Mme la duchesse de Condor, qui l'avait vu dans cette assemblée, le fit prier de la venir voir.

A son arrivée, la noble Dame lui dit : « Je compte sur vous pour m'aider à faire mes exercices de dévotion. »

Nous citons Voisenon :

« A ces mots d'exercices de dévotion, M. Henri Roch fut au moment de dire qu'il n'y entendait rien; mais, pendant que la duchesse parlait, il la regardait, il voyait une femme jeune et belle; il la plaignait d'être dévote, mais il admirait en elle deux grands yeux noir-bleu, qu'elle baissait modestement, un front très découvert et sur lequel régnaient en arc deux grands sourcils, que Lagrenée n'aurait pu mieux dessiner. Ses dents étaient deux rangées de perles. Son teint était aussi frais que celui d'une rose à demi éclose. Sous son mouchoir il soupçonnait deux de ces trésors tels qu'on en trouve rarement et tels que n'en ont jamais vu ni M. de Rhuillières ni M. Greuze lui-même, qui en a beaucoup vu. « Ce serait là, pensait M. Henri Roch, une belle conversion à faire. Avec une dévote soyons dévots : il n'y a pas grand mal à cela; c'est une petite comédie à jouer; voyons quel en sera le dénouement. »

« La duchesse fait entrer M. Roch dans son petit cabinet, où il trouve « chemise, robe de chambre, caleçon, pantoufles et bas du matin. » Il prend un bain, puis les dévotions commencent. Mais les contemplations du paradis et de ses délices exercent sur la belle duchesse une étrange influence et elle s'écrie :

« Ah! monsieur Roch, arrêtez, je n'en puis plus! Ces

délices du Paradis me donnent des vapeurs. Que vais-je devenir? je m'en sens suffoquée! Ne m'abandonnez pas, il me faudrait de l'air! De grâce et au nom de Dieu, ôtez mon mouchoir du cou ; surtout ne vous scandalisez pas des horreurs que vous verrez ! »

En ce faisant, il paraît que le couple entre en contact trop excitant et que M. Roch y met un peu trop d'ardeur. C'est pour cela qu'il veut se punir.

Nous laissons la parole à Voisenon.

« M. Henri Roch prend la discipline, et Mme la duchesse commence par entonner le *Te Deum* ; mais, ayant achevé le premier verset, elle s'écrie : — Arrêtez! monsieur, vos scrupules allument les miens. Si vous avez péché, c'est moi qui en suis la cause; c'est à moi de m'en punir, et si le plaisir damne, je dois craindre de l'être, car j'en ai goûté un bien délicieux. Je crains, comme vous, de ne pas l'avoir entièrement rapporté à Dieu. C'est par vous que le plaisir et la guérison me sont venus; c'est aussi par vous qu'il faut que le châtiment m'en arrive : prenez cette discipline, frappez-moi! » En parlant ainsi, Mme la duchesse s'abouche sur une ottomane, en criant : — Punissez, monsieur, punissez une pécheresse !

« A la vue de tant de beautés, M. Henri Roch tombe à genoux : — Je me recueille un moment, dit-il, pour offrir à Dieu et pour le prier d'avoir pour agréable la sainte action que je vais faire. »

Inutile d'ajouter que l'opération entraîne des excès, qui démontrent amplement, à notre idée du moins, que ni la dévote dame, ni son conseiller spirituel n'avaient encore atteint ce degré de béatitude nécessaire pour les placer au-dessus de la puissance de la domination charnelle.

*
* *

La jalousie — ce stimulant par excellence de l'amour, — a souvent donné lieu à des scènes de fustigation ou de flagellation, au temps jadis comme de nos jours, et il en sera certainement ainsi jusqu'à la fin du monde.

Nous n'en voulons citer comme preuve que l'incident qui suit, cueilli dans le *Petit Parisien* du 2 mars 1898.

UN AMATEUR DE FAÏENCES

« Une fort désagréable mésaventure vient d'arriver à un rentier de la rue des Lombards, M. N..., qui, antiquaire passionné, s'est pris dernièrement d'un bel amour pour les anciennes faïences.

« Il cherchait de tous côtés certaines assiettes de Nevers qui, naturellement, demeuraient introuvables. Aussi quelle ne fut pas sa joie lorsqu'il lut, il y a quelques jours à la quatrième page d'un journal, une annonce ainsi conçue : « Vieilles assiettes de Rouen et de Nevers à vendre. S'adresser à Mme de R..., boulevard Saint-Marcel. »

« Triomphant, M. N... montra l'annonce à sa femme, prit un billet de 5oo francs et partit visiter les faïences qu'il rêvait déjà éclatantes et rarissimes.

« Boulevard Saint-Marcel, il se trouva en présence d'une fort jolie femme d'une trentaine d'années qui le reçut d'une façon très aimable ; en fin de compte, on causa de tout autre chose que de vieilles assiettes et lorsque M. N... redescendit, son porte-monnaie se trouvait considérablement allégé ; mais de Rouen ou de Nevers, point !

« La violente odeur de patchouli et de musc qu'il exhalait parut singulière à Mme N... Ses questions adroites troublèrent son mari, qui ne put expliquer d'une façon plausible comment il avait dépensé les 150 francs qui lui manquaient.

« Bref, il finit par tout avouer, d'où fureur de Mme N... que trente ans de vie conjugale n'ont pas rendue indulgente, cris, pleurs et finalement scène effroyable qui se termina par des gifles.

« Exaspérée, Mme N... courut à son tour boulevard Saint-Marcel, se présenta chez Mme de R... qu'elle empoigna d'une main vigoureuse et qu'elle traita, en pleine rue, comme Gervaise traita Virginie en l'un des chapitres les plus scabreux de l'*Assommoir*, cela naturellement pour la plus grande joie des badauds.

« Les agents mirent fin au scandale en emmenant les belligérantes au commissariat de police de la rue Rubens, où Mme N... se vit dresser procès-verbal pour tapage sur la voie publique et coups et blessures volontaires. »

*
* *

Si, dans certains ménages, c'est le mari qui bat sa femme comme plâtre — et nous en possédons de nombreux exemples — dans d'autres, la femme porte les culottes, et c'est elle qui corrige vertement son époux, avec plus ou moins de raison, selon les cas. Il y a encore des maris, en bien plus grand nombre qu'on ne le suppose, qui se prêtent docilement aux exigences de leurs femmes qui revendiquent, à défaut de droits plus étendus, celui de pouvoir racler leurs conjoints, comme ils racleraient leurs rejetons récalcitrants. L'extrait suivant d'un journal de Paris est pris entre mille :

ÉPOUX MAL ASSORTIS

« Rien de plus dissemblable que les époux P... Alors que le mari, employé de commerce, est d'un tempérament maladif et d'un naturel timide, sa femme, au contraire, est une matrone au visage coloré, aux formes opulentes, au verbe haut et à la main légère, bien qu'habituée à manier le battoir de la blanchisseuse.

« Auguste P... rentre-t-il avec quelque retard à l'heure du repas, sa femme lui fait une scène, laquelle se termine invariablement par une correction plus ou moins dure.

« Le malheureux, dans les premiers temps, avait vainement tenté de réagir contre les empiétements de sa moitié, qui, après plusieurs pugilats en règle, était restée maîtresse de la situation et en abusait étrangement.

« A diverses reprises, Auguste P... déserta le toit conjugal. Mais ces escapades ne furent jamais de longue durée, car sa femme parvint chaque fois à découvrir sa retraite et le ramena au logis.

« Hier, à la suite d'une scène nouvelle, P... abandonnait de nouveau le domicile conjugal, et, bien décidé à ne pas reprendre la vie commune, se décidait, non point au figuré, à « casser les vitres. »

« Après s'être livré à des libations copieuses dans le voisinage, Auguste P... était arrêté place de Vaugirard, alors qu'il jetait des pierres dans les vitres d'une vespasienne.

« Conduit au poste de police voisin, l'employé de commerce raconta son long martyre et termina par un éloquent plaidoyer :

« — Je vous en supplie! disait-il au commissaire qui l'interrogeait, envoyez-moi au Dépôt ; c'est pour moi le seul moyen d'être débarrassé de ma femme.

« Mais celle-ci ne tarda pas à connaître les intentions de son mari, qu'elle vint réclamer au poste.

« Le délit n'étant pas grave et la « casse » étant payée, P... a été remis en liberté. Le magistrat a toutefois engagé la blanchisseuse à traiter son mari avec plus de ménagements.

« Tiendra-t-elle sa promesse? »

*
* *

Dans l'*Assommoir*, Émile Zola a fait une magistrale description d'une scène de fustigation provoquée par la jalousie. C'est de la scène du lavoir, entre Denise et Germaine, que nous voulons parler.

Le chroniqueur du *Petit Parisien* y fait d'ailleurs allusion à la fin de son article.

Pour nos lecteurs qui n'auraient pas lu le chef-d'œuvre de Zola nous reproduisons ci-après le passage en question ; nos lecteurs qui le connaissent nous sauront, d'autre part, gré de leur fournir une occasion de relire ces pages vivantes, toutes palpitantes de réalité :

« Dans le lavoir où elle avait été faire sa lessive, Gervaise, la femme de Lantier, venait d'apprendre que son mari était parti, l'avait abandonnée, elle avec ses enfants, pour suivre une gourgandine, la sœur d'une grande belle fille, Virginie, qui se trouvait également au lavoir en ce moment.

« Après un échange de paroles amères, Virginie, sur un ton goguenard, hâbleur, déclara franchement qu'en effet sa sœur — autrement *chic* que Gervaise — avait enlevé le mari de cette dernière :

« — Salope ! Salope ! Salope ! hurla Gervaise, hors d'elle, reprise par un tremblement furieux.

« Elle tourna, chercha une fois encore par terre, et, ne trouvant que le petit baquet, elle le prit par les pieds, lança l'eau du bleu à la figure de Virginie[1].

« — Rosse ! elle m'a perdu ma robe ! cria celle-ci, qui avait toute une épaule mouillée et sa main gauche teinte en bleu. Attends, gadoue !

« A son tour elle saisit un seau, le vida sur la jeune femme. Alors une bataille formidable s'engagea. Elles couraient toutes deux le long des baquets, s'emparant des seaux pleins, revenant se les jeter à la tête. Et chaque déluge était accompagné d'un éclat de voix. Gervaise elle-même répondait, à présent.

« — Tiens ! saleté !... Tu l'as reçu, celui-là ! Ça te calmera le derrière.

« — Ah ! la carne ! Voilà pour ta crasse. Débarbouille-toi une fois dans ta vie.

« — Oui, oui, je vas te dessaler, grande morue !

« — Encore un !... Rince-toi les dents, fais ta toilette pour ton quart de ce soir, au coin de la rue Belhomme.

« Elles finirent par emplir les seaux aux robinets... »

La bataille, ainsi engagée, ne tarde pas à prendre une tournure plus sérieuse. Qu'on en juge : après avoir reçu un seau vide dans les jambes, Virginie tomba :

« Mme Boche levait les bras au ciel, tandis que les enfants se pendaient à la robe de leur mère...

---

1. Auparavant, les deux femmes avaient déjà vidé, l'une sur l'autre, une demi-douzaine de seaux d'eau. Leurs vêtements collaient à leur peau. (Note de l'éditeur).

« Quand elle vit Virginie par terre, elle accourut, tirant Gervaise par ses jupes, répétant :

« — Voyons, allez-vous-en ! Soyez raisonnable... J'ai
les . sangs tournés, ma parole ! On n'a jamais vu une
tuerie pareille.

« Mais elle recula, elle retourna se réfugier entre les
deux baquets, avec les enfants. Virginie venait de sauter
à la gorge de Gervaise. Elle la serrait au cou, tâchait de
l'étrangler. Alors celle-ci, d'une violente secousse, se dégagea, se pendit à la queue de son chignon, comme si
elle avait voulu lui arracher la tête. La bataille recommença, muette, sans un cri, sans une injure. Elles ne se
prenaient pas corps à corps, s'atteignaient à la figure, les
mains ouvertes et crochues, pinçant, griffant, ce qu'elles
empoignaient. Le ruban rouge et le filet en chenille bleue
de la grande brune furent arrachés ; son corsage, craqué au cou, montra sa peau, tout un bout d'épaule ;
tandis que la blonde, déshabillée, une manche de sa camisole blanche ôtée sans qu'elle sût comment, avait un
accroc à sa chemise qui découvrait le pli nu de sa taille.
Des lambeaux d'étoffes volaient. D'abord, ce fut sur
Gervaise que le sang parut : trois longues égratignures
descendant de la bouche sous le menton ; et elle garantissait ses yeux, les fermait à chaque claque, de peur
d'être éborgnée. Virginie ne saignait pas encore. Gervaise visait ses oreilles, s'enrageait de ne pouvoir les
prendre, quand elle saisit enfin l'une des boucles, une
poire de verre jaune ; elle tira, fendit l'oreille ; le sang
coula.

« — Elle se tuent, séparez-les, ces guenons ! dirent plusieurs voix.

« Les laveuses s'étaient rapprochées. Il se formait
deux camps : les unes excitaient les deux femmes comme

des chiennes qui se battent; les autres, plus nerveuses, toutes tremblantes, tournaient la tête, en avaient assez, répétaient qu'elles en seraient malades, bien sûr... Et une bataille générale faillit avoir lieu; on se traitait de sans-cœur, de propre à rien; des bras nus se tendaient; trois gifles retentirent.

« Mme Boche, pourtant, cherchait le garçon du lavoir.

« — Charles! Charles!... Où est-il donc?

« Et elle le trouva au premier rang, les bras croisés[1], regardant. C'était un grand gaillard à cou énorme. Il riait, il jouissait des morceaux de peau que les deux femmes montraient. La petite blonde était grasse comme une caille. Ce serait farce si sa chemise se fendait.

« — Tiens! murmura-t-il en clignant un œil, elle a une fraise sous le bras.

« — Comment! vous êtes là! cria Mme Boche en l'apercevant. Mais aidez-moi donc à les séparer! Vous!

« — Ah! bien non, merci! s'il n'y a que moi! dit-il tranquillement. Pour me faire griffer l'œil comme l'autre jour, n'est-ce pas?... Je ne suis pas ici pour ça, j'aurais trop de besogne... N'ayez pas peur, allez! Ça leur fait du bien, une petite saignée. Ça les attendrit.

« La concierge parla alors d'aller avertir les sergents de ville. Mais la maîtresse du lavoir, la jeune femme délicate, aux yeux malades, s'y opposa formellement. Elle répéta à plusieurs reprises :

« — Non, non, je ne veux pas, ça compromet la maison.

« Par terre, la lutte continuait. Tout d'un coup, Virginie se redressa sur les genoux. Elle venait de ramasser un battoir, elle le brandissait.

---

1. Un cas typique de la lâcheté d'un homme.

« Elle râlait, la voix changée :

« — Voilà du chien, attends. Apprête ton linge sale !

« Gervaise, vivement, allongea la main, prit également un battoir, le tint levé comme une massue. Et elle avait, elle aussi, une voix rauque :

« — Ah ! tu veux la grande lessive... Donne ta peau, que j'en fasse des torchons !

« Un instant elles restèrent là, agenouillées, à se menacer. Les cheveux dans la face, la poitrine soufflante, boueuses, tuméfiées, elles se guettaient, attendant, reprenant haleine. Gervaise porta le premier coup. Son battoir glissa sur l'épaule de Virginie. Et elle se jeta de côté pour éviter le battoir de Virginie qui lui effleura la hanche. Alors, mises en train, elles se tapèrent comme les laveuses tapent leur linge, rudement, en cadence. Quand elles se touchaient, le coup s'amortissait, on aurait dit une claque dans un baquet d'eau.

« Autour d'elles, les blanchisseuses ne riaient plus ; plusieurs s'en étaient allées en disant que ça leur cassait l'estomac ; les autres, celles qui restaient, allongeaient le cou, les yeux allumés d'une lueur de cruauté, trouvant ces gaillardes-là très crânes. Mme Boche avait emmené Claude et Étienne[1] ; et l'on entendait, à l'autre bout, l'éclat de leurs sanglots mêlé aux heurts sonores des deux battoirs.

« Mais Gervaise, brusquement, hurla. Virginie venait de l'atteindre à toute volée sur son bras nu, au-dessus du coude ; une plaque rouge parut, la chair enfla tout de suite. Alors elle se rua. On crut qu'elle voulait assommer l'autre.

« — Assez ! assez ! cria-t-on.

---

1. Les enfants de Gervaise.

« Elle avait un visage si terrible que personne n'osa l'approcher. Les forces décuplées, elle saisit Virginie par la taille, la plia, lui colla la figure sur les dalles, les reins en l'air ; et, malgré les secousses, elle lui releva les jupes, largement. Dessous, il y avait un pantalon. Elle passa la main dans la fente, l'arracha, montra tout, les cuisses nues, les fesses nues. Puis, le battoir levé, elle se mit à battre, comme elle battait autrefois à Plassans, au bout de la Viorne, quand sa patronne lavait le linge de la garnison. Le bois mollissait dans les chairs avec un bruit mouillé. A chaque tape, une bande rouge marbrait la peau blanche.

« — Oh ! oh ! murmurait le garçon Charles, émerveillé, les yeux agrandis.

« Des rires, de nouveau, avaient couru. Mais bientôt le cri : Assez ! Assez ! recommença. Gervaise n'entendait pas, ne se lassait pas. Elle regardait sa besogne, penchée, préoccupée de ne pas laisser une place sèche. Elle voulait toute cette peau battue, couverte de contusions. Et elle causait, prise d'une gaieté féroce, se rappelant une chanson de lavandière :

« — Pan ! Pan ! Margot, au lavoir... Pan ! Pan ! à coups de battoir !... Pan ! Pan ! va laver son cœur... Pan ! Pan ! tout noir de douleur !...

« Et elle reprenait :

« — Ça, c'est pour toi ; ça, c'est pour ta sœur ; ça, c'est pour Lantier... Quand tu les verras, tu leur donneras ça... Attention ! je recommence. Ça, c'est pour Lantier ; ça, c'est pour ta sœur ; ça, c'est pour toi... Pan ! Pan ! Margot, au lavoir... Pan ! Pan ! à coups de battoir !...

« On dut lui arracher Virginie des mains. La grande brune, la figure en larmes, pourpre, confuse, reprit son linge, se sauva ; elle était vaincue. »

D'autre part, dans l'*Assommoir* également, Zola nous fait assister à une scène péniblement impressionnante, où la petite Lalie est fouettée avec une crauté raffinée par son bourreau :

« Non, jamais on ne se douterait des idées de férocité qui peuvent pousser au fond d'une cervelle de pochard. Une après-midi par exemple, Lalie, après avoir tout rangé, jouait avec ses enfants. La fenêtre était ouverte, il y avait un courant d'air, et le vent, engouffré dans le corridor, poussait la porte par légères secousses.

« — C'est M. Hardi, dit la petite. Entrez donc, monsieur Hardi. Donnez-vous donc la peine d'entrer.

« Et elle faisait des révérences devant la porte, elle saluait le vent. Henriette et Jules, derrière elle, saluaient aussi, ravis de ce jeu-là, se tordant de rire comme si on les avait chatouillés. Elle était toute rose de les voir s'amuser de si bon cœur, elle y prenait même du plaisir pour son compte, ce qui lui arrivait le trente-six de chaque mois.

« — Bonjour, monsieur Hardi ; comment vous portez-vous, monsieur Hardi ?

« Mais une main brutale poussa la porte, le père Bijard entra. Alors, la scène changea. Henriette et Jules tombèrent sur leur derrière, contre le mur ; tandis que Lalie, terrifiée, restait au beau milieu d'une révérence. Le serrurier tenait un grand fouet de charretier tout neuf, à long manche de bois blanc, à lanière de cuir terminée par un bout de ficelle mince. Il posa ce fouet dans le coin du lit, il n'allongea pas son coup de soulier habituel à la petite qui se garait déjà en présentant les reins[1]. Un ricanement montrait des dents noires, et il

---

1. On voit que le pauvre enfant était habituée aux coups et

était très gai, très saoul, la trogne allumée d'une idée de rigolade.

« — Hein? dit-il, tu fais la traînée, bougre de tro-gnon! Je t'ai entendue danser d'en bas. Allons, avance! Plus près, nom de Dieu! et en face; je n'ai pas besoin de renifler ton moutardier. Est-ce que je te touche, pour trembler comme un quiqui? Ote-moi mes sou-liers...

« Lalie, épouvantée de ne pas recevoir sa tatouille, redevenue toute pâle, lui ôta ses souliers. Il était assis au bord du lit, il se coucha habillé, resta les yeux ou-verts, à suivre les mouvements de la petite dans la pièce. Elle tournait abêtie sous ce regard, les membres travaillés d'une telle peur qu'elle finit par casser une tasse. Alors, sans se déranger, il prit le fouet, il le lui montra.

« — Dis donc, le petit veau, regarde ça; c'est un ca-deau pour toi. Oui, c'est encore cinquante sous que tu me coûtes... Avec ce joujou-là, je ne serai plus obligé de courir[1]; et tu auras beau te fourrer dans les coins. Veux-tu essayer ?... Ah! tu casses les tasses!... Allons, houp! danse donc, fais donc des révérences à M. Hardi!

« Il ne se souleva seulement pas, vautré sur le dos, la tête enfoncée dans l'oreiller, faisant claquer le grand fouet par la chambre, avec un vacarme de postillon qui lance ses chevaux. Puis, abattant le bras, il cingla Lalie au milieu du corps, l'enroula, la déroula comme une toupie. Elle tomba, voulut se sauver à quatre

---

qu'elle considérait cela comme une inévitable circonstance de la vie journalière.

1. Il lui en coûtait évidemment de se déranger, de se fatiguer : le bourreau aimait ses aises.

pattes; mais il la cingla de nouveau et la remit debout.

« — Hop! hop! gueulait-il, c'est la course des bourriques!... Hein, très chouette, le matin, en hiver; je fais dodo, je ne m'enrhume pas, j'attrape les veaux de loin, sans écorcher mes engelures. Dans ce coin-là, touchée, Margot! Et dans cet autre, touchée encore! Ah, si tu te fourres sous le lit, je cogne avec le manche... Hop! hop! à dada! à dada!

« Une légère écume lui venait aux lèvres, ses yeux fauves sortaient de leurs trous noirs. Lalie, affolée, hurlante, sautait aux quatre angles de la pièce, se pelotonnait par terre, se collait contre les murs; mais la mèche mince du grand fouet l'atteignait partout, claquant à ses oreilles avec des bruits de pétard, lui pinçant la chair de longues brûlures. Une vraie danse de bête à qui l'on apprend des tours. Ce pauvre petit chat valsait, fallait voir! les talons en l'air comme les gamines qui sautent à la corde et qui crient : Vinaigre! Elle ne pouvait plus souffler, rebondissant d'elle-même ainsi qu'une balle élastique, se laissant taper, aveuglée, lasse d'avoir cherché un trou. Et son loup de père triomphait, l'appelait vadrouille, lui demandait si elle en avait assez et si elle comprenait suffisamment qu'elle devait lâcher l'espoir de lui échapper, à cette heure... »

« Et il lança un dernier coup de fouet qui atteignit Lalie au visage. La lèvre supérieure fut fendue, le sang coula. Gervaise[1] avait pris une chaise, voulait tomber sur le serrurier. Mais la petite tendait vers elle des mains suppliantes, disant que ce n'était rien, que c'était fini. Elle épongeait le sang avec le coin de son tablier, et

---

1. Qui venait d'entrer à cet instant. (Note de l'éditeur).

faisait taire ses enfants qui pleuraient à gros sanglots, comme s'ils avaient reçu la dégelée de coups de fouet.

« Lorsque Gervaise songeait à Lalie, elle n'osait plus se plaindre. Elle aurait voulu avoir le courage de cette bambine de huit ans, qui en endurait à elle seule autant que toutes les femmes de l'escalier réunies, etc... »

Dans *Thérèse Raquin,* cette œuvre violemment énergique que le grand romancier compte parmi ses plus belles productions, Émile Zola nous dit en préface, pour se défendre de l'accusation d'immoralité qui avait été portée contre lui :

« Il était facile, cependant, de comprendre Thérèse Raquin, de se placer sur le terrain de l'observation et de l'analyse, de me montrer mes fautes véritables, sans aller ramasser une poignée de boue et me la jeter à la face au nom de la morale. Cela demandait un peu d'intelligence et quelques idées d'ensemble en vraie critique. Le reproche d'immoralité, en matière de science, ne prouve absolument rien.

« Je ne sais si mon roman est immoral, j'avoue que je ne me suis jamais inquiété de le rendre plus ou moins chaste. Ce que je sais, c'est que je n'ai pas songé un instant à y mettre les saletés qu'y découvrent les gens moraux ; c'est que j'en ai écrit chaque scène, même les plus fiévreuses, avec la seule curiosité du savant ; c'est que je défie mes juges d'y trouver une page réellement licencieuse, faite pour les lecteurs de ces petits livres roses, de ces indiscrétions de boudoir et de coulisses, qui se tirent à dix mille exemplaires et que recommandent chaudement les journaux auxquels les vérités de *Thérèse Raquin* ont donné la nausée... »

*
* *

Nous extrayons le passage suivant de *Rinconète et Cortadillo*, délicieuse nouvelle de Cervantès :

« ... Les deux vieillards en serge noire et l'introducteur furent chargés de verser à boire dans la tasse de liège. Mais à peine les convives avaient-ils commencé à donner l'assaut aux oranges, que de grands coups frappés à la porte leur donnèrent l'alarme en sursaut. Monipodio leur ordonna de se tenir tranquilles ; il entra dans la salle basse, décrocha un bouclier, mit l'épée à la main, et, s'approchant de la porte, demanda d'une voix creuse et formidable :

« Qui frappe là?

« — Personne ; ce n'est que moi, seigneur Monipodio, répondit-on du dehors. Je suis Fagarotte, la sentinelle de ce matin, et je viens vous dire que voici Juliana la Cariharta, qui vient échevelée et toute éplorée, comme s'il lui était arrivé quelque désastre.

« En ce moment arriva, poussant des sanglots, celle qu'annonçait la sentinelle. Monipodio l'entendit et lui ouvrit la porte. Il ordonna à Jagarote de retourner à son poste, et lui recommanda de donner désormais avis de ce qu'il verrait avec moins de bruit et de tapage ; ce que l'autre promit de faire. Pendant ce colloque, était entrée la Cariharta, fille de la même espèce et du même métier que les autres ; elle venait les cheveux au vent, la figure pleine de bosses et de contusions, et dès qu'elle entra dans la cour, elle se laissa tomber par terre, évanouie. La Gananciosa et la Escalanta s'empressèrent de lui porter secours, et lui ayant délacé sa robe, elles lui trouvèrent la poitrine noire et meurtrie. Elles lui jetèrent de l'eau au visage, et la pauvre fille revint à elle, en s'écriant :

« Que la justice de Dieu et du roi tombe sur ce voleur effronté, sur ce lâche filou, sur ce coquin pouilleux, que j'ai sauvé plus de fois de la potence qu'il n'a de poils dans la barbe ! Malheureuse que je suis ! Voyez un peu pour qui j'ai perdu ma jeunesse et gâté la fleur de mes années, si ce n'est pour un vaurien dénaturé, scélérat et incorrigible.

« — Calme-toi, Cariharta, dit alors Monipodio, je suis ici pour te rendre justice. Conte-nous ton grief. Tu mettras plus de temps à le dire que moi à t'en venger. Dis-moi, est-ce que tu as eu quelque démêlé avec ton porte-respect ? Si cela est, et que tu veuilles une bonne vengeance, tu n'as qu'à ouvrir la bouche.

« — Quel porte-respect ? répondit Juliana. J'aimerais mieux me voir respectée dans les enfers que de l'être de ce lion avec les brebis, de cet agneau avec les hommes. Est-ce que je voudrais plus longtemps manger avec lui pain sur nappe et coucher au même nid ? Ah bien oui ! je verrais plutôt manger du loup ces chairs qu'il a mises en l'état que vous allez voir. »

« Et retrousssant aussitôt ses jupes jusqu'au genou, et même un peu plus haut, elle se fit voir toute couverte de boue et de meurtrissures.

« Voilà, continua-t-elle, comment m'a arrangée cet ingrat de Repolido, qui m'a plus d'obligations qu'à la mère qui l'a mis du monde. Et pourquoi pensez-vous qu'il l'a fait ? Est-ce que je lui en ai donné le motif ? Non vraiment. Il l'a fait, parce qu'étant à jouer et à perdre, il m'envoya demander par Cabrillas, son goujat, trente réaux, et que je ne lui en envoyai que vingt-quatre. Et je

prie le ciel que la peine qu'ils m'ont coûtée à les gagner
vienne un jour en déduction de mes péchés. Si bien
qu'en récompense de cette courtoisie et de cette bonne
œuvre, il crut que je lui soufflais quelque chose de ce
qu'il se figurait en son imagination que je pouvais avoir.
Ce matin, il m'a menée aux champs, plus loin que le
jardin du roi ; là, derrière des oliviers, il m'a déshabillée
toute nue, et, avec sa ceinture de cuir, sans en ôter la
boucle en fer, (que ne puis-je le voir dans les fers et les
chaînes !), il m'a donné tant de coups, qu'il m'a laissée
pour morte. De cette véritable histoire, voilà des marques et des contusions qui sont de bons témoins. »

« Ici, la fille recommença à demander justice, et Monipodio à la lui promettre, ainsi que tous les braves qui
se trouvaient là.

« La Gananciosa prit à tâche de la consoler.

« —Je donnerais bien volontiers, lui dit-elle, une de mes
meilleures nippes, pour qu'il m'en fût arrivé autant avec
mon bon ami ; car il faut que tu saches, ma sœur Cariharta, si déjà tu ne le sais, que celui qui aime bien châtie
bien. Quand ces vauriens nous donnent des taloches et
des horions, c'est qu'ils nous adorent. Sinon, dis la
vérité, par ta vie : n'est-il pas vrai qu'après t'avoir battue
et meurtrie, le Relopidon t'a fait quelque caresse ?

« — Comment ! quelqu'une ? répondit la pleureuse ;
il m'en a fait cent mille. Il aurait donné un doigt de sa
main pour que je le suivisse à son logis ; et je crois même
que les larmes lui sont presque venues aux yeux après
qu'il m'eût bien rossée.

« — Il n'en faut pas douter, repartit la Gananciosa,
il aura pleuré de la peine de voir en quel état il t'avait
mise. Pour de tels hommes, et en de telles occasions,
ils n'ont pas commis la faute, que déjà le repentir leur

vient. Tu verras, sœur, s'il ne vient pas te chercher avant que nous sortions d'ici, et te demander pardon de tout le passé, humble et doux comme un agneau.

« — En vérité, s'écria Monipodio, ce lâche gredin n'entrera point par cette porte avant d'avoir fait une éclatante pénitence du crime qu'il a commis. Devait-il être assez osé pour mettre la main sur le visage de la Cariharta et sur ses chairs, quand c'est une personne qui peut le disputer en propreté et en savoir-faire avec la Gananciosa elle-même, ici présente, ce qui est tout ce que je puis dire de plus fort ?

« — Hélas ! répondit la Juliana, que Votre Grâce, seigneur Monipodio, ne dise pas tant de mal de ce maudit ; tout méchant qu'il est, je l'aime comme l'enveloppe de mon cœur, et les propos que m'a dits en sa faveur mon amie la Gananciosa, m'ont remis l'âme dans le corps. En vérité, si je m'en croyais, je l'irais chercher... »

*
* *

LA COQUETTE CHATIÉE

Chacun doit à sa femme amour et complaisance ;
Mais quand elle en abuse et prend trop de licence,
Une correction est souvent d'un grand fruit ;
Vous allez en juger par l'histoire qui suit.

Une femme toujours revenoit tard chez elle,
Ne parlant que d'amour, de bals et de ruelles,
Sans voir que son mari en avoit du chagrin,
Et de tous ces cadeaux se lassoit à la fin.
Le mari, peu content d'une telle conduite,
Voulut que de son ordre elle fut lors instruite.

Il lui dit donc : — Ma femme, ou *m'amour*, ou *mon cœur*,
Je ne sçai pas lequel; car, comme, à son malheur;
Il craignoit pour son front ce dont on fait mystère,
Il pouvoit bien contre elle avoir quelque colère :
Mais n'importe, il lui dit : — Que faites-vous les jours?
Faut-il aussi les nuits, pour tous vos quinze tours?
Je prétends, s'il vous plaît, certaine heure venue,
Qu'au logis sagement je vous voye renduë,
Ou sinon je sçauroi vous mettre à la raison;
Il en jura sa foi, mais jura d'un gros ton;
Avocat tout ensemble, accusateur & juge,
Comment, contre l'arrêt, avoir quelque refuge?
Enfin, bon gré, malgré, force étoit d'obéir;
Mais la belle, croyant pouvoir se divertir,
Vu que tous ses plaisirs étoient dans l'innocence
Ne s'embarrassa point de cette remontrance,
Et revint, dès le soir, tard comme auparavant.
Dans l'art de corriger l'avocat fort sçavant,
Avoit depuis trois jours des verges succulentes,
Qu'il fit tremper longtems pour être plus piquantes.
Dès que sa femme arrive, il monte sur ses pas,
Se saisit d'elle au corps, s'empare de ses bras.
Elle qui ne craint point de tragique aventure
Et peut-être croyoit céder à la nature,
Se laisse de bon cœur renverser sur le lit.
Quelle surprise, hélas! quand cette femme vit
Que le traître mari n'en vouloit qu'au derrière.
La chemise déjà l'expose à la lumière,
De cent coups aussitôt il se sent déchirer
Et la belle aux abois est prête d'expirer.
En vain à son secours elle appelle du monde,
Tout est sourd à ses cris, aucun ne la seconde:
N'étant pas la plus forte, il faut céder aux coups,
Et demander pardon à ce fâcheux époux.
Dieux! quelle extrémité! le cœur rempli de rage
Elle s'échappe, & court se plaindre au voisinage,

Mais hélas, à sa honte ; & ses meilleurs amis
Ne lui répondoient rien, si ce n'est par leurs ris.
Que faire pour sauver une semblable injure ?
Il fallut de son cœur étouffer le murmure.
Ce rude châtiment eut un effet si prompt,
Qu'elle ne sortoit plus comme les autres font.
J'entends celles qui font gloire d'être coquettes
Et d'écouter partout les conteurs de sornettes :
L'obéissance fut le parti qu'elle prit,
Et depuis, aux cadeaux, jamais on ne la vit.
Ah ! si la mode vient de bien fesser les femmes,
Que de sujets de craindre à la plupart des dames !

L'abbé Grécourt.

*
* *

L'AMOUR FOUETTÉ

— Jupiter, prête-moi ta foudre,
S'écria Lycoris un jour :
Donne, que je réduise en poudre
Le temple où j'ai connu l'Amour.
Alcide, que ne suis-je armée
De ta massue et de tes traits,
Pour venger la terre alarmée,
Et punir un dieu que je hais.
Médée, enseigne-moi l'usage
De tes plus noirs enchantements ;
Formons pour lui quelque breuvage
Égal au poison des Amans.
Ah ! si dans ma fureur extrême
Je tenois ce monstre odieux....
— Le voilà, lui dit l'Amour même,
Qui soudain parut à ses yeux.
Venge-toi, punis si tu l'oses...

Interdite à ce prompt retour,
Elle prit un bouquet de roses
Pour donner le fouet à l'Amour.
On dit même que la bergère,
Dans ses bras n'osant le presser,
En frappant d'une main légère,
Craignoit encor de le blesser [1].

*
* *

Sous le même titre, nous trouvons, dans un autre recueil, une poésie sur le même sujet :

L'AMOUR FOUETTÉ

POÈME

Loin de ces prisons redoutables,
Où Pluton aux ombres coupables
Fait sentir son juste courroux,
Il est dans les enfers des asiles plus doux;
Là, des myrtes touffus forment de verts ombrages,
Qui n'ont rien des horreurs de l'éternelle nuit.
Des ruisseaux y coulent sans bruit,
Des pavots languissants couronnent leurs rivages.
On voit parmi les fleurs qui parent ce séjour
Hyacinthe et Narcisse et cent autres encore
Qui, sujets autrefois de redoutable amour,
Ont passé sous les lois de Flore.
Dans les sombres détours de ces paisibles lieux
Plusieurs amants dont la mémoire
Doit vivre à jamais dans l'histoire,
S'occupent encor de leurs feux.
L'ambitieuse imprudente

----

1. M. Bernard. Trésor du Parnasse, Londres, 1770, tome V, p. 255.

Qui voulut voir Jupiter
Armé de la foudre éclatante
Rappelle ce plaisir qui lui coûta si cher.
La jeune amante de Céphale,
En soupirant pour ce vainqueur,
Chérit cette flèche fatale
Dont il lui perça le cœur.
Héro, d'une main tremblante,
Tient la lampe étincelante
Qui lui servit seulement
A voir périr son amant.
Ariane roule, en colère,
Ce fil, triste instrument d'un horrible attentat,
Trop malheureuse, hélas! d'avoir trahi son père,
Pour n'obliger qu'un ingrat.
Phèdre, chancelante et confuse,
Baigne, mais trop tard, de ses pleurs
L'écrit où sa main accuse
De trop criminelles ardeurs.
Moins coupables cent fois et plus à craindre qu'elle,
Et Didon et Thisbé vont se frapper le sein :
D'un perfide ennemi, l'une a le fer en main,
L'autre, celui d'un amant trop fidèle;
De leurs douleurs l'amour voulut être témoin.
De couvrir son carquois il avait pris le soin.
Les arbres épais d'un bocage,
L'ombre discrète d'un nuage,
Adoucirent en vain l'éclat de son flambeau,
On reconnut soudain cet ennemi nouveau,
On l'entourait, et la troupe rebelle
Lui préparait des tourments inhumains.
L'Amour ne bat plus que d'une aile,
Il se soutient à peine et tombe entre leurs mains.
Pour désarmer ces juges implacables,
En vain l'Amour verse des pleurs,
On enchaîne ces mains qui portent dans les cœurs

Des coups inévitables.
Attaché sur un myrte, en proie à leurs fureurs,
Il va de mille morts éprouver les horreurs ;
    Partout des clameurs menaçantes
    Ont étouffé ses plaintes languissantes :
    L'une l'effraye avec ce fer sanglant
Qui finit de ses jours les déplorables restes,
L'autre, avec le débris encore étincelant
D'un bûcher, de sa mort théâtre trop funeste.
De ces pleurs endurcis par le pouvoir des dieux,
Myrrha fait contre lui de redoutables armes,
Leur poids va l'accabler. Pauvre Amour ! ses alarmes
Ne puniront que toi de son crime odieux.
        L'Amour veut invoquer sa mère
        Et par ses pleurs et par ses cris :
Vient-elle à son secours ? Non, Vénus en colère
    Insulte encore aux tourments de son fils.
« Ah ! dit-elle, à son tour qu'il éprouve ma rage,
Je n'ai que trop souffert de cet audacieux.
Des filets de Vulcain, des ris malins des dieux
        Je n'ai pas oublié l'outrage :
C'est Vénus en courroux qui menace : tremblez.
Sa main s'arme aussitôt d'un gros bouquet de roses
        De leurs boutons à peine écloses :
        Déjà, sous ses coups redoublés,
        D'une main, hélas ! trop sûre,
    Le sang rejaillit et couvre la verdure
        Qui pare l'immortel séjour :
        Arrêtez, déesse irritée,
S'écrie avec transport la troupe épouvantée,
        Lorsque nous respirions le jour,
        Une planète infortunée
    Fit nos malheurs... ce ne fut pas l'amour [1].

---

1. « Nouveau choix de pièces de poésies, » par Danchet, la
Haye, 1715, tome Ier, p. 74.

Le petit Dieu malin, Cupidon, n'a donc pas échappé à la fustigation. Seulement, le veinard n'a pas, comme le commun des mortels, fait connaissance avec les verges de bouleau ou le vulgaire martinet : c'est avec des roses, des tiges fleuries, qu'il a été châtié : reste à savoir si les castigatrices s'étaient donné la peine d'éliminer préalablement les épines...

* *

Dans un ouvrage intitulé :

LES COUTUMES THÉATRALES

ou

SCÈNES SECRÈTES DES FOYERS

PETIT RECUEIL

En contes un peu plus que gaillards, ornés de couplets
analogues
Dédiés aux gens des deux sexes qui se destinent
au théâtre.

Que dire à cet essai sans plus de conséquence ?
Qu'hélas bien fou serait celui qui mal y pense.

A HELIOFOUTROPOLIS

De l'imprimerie de Crispinaille, à la Matricule,

1793.

on parle, en vers, que la décence nous interdit de reproduire, des effets de la flagellation dans le cas d'impuissance chez l'homme. L'audace de certains tableaux, quoique parfois poussée à l'extrême, n'en est pas moins très pittoresque et originale.

Voici encore le langage d'une courtisane à l'un de ses amis, qui, à ce qu'il semble, avait grand besoin d'un stimulant énergique pour lui rendre son ardeur émoussée :

« Apprends, cher bon ami, que les coups vigoureux
Te rendront plus sensible aux plaisirs amoureux.
        Ceux dont la nature trop lente
        Ne peut satisfaire une amante;
Par quelques coups de verge appliqués fortement
Se portent au combat plus vigoureusement.
Quel beau c...! Ah! dieux, je suis contente !
Viens maintenant satisfaire une amante,
Jetons-nous sur le lit, dans le sein du plaisir,
De tes douleurs passées perdons le souvenir. »

*
* *

Et voici maintenant deux petites poésies dont le ton badin ne dépasse pas les limites de la bienséance :

LE FOUET

A l'âge de douze ans, pour certain grave cas
        Que je sais, et ne dirai pas,
        Lise, du fouet fut menacée.
A sa maman, justement courroucée,
        Lise répondit fièrement :
        — Vous avez tout lieu de vous plaindre ;
        Mais pour le fouet, tout doucement,
Je suis d'âge à l'aimer, et non pas à le craindre [1].

---

1. Joujou des demoiselles.

LE SENTIER DU CIEL

Dans un volume intitulé :

La Boutique de Fruitier, un récit. vol. I.

> « Mais je l'aime et veux que mes vers,
> Dans tous les coins de l'Univers,
> En fassent vivre la mémoire ;
> Et ne veux penser désormais
> Qu'à chanter dignement sa Gloire ! »
>
> Voit.

Londres : Imprimé pour C. Moran à *Covent-Garden*, 1765 [1],
nous trouvons dans la quatrième partie un épisode très curieux sous le titre de : *Le Sentier du Paradis*, que nous reproduisons, parce qu'il jette un jour nouveau et particulier sur la vie dans les couvents :

« Un expédient des plus heureux fut découvert par un moine vigoureux, confesseur dans un couvent de religieuses, auxquelles il prêcha que le plus court chemin pour aller en Paradis était, pour les élus, de baiser le plus humblement possible, c'est-à-dire très profondément, la partie la plus élevée du corps. Par ce moyen, certaines parties joufflues (vulgairement on dit les fesses) seront amenées dans une position convenablement et utilement proéminente : et dans cette situation, ils peuvent être sûrs de recevoir illico des impressions vivi-

---

1. The Fruit-Shop, a Tale, vol. I, London ; Printed for C. Moran, in *Covent-Garden*, 1765.

tions missionnaires, s'ils sont destinés à figurer parmi les élus.

« La curiosité innée des femmes tout autant que l'obéissance religieuse devaient faire prêter une sérieuse attention à un aussi intéressant récit, les auditrices fussent-elles laïques ou religieuses ne devaient-elles hésiter longtemps à mettre la théorie en pratique et c'est ce qui a donné naissance aux deux termes baroques, inventés par erreur et par pure plaisanterie, soit *attrition* et *contrition*, tirés tous deux du verbe latin *terere*=frotter. Ses composés *atterrere* signifie frotter sur : *conterere* = frotter avec. L'attrition se produisait quand la femme, baissant sa tête, soit la partie la plus élevée de son corps, le plus profondément possible, elle frottait son nez à terre. Dans l'accomplissement de cet acte, elle devait être supportée par ses genoux, et dresser d'une façon proéminente son bas-fonds, dont la situation est, en général, assez basse, et l'exposer aux affronts. Dans cette position, la pénitente ressemble quelque peu à ces vaisseaux de forme bizarre que les marins appellent *une basse proue et une haute poupe*.

« La deuxième partie de la cérémonie, *la contrition*, dérivé de *conterere*, c'est-à-dire de frotter avec, était exécutée par le confesseur en intrigant judicieux qu'il était ; car le directeur des consciences s'arrangeait de façon à ce que son stratagème ne pût être découvert, en n'appuyant pas trop et surtout en ne touchant pas avec ses mains profanes. Elle, pendant ce temps, avait à tenir ses yeux pieusement clos, le voile strictement descendu sur eux, comme s'ils n'étaient pas encore dignes de voir la lumière des Cieux, les choses célestes. — L'opération se démontra trop agréable pour qu'on n'ajoutât pas foi en son efficacité avec la plus grande bonne volonté, parce qu'elle flattait pour le présent, les instincts de sacrifice de la nonne et lui fournissait des espérances pour l'avenir; de même aussi, parce qu'il en résultait pour elle une sensation exquise, inconnue jusqu'alors, c'est-à-dire jusqu'au service d'inauguration par l'ecclésiastique. La dévote endurcie recevait les effets de l'opération comme un bienfait surnaturel, de sorte qu'elle éprouva le désir d'en être gratifiée souvent, aussi souvent que le saint homme voulut bien l'honorer de ces mystiques et ravissantes visions, ce qu'il fit d'ailleurs aussi souvent qu'il lui était possible de se rendre à son désir.

« C'est de gaillards de ce calibre qu'ont émané toutes les impostures, telles que *stigmates* et autres fraudes religieuses, comme ils furent mis en pratique par le Père Girard à l'égard de Mlle de la Cadière, etc., etc., etc., et qui dans leurs calendriers — comme l'on peut s'en rendre compte dans quelques-unes des vieilles collections légendaires, — sont appelées les Comforts Essentiels des pêcheurs, ou la pieuse récréation de : —

> « *Ne\z à terre*
> « *C... en l'air.*

« C'est cela qui est le sentier du Paradis ! (vol. II, p. 95.) »

Un épisode typique que nous faisons suivre, nous démontre que pour certaines femmes, la fustigation constitue un châtiment ou un outrage qu'elles redoutent par-dessus tout : elles se plaindront amèrement d'avoir été battues et relègueront au second plan les offenses bien plus graves qui auront pu accompagner les coups :

« Derrière Montmartre gîtent encore de nombreux chiffonniers, malgré le dispersement, hors barrières, des chevaliers du crochet ; ces porte-hottes demeurent « en tas » en des cités *ad hoc*, c’est-à-dire judicieusement situées hors des regards profanes.

« L’une d’elles, appelée : impasse du Mont-Viso, un curieux spécimen du genre, a été le théâtre du fait que nous allons raconter.

« En ladite cité, la jeunesse mâle s’était arrogé le droit régalien de faire « travailler » le jeune élément femelle, pour vivre en paix du produit de ce « travail ». Les filles devaient *turbiner*, toutes, et, disons-le sans fard, toutes se prêtaient de la meilleure grâce au *turbin* hors la cité.

« Une seule faisait exception, une jeune chiffonnière nommé Louise, qui avait énergiquement refusé de se prostituer, la nuit venue, malgré les pressantes sollicitations de l’élément masculin, et les menaces de toute nature. Et, circonstance aggravante, Louise avait un amant hors la cité !

« Une pareille situation ne pouvait durer ; c’était d’un trop mauvais exemple !

« Les menaces se renouvelèrent, plus sérieuses, et enfin, Louise n’en ayant cure, on décida de : « lui tanner la peau ! » et « de lui passer dessus ! »

« Le lendemain du jour où cette double décision avait été prise, la jeune fille sortant de son taudis, promenait dans la cité un moutard âgé de trois ans et appartenant à une voisine. Après quelques pas, elle s’entendit appeler, leva la tête et vit une de ses amies, nommée Élisa, accoudée à la fenêtre de sa chambre, et l’invitant à venir prendre le café.

« Louise accepta ; elle monta, en compagnie de l’enfant, entra dans la chambre de son amie, et se trouva, sans étonnement, en compagnie de quatre jeunes chiffonniers ; on but tranquillement le café, additionné d’alcool suffisamment régénérateur; après quoi, sur un signe d’Élisa, chacun se leva, comme pour aller à ses affaires.

« Louise sortit la première, tenant toujours le moutard par la main, et marcha sans défiance. Soudain, au moment où elle passait devant la porte ouverte d’une chambre remplie de varech, la jeune fille se sentit poussée violemment; avant qu’elle eût pu résister et même crier, la chiffonnière était renversée sur le varech, violée par chacun des quatre vauriens et battue à tour de bras, à toute nouvelle reprise.

« Ce spectacle avait pour témoins Élisa, simple curieuse impassible, et l’enfant qui poussait des cris lamentables.

« Au bruit, quelques voisines vinrent enfin, et parmi elles la mère du moutard, laquelle se dérangea seulement pour retirer son enfant de la mêlée; mais chacune se garda bien d’intervenir. Toutes rentrèrent au logis après constatation d’un acte ne les regardant pas et dont elles ne pouvaient apprécier la valeur réelle.

« Louise se releva enfin, frottant ses côtes et descendit se plaindre, *non d’avoir été violée par quatre vauriens, mais simplement des coups reçus!* Par hasard, le témoin de ses doléances était un vieux chiffonnier, des plus honnêtes, nommé le père François, qui, sans en aviser personne, vint prévenir le commissaire de police.

« Ce magistrat eut quelque peine à obtenir une déposition régulière de Louise, qui, encore une fois, trouvait naturel le viol et ne ressentait de colère qu’au souvenir des coups[1], etc. »

---

1. Pierre Delcourt. *Le Vice à Paris.* Paris, 1889.

JEAN DE MEUNG

Le passage du *Roman de la Rose* qui eut le don de mettre en si grande colère les dames de la Cour de Henri III de France n'était évidemment pas des plus anodins; qu'on en juge :

> Toutes êtes, serez ou fûtes,
> De fait ou de volonté putes;
> Et qui bien vous chercherait
> Toutes putes vous trouverait.

On a vu comment ces dames prirent la chose et la conclusion qu'eut l'affaire. Un auteur anonyme a fait un récit très pittoresque de l'incident.

Nous croyons utile de le reproduire ici dans son entier parce que le morceau est assez difficile à se procurer :

CLOPINEL

Jean de Meung, qu'on nommait autrement Clopinel,
Avait fait quelques vers contre l'honneur des femmes.
Les vers étaient sanglants; une troupe de dames,
    Pour venger l'opprobre éternel
Qu'il faisait à leur sexe en les traitant d'infâmes,
    Voulut en faire un châtiment,
Qui servît aux auteurs du même caractère,
    D'exemple et d'avertissement.
Ces dames dans le Louvre avaient leur logement;
Clopinel, bel esprit, y venait d'ordinaire;
Cela rendait la chose assez aisée à faire;
Il ne fut question que de savoir comment.

Dans ce palais était une chambre écartée,
On trouva le moyen de l'y faire venir;
      Aussitôt la troupe irritée
Parut en bon état et prête à le punir.
De verges, chaque dame avait une poignée;
Quelques seigneurs cachés étaient de leur complot.
Le pauvre Clopinel, étant pris comme un sot,
Implora leur clémence, eut recours aux prières,
Tâcha de les fléchir, fila doux, en un mot,
Tenta tous les moyens de se tirer d'affaires.
      Mais cela ne lui servit guères;
      Les dames voulaient l'étriller;
Et toutes, à l'envi, dans leur colère extrême,
      Disaient : — Il faut le dépouiller!
      — Je me dépouillerai moi-même,
      Leur dit-il, mais auparavant
      Daignez m'accorder une grâce.
Ce n'est point le pardon, mon forfait est trop grand;
Je suis un téméraire, un perfide, un méchant,
      Je mérite votre disgrâce;
Si vous me refusez, sachez que fort souvent
      Dans la fureur on se surpasse.
J'arracherai les yeux, je dévisagerai;
Plus d'une sentira les effets de ma rage,
      En lion je me défendrai,
      Et je mettrai tout en usage.
    Les dames sur cela jugèrent à propos
D'accorder sa demande : — Eh bien, lui dirent-elles,
Nous te le promettons et nous serons fidèles.
      Qu'est-ce? parle donc en deux mots.
— Mesdames, leur dit-il, ce que je vous demande,
      Est que la plus grande putain
      Qui soit dans toute votre bande,
Donne le premier coup de verges de sa main.
      Les dames s'entre-regardèrent,
      Pas une commencer n'osa;

Toutes, qui de çà, qui de là,
L'une après l'autre s'en allèrent :
Clopinel resta seul, et par là se sauva [1].

LA DANSEUSE RUSSE

Je liai connaissance à Paris pendant l'Exposition de
1878 avec une danseuse russe, qui faisait partie d'un
corps de ballet en représentation dans un théâtre du
Trocadéro. Mariska — c'est le nom que nous donnerons à
la danseuse qui l'a pris pour signer ses mémoires —
avait trente-huit ans sonnés, et n'en paraissait pas plus
de trente, malgré les nombreuses tribulations par lesquelles elle était passée dans le cours de son existence.

L'ampleur de ses formes postérieures m'intriguait au
dernier point, par le développement qui bombait d'une
façon exagérée les jupes retroussées. J'avais, chaque
fois que je la rencontrais, une question sur le bout de
ma langue. Mais je n'étais pas encore assez familier avec
la ballerine, pour m'informer de la cause d'une pareille
envergure, que j'attribuais aux exercices physiques auxquels devaient se livrer dès leur enfance les élèves de
Terpsichore.

Je tournais autour de la belle Slave, lorgnant d'un
œil d'envie le superbe ballonnement, tenté de palper
l'étoffe comme par hasard, mais j'osais à peine l'effleurer,
craignant des rebuffades, bien que Mariska parût m'encourager de l'œil.

Un soir j'eus l'occasion de tâter l'étoffe soyeuse, qui

---

1. Poésies diverses de Baraton, 1704, page 17.

couvrait cette somptueuse mappemonde. Nous allions souper au cabaret, deux de mes amis et moi, avec la danseuse en cabinet particulier. Je montai derrière elle les degrés qui conduisaient au salon du premier, j'en profitai pour prendre dans mes mains la mesure de la circonférence, qui me parut d'un volume remarquable, sans qu'elle se montrât le moins du monde offusquée.

Pendant le souper, arrosé de champagne frappé, nous la plaisantions sur ce que nous appelions sa difformité. Elle avait un sourire goguenard, comme si elle méditait quelque farce épicée, dont on la disait coutumière dans les soupers où on l'invitait.

Quand la table fut desservie, elle avait une pointe d'ivresse. Elle avait vidé coup sur coup quatre ou cinq coupes de champagne, comme pour se donner du cœur. Elle sauta sur la table, s'agenouilla, nous tournant le dos, et sans crier gare, elle se troussa lestement, lançant ses dessous sur ses reins, s'exhibant ainsi des genoux à la ceinture.

Nous crûmes à ce geste qu'elle avait gardé son maillot. Nous fûmes bien vite détrompés le plus agréablement du monde. Elle était nue, des genoux aux hanches. Jamais plus volumineux appendice ne surplomba deux plus puissants piliers du secret paradis. Tout était de la plus riche carnation, couvert d'une peau veloutée de pêche mûre, dont le satin luisait aux clartés du lustre. On eût pu se mirer dans cette peau étincelante.

Nous étions un peu surpris du sans-gêne et du sans-façon avec laquelle la danseuse nous exhibait ainsi ses nudités dans la plus riche indécence, mais nous étions ravis de la superbe montre, dont nous ne pouvions détacher nos regards émerveillés, pendant qu'elle nous criait :

— Eh! bien, mon derrière est-il difforme, mes seigneurs?

Ah! non, il n'était pas difforme, ce gros derrière-là. C'était bien le plus beau, le plus engageant, le plus richement fessé, et le plus soyeux des postérieurs satinés que j'eusse vus. Certain aimable chroniqueur qui les aime amples, larges, opulents, serait tombé en extase devant cette merveille de croupe rebondie.

Les jupes étaient retombées, la danseuse avait repris sa place sur sa chaise qu'elle garnissait de telle débordante façon, qu'ici encore elle eût fait tomber à genoux le chroniqueur fasciné. Elle était calme, souriante, comme si elle ne nous avait rien montré que ce qu'on montre à tout le monde.

Elle nous demanda si nous désirions connaître la cause du développement de ses fesses.

Je crois bien, que nous voulions l'entendre de sa bouche! le récit ne pouvait manquer d'être piquant, et nous tendîmes une oreille attentive.

Elle nous raconta, avec le bagout d'une véritable Parisienne, entretenant sa verve par des coupes de champagne qu'elle vidait de temps en temps, buvant ça comme du petit-lait, qu'elle était née, qu'elle avait passé son enfance, son adolescence, et une partie de sa jeunesse dans le servage.

Elle avait souffert moralement et physiquement dans les diverses conditions où elle avait passé son existence, fouettée à tout propos chez le boyard, chez la gouvernante, les maîtres et les enfants, chez la modiste où on l'avait mise en apprentissage, par la maîtresse et par les clientes qui venaient se plaindre; à l'Académie Impériale de Danse, où la chorégraphie s'enseigne le fouet en main, comme si l'art de la danse devait entrer par les fesses. Et rien n'aide au développement de ces parties-là, comme la flagellation continue. On ne lui avait pas ménagé les corrections depuis son enfance.

Les détails piquants dont elle émailla son alerte récit, qui dura deux heures, me firent augurer que si elle consentait à écrire ses mémoires, mille détails lui reviendraient qui ne pouvaient trouver place dans son récit.

Après cette présentation démonstrative, il me fut assez facile d'obtenir les bonnes grâces de la danseuse. Je profitai de notre intimité pour lui persuader de mettre au jour ses souvenirs, convaincu que tous les détails qu'elle pourrait fournir sur le servage russe offriraient une lecture des plus piquantes, si on les publiait.

L'idée lui sourit. Elle me promit de se mettre à l'œuvre dès son retour en Russie.

J'attendais depuis plus de deux ans, ne comptant plus sur sa promesse, nos relation écrites avaient cessé, lorsque je trouvai un soir sur mon bureau un paquet ficelé et cacheté, qu'on avait remis à l'office dans la matinée. Je l'ouvris et je trouvai dedans un manuscrit portant pour titre « Mémoires d'une danseuse Russe », avec une lettre qui me renseignait sur ce qu'elle attendait de moi.

Elle me demandait de ne publier ses mémoires que dans quelques années, lorsqu'elle jugerait le moment opportun.

Après les avoir parcourus, je regrettai vivement d'être obligé de laisser dormir dans mes tiroirs d'aussi charmants récits, d'un piquant achevé, écrit d'une plume alerte et dans une jolie langue française.

Ces Russes, quand ils se mettent à parler le français, le parlent mieux que certains indigènes qui le savent mal, c'est vrai, et avec un accent pur de tout mélange.

Celle-ci l'écrit comme elle le parle. Aussi je laisse la parole à la charmante conteuse.

On trouvera en guise de préface la lettre qui accompagnait l'envoi.

Moscou, le . . . . . 188...

« Voici, Monsieur, mes Mémoires que je viens d'achever à votre intention. Vous voyez que j'y ai mis le temps. J'ai dû classer mes souvenirs, les coordonnant au fur et à mesure qu'ils revenaient dans mon esprit. Puis je les ai mis à jour par petites étapes pour omettre le moins de détails possibles.

« Vous trouverez intercalées dans mes mémoires les impressions de la boïarine ma maîtresse, et celles d'une orpheline, qui racontent toutes les turpitudes par lesquelles elles ont passé dans cette maison, comme tous les orphelinats une vraie maison de prostitution.

« J'ai revu ses souvenirs écrits en langue française, car elle n'avait pas mérité par son style les compliments que vous me prodiguiez, grand flatteur, quant j'étais votre correspondante à Paris. Vous pouvez les intercaler à votre guise dans mes mémoires dont ils corroberont les récits, qui sont la peinture fidèle des scènes piquantes qui se sont déroulées sous mes yeux.

« Je termine ma lettre par une recommandation qui va peut-être vous désappointer un peu, vous qui comptiez divulguer ces Mémoires au public sans retard. Eh ! bien, je vous prie de ne les publier, si du moins vous êtes encore dans les mêmes dispositions, que plus tard, pour des raisons de convenance, qui auront disparu alors. Je vous aviserai quand le moment sera venu.

« Votre toujours dévouée servante,

« MARISKA,

« Ex-danseuse des Théâtres Impériaux. »

*
* *

Nous terminerons cette partie importante de notre travail en donnant le charmant conte de Béroalde de Verville, qui n'est pas dénué de finesse.

LE CLERC FOUETTÉ-FOUETTARD

Près le collège du cardinal Le Moine, de mon temps, et non si près que ce ne fût aux faubourgs, une sage dame que tout le monde nommait Mme la principale, un mercredi matin qu'elle était à la porte assise, sans penser en mal, non plus qu'une autre, voici venir à elle un beau jeune homme, habillé à la jésuite, ainsi qu'un écolier envoyé pour étudier : il avait une soutane.

— Cet officier ensoutané voulait-il faire la pauvreté avec la principale?

— Qu'est-ce que faire la pauvreté?

— Puisque je vous vois attentif, aussi éveillé qu'un chat qu'on fesse, vous le saurez. C'est que, faisant la pauvreté, on pratique le doux androgyne, on fait la bête à deux dos; on fait le destin d'homme à femme; c'est faire la cause pourquoi; c'est être bonne personne, parce que nul n'est bon, et n'y a bonne personne que celle qui, se faisant du bien, en fait à une autre, *Fac benè et benè tibi erit.* (Fais du bien à autrui, et tu en seras récompensé.)

— Quand donc l'écolier eut profondément salué la principale (ainsi on salue les dames), elle, lui rendant son salut, lui dit : « Trêve de chapeau, Monsieur, mettez dessus. » Il repart : « Trêve de fesses, Madame, tenez-vous ferme. » Ainsi les hommes saluent du chapeau et les dames saluent du cul.

Ayant donc mutuellement achevé la salutation, il lui dit qu'il désirait parler à elle, s'il lui plaisait. Elle le mène en sa chambre où ils s'asseyent, et il dit : « Madame, étant trébuché en extrémité de dévotion, j'ai bonne envie d'être fouetté, réellement et de fait, par quinze matinées consécutives; s'il vous plaît de me faire ce bien, d'en prendre la peine, je vous donnerai douze beaux écus et un écu pour les verges. »

Elle répond : « Monsieur, excusez-moi, s'il vous plaît ; je ne me connais point en fouetterie. »

Adonc, ce jeune enfenouillé gracieusement se retire. Oh! combien il y a d'écoliers qui voudraient que fesserie fût éteinte, et que l'on n'en parlât, non plus que de noces en paradis!

La dame, revenue à sa porte, fut enquise, par une voisine curieuse, de l'intention de ce beau fils, à laquelle la principale le déclara : « O ma voisine! dit l'autre, que ne me l'avez-vous adressé? — Il le faut appeler; Huguette (c'était sa servante), allez après! » lui dit la principale.

On cria après lui, à la mode des marchands de Paris : « Monsieur, Monsieur! » Il revint, et demanda à la dame si elle s'était ravisée.

« Non, dit-elle, mais voici ma commère Laurence qui vous rendra content. » Elle les mit ensemble; et ils allèrent chez elle, à l'enseigne de la Coquille, faire leur marché ; et depuis, il vint tous les jours être fouetté demi-heure; et ce, à sept heures du matin, qui est une heure fort commode à se faire fouetter, je vous en avise. Laurence, le trouvant gras et frais, eût bien voulu qu'il l'eût fouettée des verges de saint Benoît, dont il ne faut qu'un brin pour faire une poignée.

Le temps et la fesserie accomplis, le fessé paya fort bien la fesseuse, et s'en alla.

La bonne dame, à ce qu'elle disait, en s'en léchant les badigoinces, eût bien souvent voulu avoir de telles pratiques; aussi était-elle de nos sœurs, faisant souvent plaisir aux amis.

Or, Laurence ne faisait pas l'amour (il est tout fait; apprenez, jeunesse!), mais elle pratiquait les jeux d'amour avec un moine de Saint-Denis, qu'elle aimait de bon foie, de bon cœur (laissons le nom), de bonne cuisse et de bon ventre.

Or bien, son ami, frère Ambroise, dont on chante :

> Vous avez bu la cervoise,
> Frère Ambroise,
> Dont vous êtes enivré,

lui envoya sa haquenée. La bonne Laurence monta dessus, en bonne intention de lui aller apprêter un bouillon. Aussi, fallait-il restaurer le pauvre religieux qui était infirme, ayant une forte colique dans le ventre ou dans la tête. Elle s'achemine, et ainsi qu'elle est dans cette forêt de moulins à vent, voici, sur la brune, son fessé avec sa soutane, qui lui vint à la rencontre, et sur cela, belle chose et grande pitié. Pleurez, vieille, pleurez; pleurez donc et chiez bien des yeux, vous en pisserez moins.

Cet homme, qui avait eu la fessée au prix de son argent, vint à elle, et lui dit : « Mettez pied à terre! » Et lui, faisant la révérence de basse taille, avec un visage passementé de rides de reproche, la prit et l'empoigne, et s'assit sur une pierre du chemin, la mit sur son genou, le cul en haut, la trousse comme une petite fille qui va à l'école, et la fesse à nu, avec de bonnes et sanglantes verges, sur son cul de derrière.

Elle n'en vit rien ; et cette action lui repoussa fort et ferme le fondement.

La haquenée, tout ébahie, regardait si on lui en ferait autant, pour la passer maîtresse, comme le cheval de Rabelais fut passé docteur à Orange, sous le nom de *Joannes Cavallus* [1].

Après la fessade accomplie, le jeune homme remit Mme Laurence sur sa bête, à laquelle, tournant la tête vers la ville, il la renvoya avec tout le paquet à la ville, recommandant l'âme de Laurence à sa bonne grâce. La pauvrette revint avec grande frayeur, et se mit au lit, où elle ne fut que cinq jours, finis lesquels elle mourut comme une vache qui trépasse.

— Hé ! quelle fessée, quel appliqueur de stigmates sensuels ! Au diable si cela me plairait ! J'aimerais mieux que tels fouetteurs-fouettés-fouettant attendissent à naître après le jugement dernier.

— Or, le fouetté-fouettard conduisit sa fouettée de belles bénédictions en lui disant : « Adieu, ma douce amie ; ci après soyez sage. Bienheureuses soient les personnes bien fouettantes, et bien fouettées. »

Voilà comment la pauvre Laurence a changé d'air ; et advint, à sa mort, une merveille notable, une chose merveilleuse. C'est que son âme sortit de son corps par l'endroit opposé à celui par lequel toutes les âmes s'en vont.

— Que faisait la haquenée, tandis qu'on fessait la dame ?

---

1. On n'était généralement reçu docteur qu'après avoir été longtemps fouetté comme écolier. Le cheval de Rabelais, à Orange, conquit ses grades de cette manière.

— L'as-tu pas ouï ? Elle ch..... de male rage de peur, et fientait si sec, que ses étrons devinrent étuis de lunettes, pour ceux qui ont courte haleine. Mais, un petit bout de patience. Messieurs les théologiens, dites-moi, si vous savez tous, qui était ce fouetté-fouettant ? Je dirai que c'était un vrai diable, lequel s'en vint trouver sa proie, se connaissant en parchemin ; et parce que celui-ci n'était pas vierge [1], il le corroya, ainsi que sera le vôtre, si le cas se présente. Amen.

BÉROALDE DE VERVILLE.

---

1. Le parchemin vierge était très mince et très souple. On ne l'obtenait que par un long travail de corroierie. On sent que le mot *parchemin* s'applique ici à une peau humaine, et même féminine.

LA FLAGELLATION

AU POINT DE VUE MÉDICAL

LA FLAGELLATION EN MÉDECINE

LES PROPRIÉTÉS RÉPUTÉES CURATIVES DE L'URTICATION

Ce sujet a de temps en temps avec raison occupé l'attention du monde médical. Les faits à recueillir qui s'y rapportent sont très curieux à plusieurs points de vue. Ces questions s'élèvent même un peu au-dessus de l'ordinaire. Que des gamins puissent être corrigés de leur imprudence, des jeunes filles de leur humeur altière, et des femmes de leur loquacité et de leurs tendances à l'infidélité, par une vigoureuse application de verges sur une partie très sensible de leur individu, se comprend encore facilement. Mais qu'il soit possible de combattre par le même moyen une foule de ces maladies mystérieuses auxquelles la chair humaine est sujette, demande un plus grand effort d'esprit. Cependant, pour quiconque connaît les éléments de la physiologie, ce fait s'explique très simplement [1].

---

1. *Quippe cum eâ de causa capucini, multæque moniales, virorum medicorum ac piorum hominum consilio, accesim flagellandi sur-*

« La flagellation en tant que remède était supposée, par certains médecins, posséder le pouvoir de revivifier les vaisseaux capillaires ou cutanés, d'accroître l'énergie musculaire, d'activer l'absorption et favoriser les sécrétions nécessaires à notre nature. Mais un auteur excentrique va plus loin, et considère les verges à peu près comme le docteur Sangrado considérait l'eau froide et la saignée : d'après lui, il n'y a rien de comparable à la castigation avec les verges ; c'est un spécifique universel, — cela remue les humeurs stagnantes, purifie celles qui se coagulent dans le corps, les sources précipitantes, purge le cerveau, fait circuler le sang, raffermit les nerfs ; enfin, il y a rien que les verges ne puissent accomplir [1]. »

Le docteur Millingen, dans son petit ouvrage déjà cité, et presque oublié aujourd'hui, sur les *Curiosities of Medical Experience*, dit :

« Parmi les remèdes moraux et physiques introduits par les prêtres et les médecins au bénéfice de la société, la flagellation tenait, à un moment donné, un rang prépondérant. Comme remède, on lui supposait la qualité de réanimer la circulation engourdie des vaisseaux ca-

---

sum humeros reliquerint, ut sibi nates lumbosque strient asperatis virgis ac nodosis funiculis conscribillent *.

* D'autant plus que les Capucins pour la même cause, et beaucoup de nonnes, suivant le conseil des médecins et d'hommes pieux, abandonnèrent les pratiques ascétiques (ἄσυπαιν) de la flagellation sur les épaules, pour frapper les fesses et les cuisses avec des verges rudimentaires et les fouetter avec des cordes à nœuds.

1. *Ubi stimulus ibi affluxus* a été un axiome en physiologie depuis le temps d'Hippocrate ; et la flagellation ainsi employée n'est qu'une modification du vésicatoire ou de l'excitation de la peau par toute autre méthode d'irritation. *History of the Rod,* London, *new edition,* 1896, p. 204.

pillaires et cutanés, d'accroître l'énergie musculaire, activer l'absorption et favoriser les sécrétions nécessaires de notre nature. Nul doute que, dans bien des cas, son action comme révulsif peut rendre des services, et l'urtication ou le picotement produit par l'ortie, ont été assez souvent prescrits avec avantage. Comme discipline religieuse, car c'est ainsi que ce système a été désigné, il était considéré comme particulièrement agréable au ciel ; à tel point, en effet, que la fustigation était proportionnée au crime du pécheur.

« L'influence morale de la flagellation dans le traitement de diverses maladies avait été apprécié des anciens ; elle a été fortement recommandée par les disciples d'Asclépiades, par Cælius Aurelianus, et plus tard par Rhases et Valescus dans le traitement des aliénés. Sans doute, la terreur que doit inspirer cette castigation peut aider matériellement à gouverner les fous. Jusqu'à dernièrement cette opinion prévalait d'une façon tout à fait révoltante, et ce n'était pas chose facile à un médecin humain de convaincre un directeur de maison d'aliénés de la cruauté et de l'inutilité de cette pratique ; de fait, ce n'est que très rarement ou même jamais que ce moyen sévère s'impose. »

Les médecins étaient fréquemment consultés sur l'opportunité de la flagellation supérieure ou inférieure ; on prétendait que la flagellation sur les épaules pouvait porter atteinte à la vue. C'est dans la crainte de cet accident que la discipline inférieure (sur les reins et les fesses) était généralement adoptée pour les nonnes et les pénitentes.

Au point de vue médical, l'urtication, ou flagellation avec des orties, est une pratique qui n'est pas suffisamment appréciée. Dans beaucoup de cas, particulièrement dans des cas de paralysie, c'est plus efficace que les vésicatoires ou les frictions stimulantes. Ses effets, quoique moins permanents peut-être, sont d'une action plus générale, qui s'étend davantage sur tous les membres. On a trouvé ce procédé utile pour ramener la chaleur aux extrémités inférieures, et Corvisart a pu guérir un cas de léthargie rebelle au moyen de l'urtication répétée sur tout le corps. Pendant l'action du stimulant, le malade, un jeune homme, ouvrait les yeux et se mettait à rire, pour retomber de nouveau dans un profond sommeil. Néanmoins, au bout de trois semaines, on obtint une guérison parfaite.

La flagellation attire la circulation du sang du centre de notre système vers la périphérie. On l'a vue dissiper la période algide dans un accès de fièvre intermittente. Gallien avait remarqué que des maquignons avaient l'habitude d'imposer à leurs chevaux une belle prestance au moyen de légères fustigations, et par suite il recommandait cette pratique pour donner l'embonpoint aux gens maigres. Antonicus Mura traita une sciatique d'Octave Auguste par ce procédé. Elidæus Paduanus recommande la flagellation ou l'urtication quand l'éruption des maladies exanthématiques est lent à se développer. Thomas Campanella rapporte le cas d'un gentilhomme dont la constipation ne cédait qu'après avoir été fouetté préalablement.

On a souvent observé que l'irritation de la peau produit des effets semblables. Les illégalités érotiques des lépreux sont bien authentiquées ; et plusieurs autres maladies cutanées dans lesquelles se gratter donne un soulagement immédiat, ont procuré les sensations les plus agréables. Il existe une bien curieuse lettre d'Abélard à Héloïse, dans laquelle il dit :

*Verbera quandoque dabat amor, non furor ; gratia,
non ira ; quæ omnium unguentorum suavitatem transcen-
derent* [1].

Cet effet de la flagellation peut facilement être attribué
à la puissante sympathie qui existe entre les nerfs de la
partie inférieure de la moelle épinière et des autres
organes. L'excitation artificielle paraît jusqu'à un certain
point naturelle : on l'observe chez divers animaux,
notamment dans la race féline. Même les limaçons se
plongent l'un dans l'autre un éperon osseux et pointu
qui sort de leur cou et qui, comme l'aiguillon de la
guêpe, se casse souvent et reste dans la blessure.

Il y a un autre côté de la flagellation médicinale qui
est extrêmement curieux, mais qu'il convient de n'aborder qu'avec une grande réserve. Nous faisons allusion
à la flagellation comme moyen d'excitation sexuelle.
Plusieurs ouvrages ont été écrits à ce sujet, tous traitant de cette question avec plus ou moins de talent.
Nous possédons une variété de documents sur cette matière, que nous publierons peut-être un jour lorsqu'ils
auront été complétés et classés en ordre systématique.
Un tel ouvrage ne saurait, bien entendu, s'adresser
qu'aux seuls médecins et aux spécialistes. En attendant,
les remarques suivantes ne doivent être considérées que
comme purement documentaires.

Le docteur Krafft-Ebing, dans son œuvre monumen-
tale, *Psychopathia Sexualis* [2], dit :

« *Libido Sexualis* peut aussi être éveillé, par l'exci-

---

1. The stripes given were often those of love, not of anger; of
fondness, not of wrath. For such stripes exceeded the sweet savour
of all perfumes.

2. PSYCOPATHIA SEXUALIS, avec recherches spéciales sur l'inversion sexuelle, par le Dr R. von Krafft-Ebing, Paris, 1895.

tation de nerfs du siège sexuel, au moyen de la flagellation.

« Ce fait est très important pour la compréhension de certains phénomènes physiologiques[1].

« Il arrive quelquefois que, par une correction appliquée sur le derrière, on éveille chez les garçons les premiers symptômes de l'instinct sexuel, et on les pousse par là à la masturbation. C'est un fait que les éducateurs de la jeunesse devraient bien retenir.

« En présence des dangers que ce genre de punition peut offrir pour les élèves, il serait désirable que les parents, les maîtres d'école et les précepteurs n'y eussent jamais recours.

« La flagellation passive peut éveiller la sensualité, ainsi que le prouve l'histoire des flagellants, très répandue aux xiiie, xive et xve siècles, et dont les adeptes se flagellaient eux-mêmes, soit pour faire pénitence, soit pour mortifier la chair dans le sens du principe de chasteté prêché par l'Église, c'est-à-dire l'émancipation du joug de la volupté.

« A son début, cette secte fut favorisée par l'Église. Mais, comme la flagellation agissait comme un stimulant de la sensualité, et que ce fait se manifestait par des incidents très fâcheux, l'Église se vit dans la nécessité d'agir contre les flagellants. Les faits suivants, tirés de la vie des deux héroïnes de la flagellation, Maria-Magdalena de Pazzi et Élisabeth de Genton, sont une preuve caractéristique de la stimulation sexuelle produite par la flagellation.

« Maria-Magdalena, fille de parents occupant une

---

1. Meibomius, *De flagrorum usu in re medica*, Londres, 1765. Et abbé Boileau, *Histoire des Flagellans*, Amsterdam, 1701.

haute position sociale, était carmélite à Florence,
en 1580. Les flagellations, et plus encore les conséquences de ce genre de pénitence, lui valurent une
grande célébrité et une place dans l'histoire. Son plus
grand bonheur était quand la prieure lui faisait mettre
les mains derrière le dos et la faisait fouetter sur les
reins mis à nu, en présence de toutes les sœurs du
couvent.

Mais les flagellations qu'elle s'était fait donner dès sa
première jeunesse avaient complètement détraqué son
système nerveux : il n'y avait pas une héroïne de la flagellation qui eût tant d'hallucinations qu'elle. Pendant
ces hallucinations, elle délirait toujours d'amour. La
chaleur intérieure semblait vouloir la consumer, et elle
s'écriait souvent : « Assez! n'attisez pas davantage cette
flamme qui me dévore. Ce n'est pas ce genre de mort
que je désire ; il y aurait trop de plaisir et trop de
charmes. » Et ainsi de suite. Mais l'esprit de l'Impur
lui suggérait les idées les plus voluptueuses, de sorte
qu'elle était souvent en péril de perdre sa chasteté.

« Il en était presque de même avec Élisabeth de
Genton. La flagellation la transformait en bacchante en
délire. Elle était prise d'une sorte de rage quand, excitée
par une flagellation extraordinaire, elle se croyait mariée
avec son « idéal ». Cet état lui procurait un bonheur si
intense qu'elle s'écriait souvent : « O amour ! O amour
infini ! O amour ! O créatures, criez donc toutes avec
moi : Amour ! amour ! »

« Le célèbre Jean Pic de la Mirandole assure qu'un
de ses amis était un gaillard insatiable, si paresseux et
et si peu prédisposé aux luttes amoureuses qu'il ne pouvait rien faire avant qu'il n'eût recu une bonne raclée.
Plus il voulut satisfaire son désir, plus il exigeait de

coups et de violences puisqu'il ne pouvait avoir de bonheur s'il n'avoit été fouetté jusqu'au sang. Dans ce but,
il s'était fait faire une cravache spéciale qu'il mettait
pendant la journée dans du vinaigre ; ensuite il la donnait à sa compagne et la priait à genoux de ne pas
frapper à côté, mais de frapper fort, le plus fort possible. « C'est, dit le brave comte, le seul homme qui
trouve son plaisir dans une torture pareille. » Et comme
cet homme n'était pas méchant, il reconnaissait et détestait sa faiblesse[1]. Une pareille histoire est rapportée
par Cælius Rhodingin, à qui l'a empruntée le célèbre
jurisconsulte Andréas Tiraquell. A l'époque du célèbre
médecin Otton Brunfels, vivait dans la résidence du
grand électeur de Bavière, à Munich, un bon gas qui ne
pouvait jamais faire l'amour sans avoir reçu auparavant
des coups bien appliqués. M. Thomas Berthelin a
connu aussi un Vénitien qu'il fallait échauffer et stimuler à l'acte sexuel au moyen de coups. Tel, Cupidon
entraîne ses fidèles avec une baguette d'hyacinthe.

« Il y a quelques années, vivait à Lübeck, dans la
Mühlstrasse, un marchand de fromages qui, accusé
d'adultère devant les autorités, devait être expulsé de la

---

1. Vivit adhuc homo mihi notus prodigiosœ libidinis et inau-
ditœ : nam ad Venerem nunquam accenditur nisi vapulet. Et tamen
scelus id ita cogitat : saevientes ita plagas desiderat, ut increpet
verberantem, si cum eo lentius egerit, haud compos plene voti,
nisi eruperit sanguis, et innocentes artus hominis nocentissimi
violentior scutica desœverit. Efflagitat miser hanc operam summis
precibus ab ea semper faemina quam adit, praebetque flagellum,
pridie sibi ad id officii aceti infusione duratum, et supplex a me-
retrice verberari postulat : a qua quanto caeditur durius, eo fer-
ventius incalescit, et pari passu ad voluptatem, doloremque
contendit. Unus inventus homo qui corporeas delicias inter cru-
ciatus inveniat; et cum alioquin pessimus non sit, morbum suum
agnoscit et odit.

ville. Mais la catin avec laquelle il s'était compromis alla chez les magistrats et demanda grâce pour lui, en racontant combien pénibles étaient au coupable ses accouplements. Car il ne pouvait rien faire avant qu'on lui eût donné une bonne volée de bois vert. Le gaillard, de honte, et de crainte d'être ridiculisé, ne voulait pas l'avouer tout d'abord, mais quand on le pressa de questions, il ne sut plus nier.

« Dans les Pays-Bas, il y eut, dit-on, un homme très considéré qui était affligé de la même maladie et qui était incapable de faire la moindre chose s'il n'avait préalablement reçu des coups. Lorsque les autorités en furent informées, cet homme fut non seulement révoqué de ses fonctions, mais encore puni comme il le méritait. Un ami, un médecin digne de foi, qui habitait une ville libre de l'Empire allemand, me rapporta, le 14 juillet de l'année passée, comme quoi une femme de mauvaises mœurs, étant à l'hôpital, avait raconté à une de ses camarades qu'un individu l'avait invitée, elle et une autre femme de la même catégorie, à aller avec lui dans la forêt. Lorsqu'elles furent arrivées, le gaillard coupa des verges, exposa son derrière à nu et ordonna aux femmes de taper dessus, ce qu'elles firent. Ce qu'il a fait ensuite avec les femmes, on peut le deviner facilement. Non seulement des hommes se sont excités à la lubricité par les coups, mais des femmes aussi, afin de jouir davantage. La Romaine se faisait fouetter dans ce but par Lupercus. Car ainsi chante Juvénal :

> *Steriles moriunter, et illis*
> *Turgida non prodest condita psycida Lyde :*
> *Nec prodest agili palmas prœbere Luperco* [1].

---

1. Elles meurent stériles ; et ni la Lydie bouffie avec sa boîte de

Le marquis de Roure, dans son très intéressant et utile ouvrage, *Analectabiblion* [1], note trois ouvrages remarquables qui ont produit pas mal de sensation à leur époque. Nous copions les titres tels que le marquis les a cités.

DE USU FLAGRORUM IN RE MEDICA ET VENERI,

Lumborumque et renum officio, Thomi Bartholomi, Joanni — Henrici et Meibomii patris, Henrici Meibomii filiis. Accedunt de eodem renum officio Joachimi Olhasii et Olaï Wormii disertaliunculæ. Francofurti, ex bibliopolis Daniel Paulli, 1670 (1 vol. pet. in-8 de 144 pages, papier fin). *Rare.*

DE L'UTILITÉ DE LA FLAGELLATION

Dans les plaisirs du mariage et dans la médecine, traduit de Meibomius, par Mercier de Compiègne, avec le texte, des notes, des additions et figures. Paris (J. Girouard), 1792, in-16, 1 vol. in-16. (Peu commun.)

TRAITÉ DU FOUET, ET SES EFFETS MORAUX
SUR LE PHYSIQUE DE L'AMOUR OU APHRODISIAQUE EXTERNE

Ouvrage médico-philosophique, suivi d'une dissertation sur les moyens d'exciter aux plaisirs de l'amour, par D... (Doppet), médecin, 1788, 1 vol. in-18 de 108 pages, plus 18 feuillets supplémentaires.

---

drogues ne leur sert à quoi que ce soit, ni même à tendre leurs mains au sauteur Lupercus (Prêtre de Pan).

1. Le titre exact est : Ou Extraits critiques de divers livres rares, oubliés ou peu connus, tirés du Cabinet du marquis de R.... Paris, Techener, 1835 (2 vol.); vol. II, p. 316 et seq.

HISTOIRE DES FLAGELLANS

Où l'on fait voir le bon et le mauvais usage des Flagellations parmi les chrétiens, par des preuves tirés de l'Écriture Sainte, trad. du latin de M. l'abbé Boileau, docteur en Sorbonne (par l'abbé Granet), Amsterdam, chez Henri Gauzet, 1722, (1 vol. in-12) (1670-1732-83-92).

Le premier ouvrage a été traduit en anglais et réimprimé plus d'une fois. Ce qui a amené Meibomius à l'écrire mérite d'être relaté. D'après le marquis de Roure, c'était en 1639, à un dîner donné à Lübeck, chez Martin Gerdesius, un conseiller du duc de Holstein, que la conversation se porta sur la flagellation comme traitement médical ; quelques convives prétendirent que c'était ridicule et absurde. Parmi les invités se trouvaient Christian Cassius, évêque de Lubeck, et le célèbre docteur Jean-Henri Meibomius de Helmstadt. *Ce n'est pas si ridicule que ça*, dit Meibomius, *et je me fais fort de vous le prouver*. Meibomius tint sa parole engagée devant ses joyeux convives, et ce curieux traité, dédié à son ami, l'évêque de Lubeck, et destiné à la lecture de quelques amis seulement, fut d'abord imprimé sans que l'auteur en eût connaissance.

Ce petit livre est à la fois savant et habilement rédigé. Les autorités citées, ou auxquelles l'auteur renvoie, prouvent une vaste somme de patientes recherches de sa part. Un grand nombre de faits, dont quelques-uns assez cyniques, sont arrangés avec ordre et des preuves complètes sont données, pour démontrer l'efficacité de la flagellation appliquée à la région lombaire, soit pour dissiper des vapeurs cérébrales, et exciter l'acte génésique, ou (ce qui paraît plus étonnant que tout le reste), redonner de l'embonpoint à des corps humains exténués. Nous ne pouvons que donner une idée fort sommaire de cet ouvrage si remarquable. Il est heureux que Meibomius l'ait écrit en latin, autrement la pruderie de notre robuste époque pourrait en être offusquée. Il appelle les choses par leur nom, et assez crûment parfois, sans se gêner le moins du monde. Cependant l'ouvrage n'est pas pornographique, excepté en ce sens qu'il traite d'un sujet essentiellement scabreux. Le savant docteur cherchait à appuyer sa thèse, et rien de plus.

Le traité du docteur Doppet, sur *Les Aphrodisiaques externes* est un ouvrage d'un autre calibre que celui de Meibomius. Le marquis de Roure est d'avis que le malheureux qui serait assez mal avisé pour expérimenter sur lui-même aucuns des excitants préconisés courrait grand risque de se ruiner la santé. Cet ouvrage renferme toute une pharmacopée de toutes les drogues connues. Parmi un grand nombre de choses d'un caractère obscène et grossièrement satirique il y a un courant d'observation savante et pénétrante qui établit l'auteur non moins homme de science qu'homme du monde. Ses expériences semblent avoir été très variées, et sa situation de médecin l'obligeait parfois à visiter des maisons de prostitution. Dans un de ces endroits il fut témoin d'un fait singulier. Nous lui laissons la parole :

« J'ai été témoin d'une scène bien singulière, et qui ne prouve que trop que l'amour l'emporte le plus souvent sur la plus forte raison. Me trouvant à Paris, je fus appelé dans un des sérails de la rue Saint-Honoré pour donner des soins à une courtisane à laquelle venait échoir un petit lot en courant les hasards de l'amour. J'étois dans le cabinet de la malade, lorsque j'entendis, dans la chambre voisine, la voix d'une femme qui sembloit être fort en colère, et qui avoit le ton le plus menaçant. La personne avec laquelle j'étois, ne me donna pas le tems de l'interroger sur ce qui se passoit près de nous ; me priant à voix basse de garder le silence, elle souleva fort doucement un des coins de la tapisserie, et me plaça vis-à-vis d'une petite ouverture par le moyen de laquelle j'assistai au spectacle le plus plaisant, et en même temps le plus ridicule. Voici comme se passoit cette scène qui, me dit-on, se jouoit deux fois par semaine. La principale actrice étoit une brune assez jolie qui n'étoit vue qu'en partie, c'est-à-dire qu'elle montroit la gorge, les cuisses et les fesses. Les autres rôles étaient remplis par quatre vieillards à grande perruque, dont le costume, l'attitude et les grimaces m'obligeaient à chaque instant de mordre les lèvres pour ne pas partir d'un éclat de rire. Ces libertins surannés jouoient, comme font quelquefois les enfans entre eux, au jeu du *maître d'école*. La fille, sa poignée de verges à la main, leur administroit tour à tour la petite correction ; le plus châtié étoit celui qui avoit l'organisation la plus tardive. Les patients baisoient les fesses de la maîtresse, pendant que son beau bras se fatiguoit sur leur cuir impudique ; et la comédie ne finissoit que lorsqu'on étoit las de fatiguer la nature la plus appauvrie. Après que chacun se fut retiré, je quittai mon poste sans pouvoir me convaincre de la réalité des choses dont je venois d'être témoin. Ma malade me plaisanta beaucoup sur ma surprise, et me raconta plusieurs faits encore plus ridicules qui se passoient tous les jours dans leur *couvent*. « Nous avons, me dit-elle, la pratique des êtres les plus importants de Paris » ; elle ajouta qu'elles avoient entre elles l'honneur de donner le fouët à tout ce qu'il y avoit de mieux dans le clergé, la robe et la finance. »

L'Histoire des Flagellans par l'abbé Boileau est un ouvrage d'un tout autre caractère et bien digne d'attirer l'attention. Écrit dans un latin exceptionnellement correct, ressemblant par le style à celui de Plaute, et publié vers 1700, il a été traduit en français et en anglais. Quoique l'abbé Irailh l'ait dépeint comme « une œuvre d'obscénité sainte », ce n'est rien de la sorte. Les adjectifs de l'abbé Irailh sont nés de la colère et du parti-pris, et nous montrent un nouvel exemple de l'*Odium theologicum*. Dès son apparition, cet ouvrage causa la plus grande sensation parmi les moines et les théologiens, et surtout chez les jésuites, soit à cause des opinions jansénistes qu'on imputait à Boileau, soit en raison de la déplorable prédilection que les jésuites ont toujours manifestée pour la correction sur les fesses.

Le Père Cerceau et l'infatigable controversiste, Jean-Baptiste Thiers, se sont montrés en cette occasion les plus acharnés contre Boileau. De leur côté aussi, les moines et les nonnes qui s'étaient absolument décidés à se fouetter jusqu'au bas des mollets[1], entonnant à l'unisson le *Miserere*, poussèrent de hauts cris. Mais comme aucune réfutation du livre de l'abbé Boileau n'a été publiée, nous devons en conclure qu'il n'y avait pas de réfutation possible. Le marquis de Roure considère l'ouvrage de Boileau supérieur à celui de Meibomius, mais il aurait dû se rappeler que ces deux ouvrages ont été rédigés à un point de vue différent, et envisagent le sujet d'une façon absolument opposée. Boileau, en dix chapitres, fait l'historique de la flagellation volon-

---

1. Ad vitulos.

taire, depuis son origine jusqu'à notre époque, sous toutes ses formes et pour des motifs quelconques, en la considérant comme une coutume indigne, née du paganisme et entretenues par la débauche. Dans l'éducation des enfants, elle corrompt le maître et pervertit l'élève. Cette pratique a été réprouvée par Quintillian. Comme punition infligée à des esclaves et à des hérétiques, elle blessait la décence et favorisait la cruauté ; comme moyen de mortification de soi-même, c'est la plus dangereuse des macérations, parce qu'elle excite la chair tout en cherchant à en réprimer les désirs et, sous forme de pénitence, elle associe le ridicule au scandale. Il n'est pas édifiant de voir le Père Gérard, sous prétexte de discipline, fouetter la belle Cadière, comme un commencement de satisfaction charnelle, et *cela* parce que de semblables libertés avaient été prises par saint Edmond, Bernard de Sienne, et par le capucin Mathieu d'Avignon, sans que cela ait nui en quoi que ce soit à leur chasteté. Combien n'y a-t-il pas de Pères Gérard ignorés qui ont fait usage de cette pratique contre un seul saint Bernard qui a passé par le feu sans dommage ? On ne pourra jamais savoir combien de femmes ont perdu leur chasteté, et combien de filles ont perdu leur honneur, parce que Dame Nature s'est montrée plus forte que les inventions de l'homme. A juger par la nature humaine, qui après tout est en tout le plus puissant des maîtres, la flagellation chrétienne n'a rien à envier à la voluptueuse Lupercalia de l'antique Rome, et, pour ce qui est du nombre de dévotes fouettées, nous devons avoir, d'après le marquis, tout autant de femmes compromises que les Romains.

DU MAL QUI PEUT RÉSULTER

FLAGELLATION POUSSÉE A L'EXCÈS

On ne doit pas oublier que la fustigation peut être poussée à des limites extrêmes que réprouvent également la raison et la nature. Pour de grandes jeunes filles atteintes d'hystérie, ou des épouses désobéissantes et portées au bavardage, rien de meilleur ni de plus nécessaire qu'une bonne et vigoureuse fessée. Mais il faut avoir plus de ménagements et surtout plus d'indulgence pour les enfants. Les observations suivantes d'un médecin français serviront à expliquer notre pensée :

Coups sur les fesses [1].

Si la flagellation, la fustigation, la palétation (coups sur la paume des mains appliqués avec une palette en cuir) et d'autres punitions du même genre ne sont plus mises en pratique dans nos écoles, il est une correction

---

1. *L'Onanisme chez l'homme*, par le D' Pouillet, 2ᵉ édition, p. 125. Paris, Bataille et Cⁱᵉ.

enfantine encore en usage non pas chez les pédagogues, mais chez les pères et les mères eux-mêmes. Nous voulons parler des coups donnés aux enfants sur les fesses avec le plat de la main, et parfois les lombes et la partie postérieure des cuisses des jeunes mauvais sujets. Avouons que cette manière de faire est aussi funeste que ne l'étaient la fustigation et la palétation. Qu'ils soient administrés tout simplement par la main libre ou armée d'une palette, d'un bâton ou de verges, les coups sur les fesses ou leur voisinage ont le même effet : ils congestionnent les organes génitaux, y déterminent la chaleur, les excitent, les érigent et développent ainsi prématurément l'idée du plaisir chez des êtres qui s'efforcent de profiter de cette découverte. Chez l'enfant tout est motif à mal : que les parents le sachent s'ils ne veulent pas devenir les complices involontaires des actes répréhensibles de leurs rejetons.

L'HOMICIDE PAR FLAGELLATION

Comme autrefois en Amérique, la coutume barbare de la flagellation est encore mise en pratique de nos jours et ce, avec une cruauté qui dépasse parfois les limites de ce qui a été, sous ce rapport, porté à votre connaissance.

Un médecin principal de la marine, M. le docteur Barret, nous en fournit un exemple dans une brochure qu'il a publiée à ce sujet[1].

Le docteur Barret se trouvait au Gabon, quand on lui apporta un jour trois nègres de la tribu des Kroumen, qu'un chef de factorerie avait fait fustiger de si inhumaine façon qu'ils n'en revinrent pas.

La tribu des Kroumen est, au dire du médecin de marine, auquel nous allons laisser la parole, une agglomération de nègres civilisés, qui sont en quelque sorte les *Auvergnats* de l'Afrique, en ce sens qu'ils ont un profond amour du terroir et qu'ils vont de leur propre gré s'engager au service des colons jusqu'au jour où ils

---

1. *Note sur l'homicide par flagellation*, Lyon et Paris, 1890, in-8°.

auront réussi à amasser un petit pécule ou, pour plus exactement parler, un ballot de pacotille, leur rêve, lent idéal.

Voici ce que dit le docteur Barret :

« Il est, entre autres, une clause du marché qui donne au traitant, de par le chef noir, droit de correction des insoumis à l'aide de la lanière de l'hippopotame. Ces lanières ont deux ou trois branches et sont des instruments très barbares. Il est difficile, suivant les hommes et sur la pente où, en pays civilisé, la passion despotique glisse du fort à l'égard du plus faible, que l'exercice de cet apanage ne devienne abusif, sans trop qu'on y prenne garde : la tolérance en pareille matière est toujours hasardeuse. Le Krouman, lui, dans ses mœurs et avec la notion qu'il a du droit, n'en conteste pas absolument la légitimité ; il est nourri et payé pour recevoir des coups selon son mérite, et s'il nous voit les lui épargner au service de l'État, il n'attribue nullement cette mansuétude à la douceur de nos intentions, et ne nous en sait aucun gré, « c'est ton chef qui défend, me disait un jour l'un d'entre eux ; autrement, toi maître, dans la factorie faire la même chose comme traitant. »

Et plus loin :

« Il y eut dans un des comptoirs de la côte, une épouvantable affaire qui renouvelle les scènes sinistres du temps de l'esclavage. Un blanc, qui par bonheur n'était pas français, soupçonnant de vol ses trois Kroumen, et passant devant la justice locale, les fit attacher dans sa cour et fouetter tout le jour à coups de lanière. Sous un soleil ardent, on laissa sans eau ces malheureux qui agonisaient... Le soir, je recevais deux cadavres et un mourant déjà froid, dont la vie ne fut relevée qu'après une lutte émouvante de plusieurs heures. Le plus jeune de ces martyrs, presque un enfant, s'était éteint le premier de l'épuisement causé par la douleur, le soleil et la soif, par cette hémorragie nerveuse qu'amène une lente agonie de souffrance et de terreur[1]... »

Aux Antilles également, dans les colonies espagnoles, la flagellation est encore à l'ordre du jour et, on aurait tort d'en faire un mystère, elle y est souvent exercée d'une façon tellement barbare que les malheureuses victimes d'une férocité révoltante succombent sous les coups.

La révolte des Philippines et de Cuba n'est pas tout à fait étrangère à cette pratique moyenageuse et digne des temps de l'Inquisition.

*
* *

DE QUELQUES ERREURS QU'IL SERAIT UTILE DE DÉTRUIRE, PRINCIPALEMENT DANS LES COUVENTS.

L'amour est un besoin qui nous est commun, mais qui ne se fait sentir qu'à un certain âge. C'est en vain qu'on voudrait éteindre ses feux, lorsqu'on touche à la puberté ; les plus grands efforts n'aboutissent alors qu'à leur prêter de la force, et l'incendie s'accroît de plus en plus. Ces réflexions nous font voir que ceux qui font vœu de célibat, seront souvent parjures, ou toujours malheureux. Supposons, cependant, qu'il y ait quelques

---

1. Dans le journal *La Presse* du 14 juin 1898, nous trouvons un passage caractéristique que nous reproduisons et qui démontre que les nègres traitent leur progéniture avec douceur : *Le Bébé nègre.* Un médecin allemand vient de publier un excellent article sur le « bébé nègre. »

Jamais les parents n'usent envers leurs enfants de moyens de répression violents, tels que la gifle et le bâton, etc.

êtres privilégiés qui vivent exempts de ce qu'une fausse dévotion appelle les faiblesses humaines ; il faudrait au moins pour le bien de tous les *religieux* et *religieuses*, que l'on eût soin d'éloigner d'eux tout ce qui peut les ramener à la nature. Examinons si l'on tient cette conduite dans les monastères.

Nous avons vu que les flagellations peuvent et doivent produire une irritation sur toutes nos fibres, et que cette irritation se fait principalement sentir aux parties de la génération. Pourquoi donc la discipline est-elle ordonnée dans tous les couvents, et dans de certains jours de pénitence ? Doit-on appeler la vie dans une partie qu'on a voulu destiner à la mort ? On ne devrait rien permettre dans le cloître qui puisse blesser la décence, ou qui puisse, comme disent les casuistes, réveiller la chair. L'usage ou plutôt l'abus de se discipliner, devrait conséquemment y être aboli, puisque l'effet en est toujours pernicieux. Heureusement que ces cérémonies de flagellations se pratiquent dans l'obscurité; car si l'on se présentait dans la dévote assemblée avec une lumière à la main, on verrait que la pénitence finit toujours par la masturbation, ou par des pollutions involontaires. Quelle contradiction dans la conduite des célibataires de ce genre ? Ils avalent le matin deux ou trois verres d'une décoction faite avec les plantes les plus froides, et le soir ils se frappent avec des cordes ou de petites chaînes, pour rappeler une chaleur qui commençait à s'éteindre !

C'est surtout parmi les religieuses qu'il ne faudrait jamais parler de fouet ni de disciplines : les femmes étant plus faciles à émouvoir que les hommes, elles sont aussi plus sujettes aux pollutions. Il semble que la manie de se fustiger ou de fustiger les autres, soit particulièrement celle des moines. S'ils s'en tenaient au moins à se discipliner entre eux, ce ne serait qu'un petit mal ; mais c'est qu'il y en a quelques-uns qui ne rougissent pas d'ordonner le fouet à leurs pénitentes, et qui se chargent surtout d'aller le leur donner eux-mêmes au sortir du confessionnal. Combien y a-t-il de confesseurs qui ont débauché de jeunes filles de cette manière ? Combien de scélérats ont abusé d'un ministère respectable pour commettre les horreurs les plus infâmes ? On a souvent entendu les tribunaux retentir des justes plaintes de quelques infortunées qui avaient été victimes de leur crédulité : on a vu, plus d'une fois, de justes lois faire traîner les coupables au supplice.

Tout le monde connaît les différentes aventures, qu'on raconte au sujet de quelques cordeliers qui, seuls dans la chambre de leurs pénitentes, les faisaient mettre à genoux, troussaient leurs jupons, leurs claquaient les fesses, ou les fustigeaient rudement, suivant la grandeur des péchés qu'elles avaient commis, la correction finissait par pousser en avant la gentille pécheresse, et lui passer par derrière *un bout du cordon de saint François*, qui avait la vertu de faire pâmer la dévote, et de lui donner une idée du paradis de Mahomet. Il est bien singulier que, de tous temps et chez toutes les nations, on ait souvent mêlé l'impunité et la plus vile corruption aux cérémonies les plus sacrées. Des fêtes *netturales* se célébraient dans les temples [1] ; la dévotion y attirait toutes les dames romaines ; pendant plusieurs années, l'empereur Néron, ses prêtres, ses courtisans, abusèrent

---

1. Néron institua ces fêtes pour se consoler de la mort de *Netturius*, l'un de ses favoris, et qui s'était attiré la bienveillance de ce prince par son talent pour les intrigues amoureuses.

de la crédulité des unes, et partagèrent le libertinage des autres : comme cette fête se célébrait pendant la nuit, aucune n'avait à rougir ; les soupirs qu'on y entendait, le bruit singulier qui devait s'y faire, semblaient n'avoir pour cause que de saintes extases. Les pélerinages de la Mecque, qui sont ce qu'il y a de plus saint et de plus vénéré chez les Turcs et les Persans, ne sont-ils pas le comble de la dépravation des mœurs ? J'ai vu en Espagne et en Italie, des extravagants courir les rues à la suite d'une sainte *bannière,* et se fustiger sous les fenêtres de leurs maîtresses, en mémoire de la passion du *Christ*[1]. Pour expliquer la cause de ces erreurs, il ne faut pas connaître les hommes ; lorsqu'on est parvenu à se faire une juste idée de la valeur de ceux qui en ont imposé et qui en imposent encore, on n'est plus étonné de voir subsister les abus les plus ridicules. *La crainte a fait les dieux,* dit un grand philosophe, mais il faut ajouter à cette sentence, que c'est l'imposture qui soutient leur trône. Les différents cultes, qu'on rend à ces divinités incompréhensibles, étant l'ouvrage de quelques mortels ou faibles ou trompeurs, il n'est pas surprenant que ces cultes se soient souvent ressentis de la sottise de l'inventeur, et qu'on y ait associé des folies même dangereuses.

Mais je m'écarte de mon plan ; comme toutes ces discussions m'entraîneraient trop loin, je reviens à mon sujet... Il serait nécessaire de supprimer l'usage des fla-

---

1. Il y a, dans ces pays-là, différentes assemblées de dévots qu'on nomme *pénitents ;* l'uniforme de ces confréries est des plus plaisants. Il y a des pénitents blancs, des noirs, des bleus, des rouges, des verts, etc. Ils courent les rues, dans de certains jours de pénitence ; ils sont presque tous à pied nu, et se *disciplinent* pour divertir le peuple et surtout leurs maîtresses.

gellations dans les couvents, puisqu'elles peuvent contribuer à ranimer le physique de l'amour ; on ôterait par là le ressort le plus excitatif. Je voudrais même défendre à tous les moines, et sous des peines très rigoureuses, de se regarder le corps à nu ; car il faut peu de chose pour échauffer un jeune célibataire. Une religieuse de dix-huit à vingt ans, qui s'amuse le soir à chercher ses puces, finit rarement sa petite chasse sans faire un sacrifice à l'amour ; elle voudrait ne pas succomber, mais la liqueur fermente, et le moindre attouchement suffit pour la faire répandre.

Il est bien humiliant que nous trouvions encore parmi nous des restes aussi ridicules du fanatisme de nos ancêtres. Devrait-on se rappeler du nom de moines dans un siècle aussi éclairé que le nôtre ? Ces illustres et riches fainéants sont-ils quelque chose d'utile ? Contribuent-ils à nous rendre l'Éternel plus cher ? Ministres inutiles, on leur entend bien réciter parfois des couplets qu'ils ne conçoivent peut-être pas ; mais ces prières vagues et stériles peuvent-elles effacer aux yeux du vrai Dieu toutes les sottises qu'ils commettent au sortir du chœur ?

La réforme monacale serait utile et nécessaire, les enfants de *Saint-Bruno* ne s'en trouveraient peut-être pas bien, mais les capucins seraient, en général, très contents. Quelques religieuses accourraient se jetter dans les bras d'un amant que des parents injustes leur enlevèrent ; elles deviendraient épouses fidèles, mères tendres ; et leur amour enfin exaucé donnerait des sujets à l'État.

Ces temps de réforme sont encore bien éloignés ; je le sais. En attendant cette heureuse époque, invitons les religieux des deux sexes à ne plus se fustiger pour nos péchés : qu'ils bannissent de leur règle un usage qui ne peut que contrarier leur projet de célibat, et les avilir aux yeux même de l'amour[1].

Il faut que ceux qui croient servir Dieu et lui plaire en se fustigeant, se soient fait une idée bien étrange de la Divinité. Ils ne voient sans doute dans le Père de la nature, qu'un être terrible et vengeur, toujours armé de la foudre pour punir indistinctement l'innocent et le coupable : ils se figurent qu'on ne peut l'apaiser que par des cilices, des jeûnes, et autres mortifications non moins ridicules. Ces erreurs sont aussi extravagantes que dangereuses à la société ; elles ôtent à l'homme le désir de se rendre utile à ses semblables, et font qu'il préfère son caprice bigot à la douceur de faire de bonnes œuvres. Un philosophe a dit avec raison, qu'un sauvage errant dans les bois, contemplant le ciel et la nature, sentant pour ainsi dire le seul maître qu'il reconnaît, est plus près de la véritable religion, qu'un chartreux enfoncé dans sa loge et vivant avec les fantômes d'une imagination échauffée.

On doit un culte à l'Éternel ; il faut une religion ; mais le culte que demande l'Être suprême doit s'allier aux devoirs de tout citoyen. Le vrai Dieu ne crie pas aux mortels du haut de son trône : « Jeûnez, fustigez-vous, n'écoutez pas les sens que je vous donnai pour votre bonheur, et renoncez à la nature. »

L'auteur de l'*An deux mille quatre cent quarante*[2] peint

---

1. *Les avilir aux yeux de l'amour...* Oui, et cela parce qu'à force de se fustiger, la nature s'échauffe, les nerfs sont irrités, et cela finit par la masturbation. Je demande s'il y a quelque chose de plus avilissant pour l'amour ?

2. Cet ouvrage contient de grandes vérités, aussi l'a-t-on défendu. Celui qui l'a écrit ne sera jamais académicien, n'aura jamais de pensions, et cela parce qu'il a eu le courage de dévoiler la honte

bien éloquemment le ridicule de précipiter par dévotion la jeunesse dans nos cloîtres que nous regardons comme sacrés [1]. Puissent les paroles de ce philosophe arrêter de jeunes victimes prêtes à se plonger dans ces tombeaux vivants! « Quelle cruelle superstition enchaîne dans une prison sacrée tant de jeunes beautés qui recèlent tous les feux permis à leur sexe, que redouble encore une clôture éternelle, et jusqu'aux combats qu'elles se livrent. Pour bien sentir tous les maux d'un cœur qui se dévore lui-même, il faudrait être à sa place; timide, confiante, abusée, étourdie par un enthousiasme pompeux, cette jeune fille a cru longtemps que la religion et son Dieu absorberaient toutes ses pensées : au milieu des transports de son zèle, la nature éveille dans son cœur ce pouvoir invincible qu'elle ne connaît pas et qui la soumet à son joug impérieux. Ces traits ignés portent le ravage dans ses sens, elle brûle dans le calme de sa retraite; elle combat, mais la constance est vaincue, elle rougit et désire. Elle regarde autour d'elle, et se voit seule sous

de ceux qui distribuent l'argent et les honneurs. Ecrivains..., écrivains..., faites de plates sottises, soumettez-vous à la censure sans murmure, flattez les grands, sans instruire les petits, alors vous serez prônés, payés, *et, bien ou mal,* peints dans le salon des illustres!

1. Que les grandes choses s'opèrent lentement! Pourquoi n'imite-t-on pas dans tous les États la sage administration de l'immortel Joseph II, qui, dès qu'il eut dans les mains le sceptre de l'empire, en frappa les puissances monacales et renversa l'autel le plus pernicieux qu'eût jamais élevé la superstition? Il a su, par cette juste réforme, rendre des mères à la société ot des hommes à l'État. Il a ôté à tous ses sujets l'aspect de l'oisiveté et de la débauche que présentent le plus souvent ces hommes cloîtrés qui n'ont de patrimoine que celui qu'ils dérobèrent à nos pères, et qui chaque jour s'engraissent encore du travail et de la crédulité du peuple.

des barreaux insurmontables, tandis que tout son être se porte avec violence vers un objet fantastique que son imagination allumée pare de nouveaux attraits. Dès ce moment plus de repos. Elle était née pour une heureuse fécondité; un lien éternel la captive et la condamne à être malheureuse et stérile. Elle découvre alors que la loi l'a trompée, que le joug qui détruit la liberté n'est pas le joug d'un Dieu, que cette religion qui l'a engagée sans retour est l'ennemie de la nature et de la raison. Mais que servent ses regrets et ses plaintes! Ses pleurs, ses sanglots se perdent dans la nuit du silence. Le poison brûlant, qui fermente dans ses veines, détruit sa beauté, corrompt son sang, précipite ses pas vers le tombeau. Heureuse d'y descendre, elle ouvre elle-même le cercueil où elle doit goûter le sommeil de ses douleurs ». En divisant les sexes, en élevant des barrières éternelles entre l'homme et la femme, les fondateurs des couvens ne songèrent pas aux coupables abus qui devaient en résulter. Comme on ne peut jamais étouffer l'effervescence des sens, il a fallu que les victimes qu'on avait enterrées dans le cloître, cherchassent des moyens pour apaiser ou tromper l'amour. Poussés par un instinct très innocent, ces robustes captifs s'occupèrent à trouver le plaisir dans leur sexe même. L'on connut la masturbation, et des crimes plus atroces encore.

Ce vice qu'on reprocha tant aux *Jésuites,* et qui faisait, peut-être, réellement leur honte, vient sans doute du barbare abus de cloîtrer des jeunes gens. Les filles renfermées ne cherchèrent pas moins à se procurer, entre elles, une idée des plaisirs de l'amour.

Les horreurs de cette espèce ne restèrent point enfermées dans les endroits où elles avaient pris naissance : les mondains s'occupèrent de ces viles et criminelles ressources. Les lois furent forcées de sévir contre ces attentats de *lèse-amour*, et malgré leur juste rigueur il existe encore des crimes de ce genre. On voit plus d'un vieux financier cajoler son valet ou son garçon perruquier; il y a plus d'une duchesse qui ne soupire que pour sa femme de chambre [1]. O monstres! que faites-vous? voulez-vous passer pour sages et tempérés? Craignez-vous d'être victimes de l'autre sexe? En suivant les lois de la vraie tendresse, vous ne pourriez commettre que des faiblesses; au lieu que vous êtes des vicieux qui méritez l'indignation publique et qu'on doit livrer à l'opprobre [2]!

---

1. Il arrive souvent qu'on dit, dans de très bonnes sociétés, en parlant d'un seigneur ou d'une dame : *un tel est pour homme, la comtesse est pour femme.* Quelle horreur! On badine sur cela, et l'on fréquente de pareilles gens!... Ce manque de délicatesse est bien digne de ces plats et brillants étourdis qui, par gentillesse, s'honorent encore du beau nom de *roués*.

2. Chapitre extrait de : *Traité du fouet* ou *Aphrodisiaque externe*, par *Un amateur*. Paris, S. D. (vers la fin du xviiie siècle).

DE L'EMPLOI DES VERGES

DANS LA HAUTE SOCIÉTÉ LONDONIENNE

PAR

Mary Wilson, célèbre proxénète de Londres (1788).

La Flagellation, au point de vue aphrodisiaque, peut
paraître ridicule et inexplicable à ceux qui n'ont pas été
initiés dans cette particularité des mystères d'Eleoussis.

Il est, cependant, un genre de lasciveté dont l'existence
remonte aux temps les plus reculés et qui est pratiqué
de nos jours encore sur une très vaste échelle, à telle enseigne qu'il n'en existe actuellement pas moins de vingt
établissements splendides à Londres qui ne vivent absolument que de cette pratique; de plus, parmi les innom-
brables temples dédiés au culte de la Déesse de Paphos,
qui ornent la grande métropole, il n'y en a pas un seul où
l'usage des verges ne soit pas occasionnellement réclamé.

Toutes les femmes qui se vouent pieusement au service du Public, devraient connaître la philosophie de la
discipline; car, sans cette connaissance, elles courraient
le risque de perdre quelques-uns de leurs plus riches
clients, esclaves des plaisirs érotiques.

Les hommes qui affectionnent la flagellation peuvent être divisés en trois classes :

1º Ceux qui aiment recevoir une fustigation, plus ou moins sévère, de la main d'une jolie femme, suffisamment robuste pour manier les verges avec vigueur et effet ;

2º Ceux qui, au contraire, prennent plaisir à administrer eux-mêmes la discipline sur la peau blanche et la chair ferme d'une belle fille ;

3º Ceux qui, ne voulant être ni les destinataires passifs, ni les dispensateurs actifs des coups de verges, puisent une excitation suffisante dans le fait d'assister en simples spectateurs à ce sport tout spécial.

Beaucoup de personnes, ne connaissant pas suffisamment la nature humaine, ni les usages mondains, sont portées à croire que cette inclination vicieuse pour la flagellation est limitée aux vieillards ou aux individus prématurément épuisés par des excès vénériens : mais il n'en est rien en réalité ; car, nous trouvons, en effet, autant de jeunes gens dans la fleur de l'âge, que de vieillards que cette passion domine...

Il est absolument vrai qu'il existe un grand nombre de vieux généraux, d'amiraux, de colonels et de capitaines, ainsi que des évêques, des juges, des avocats, des lords, des députés, des médecins même qui vont périodiquement se faire fouetter, uniquement parce que cela leur réchauffe le sang, et maintient chez eux une légère excitation agréable de tout leur système organique, — une fois qu'ils en sont arrivés à ne plus pouvoir goûter normalement les plaisirs charnels de leur jeunesse.

Mais on remarque également des centaines de jeunes gens, qui, élevés par des maîtres enclins à administrer la discipline, se souviennent des sensations provoquées par cette opération, sensations de nature à faire naître en eux une nouvelle passion se traduisant par le désir de se sentir flagellés par les mains d'une belle femme. Cette observation a, d'ailleurs, été confirmée par deux *gouvernantes* des plus expérimentées, maintenant *retirées des affaires*, Mistress Chalmers et Mistress Noyeau. Ces belles et intéressantes personnes nous affirment, de plus, que les malheureux en proie à cette manie ne peuvent s'en débarrasser de leur vie et qu'ils montrent peu de goût pour l'acte charnel — quelque vigoureux et capables qu'ils fussent d'aiguillonner une femme jusqu'au paroxysme de ses désirs — à moins que leurs agissements ne soient accompagnés de leur *sauce* favorite, c'est-à-dire de la flagellation.

En Angleterre, on nomme *gouvernantes* ces femmes qui, après une longue pratique, arrivent à procurer aux *amateurs* la plus grande satisfaction. Elles obtiennent par l'expérience un tact et trouvent un *modus operandi* qui font l'envie de la plupart de leurs « collègues ». Leur talent flagellatoire ne suffit pas pour faire rechercher ces dames des adorateurs de la verge. Ce n'est qu'après un long apprentissage qu'elles arrivent à connaître toutes les ressources et les raffinements de cet art.

Il leur faut une méthode rapide et intuitive basée sur l'observation des aberrations de l'esprit humain, et être prêtes et même désireuses de se plier à tous ces désirs souvent cachés, généralement inavoués, à les deviner, en un mot. Les plus célèbres en leur genre furent Mistress Jones, de Hertford street et London street; et Mistress Berkley ou bien aujourd'hui Bessy Burgess, de York square, et Mistress Price, de Burton Crescent.

Mistress Berkeley était en tous points le type de la courtisane accomplie. Une grande lasciveté était sa dominante qualité, d'ailleurs indispensable dans ce métier, car ces femmes doivent être essentiellement libertines, sous peine de ne pouvoir exercer longtemps ce *doux métier*, si l'on s'aperçoit trop vite que ses jeux de mains et le fonctionnement de ses cuisses ne se produisent qu'au son agréable de l'argent...

Cette bonne dame, très experte en son métier, avait fait une étude sérieuse de tous les genres de lasciveté, excentricités, caprices et désirs de ses nombreux clients, ce qui lui permit d'accumuler les *livres sterling* qui formèrent bientôt un pécule respectable.

Les *instruments de torture* de Mistress Berkeley étaient plus nombreux que ceux d'aucune autre *gouvernante*. Ses nombreuses verges étaient soigneusement conservées et maintenues constamment dans l'eau pour être toujours vertes et souples. Des cannes munies d'une douzaine de lanières et appelées *chats à neuf queues*, quelques-uns munis de pointes d'aiguilles, des badines minces et flexibles, des courroies, des *battoirs* en cuir épais, des branches de houx, des brassées de bruyère et une espèce de plantes épineuses toujours vertes. Le tout formait une collection d'instruments propres à satisfaire les plus difficiles. En été, de grands vases remplis d'eau contenaient un stock d'orties vertes avec lesquelles elle ramenait à la vie les morts les plus récalcitrants, sexuellement parlant. De cette façon, les *gentlemen* bien calés, qui visitaient son « magasin », pouvaient être, à leur choix, frappés de verges, fouettés, fustigés, châtiés, piqués d'aiguilles, mi-pendus, brossés de houx, de bruyères, aiguillonnés d'orties, étrillés ou phlébotomisés et torturés jusqu'à satiété ! D'aucuns qui préféraient, entraînés par leur penchant lascif, flageller une femme, avaient à leur disposition le propre corps de Madame, du moins jusqu'à un certain point : quand elle était fatiguée, elle cédait la place à ses suivantes qui se soumettaient de bonne grâce à l'obligation de terminer la séance, à la condition que le fouetteur fût prêt à payer un impôt *ad valorem*. Parmi ces dernières se trouvaient miss Ring, Hannah Jones, Sally Taylor, Peg-la-Borgne, Poll *la dépilée* et une fille noire, appelée *Ebony Bet* (Bet d'Ebène).

Dans le courant de l'été 1828, Mistress Berkley fit construire le célèbre appareil qui porte son nom et qui acquit rapidement une très grande réputation ; il servait spécialement à la flagellation des hommes. Cette machine avait la forme d'un chevalet, aménagé de telle sorte qu'on pouvait l'ouvrir à un angle considérable. Dans les *Mémoires de Mistress Berkley* se trouvait une gravure représentant, comme le dit un texte original : *A man upon it quite naked. A woman is sitting in a chair exactly under it, with her bosom, belly, and bush exposed : she beneath manualizing his embolon whilst Mrs Berkley is birching his posteriors.* La femme servant de *frictrix* représentait une grande belle brunette nommée FISHËR, dont se souviennent les amateurs qui ont visité Charlotte street en ce temps.

On y voyait aussi, à cette même époque, quelques célébrités comme la blonde Willis, toujours gaie, la lascive et grassouillette Thurloe, Grenville, aux énormes seins ; Bentinck, fameuse pour l'ampleur de ses hanches et le développement de ses fesses ; Olive la Bohémienne, dont les charmes réunis eussent fait succomber un anachorète ; la douce et aimable Palmer, *with luxuriant and well-fledged mount, from whose tufted honours many a lord has stolen a sprig;* enfin, la polie et complaisante Pryce qui donnait d'aussi bonne grâce qu'elle recevait les verges.

L'inventeur du fameux chevalet persuada sans peine à Mistress Berkley qu'il la ferait connaître et qu'après sa mort il porterait son nom. En effet, l'instrument fit beaucoup parler d'elle et ses *affaires* prospérèrent. Elle mourut en septembre 1836, après avoir encaissé 10,000 livres sterling (250,000 fr.) pendant les huit années qu'elle avait été gouvernante.

Le chevalet original figure parmi les objets de curiosités de la *Society of Arts*, à ADELPHI, à laquelle il fut donné par le docteur Vance, l'exécuteur testamentaire de Mistress Berkley.

L'absence de ce chevalet est un grand obstacle à la fortune des *gouvernantes* actuelles. Mistress Berkley est la première qui en fit fabriquer; après elle mistress Stewart, ensuite mistress Pryce, et dernièrement Mmes Collet et Beverley; mais il n'est pas douteux que dans un avenir prochain ces instruments ingénieux figureront, non seulement dans le boudoir de tous les établissements de flagellation, mais constitueront une partie intégrante de l'ameublement de toutes les maisons de plaisir de Londres. Nous pensons que Mme Gale[1], par exemple, devra fournir tous ses locataires d'un chevalet berkleyen, si elle tient à conserver et étendre sa clientèle.

Au second étage de la maison tenue par mistress Berkley, dans une pièce spéciale, se trouvait, solidement fixée au plafond, une poulie munie d'une corde qui, liée aux mains d'un homme, servait à le suspendre en cas de besoin. Cette opération est aussi représentée dans les *Mémoires de Mistress Berkley*. Bien des personnes

---

1. Célèbre proxénète, propriétaire de plusieurs immeubles, qui louait ses maisons pour un commerce infâme.

attendent avec beaucoup de curiosité la publication de
ces mémoires, mais le retard qu'elle subit est dû au docteur Vance qui avait voulu préalablement faire une enquête sur le sujet. Son décès récent, cependant, permettra, nous l'espérons, à la maison qui possède les droits
d'auteur de son autobiographie de la mettre rapidement
sous presse.

Il y a environ quarante ans, on publiait à Paris un
volume de lettres contenant « *une sélection du porte-
feuille d'une célèbre catin, dans le but d'illustrer les besoins, lubies, caprices et débauches multiples des temps
et de l'époque.* Il serait difficile aujourd'hui de reconnaître dans ces aventures un semblant de réalité ou des
contes inventés de toutes pièces. La question est, d'ailleurs, de peu d'importance. Les *Mémoires de Mrs Berkley*, au contraire, ne laissent subsister le moindre
doute sur leur parfaite authenticité, la plupart des personnages mis en scène existent encore aujourd'hui.

Ces lettres jettent néanmoins un jour nouveau sur les
habitudes de l'aristocratie à cette époque, plus que ne
pourrait ou n'oserait le faire toute autre publication.

Comme spécimen de ces documents précieux, nous
extrayons une lettre écrite par un singulier personnage,
possédé de la bizarre manie de se faire attacher par des
chaînes au fameux chevalet. Ces chaînes l'accompagnaient dans tous ses voyages .

Dublin, janvier 1836.

« Chère Madame,

« Je suis un « méchant garçon », absolument incorrigible, ayant été fustigé par les *gouvernantes* les plus
renommées de Londres, sans qu'il eût été possible de

me faire renoncer à ma passion. Le gentleman connu sous le nom de BRUNSWICK m'a recommandé à madame Brown, qui avait une force suffisamment efficace dans le bras. Celui qui s'appelait « LES YEUX BLEUS LASCIFS » m'envoya à Mme Wilson, de Marylebone, qui n'y allait pas tendrement non plus. Le vieux Jaunay, de Leicester square, l'hôtelier, me proposa Mme Chalmers, dont la main est fort expérimentée. M. PLUME m'invita à dîner avec « l'ÉTRANGER », et M. G***, à la résidence gentille et élégamment meublée de Mme Noyeau ; mais, hélas ! malgré sa taille imposante et sa vigueur, elle n'a pu produire une impression durable sur mon postérieur. Celui qu'on nomme « SHEEP FACE » (face de mouton) me conseilla d'essayer Jones, de London street, mais c'est en vain qu'elle et toutes ses aides s'escrimèrent à me casser des badines sur le dos. Le capitaine Johnson insista pour que je visitasse Betsy Burgess, qui est certes fort habile. Lord A—y m'envoya chez Mme Gordon qui, malheureusement, n'avait plus l'adresse de Mme Potter et ne possédait plus de verges. Brookes, le libraire de Bond street, me donna la carte de Mmes Collet et Beverley, et je m'aperçus que ces dames étaient expertes en leur métier, mais leurs énergies réunies n'ont pu venir à bout de moi. J'ai finalement, ma chère dame, obtenu une recommandation de votre ami intime, le comte de G..., qui m'a fait bondir de plaisir par la description de votre chevalet et du charmant appareil servant à nous flageller, nous autres méchants garçons. J'irai vous rendre visite au commencement du mois de février, quand le comte et moi viendrons à Londres où nous appellent nos devoirs parlementaires ; mais, pour qu'il n'y ait aucun malentendu possible, voici quelles sont mes conditions :

1° Il faut que je sois bien attaché au chevalet par les chaînes que j'apporte.

2° Une livre sterling pour la première goutte de sang.

3° Deux livres si le sang coule jusqu'aux talons.

4° Trois livres si le sang touche mes talons.

5° Quatre livres s'il se répand sur le parquet.

6° Cinq livres si vous me faites perdre connaissance.

Je suis, chère Madame,

Votre entièrement incorrigible,

FROBENIUS O'FLUNKLEY.

A Madame T. Berkley,

    26, Charlotte Street-Portland Place.

TEXTE ORIGINAL DE LA LETTRE :

Dublin, Jan. 1834

Dear Madam,

I am a most incorrigible " naughty boy," and have been flogged by the most noted governesses in London, without having my vices scourged out of me.   The gentleman who goes by the name of the Brunswick recommended me to Mrs. Brown, and she had a pretty strong arm.   He they call " Bawdy Blue Eyes ", sent me to Mrs. Wilson, of Mary-la-Bone, and she was no chicken at it.   Old Jaunay, of Leicester Square, the hotel-keeper, proposed Mrs. Chalmers, and she is a very experienced hand.   Mr. Plume invited me to dine with the Stranger, and Mr. G. at the genteel and elegantly furnished residence of Madame Noyeau; but even her tall and robust figure could not make a sufficient impression on my backside; he they designate as " Sheep Face ", wished me to try Jones, of London Street, but she and all her helps were too drunk to break a rod on me. Captain Johnson insisted on my visiting Betsy Burgess, who is certainly clever, but who has left the Diable au corps. *Lord A—y sent me to Gordon, but she had lost Mrs. Potter's address, and was out of rods. Brookes, the bookseller, of Bond Street, gâve me the card of Mesdames Collet and Beverley, and surely I found them as knowing dames as any in London; but even their united energies have left me unconquered. I have now, my dear Madam, got a recommendation from your very particular friend, the Earl of G—e, who has made my blood boil with delight, by describing your horse and charming apparatus, for tickling the tobys of us naughty boys. I shall be with you early in February, as the Earl and myself are coming over together, on our parliamentary duties; but to prevent any misunderstanding, I send you my terms before hand :—*

1. To be well secured to the horse with the chains I bring.

2. One pound for the first blood drawn.

3. Two pounds if the blood runs down to the heels.

4. Three pounds if it reaches my heels.

5. Four pounds if it flows on the floor.

6. Five pounds if you cause me to faint away.

> *I am, my dear Madam,*
> *Yours most incorrigibly,*
>
> FROBENIUS O'FLUNKLEY.

To MRS. THERESA BERKLEY,
    26, Charlotte Street, Portland Place.

Je n'ai plus rien à ajouter, vous ayant fourni un spécimen sur plusieurs centaines de lettres du même genre. Qu'il me suffise de dire que la petite Calipyga Jones, qui était particulièrement accoutumée à prendre une si sévère fustigation chez Madame Berkley, est maintenant une *gouvernante* accomplie, connaissant tontes les roueries du métier. Elle *travaille* sous le nom de Griffiths.

M. W.

UN CERCLE PRIVÉ DE DAMES FOUETTEUSES [1]

Les membres de ce club sont des dames fédérées, — des matrones — pour la plupart, qui, lasses du régime conjugal sous sa forme ordinaire, et peut-être aussi fatiguées de cette froideur qui, au bout d'un certain temps, succède aux joies initiales de l'hymen, ont résolu de renouveler, par des applications adventices, les mêmes puissances qu'elles ont éprouvées dans les premiers temps de leur mariage.

La respectable association, ou cercle, qui nous occupe ne compte jamais moins de douze membres, dont six observent toujours une attitude courbée qui les oblige à exposer leurs dos aux six autres qui se tiennent droit. Les positions respectives sont tirées au sort. Chaque soir, après une conférence sur les effets de la flagellation, au point de vue de l'expérience qui en a été faite depuis les temps les plus reculés jusqu'à ce moment, dans les monastères, les couvents, les maisons de prostitution,

---

1. Par un témoin oculaire cache.

et les maisons particulières, est lue ou improvisée. Après quoi les six patientes prennent leurs positions respectives, et les six autres membres du club, placées derrière elles, mettent à nu les parties qui non seulement sont moins visibles, mais aussi moins susceptibles d'être détériorées matériellement, et qui sont en même temps de la plus exquise sensibilité ; et la représentation commence. La présidente de l'assemblée présente à chacune un fort instrument de flagellation et assumant elle-même les fonctions de *chef de file* dans les évolutions, elle dirige l'exercice manuel de la manière et avec telles variantes qui lui conviennent : toutes les autres, dans le rang, suivent d'un œil attentif ses manœuvres, sous peine de voir doubler leur dose de médecine, qui est parfois au-dessus de ce que les délinquantes peuvent supporter, soit pendant, soit après la cérémonie.

Selon la fantaisie de la présidente, l'opération est quelquefois commencée un peu au-dessus de la jarretière, et remonte peu à peu les cuisses jusqu'aux plis voluptueux qui se dessinent dans un vague mystère entre les rotondités dodues et appétissantes que vulgairement l'on appelle des fesses, jusqu'à ce que de cette source de vie que l'on sait, jaillit la blanche laitance de la volupté !... et que le pâle velouté des peaux satinées

« *Devienne d'un vif rouge !! * »

Parfois, les fibres vagabondes, folâtres, des verges, s'égarent avec plus d'insistance sur les sources plus *cachées* de la volupté douloureuse ! Quelquefois les pousses ondoyantes et curieuses vont se réchauffer dans le bosquet de Paphos ! Et parfois même, lorsque les passions de leur belle directrice s'élèvent, elles peuvent pénétrer jusque dans *la Grotte Sacrée de Cupidon !*

C'est alors que les patientes, soumises en général, s'écrient à l'unisson : « C'en est trop ! » et, se relevant, expriment dans le langage le plus imagé leurs sensations diverses.

La belle présidente maintenant abdique son sceptre, l'emblème et l'instrument de son office, qu'elle passe à celle qui lui paraît la plus adroite et la plus capable, et, avec les autres cinq, vient à son tour prendre sa place dans le rang de celles qui vont également recevoir leur dose.

La séance est reprise avec les additions et les perfectionnements qu'il plaira au nouveau *chef de file* d'y introduire; quelquefois le procédé est renversé, et commençant à la grotte et au bosquet déjà mentionnés, on arrive par coups gradués aux montagnes bombées, où ils tombent plus drus et plus acharnés jusqu'à ce que la file des patientes à leur tour demandent grâce.

LA FLAGELLATION

DANS LES MAISONS DE TOLÉRANCE

L'aventure narrée plus bas par Ned Ward[1], est curieuse à plusieurs points de vue, car elle nous donne un aperçu de ce qu'étaient les maisons publiques de son époque.

Se trouvant un soir en compagnie d'un de ses amis au *Café des Veuves*, en conversation folâtre avec les *Nymphes Frivoles* de l'endroit, le fait suivant se produisit.

« Avec grande peine, geignant, soufflant et maugréant, voilà un nouveau client qui escalade les marches de la maison. C'est un honnête citoyen, en manteau et en pélerine, âgé d'une soixantaine d'années apparemment. A sa vue, la matrone appela en hâte l'une de ses pensionnaires, et, baissant la voix, lui demande s'il y a des verges dans la maison.

« Comme jé'tais assis tout près de là, j'entends la ques-

---

1. Cité par Pisanus Fraxi.

tion, à laquelle la fille répond : *Mais oui, mais oui, vous savez bien, ce n'est qu'hier que je vous en ai acheté.*

« A l'entrée de ce grave fornicateur, nos dames quittent notre société pour se retirer, telles de modestes vierges, dans leur secret atelier d'iniquité ; laissant le vieux pécheur dans *l'hiver de sa luxure*, pour réchauffer ses cheveux gris d'une goutte de cordial fortifiant. Pendant ce temps, notre compte réglé, on nous éclaire jusqu'en bas de l'escalier conduisant à la salle de café et nous laissons le vénérable satyre entre les bras de deux p..... avec lesquels il me semble qu'il ne doit pas se trouver à la noce. Il me fait l'effet d'un homme qui vient de s'asseoir entre deux escabeaux et non pas comme quelqu'un qui se prépare, — tel Lot à Sodome — à explorer les voluptueux charmes de ses deux gaillardes.....

« Lorsque plus tard le vieux paillard, habitué de l'établissement, descendit aussi au salon, je demandai à quelqu'un ce que voulait dire la maman Belzébuth lorsqu'elle demanda à la fille s'il y avait des verges à la maison ! Il sourit à ma question et me dit qu'il croyait pouvoir me dévoiler un nouveau vice dont je n'avais guère encore entendu parler. « Ce vieux bonhomme, avec son air de Sainte-Nitouche, dit-il, est un de ceux qu'on peut classer dans l'École noire de la *Sodomie*, que les savants ès sciences de débauches appellent les *fouetteurs trompeurs*. Cette brute immonde donne de l'argent aux catins que vous avez vues, et elles lui rabattent les chausses et fouettent ses parties sexuelles jusqu'à ce que sa luxure soit assouvie. Pendant tout ce temps il implore leur miséricorde comme un criminel cloué au pilori et en appelle à leur clémence ; mais plus il invoque des ménagements, plus sont-elles tenues de s'escrimer sur lui, jusqu'à l'amener à son extase bestiale, ce qui

leur indique que le moment d'arrêter la fustigation es
venu ».

ǃLA FLAGELLATION DES PROSTITUÉES

Il était autrefois de mise en Angleterre de fouetter le
femmes de mauvaise vie. Nous extrayons le curieu
récit suivant du London Spy (*L'Espion de Londres*).

« ... De là mon ami me conduisit au *Bridewell* (maiso
de correction), où c'était jour de réception, afin de m
procurer le divertissement de voir calmer la paillardis
de quelques dames du trottoir par l'application du cha
à neuf queues... Après que nous eûmes franchi la port
d'un édifice imposant, que mon ami me désigna comm
étant le *Bridewell*, et que nous eûmes dépassé le seuil
je fus d'abord plutôt porté à me croire dans le palais d'u
prince que dans une maison de correction ; mais, en m
retournant, j'aperçus dans une grande salle un tas d
pauvres hères de triste allure, en bras de chemise.

« De là nous passâmes dans une autre cour, où les bâti
ments qui l'entouraient étaient, comme les précédents, d
la plus belle apparence. Devant nous se trouvait un
autre grille, qui conduisait au local occupé par les femmes. En poursuivant notre chemin tout droit devan
nous, nous pûmes voir ces dames qui y étaient cloîtrée
comme des nonnes, mais aussi comme autant d'esclave
sous la surveillance d'une gardienne qui se promenait d
long en large, armée d'un emblème d'autorité très souple, pour corriger celles de ces débrouilleuses de chan-

vre qui pourraient avoir le malheur d'être troublées par
le démon de la paresse. Elles puaient comme un tas de
boucs infects dans l'étable d'un hobereau du pays de
Galles, ou plutôt comme une nichée d'enfants pisseurs-
au-lit commis aux seins d'une nourrice de l'asile des
pauvres, et elles avaient l'air tout aussi décent qu'autant
de saintes pensionnaires de la prison centrale. Cependant,
elles prenaient tout aussi gaiement leur parti en se
livrant à leur avilissante besogne, malgré leur condition
misérable, qu'autant de joyeux savetiers en mansarde, ou
que des forgerons en sous-sol aux gais sons du marteau
sur l'enclume. Il y en avait de très jeunes, et je me pris
à trouver fort étrange qu'elles aient pu déjà accumuler
assez de vices en leurs tendres années pour sitôt tomber
en un si déplorable état de misère...

« Comme j'étais aussi lassé qu'écœuré par la contem-
plation de la forfanterie et du manque de retenue de ces
infortunées qui ne ressentaient ni pudeur, ni honte,
n'avaient ni conscience de ce que pouvait être la vertu,
ni crainte de l'infamie ou de la misère, mon ami me fit
retourner sur mes pas jusqu'à la première cour, et, mon-
tant par un escalier, il me fit entrer dans une vaste salle,
où siégeait un tribunal en grande pompe et solennité. Un
monsieur, très grave, dont la mine sévère indiquait que
c'était un bien notable citoyen, occupait le siège du président, armé d'un marteau comme un commissaire-priseur
dans une vente, en train de faire une adjudication à la
chandelle; et dans la pièce à côté, dont les portes étaient
grandes ouvertes pour permettre à tous de voir et d'entendre ce qui s'y passait, une femme subissait la peine
du fouet. Enfin le marteau s'abattit, et la punition prit
fin; de sorte que je crus, jusqu'à plus ample information,
que c'étaient des pénitentes papistes qui, abusées par

leurs prêtres, avaient été persuadées de venir là pour s’y pourvoir à la criée en coups de fouet pour racheter leurs péchés. Je remarquai que la très honorable cour était surtout fréquentée par des compagnons en habits bleus, et par des femmes en tabliers bleus. Une autre accusation ayant été portée par un bonnet-plat contre une pauvre garce, et cette dernière n’ayant personne pour la défendre, le président en appela au public de la façon suivante : *Vous tous qui êtes d’avis qu’Élisabeth X. ait à subir une correction immédiate, veuillez lever vos mains :* ce qui fut fait incontinent ; et alors il fut ordonné qu’on lui fît les honneurs de la maison, et elle fut forcée d’exhiber son tendre dos et ses tétons appétissants aux austères sages de cette auguste assemblée, qui, émus de sa mine modeste ainsi que de la blancheur de sa peau, la laissèrent pour cette fois échapper, avec une correction légère.

DISSERTATION SUR LA CONFORMATION

LE BUT ET LES AVANTAGES DE LA PARTIE POSTÉRIEURE DU CORPS HUMAIN

L’homme a considéré de différentes manières cette partie essentielle du corps humain; et, dans cette différence entre les façons d’envisager la chose, on trouve un exemple frappant de la versatilité de l’esprit humain.

Cette partie dont nous voulons nous occuper, et qui, conformément à la définition qui nous a été transmise par nos ancêtres, est celle sur laquelle l’homme a coutume de s’asseoir, est, en elle-même, absolument digne de notre estime. Elle est, en premier lieu, une partie caractéristique et un appendice précieux de notre corps. Elle est formée par l'expansion de muscles qui, d'après ce que nous apprennent les anatomistes, n'existent chez aucune autre espèce animale et est absolument un privilège exclusif de l'homme.

En deuxième lieu, cette partie du corps ne confère pas à l'homme une qualité distinctive des animaux qui puisse être considérée comme étant d'un caractère honorifique, comme par exemple la faculté que nous tenons de dame Nature, de marcher debout, ce qui, comme dit Ovide, permet à l'homme de ne pas perdre de vue le soleil et les étoiles, quand il s'avance.; en lui permettant de s'asseoir, cette partie le met à même de suivre les mouvements soit réels ou apparents de ces mêmes astres, de s'assurer de leurs évolutions et de précalculer leurs retours périodiques. Ça le met également en situation de promouvoir les arts libéraux et les sciences, tels que la musique, la peinture, l'algèbre, la géométrie, etc., sans mentionner toute la séquelle des arts mécaniques et industriels.

Elle constitue même, par l'assiduité qu'elle inculque à l'homme, un élément si utile pour l'étude — des lois en particulier, — qu'on a pu, sans grandement exagérer, la considérer comme un adjuvant tout aussi puissant que la tête, avec laquelle cette partie a été mise, en la circonstance, au même niveau ; car, n'est-il pas d'usage courant dans nombre d'universités, de dire que pour réussir dans cette étude spéciale de la loi, il faut avoir une *tête de fer* et un *derrière de plomb ?* ce à quoi l'on peut joindre une *bourse d'or* pour acheter des livres : CAPUT FERREUM, AUREA CRUMENA, NATES PUMBEAE.

Mais la partie qui nous occupe ne sert pas uniquement

à faire de l'homme un animal savant et industrieux : elle contribue dans une large mesure à l'embellissement de l'espèce humaine, étant par elle-même susceptible d'atteindre un degré de beauté assez étendu.

Sans nous attarder aux opinions de différentes nations sauvages à ce sujet, qui se donnent beaucoup de peine pour peindre et orner cette partie du corps, nous voyons par exemple les Grecs, qui certainement formaient un peuple très cultivé et bien policé, ayant une opinion très élevée de sa beauté. Ils semblent même avoir professé l'opinion que cette partie, comparée aux autres membres du corps, avait le plus grand avantage à ce point de vue particulier. Car, quoique nous n'ayons aucun exemple qu'ils eussent élevé des autels à de jolis bras, à de beaux yeux ou même à un visage idéal, ils ont fait cet honneur à la partie en question, en érigeant un temple expressément voué à Vénus, à celle que l'on appelait *la Vénus aux admirables fesses* (Ἀφροδίλη Καλγπἰωυγεη).

Ce temple, à ce que l'on dit, avait été construit, à l'occasion d'une querelle qui avait éclaté entre deux sœurs, qui se disputaient pour savoir laquelle des deux possédait le plus joli derrière, ou, tout au moins, qui était douée du plus élégamment formé et ce fut une dispute qui ne fit pas peu de bruit.

Nous pouvons ajouter à cela que, loin de croire que cette partie du corps méritait d'être méprisée, ils la prenaient fréquemment pour base de leurs déductions pour définir le caractère d'un homme. Et, c'est pour cela qu'il gratifiaient de la dénomination d'*homme au derrière blanc* (Νύγαργος) celui d'entre leurs semblables qu'ils voulaient désigner comme un homme efféminé.

Les Latins, — nous avons pu nous en rendre compte, — professaient au sujet de la beauté de cette partie, ou plutôt de ces parties sur lesquelles les hommes ont l'habitude de s'asseoir, les mêmes idées que les Grecs. Horace, en plus d'une circonstance, leur applique la qualification de *beaux* (*pulchræ*) : en un endroit il dit même expréssément son opinion qui est que, pour une maîtresse, c'est une des plus grandes tares que d'avoir un derrière défectueux et que ce défaut équivalait à celui d'avoir un nez plat (*nasuta*) ou un long pied, en un mot, capable de gâter et de détruire l'harmonie des autres perfections dont elle pourrait être douée. (*Hor. Sat. 2. lib. I.*)

Parmi les modernes les mêmes idées ont prévalu. Rabelais, entre autres, fait une de ses meilleures histoires sur le dos d'une nonne qu'il appelle *Sœur Fessüe*, ce qu'il n'aurait certainement pas fait, s'il n'avait pas été de l'opinion que le volume et que la configuration de ces parts intégrales de l'individu de la nonne — dont elle tirait d'ailleurs son nom — n'avaient compté au nombre de ses plus précieux avantages.

En dehors de Rabelais, plusieurs écrivains français ont exprimé des opinions absolument identiques. Ainsi, La Fontaine, si nous ne nous trompons, parlant dans l'un de ses contes d'une certaine beauté dont il voulait exalter les charmes, s'exprime ainsi :

Tetins, Dieu sçait ! et croupe de chanoine.

Et le poète Rousseau ayant eu l'occasion, dans une de ses épigrammes, de mentionner le temple que les Grecs avaient élevé à *Vénus à la Belle Croupe* déclara que, parmi tous les temples de Grèce, ç'eût été celui dans lequel il aurait été inspiré de la plus grande dévotion.

D'autres personnes même ont été d'avis que, à part

les avantages sus-mentionnés, la partie en cause était capable de dignité et qu'elle faisait partie intégrale de l'importance de l'individu qui en était le possesseur. Ceci est, par exemple, l'opinion que le poète Scarron exprima clairement dans un morceau de poésie qu'il adressa à une dame, dont le mari avait été fait duc peu de temps auparavant, ce qui lui donnait le droit à une place dans les réceptions de la reine ; à cette époque, on disait qu'elle avait obtenu *un tabouret*. Qu'on en juge :

> Au grand plaisir de tous et de votre jarret,
> Votre cû, qui doit être un des beaux cûs de France,
> Comme un cû d'importance,
> A reçu chez la Reine enfin le Tabouret.

En somme, d'autres ont poussé l'expression de leurs opinions encore bien plus loin et ont affirmé que cette partie du corps était non seulement susceptible de beauté et de dignité, mais aussi de splendeur.

Ainsi, Mgr Pavillon, un *bel esprit* qui, sous le règne de Louis XIV, occupait la charge de lieutenant-général du roi à Metz et était un des quarante membres de l'Académie et qui, en outre, — et ceci a de l'importance au point de vue de notre sujet, — était neveu d'un évêque, écrivit une pièce de vers qui se trouve intercalée dans la collection de ses ouvrages et qu'il intitula : *Métamorphose du cû d'Iris en astre!*

D'autre part, nous trouvons que ce même membre, que d'aucuns croyaient posséder tant de perfections et qui a été en conséquence l'objet de leur admiration et de leur dévotion, a été, de la part de certains, le but de leurs quolibets et de leurs insultes.

Sans mentionner le cas bien connu de la marquise

de Tresnel qui s'est livrée à un exercice très irrévéren-
cieux sur le postérieur de la dame de Liancour, sans
même nous arrêter à l'habitude que l'on a de menacer,
en cas de provocation, de traiter de coups la partie en
question, voire de mettre ces menaces à exécution, nous
trouvons que presque toutes les nations du monde ont
été d'accord qu'elle constituait la place la plus appropriée pour les heurts, les tapes et les flagellations.

Certains passages de Plaute et de saint Jérôme nous
prouvent que cette idée prévalait chez les Romains. Le
philosophe Peregrinus nous enseigne qu'il en était de
même chez les Grecs, et, sous la domination des Césars,
quand les deux nations se furent fusionnées en une
seule, cette notion de considérer la partie la plus charnue
du corps humain comme l'endroit prédestiné pour recevoir les coups continua à prévaloir.

Nous en trouvons une preuve dans la manière dont
fut traitée la statue de l'empereur Constantin lors de la
révolte de la ville d'Edessa. Les habitants, non contents
de renverser la statue, se mirent à flageller la partie postérieure de l'effigie impériale pour exprimer tout leur
mépris. C'est Libanius le Rhéteur qui nous apprend ce
fait dans sa harangue à l'empereur Théodose après le
soulèvement de la grande cité d'Antioche et dans laquelle
il mentionne le pardon accordé par Constantin pour
cette grave insulte, et ce, dans le but d'induire l'Empereur à pardonner les habitants de cette dernière ville;
disons en passons que Libanius n'eut pas la chance de
rallier le souverain à sa thèse.

En France, également des notions de ce genre ont
prévalu. On peut s'en rendre compte par l'exemple du
verbe *fesser*, qui vient tout naturellement de *fesse*. Or,
l'action de fesser est évidemment celle qui consiste dans

l'application de coups sur le derrière. Voltaire fait dire à sa princesse Cunégonde en parlant à Candide :

> Tandis qu'on vous fessoit, mon cher Candide.

Voltaire n'a pas voulu dire expressément que Candide avait reçu les coups sur la partie charnue de l'individu qui nous occupe par ordre de l'Inquisition; mais cela n'empêche pas que le mot en lui-même consacre un usage. Un autre dérivé de ce verbe est l'ancien *fessade* qui est devenu, dans le langage d'aujourd'hui, une fessée.

Parmi les Arabes, l'usage de la fessée remonte aux époques les plus reculées. Nous en trouvons un exemple dans les contes arabes intitulés : *Les Mille et une Nuits*. L'histoire à laquelle nous faisons allusion, et qui vaut bien la peine d'être rappelée au lecteur, est celle d'un ancien savetier, dont le nom, si nous ne nous trompons, était Sheik-Abak.

Ce savetier étant tombé amoureux d'une belle dame appartenant à un richard de la ville, lorsqu'il fut un jour possible de jeter un regard indiscret à travers les fenêtres de sa maison, avait pris l'habitude, par la suite, de stationner des heures entières tous les jours devant la maison de sa dulcinée, les regards fixés sur les fenêtres.

La dame résolut de se divertir aux frais de son adorateur. Dans ce but, elle chargea un jour une de ses esclaves d'informer Sheik-Abak qu'il pouvait gagner les faveurs de la belle s'il consentait à la poursuivre à travers les appartements : elle serait à lui s'il réussissait à l'attraper. On pense si le bonhomme accepta.

Introduit dans le logis, on lui dit que pour courir plus librement il fallait se dévêtir jusqu'à la chemise, ce qu'il fit.

Après une course folle à travers les pièces en enfilade de l'appartement, il trouva devant lui un long et sombre couloir, à l'extrémité duquel se voyait une porte ouverte; il s'y dirigea le plus rapidement qu'il put et passa tête baissée par la porte qui, à son grand étonnement, se referma tout de suite sur lui avec grand fracas. Il se retrouva au beau milieu d'une rue de Bagdad qui était principalement habitée par des savetiers.

Un certain nombre de ces derniers, choqués à la vue si inattendue du pauvre Sheik-Abak, lequel, outre de se trouver en chemise, avait eu les sourcils rasés avec son assentiment, s'emparèrent de lui et, comme nous le rapporte l'auteur arabe, se mirent à lui tanner le derrière avec force coups de courroies.

Si nous revenons aux nations européennes, nous trouvons d'autres exemples de cette pratique. Nous trouvons qu'en Danemark les fessées étaient en grand honneur. A la cour de ce royaume, vers la fin du siècle dernier, il était d'usage que chaque fois qu'une chasse royale avait pris fin, dans le but de terminer la fête le plus agréablement possible, aussi joyeusement qu'elle avait débuté, le grand veneur accusait l'un des gentilshommes présents d'avoir enfreint l'un ou l'autre des règlements de vénerie. Aussitôt que l'infraction était constatée, on faisait agenouiller le gentilhomme par terre entre les cornes du cerf qui avait été abattu. Deux laquais écartaient les pans de son habit, tandis que le roi, saisissant une petite badine, lui appliquait sur les culottes un nombre de coups bien sentis et proportionnés à la gravité de l'infraction commise. Et, pendant ce temps, les chasseurs, avec leurs cors de cuivre, et les chiens, par leurs bruyants aboiements, proclamaient la justice du roi et le châtiment du coupable, au grand gaudissement de la reine, des dames et de toute la cour qui étaient présents.

Lorsque le cap de Bonne-Espérance était encore colonie hollandaise, la flagellation était le châtiment infligé aux personnes qui commettaient l'imprudence de fumer dans les rues; il en résulta souvent de graves conflits.

Chez les Espagnols, cette partie du corps humain qui fait l'objet de notre dissertation, est également celle que l'on croit la plus appropriée pour supporter les mauvais traitements et les mortifications. Au siècle dernier, on trouvait toujours et un peu partout quelque bon frère capucin qui rendait son postérieur responsable des péchés de la paroisse entière et qui, en proportion de la gratification à lui allouée, se fouettait ou tout au moins disait à ses ouailles qu'il l'avait fait. C'est de là que nous vient la fameuse locution espagnole tirée de l'histoire du frère Gerundio de Campazas : *Yo soy el culo del frayle*, en français : Je suis aussi mal loti que le derrière du frère, locution que l'on emploie à l'égard de personnes dont on veut dire qu'elles souffrent des peines pour en faire profiter d'autres individus.

*
* *

Pisanus Fraxi[1], auquel nous empruntons les lignes qui suivent, nous dit au sujet du thème qui nous occupe :

« M. Hotten découpa du *Preliminary Address* deux passages dans lesquels des gravures sont mentionnées et supprima en entier une très curieuse et facétieuse

---

1. *Index Librorum Prohibitorum*, pages 45 et suiv., Londres, 1877.

lettre occupant dans l'original quatre pages et dans laquelle un correspondant, qui signe *Philopodex*, fait part de son opinion et de ses conseils au sujet des illustrations « pour un livre à paraître sous peu sous le titre de : « Une Exposition de Flagellantes ».

« En premier lieu, dit-il, elles consisteraient en un exposé de postérieurs féminins; car, quoique je considère le cucu découvert d'une dame un objet fort agréable à la vue et divertissant, je ne donnerais pas un liard pour voir celui d'un homme, car ceci, à mon avis, est agréable seulement à des gens d'une catégorie spéciale, trop mauvais pour être encouragés.

« Mais l'aspect d'une jeune dame agréable ayant ses jupes retroussées et son joli derrière dodu mis à découvert, et paraissant ressentir les caresses d'une verge, est chose assez amusante; il en est ainsi de votre excellente gravure, le caprice de Mme Du Barry, qui est presque parfaite en son genre. — Je désirerais pour cela que votre livre contînt de semblables descriptions et de pareils sujets. Et maintenant, quelques mots au graveur : Faites-lui représenter le derrière de la femme, qui certainement fera le principal sujet dans la composition, — rond, dodu et ample, de taille plutôt supérieure que moindre de celle adoptée ordinairement par les peintres et les sculpteurs; dites-lui de le représenter en général dans tout son épanouissement au regard, quoique, dans quelques gravures, il pût nous le donner de profil ou avec une étroite bande des jupons ou de la chemise de la dame, ombrant légèrement une de ses parties, et rappelez-lui que s'il a la parfaite connaissance de son sujet, comme je m'imagine qu'il l'a, et qu'il est un homme de génie, il aura devant lui un vaste champ pour le développer. Il pourra nous montrer différentes sortes de derrières, tous naturels et propres; tous élégants et imposants (car il y a presque autant de différences entre des têtes et des queues), mais pas tous semblables; il ne devra certainement pas donner à des femmes de trente-cinq ans le petit derrière rond et ferme d'une jeunesse de quinze ans, ni le gros derrière bombant d'une femme d'âge moyen à une jeune miss de pensionnat. »

Philopodex continue en donnant des instructions sur les ustensiles à employer, « non pas une grosse trique que l'on pourrait ne pas prendre pour une verge », mais « une tige flexible que les admirateurs de ce divertissement puissent savoir être faite de leur chère verge » — et il donne l'indication suivante : « Il se pourrait que dans ces dessins il y eût d'autres figures en dehors de la principale. Mais comme nous ne pouvons avoir la satisfacfaction de voir les jolis derrières de toutes, un dessinateur ingénieux peut s'arranger de telle façon que l'une, par la nonchalance de sa pose, nous montre ses jambes, une autre ses seins, et le vêtement des autres peut être arrangé de manière à nous donner l'idée d'un postérieur bien pris de formes et volumineux, caché sous les draperies. De cette façon, chaque planche nous donnerait un joli et intéressant tableau d'ensemble et ces petites adjonctions procureront au regard une agréable diversion... »

Philopodex conclut dans un post-scriptum :

« J'ai pensé qu'il n'était pas nécessaire de vous conseiller de faire vêtir toutes les figures. Chaque dame doit avoir au moins sa chemise. Il faut toujours qu'en cette matière la nudité ne soit que partielle pour donner le plus haut degré de satisfaction. »

LA DISCIPLINE A L'ÉCOLE

LA DISCIPLINE A L'ÉCOLE

QUELQUES GÉNÉRALITÉS

Que le fouet et la verge soient des institutions fort anciennes, c'est ce qui ressort avec évidence du fait qu'à Rome, autrefois, les Vestales qui avaient laissé éteindre le feu sacré, dont l'entretien était confié à leur garde, étaient conduites par un prêtre dans une chambre obscure, et là, fouettées par lui en punition de leur faute, après avoir été revêtues d'un voile léger. La vestale Urbinia fut traitée de cette façon et promenée ensuite à travers les rues de Rome.

La pratique de la flagellation a donc certainement pour elle le privilège de l'ancienneté, mais aujourd'hui, lorsque nous étudions une question, nous nous demandons : Cet usage est-il bon? et non pas : Depuis quand est-il établi?

De saints personnages ont adopté, il est vrai, cette pratique pour expier leurs péchés. Pierre l'Hermite, Rodolphe et Dominique, surnommé Loricatus, avaient l'habitude de se châtier ainsi eux-mêmes avec des verges, et ce dernier ne manquait jamais d'emporter avec lui ses instruments de discipline dont il se fustigeait régulièrement, au moment de se mettre au lit. On raconte un grand nombre d'anecdotes à propos de cet usage, et, parmi elles, il en est de nature à produire de l'amusement plus qu'autre chose, bien qu'elles soient faites pour inspirer la pitié pour les pauvres créatures dont l'esprit faible permettait à leurs directeurs spirituels de prendre sur elles un pouvoir aussi tyrannique. En voici une qui pourra servir de spécimen. La veuve d'un landgrave de Hesse, Élisabeth, fille d'André II, roi de Hongrie, souffrait beaucoup de la sévérité de son confesseur Conrad de Marbourg. On le soupçonnait cependant d'être l'amant de la princesse, et, comme l'une des amies de celle-ci faisait un jour, devant elle, allusion à cette rumeur, elle releva ses vêtements et lui dit : « Vous pouvez voir le genre d'affection que me porte le saint homme et celui que je dois avoir moi-même pour lui ». Sa peau, en effet, était toute déchirée et toute saignante d'une cruelle fustigation qu'elle venait de recevoir pour quelque désobéissance sans gravité.

Il serait trop long de vouloir tenter une histoire des mortifications religieuses et disciplinaires qui prirent naissance au moyen âge. Dès le xiii⁰ siècle apparaît en Italie la secte des Flagellants. Ce fut une sorte d'épidémie de la superstition. Les adeptes, se croyant eux-mêmes impies et pervers, regardaient les fustigations comme le seul témoignage acceptable de leur repentance.

De nos jours, chez les Moycas, tribu de la Nouvelle-Grenade, les époux ont le droit de s'infliger, mutuellement, des châtiments corporels. Le général Quesada s'étant rendu un jour auprès du chef d'un village, le trouva se tordant sous les coups de verges de ses neuf femmes, et reçut pour explication que le digne homme s'étant enivré avec des Espagnols, la nuit précédente, ses femmes l'avaient transporté sur son lit pour lui laisser cuver son vin, puis, le matin venu, l'avaient réveillé pour lui administrer une correction méritée.

Delolme, dans ses *Mémoires de la Superstition humaine*, raconte le curieux fait suivant, à propos des Pères de Saint-Lazare, à Paris : « Leur établissement, dit-il, était une espèce de maison de banque sur laquelle on délivrait des chèques au porteur, payables en un certain nombre de coups. Beaucoup de parents et de précepteurs se servirent de ce système commode vis-à-vis d'enfants ou d'élèves indisciplinés. Parmi ceux-ci, il y en eut d'assez roués pour réussir à charger une autre personne de présenter le chèque, toujours délivré sous pli cacheté et payable au porteur, malgré toutes les protestations de celui-ci. Il y eut même des femmes qui recoururent à ce moyen pour se venger d'amants infidèles, en les envoyant, munis d'un billet en règle, aux bons pères de Saint-Lazare, et les victimes de cette plaisanterie n'eurent garde de se plaindre du traitement qu'ils en avaient reçu, de peur d'être la risée du public. Aussi le couvent finit-il par devenir la terreur de Paris, et les Pères ayant prêté les mains à des menées criminelles, dans le genre de ce qui s'est souvent passé en Angleterre dans les maisons d'aliénés, le gouvernement en décréta la suppression. »

A Saint-Pétersbourg, la verge est encore largement employée dans les coulisses des théâtres. Les danseuses, aussi bien, d'ailleurs, dans les autres villes de Russie qu'à Saint-Pétersbourg, sont amenées chaque soir d'une espèce de couvent au théâtre, dans une grande voiture fermée, et, si elles ne se conduisent pas bien pendant la représentation, on leur donne au retour le fouet en guise de souper.

LA FLAGELLATION DES FEMMES

Est-ce bon ou est-ce mauvais?

Bon, disent les maîtresses; mauvais, affirment leurs élèves. Qui décidera dans une question où les femmes ne sont pas d'accord? N'ayant pas l'honneur d'appartenir au beau sexe, nous n'avons jamais eu ni à recevoir ni à infliger, dans ces conditions, le châtiment que nous nous proposons d'étudier.

Ce que nous publions sur les expériences faites au sujet de la verge par un certain nombre de dames, permettra à nos lecteurs de se former au moins une demi-douzaine d'opinions à cet égard, s'ils en éprouvent le désir.

Nous avions demandé récemment à une jeune lady qui se destinait à la carrière de l'enseignement, et qui avait été fouettée une vingtaine de fois dans plusieurs écoles, aussi bien en public qu'en particulier, ce qu'elle pensait des mérites de ce vieil usage de la verge employée aujourd'hui encore pour l'éducation des filles. Voici ce qu'elle nous répondit:

« Bien que je sois trop jeune pour émettre une opinion fondée, je ne voudrais cependant, d'après ce que j'en ai vu moi-même, donner le fouet à mes élèves qu'à la dernière extrémité. Mais, d'autre part, je ne consentirais jamais à en recevoir aucune chez moi sans que l'affaire ne fût entièrement laissée à mon jugement, et si, après avertissement préalable, les autres moyens demeuraient

sans résultat, je n'hésiterais pas à fouetter mes écolières
rebelles, soit avec la main, soit avec la verge. »

Une dame de grande expérience dans l'éducation des
enfants et des jeunes personnes, nous écrit à ce sujet :

« Je puis vous dire que je suis décidément en faveur de
la pratique de la fessée, comme étant le meilleur et, dans
bien des cas, le seul moyen d'affermir la discipline et
d'assurer l'obéissance chez les enfants ; je ne fais d'ailleurs pas de différence à cet égard entre les filles et les
garçons. »

En ce qui nous concerne, nous estimons, avec la première de nos correspondantes, que l'on ne doit recourir à la verge qu'en dernier ressort, mais alors, si tous
les autres moyens demeuraient sans résultat, nous n'hé-
siterions pas à employer l'argument efficace d'un châtiment corporel.

Laissant de côté pour quelques instants la question de
savoir quelles sont les punitions de cette nature qui sont
justifiables et celles qui ne le sont pas, nous allons rapporter les expériences faites par la jeune lady dont nous
avons parlé plus haut, à l'occasion de la première fustigation qui lui fut infligée. Il est bon de dire tout d'abord
que cette exécution fut motivée par sa paresse opiniâtre.
On l'avait déjà admonestée à plusieurs reprises pour
manquement à ses devoirs, lorsque, un jour, ses leçons
ayant été coupablement négligées, la maîtresse de sa
classe en informa la directrice de l'école, avec laquelle la
jeune personne — elle avait alors douze ans — eut immédiatement un entretien particulier. Ici nous reproduisons les paroles même de la délinquante depuis le
moment où sa sentence eut été prononcée :

« Tandis que la directrice se levait pour aller jusqu'à
la porte, je me mis à hurler et à me rouler sur le plan-

cher, en proie à un véritable accès de rage ; mais mademoiselle, se penchant résolument vers moi, me remit sur mes pieds en me disant :

« Vous pouvez y compter, mademoiselle, vous allez être fouettée d'importance pour votre manière d'agir. » Elle me conduisit alors vers sa chaise, moitié me traînant, moitié me portant, et après s'être assise, m'étendit sur ses genoux, le visage contre terre. J'aurais peut-être pu résister si j'avais été prévenue, mais mes pieds avaient quitté le sol avant qu'il m'eût été possible de me rendre compte de ce que voulait faire mademoiselle, car je n'avais jusqu'ici jamais été châtiée de la sorte. Je sentis alors que c'en était fait de moi, car c'est peut-être la position la plus désespérée dans laquelle on puisse placer une fille et qui lui permette le moins de se défendre. Oh! la minute terrible qui précéda l'exécution. Je me débattais en continuant à crier. — « Restez tranquille, voulez-vous ? dit mademoiselle, je vous garderai ainsi jusqu'à ce que vous vous soumettiez.

« — Oh, madame, criais-je, laissez-moi me relever, s'il vous plaît. Mademoiselle, je ne serai jamais plus si méchante. Laissez-moi aller pour cette fois. — Non, répondit mademoiselle, je ne pardonne jamais une pareille conduite. Une grande fille comme vous devrait en avoir honte. Mais, la douleur et l'humiliation de recevoir le fouet vous corrigera peut-être à l'avenir; du moins, je dois l'essayer. Plus un mot, mademoiselle, je vais vous fouetter comme il faut. » — Écartant alors tous les obstacles, elle m'assujettit solidement sur ses genoux et commença à cingler vigoureusement ma peau nue avec une courte verge qui se trouvait déposée sur la table à côté d'elle. Ma fureur et ma résistance durent bien finir par céder, mais ce ne fut pas immédiatement.

La peau me cuisait d'une manière terrible. Je hurlais de douleur, et je me démenais en jetant sans cesse mes jambes en l'air et en jouant des pieds encore garnis de leurs bas et de légères pantoufles. Je crois qu'à ce moment je me mis à appeler au secours. Mais plus je me débattais, plus mademoiselle redoublait la correction et cela d'une manière si décidée, qu'elle conservait évidemment tout son sang-froid. — « Je ne veux pas, criais-je, je ne veux pas! » — Flic flac. — « Grâce, grâce, je vous en prie. » — Flic. — « Pardon, pardon. » — Flac, flic, flac. — « Mademoiselle!... C'est affreux! Assez, assez! » — Flic, flac. — « Grâce, ne me fouettez plus! » Mademoiselle suspendit un instant l'exécution : « Je le dois pourtant, Miss, il m'est très pénible de vous punir, mais vous ne méritez rien autre comme une méchante fille que vous êtes. Voulez-vous maintenant apprendre convenablement vos leçons? » — Flic, flac. — « Je n'ai pas encore fini, et je veux vous fouetter comme il faut. En bas vos jambes, maintenant. — Flic, flac. — « Vous conduirez-vous mieux à l'avenir? — Je n'en puis plus, Mademoiselle, en vérité, je n'en puis plus. Je serai sage, je vous le promets. Oh! finissez! — Maintenant, voici encore pour votre désobéissance en vous jetant sur la porte: un, deux, trois, quatre, cinq, six. Et que ce soit une leçon pour vous de bien vous conduire désormais et d'être diligente... »

Le résultat de cette correction fut que la jeune personne ne reçut plus jamais le fouet pour une faute semblable et qu'elle en ressentit, comme elle en convenait elle-même, une impression salutaire. Une bonne fessée comme celle-là, infligée dans un âge encore jeune, pourrait, croyons-nous, lorsqu'elle est absolument indispensable, éviter la nécessité de recourir à cette extrémité

alors que la délinquante est arrivée à un âge où ce
genre de correction est, pour parler net, parfaitement indécent.

COMMENT FAUT-IL S'Y PRENDRE?

Il existe plusieurs méthodes pour infliger, dans les
pensionnats de jeunes personnes, la punition capitale.
Nous extrairons une description de celle qui est le plus
généralement en usage, des souvenirs d'école d'une dame
fort distinguée et qui a étudié, sous toutes ses faces, la
question de la discipline dans ces Institutions.

« J'ai été, dit-elle, dans plusieurs pensionnats, soit en
Angleterre, soit en France, mais je ne suis pas compé-
tente pour en parler d'une manière approfondie. Bien que
j'aie été souvent fouettée moi-même, et quelquefois très
sévèrement, je ne désapprouve cependant point de semblables corrections lorsqu'elles sont infligées judicieusement et qu'on en fait l'exception, non la règle. Je n'ai
jamais reçu le fouet sans l'avoir entièrement mérité, et
j'en ai eu toujours le sentiment, même au moment de
l'exécution; mais si tel a été le cas pour ce qui me concerne, j'ai eu, d'autre part, des exemples de fustigations
injustement appliquées, et c'est là le grand danger de la
méthode:

« Le dernier pensionnat où je fus placée, est, ou était
alors, dirigé par Mme A. Là, les punitions étaient souvent parmi les plus sévères et les plus humiliantes que
j'aie jamais vues, quoiqu'elles ne fussent jamais données
sans motifs sérieux, et je dois dire, à la décharge de

Mᵐᵉ A., qu'il aurait été difficile de trouver quarante-trois péronnelles plus indisciplinées et plus sottes que nous ne l'étions ; la plupart comptaient de treize à quatorze ans, une ou deux en avaient près de vingt, mais il n'y en avait aucune qui ne fût exposée à recevoir le fouet pour des fautes graves, et cela dans la manière qu'on le donne aux enfants. Plusieurs de ces jeunes personnes appartenaient à des familles très haut placées, et un grand nombre d'entre elles, véritablement insupportables, avaient été envoyées dans cette institution, autant pour y réformer leur caractère que pour terminer leur éducation.

« Je n'essaierai pas de décrire Mᵐᵉ A., je dirai seulement qu'il y avait, surtout en certaines occasions, dans ses regards et dans toute sa personne, quelque chose d'extraordinairement imposant. D'une sévérité terrible lorsqu'elle usait de son « dernier ressort », ainsi qu'elle le nommait, elle montrait une grande indulgence pour les fautes vénielles, mais pour les mensonges, petits larcins, désobéissances graves, indélicatesse et impertinence, on pouvait compter, après un sérieux avertissement donné en public et ne laissant place à aucune équivoque, sur une fessée dans les règles à la première récidive.

« J'ai dit que les corrections administrées par Mᵐᵉ A. étaient les plus humiliantes que j'aie jamais vues, et cela, parce qu'elle fouettait souvent les délinquantes en présence de leurs compagnes réunies, son système et la méthode qu'elle employait pour cela étant combinés de manière à rendre la honte d'une fustigation aussi redoutable que la peine elle-même. Au milieu de la salle d'étude, en face de son pupitre, se trouvait une estrade haute de 5o centimètres environ et assez large pour que quatre ou cinq personnes pussent s'y tenir. Lorsqu'il devenait nécessaire de recourir aux dernières mesures, Mme A. faisait placer un très lourd fauteuil sur la plate-forme, et appelait ensuite la coupable : « Venez ici, mademoiselle ; tournez-vous et regardez vos camarades. Mesdemoiselles, asseyez-vous à vos places et regardez ici, s'il vous plaît. » Je n'ai pas besoin d'ajouter que ses ordres étaient ponctuellement suivis. Tirant alors d'un tiroir de son pupitre une verge solide et élastique, elle la tendait à la jeune personne confuse et tremblante : « Prenez cela, miss, et tenez-le ainsi, » disait-elle. Elle faisait ressortir ensuite la gravité de la faute et rappelait à la coupable les avertissements qui ne lui avaient pas été épargnés, tout en rendant les autres attentives à la leçon qu'elles devaient tirer d'un semblable châtiment. Quelquefois, elle laissait la délinquante retourner à sa place ; sinon, elle montait sur la plate-forme, s'asseyait dans le fauteuil et..... Mais de pareils détails, lorsque ce sont des dames qui les racontent, ne doivent tomber que dans des oreilles féminines.

« Tel était le *dernier ressort* de Mme A., une correction qui, je vous l'assure, ne s'oubliait pas aisément. Elle fouettait quelquefois en particulier, ou encore en présence d'un petit nombre d'élèves, mais jamais elle n'employait la méthode si fréquente sur le continent, qui consiste à déshabiller la coupable et à l'attacher après l'avoir étendue sur une ottomane ou sur un lit. Ses corrections, pour sévères qu'elles fussent, n'en demeuraient pas moins maternelles.

« Mme A. ne me donna le fouet que deux fois, et une seule fois sévèrement ; encore cela se passa-t-il en particulier et personne ne pourrait dire que je ne l'eusse pas richement mérité. Ce fut à la suite de la seule occasion

où je lui aie manqué de respect. J'avais un fort joli talent
de dessin, et je m'étais laissée aller, pendant les jours de
congé, à peindre, avec beaucoup de soin, une aquarelle
représentant M*me* A. donnant le *dernier ressort* à l'une
de ses grandes élèves. L'une des sous-maîtresses ayant
réussi à ouvrir mon pupitre, — ce qu'elle n'avait pas le
droit de faire, — remit à M*me* A. ce qu'il contenait. Celle-
ci serra le dessin dans son bureau, en m'ordonnant simplement de me rendre dans son boudoir et de l'y attendre. Elle renvoya alors, sur-le-champ, la gouvernante,
pour son action malhonnête, puis, se rendant auprès de
moi, elle m'administra la correction que j'avais méritée.

« M*me* A. aurait été autrement sévère encore, si elle
avait su toute la vérité, car le dessin qui était tombé sous
ses yeux n'était qu'une esquisse inachevée et non un
ouvrage terminé. »

UN AUTRE MODUS OPERANDI

Un autre système employé pour donner la fessée, est
le *cheval*. La relation suivante écrite, il y a quelques
années, par une dame, pourra en expliquer suffisamment
les procédés à nos lecteurs.

« Lorsqu'une faute grave a été commise, la coupable
s'inscrit elle-même dans un livre *ad hoc*, et le porte
ensuite à la directrice qui indique à côté le genre et
l'importance de la punition. Pour une première fois, la
jeune personne subit la toilette requise pour recevoir le
fouet, mais elle est généralement quitte du reste. A la
première récidive, elle est fouettée en particulier, et pour

tous les délits ultérieurs, la correction est infligée dans la salle d'étude. De plus, outre le châtiment corporel, il en coûte encore 1 franc à peu près à la délinquante, sous forme d'honoraires à payer. Ceux-ci se règlent comme suit : 1° La coupable va auprès de la femme de charge pour se procurer une verge, dont elle lui paye deux sous l'usage. 2° Elle doit ensuite se laisser déshabiller en partie par la femme de chambre, ce qui lui coûte deux autres sous. 3° De là, elle se rend pieds nus dans une autre partie de la maison, afin d'y être habillée pour la fustigation, un costume spécial étant de règle, en ce cas, dans le but d'augmenter encore la honte de la punition. Il consiste en une longue blouse de toile, des bas courts en coton et des mules sans talons. La jeune personne ainsi fagotée, passe alors au salon devant la directrice, qui, après l'avoir examinée et après avoir approuvé son accoutrement, la fait conduire dans la salle d'école, où il lui faut encore payer six sous à la gouvernante chargée de lui administrer la fessée. Un cheval de bois, recouvert de cuir bien rembourré est le *medium* obligé de l'exécution. Celle-ci terminée, la coupable remercie la gouvernante, baise la verge, remercie également la directrice et se retire dans sa chambre pour ne plus reparaître que le lendemain au moment de la prière. Aussi l'impression produite par ce cérémonial est-elle plus grande que la douleur même de la punition, car les jeunes personnes, sous tous les autres rapports, sont entourées de soins. Le cheval est garni d'un coussin tendre que l'on fait venir de Hollande, à ce que l'on me dit. Il y a, paraît-il, dans ce pays, des établissements de fustigations où les parents envoient leurs enfants pour y être châtiés. C'est également, à ce qu'il semble, le cas en Écosse, où l'on conduit les jeunes personnes à la

Maison écossaise pour les y faire fouetter lorsqu'elles ont commis quelque faute. »

Une autre dame nous écrit :

« Je visitais un jour, avec deux de mes compagnes et la femme de charge, une sorte de grenier dans le pensionnat où je me trouvais alors à Paris. Nous aperçûmes, dans un coin de la chambre, une espèce de meuble tout moisi et couvert de poussière, dont nous ignorions l'usage. La femme de charge, qui avait vécu dans l'établissement bien avant la directrice actuelle, nous expliqua que c'était un cheval sur lequel on plaçait autrefois les élèves désobéissantes pour leur donner le fouet. Elle nous montra ensuite comment on s'en servait et y attacha même l'une de nous. L'instrument était recouvert d'un drap foncé, avec un coussin arrondi au bout, et muni de courroies et d'anneaux. »

QUELQUES CONFESSIONS

On a souvent fait la remarque que l'expérience personnelle est le meilleur des critériums pour juger d'une question ; c'est pourquoi nous allons donner ici quelques extraits de lettres déjà publiées ou encore inédites et qui aideront le lecteur à se former une opinion sur le sujet qui nous occupe. Nous rappellerons seulement, qu'étant nous-même désintéressé dans l'affaire, nous n'avons d'autre désir que de donner à chacun des partis en présence l'occasion de se faire entendre.

Le premier de ces extraits est tiré d'une correspondance écrite par une jeune personne, depuis le pensionnat où elle se trouvait alors, correspondance insérée, il y a environ trois ans, dans un journal périodique bien connu :

« J'ai dix-sept ans, dit-elle, et parmi mes compagnes, il y en a de plus âgées, mais toutes nous sommes dans le cas de subir la même punition. Il n'y a pas trois mois que j'ai vu donner la verge à une fille de vingt ans bien comptés. Or, sans parler de l'humiliation, le châtiment est vraiment terrible. Je n'avais jamais rien éprouvé de pareil avant de venir ici. Chaque coup produit la plus atroce sensation que l'on puisse imaginer, et, ce qui est pire que tout, c'est le sentiment que toutes vos camarades vous regardent, pour voir si vous supporterez cette agonie. Ne penseriez-vous pas vraiment, si vous aviez devant les yeux une personne qui hurle, se tord et crie merci, lorsque la verge vient s'abattre sur sa chair tremblante, avec un horrible sifflement, qu'elle a commis quelque action digne d'un malfaiteur? Et que diriez-vous lorsqu'on vous apprendrait qu'elle subit ce supplice pour avoir fait quatre ou cinq fautes dans sa leçon d'allemand? Vous savez de quelle manière humiliante on déshabille et prépare une jeune personne pour la verge, dans la partie où elle doit la recevoir. N'est-ce pas des plus indécents? Vous connaissez, j'en suis sûre, bien des filles de mon âge qui préféreraient mourir plutôt que de se soumettre à une punition aussi inexprimablement dégradante et ignominieuse; mais Mme X... manie la verge avec une telle sévérité que le sentiment même de cet indigne traitement s'efface bientôt devant celui d'une douleur insupportable que l'on ferait tout au monde plutôt que de s'y exposer une seconde fois. »

« Nous sommes ici plus de quarante, écrit une autre, et plusieurs âgées de dix-huit à vingt ans, mais on nous

fouette toutes avec la verge comme les enfants, lorsque
Madame en décide ainsi, ce qu'elle fait souvent pour des
bagatelles. On ne connaît guère ici d'autre punition, et il
se passe à peine une semaine sans que Madame ne donne
le fouet à l'une d'entre nous. J'ai été fessée, deux fois,
pour mon compte, depuis mon jour de naissance (qui
était en mai et la lettre est datée du mois de juin) : une
fois, pour avoir causé au dortoir ; et la seconde, pour avoir
poché à coups de poing les yeux d'une de mes camarades
qui m'avait provoquée de toute manière. A cette occasion, je reçus trente coups d'une verge neuve et je dus,
à genoux, demander encore pardon à mon ennemie,
avant qu'il me fût permis de rajuster mes pantalons et le
reste. J'ai assisté, depuis mon arrivée ici, à une fessée en
public, et je crois que j'aimerais mieux mourir que de
supporter cela. Une autre élève fut chassée, après avoir
reçu le fouet, pour avoir tenté de se sauver. Elle fut
fouettée jusqu'au sang et portée ensuite dans une voiture,
dès que ses vêtements eurent été remis en place. »

Un gentleman ayant écrit à la directrice d'un pensionnat de jeunes personnes, pour lui demander un
prospectus de sa maison ainsi que quelques détails sur
le genre de punitions adopté par elle vis-à-vis de ses
élèves, en reçut la réponse suivante :

« L'obéissance et la discipline sont assurées dans ma
maison par l'emploi de la verge uniquement. La seule
différence qui existe à cet égard entre les jeunes élèves et
les plus âgées réside dans le fait que celles-ci reçoivent
un plus grand nombre de coups que les premières. La
correction serait probablement appliquée une fois par
semaine en moyenne et s'élève à une douzaine de coups
pour les fautes graves. Le système que j'emploie pour
cela est fort simple : Immédiatement en se levant le ma-

tin ou au moment de se mettre au lit, la délinquante est étendue sur un meuble spécialement construit pour cet usage et, si elle oppose quelque résistance, attachée au moyen d'une forte courroie qui passe autour de sa taille et du meuble lui-même; on lui relève alors la chemise sur les reins et on lui donne la verge comme il faut ».

Inutile de dire que le correspondant renonça à confier sa fille aux mains de cette digne matrone.

Mais voici une lettre écrite par une jeune dame, et qui présente sous un nouvel aspect la question traitée ici :

« N'en doutez pas, Monsieur, la fessée est pour les filles une correction bien plus en usage encore à la maison que dans les pensionnats. Nous nous sommes, mes sœurs et moi, toutes trouvées dans des écoles où l'on n'avait recours à aucun châtiment corporel de quelque espèce qu'il fût, mais ma mère n'a jamais renoncé à maintenir sur nous, avec la verge, son autorité maternelle, aussi longtemps que nous n'avons pas été mariées. Plusieurs d'entre nous, il est vrai, n'ont pas eu le fouet des années durant, mais nous savions toutes que maman était prête à nous le donner sans rémission si elle venait à juger que nous l'eussions mérité. Nous n'éprouvions pas grande humiliation à être traitées ainsi, et personne peut-être dans la maison ne se doutait de la chose lorsqu'elle avait lieu; mais la correction était quelquefois terrible. Je dis quelquefois, car maman se vantait toujours de proportionner le châtiment à la faute. La dernière fois que j'en ai fait l'expérience (je préfère ne pas vous dire quel âge j'avais alors), j'étais sortie malgré sa défense. Entendant le bruit de sa voiture qui revenait, je rentrai précipitamment par une porte latérale et, par malheur, je renversai un vase de valeur. Je niai énergiquement la chose, mais je fus bientôt convaincue de mensonge et sur-

le-champ fouettée sans miséricorde. Après m'avoir placée dans la position usuelle, maman m'ouvrit mes pantalons absolument comme à une petite fille, de manière
à me mettre le derrière bien à nu et me donna aussitôt
la fessée avec la dernière sévérité. Elle maniait la verge
avec une telle force qu'au bout d'une dizaine de coups,
bien qu'elle m'eût couchée sur ses genoux et complètement troussée, je réussis à m'échapper de son étreinte en
criant que je ne pouvais en supporter davantage ; mais,
m'attachant alors sur un sopha après m'y avoir étendue,
elle continua à me fouetter jusqu'à ce que, n'en pouvant
plus, je me misse à me débattre et à hurler comme une
enfant de cinq ans. Auriez-vous pensé que, même pour
désobéissance et mensonge, une grande fille pût être soumise à une correction aussi terrible ? »

Cette lettre pourrait certainement donner à croire que
l'on use plus sévèrement de la verge dans les familles que
dans les écoles. Notre correspondante méritait certainement d'être punie de quelque manière, mais on aurait
pu le faire de cent façons préférables à celle qui fut employée à son égard.

L'extrait suivant nous semble de même établir un cas
de sévérité aussi intempestif qu'inutile. La lettre d'où il
est tiré est écrite au nom de trois jeunes personnes placées dans le même établissement d'éducation.

« Permettez-moi de vous raconter ce qui nous est
arrivé la semaine dernière. On nous avait imposé un
pensum et envoyées dans notre chambre pour y travailler tandis que nos compagnes allaient à la promenade. Au lieu de nous mettre à l'ouvrage, nous
prîmes des cartes et nous laissâmes si bien absorber
par le jeu qu'il nous fit oublier l'heure et que Miss ***
nous trouva, en rentrant, avec les cartes à la main ;

pas une ligne de notre tâche n'était écrite. Miss *** entra dans une colère épouvantable et nous fit immédiatement coucher. Nous pensions que tout serait fini par là, mais elle arriva bientôt avec la plus jeune des sous-maîtresses et la femme de chambre. On nous étendit l'une après l'autre au travers de l'un de nos lits, et, tandis que la sous-maîtresse nous tenait les bras en appuyant sur nos épaules, pendant que la femme de chambre maintenait nos jambes, Miss *** administrait avec une affreuse verge une terrible fouettée sur les fesses et les cuisses nues. »

Sans doute, ces trois jeunes personnes étaient absolument fautives, moins en négligeant leurs devoirs qu'en jouant aux cartes, et à la place de Miss *** nous leur aurions nous-même infligé une sévère punition, mais eût-elle été corporelle, nous ne l'aurions jamais administrée aussi rudement et surtout pas sur la partie du corps mentionnée par notre correspondante, ce qui nous paraît un procédé aussi injustifiable· qu'il est heureusement peu usité[1].

Voici encore un extrait qui témoigne d'un raffinement de cruauté que nous n'aurions pas soupçonné pouvoir exister en Angleterre, quand bien même nous l'aurions cru possible en d'autres pays[2].

---

1. L'auteur veut dire par là que Miss*** aurait dû se borner à administrer la verge à ses élèves, sur le derrière seulement, ce qui ne peut avoir de grands inconvénients pour la santé, mais ne pas les fouetter encore sur les cuisses.

2. Il convient de faire remarquer ici que cette opinion de l'écrivain anglais peut paraître un tant soit peu étrange, si l'on considère que la Grande-Bretagne est le pays où l'usage des verges et du fouet est officiellement consacré, tant au point de vue scolaire que domestique, et que l'on peut avancer sans crainte que la flagellation constitue l'une des *institutions* de cette contrée.

« J'ai été fouettée avec la verge sept fois en deux ans,
et plusieurs de mes compagnes l'ont été tout autant en
six mois. La douleur était quelquefois terrible, pour ne
rien dire de l'humiliation. La fessée se donnait dans la
chambre de Miss***, où se trouvait une large ottomane
recouverte d'une étoffe dont je n'oublierai jamais les
dessins tant que je vivrai, parce que j'ai eu le temps de
les étudier à loisir pendant les longs instants de torture
que j'ai endurés sur ce meuble où l'on vous étendait
dans la position voulue pour recevoir la verge. Cette ottomane était munie de courroies que l'on nous passait aux
mains et à la taille, en sorte que, placées comme nous
l'étions et attachées de la sorte, il n'y avait pour nous
aucune résistance possible. »

L'OPINION DES FEMMES

OU L'ON VOIT QUE LES AVIS SONT PARTAGÉS

Terminons cette étude en reproduisant encore un certain nombre de lettres que nous avons reçues touchant
la question; elles expriment des vues souvent fort différentes, mais c'est précisément cette variété même qui
leur donnera de l'intérêt aux yeux de nos lecteurs.

« Il y a six mois, nous écrit une correspondante, que je
plaçai ma fille unique, âgée de quatorze ans, dans un pensionnat fort respectable d'un comté du centre. Étant très
vive de sa nature et nullement accoutumée à la stricte
discipline qui règne dans une école, il lui arriva promptement de s'attirer le déplaisir de la directrice pour quel-

que faute sans gravité. Elle fut appelée, admonestée et avertie qu'elle serait fouettée à la première récidive. Deux ou trois jours après, ma fille encourut de nouveau le mécontentement de Miss B*** et voici alors ce qui se passa : On la conduisit à l'étage supérieur et on l'affubla là d'un vêtement de punition consistant en une longue chemise de coton. Elle fut ensuite menée dans la salle à manger, mise nue en présence de l'école et fouettée par le jardinier, pendant que deux sous-maîtresses s'employaient à la maintenir. Sans écouter les cris et les supplications de la pauvre enfant, cette brutale correction continua de lui être administrée par la lourde main d'un rustre armé d'une forte verge. Des témoins de cette scène m'ont dit que lorsque la jeune personne fut laissée après avoir reçu une vingtaine de coups, elle serait tombé évanouie si l'un des assistants ne l'avait reçue dans ses bras. Inutile de dire que dès que j'eus appris cet indigne traitement, je retirai immédiatement ma fille de cette scandaleuse maison, et c'est uniquement la crainte de voir la chose publiée dans les journaux qui m'a empêchée d'intenter des poursuites judiciaires à la directrice de l'établissement.

UNE MÈRE.

*
* *

« Quelques-uns de vos correspondants paraissent mettre en doute que de jeunes personnes soient publiquement fouettées dans certaines maisons d'éducation. Permettez-moi de confirmer les renseignements que vous avez reçus à ce sujet de plusieurs correspondantes. Je puis certifier en effet que, dans le pensionnat où j'ai demeuré deux ans, la fessée était régulièrement en usage et toujours administrée sur la peau nue. Ces exécutions n'avaient lieu, il est vrai, que dans le cas d'infraction grave aux règles de l'école, mais elles n'en étaient pas moins assez fréquentes. Je ne puis dissimuler que les maîtresses paraissaient éprouver les sensations les plus agréables lorsqu'elles mettaient à nu le derrière des élèves. Elles leur ouvraient elles-mêmes soigneusement les pantalons et les fessaient ensuite avec une forte verge; mais ce que je ne puis comprendre, c'est que des parents ferment volontairement les yeux sur de tels agissements. Il arrivait même quelquefois que certains maîtres assistaient à la fustigation, et il n'y avait pas à se méprendre sur l'expression de leur visage, pendant qu'elle avait lieu. Il est rare, sans doute, que des hommes soient présents dans ces occasions, mais, quoi qu'il en soit, je considère comme absolument indécente toute espèce de correction en vue de laquelle il est nécessaire d'écarter les vêtements de la délinquante et, par conséquent, de la mettre nue, que ce soit le corps tout entier ou seulement la partie sur laquelle la verge doit faire son office. »

UNE ANCIENNE ÉLÈVE.

*
* *

« En ce qui concerne la fessée des filles dans les pensionnats, je crois que l'on va souvent trop loin, souvent aussi, pas assez. Permettez-moi de vous raconter comme exemple du premier de ces cas, une scène dont j'ai été témoin dans une institution où je me trouvais alors comme sous-maîtresse. Un jour, c'était au mois de mars dernier, une élève de dix-huit ans, qui était dans ma classe, commit un si grave manquement, en refusant

20

d'obéir à mes ordres, que je me vis dans l'obligation d'en informer Miss***, directrice du pensionnat et qui était, du reste, étrangère. Elle annonça immédiatement à la jeune personne qu'elle allait être fouettée et l'envoya chercher une verge pour procéder à l'exécution. Je ne m'étais naturellement point attendue à cela, et encore moins, lorsque j'entendis la sentence, à ce que l'exécution aurait lieu en pleine classe ; c'est cependant ce qui arriva. La délinquante revint peu d'instants après avec la verge et sembla attendre que Miss *** quittât la chambre avec elle, mais il n'en alla point ainsi. Cette femme, — car je ne puis vraiment l'appeler une dame, — ferma la porte et mit la clef dans sa poche, en disant à la victime — une belle fille aux charmes développés — de se préparer pour recevoir la verge. Celle-ci demanda la permission d'aller dans une autre chambre et je priai moi-même Miss *** de me laisser partir, mais elle ne voulut pas y consentir et je ne pus obtenir qu'elle me rendît la clé. Aidée de deux autres élèves, trop effrayées pour oser refuser, elle déshabilla la jeune personne, en lui ôtant sa robe, ses jupons et son corset, sans lui laisser autre chose que sa chemise et ses pantalons. Elle la fit ensuite mettre à genoux, courbée sur une espèce de meuble en forme de tambour, de manière à présenter, dans tout son développement, le derrière à la correction, en lui disant qu'elle resterait ainsi jusqu'à ce qu'elle eût demandé elle-même à recevoir vingt coups de verge. La pauvre fille était presque morte de peur ; mais la honte de se trouver ainsi exposée la força bientôt à demander elle-même la fessée. Miss *** releva alors sa chemise, lui ouvrit les pantalons par derrière et commença immédiatement à lui donner la verge. Lorsqu'elle l'eut bien fouettée, elle la laissa encore quelques instants dans la

même position, avec ses pantalons entr'ouverts, laissant
voir, complètement nus, les globes qui venaient d'être
le théâtre de l'exécution, et cela, disait-elle, pour lui
apprendre son devoir. Je n'ai jamais vu une femme dans
une attitude aussi honteuse et je ne crois pas qu'on puisse
rien voir de plus indécent. Inutile d'ajouter que je quittai le pensionnat quelques jours après, ainsi que la jeune
personne indignement fustigée. »

Une sous-maîtresse.

*
* *

« Je suis persuadée que le plus grand nombre de vos
lecteurs n'a qu'une faible idée de la cruauté des punitions corporelles infligées aux élèves dans certaines maisons d'éducation du Continent. Je me trouvais, il y a
quelque temps, en qualité de sous-maîtresse dans un
pensionnat avantageusement connu, près de Paris. Je
n'étais point, d'ailleurs, systématiquement opposée à
l'emploi de la verge judicieusement administrée pour
des fautes graves, mais, dans cet établissement, c'était
pour les infractions les plus légères que les élèves étaient
fouettées sans miséricorde. J'ai souvent vu de jeunes
personnes de dix-huit et dix-neuf ans, dont le seul tort
était d'avoir parlé anglais pendant une heure défendue,
recevoir trente coups d'une forte verge, et cela sur leurs
fesses nues, car on avait toujours soin de les déculotter
pour l'opération. Lorsqu'il s'agissait de manquements
graves, l'application de deux, trois ou même quatre
douzaines de coups n'était pas rare, et, par un raffinement de cruauté on les administrait souvent à la délinquante tous les jours pendant une semaine, par séries

de quatre, six ou huit coups. Aussi, vers la fin de la
punition — on devrait dire du supplice — le derrière de
la pauvre victime se trouvait dans un état absolument
choquant. D'ailleurs, on fouettait presque toujours les
coupables jusqu'au sang, les verges étant préalablement
trempées dans de l'eau salée.

Le martinet, autre instrument très souvent appliqué
comme moyen de correction, était également employé
avec une grande sévérité. Il consiste en un manche
auquel est fixée une douzaine, ou même plus, de lanières
de cuir. Il ne coupe pas la peau comme la verge, mais il
la marque de longues raies livides. On l'administrait
quelquefois sur le derrière et les épaules de la délinquante, et l'on y avait généralement recours pour celles
dont les fesses venaient d'être trop maltraitées par la
verge pour pouvoir de nouveau la supporter immédiatement, mais qui avaient néanmoins commis, dans l'intervalle, quelqu'une des nombreuses infractions pour
lesquelles une fessée est ordonnée.

Je ne pus rester longtemps témoin de ces corrections;
aussi quittai-je la maison dès la fin de mon premier
engagement, mais je puis vous affirmer que les détails
que je viens de vous donner ne sont que l'image fidèle
de ce qui se passe dans un grand nombre de pensionnats [1]. On m'a dit également, et je ne doute pas de la
chose, que dans les couvents, les malheureuses pensionnaires sont fouettées sans pitié ni décence. J'ajoute que,
dans mon opinion, on peut parfaitement faire sentir la

---

1. Malgré les assurances de cette correspondante, les détails
donnés par elle au sujet de l'usage de la fessée dans certains pensionnats du *continent*, nous paraissent plus ou moins fantaisistes;
ces pratiques n'existent plus qu'en Angleterre.

verge à une jeune fille en la fessant sur ses pantalons, et
que la déculotter, sinon pour des fautes très graves, est
un surcroît barbare de la douleur causée par la verge. »

M. A. F.

*
* *

« Permettez-moi, en qualité de directrice d'un pensionnat que je mène depuis plus de trente ans, de vous
présenter quelques observations sur le sujet qui vous
occupe. Il n'est personne, ayant à s'occuper de l'éducation des enfants, qui ne soit convaincu de la nécessité
de l'emploi de la verge à leur égard. D'un autre côté, la
nature a pourvu à un endroit du corps où, principalement en ce qui concerne les filles, on peut leur administrer une vigoureuse fouettée, sans qu'il y paraisse ou
qu'il en résulte aucun inconvénient pour la santé, mais
pour rendre la verge efficace, il faut la donner sur le
derrière nu. Pas plus, d'ailleurs, pour les filles que pour
les garçons, je ne puis voir la moindre indécence dans
ce mode de punition, pourvu qu'il soit infligé par des
personnes du même sexe.

Voici, au reste, quel était mon système : Lorsqu'il
s'agissait de fautes ordinaires, je faisais venir le soir dans
ma chambre, la jeune personne, lorsqu'elle était déshabillée pour se mettre au lit, et je la fouettais là en particulier. Pour les fautes plus graves, je faisais assister à
la correction le reste de la classe, et enfin, dans le cas de
très mauvaise conduite, je donnais publiquement le
fouet à la délinquante dans l'un des grands dortoirs, en
présence de toute l'école. J'employais une verge de bouleau d'une taille ordinaire et une sorte de billot, tout à

fait semblable à ceux en usage à Éton, sur lequel s'age-
nouillait la coupable, on l'y attachait avec des courroies
dont l'une passait autour de la taille et l'autre vers les
genoux, et si elle résistait ou se débattait, je doublais le
nombre des coups.

Laissez-moi, maintenant, vous rapporter une de mes
nombreuses expériences. Il y avait, dans ma maison,
deux grands dortoirs placés chacun sous la surveillance
d'une sous-maîtresse; les autres élèves couchaient dans
des chambres plus petites, par cinq ou six à la fois, la
plus âgée d'entre elles étant responsable de ce qui s'y
passait. Un jour, l'une des gouvernantes me rapporta
avoir entendu une conversation de la plus haute indécence dans l'une des chambres occupées par Miss S.,
âgée de dix-sept ans, Miss H., âgée de seize ans, et trois
élèves plus jeunes, de quatorze, treize et douze ans. Je
fis mander ces demoiselles, je les informai des faits qui
leur étaient reprochés, et je leur ordonnai de se rendre
le soir dans ma chambre pour y être fouettées. Miss S.
et Miss H. protestèrent d'abord, mais je leur dis que si
elles ne venaient pas auprès de moi, je les renverrais de
l'école dès le lendemain.

Après avoir ôté tous leurs vêtements à l'exception de
la chemise, des bas et des souliers, et avoir passé un peignoir, les six jeunes personnes se rendirent à ma chambre
où toutes les sous-maîtresses se trouvaient assemblées.
Chacune des délinquantes, l'une après l'autre, enleva son
peignoir et s'étendit sur le meuble *ad hoc*, l'une des
sous-maîtresses troussait alors leur chemise et leur administrait la correction, sous ma surveillance : quatre
coups aux deux plus jeunes, et six aux deux autres.
Miss H. reçut dix coups et lorsqu'elle se releva, se mit
à sangloter. Miss S. se mit en posture sans changer de

visage : la gouvernante lui leva la chemise et je lui donnai moi-même douze vigoureuses cinglées avec une forte verge. Elle se remit ensuite debout, en se contenant, non sans effort, et tout le monde se retira.

Je fis, dès lors, coucher dans la chambre l'une des sous-maîtresses, me défiant de ce qui s'y passait. Elle m'informa effectivement, une quinzaine de jours après, qu'il s'y tenait les plus sales conversations et que les jeunes personnes se livraient les unes sur les autres à des pratiques et à des attouchements aussi dégoûtants qu'obscènes. Elle avait pu, en outre, se rendre compte que de toutes, c'était Miss S. qui était la plus coupable et que sa conduite dépassait toute description. Je fis venir les coupables et leur dis que les quatre plus jeunes allaient être sévèrement fouettées, mais que quant à Miss S. et Miss H., elles seraient chassées dès le lendemain. Elles se jetèrent alors à mes genoux en me suppliant de ne pas le faire et de leur infliger toute autre punition que je choisirais. J'y consentis, et leur ordonnai de se rendre le soir même auprès de moi, comme précédemment, pour recevoir leur punition à laquelle devaient assister les élèves les plus âgées de chaque dortoir. Les gouvernantes m'avaient dit que Miss S. n'avait fait que rire pendant que je l'avais fouettée la première fois, mais que Miss H. avait paru sentir vivement la verge.

Les délinquantes se trouvant toutes présentes, les quatre plus jeunes reçurent chacune douze coups, les quatre derniers les faisant crier et pleurer. Ce fut ensuite au tour de Miss H. Après qu'elle se fut mise à genoux, je l'informai qu'elle recevrait quinze coups, dont huit immédiatement et les sept autres après que Miss S. aurait été fouettée. On lui releva alors sa chemise qui fut fixée sur les épaules et la plus vigoureuse de mes sous-maîtresses se mit en devoir de lui administrer la verge sur les fesses. Dès les trois derniers coups, Miss H. commença à crier et à sangloter. La laissant alors dans la même position, j'appelai Miss S. devant l'assistance, je l'attachai au pied de mon lit, et, dès qu'elle y fut solidement fixée en restant debout, l'une des sous-maîtresses lui roula sa chemise autour du cou de manière à la mettre nue depuis les épaules. Après lui avoir annoncé une punition de vingt coups, je pris alors une petite cravache et je lui appliquai une vigoureuse cinglée juste au-dessous des épaules. Miss S. fit d'abord des efforts désespérés pour se contenir, mais son assurance tomba au troisième coup, et lorsque je comptai douze, treize et quatorze, elle se mit à hurler presque de douleur. Je pris alors la verge et je donnai à Miss H. ses sept derniers coups; elle reçut alors la permission de se relever, ce qu'elle fit en criant comme un enfant. La peau était devenue rouge foncé et la douleur si vive qu'elle s'affaissa presque sur le plancher.

Revenant alors vers Miss S., et sans tenir compte de ses prières, je lui appliquai les six derniers coups sur le derrière que j'avais épargné jusque-là. Je les administrai avec toute la force possible, chacun d'eux produisit une marque d'un rouge foncé et fut reçu au milieu des cris et des pleurs de la coupable.

C'était sans doute une terrible correction, mais il se passa des semaines avant d'en effacer les effets et la leçon ne fut jamais perdue. Dès lors, je n'eus à leur reprocher aucune parole indécente et notez le résultat : quelques années après, Miss H. me remercia personnellement de la fessée qu'elle avait reçue de moi, et il y a peu de temps, lorsque j'ai remis mon établissement à d'autres mains, j'ai reçu de Miss S. une lettre pour m'exprimer ses regrets de ce que mes forces ne me permettaient plus de recevoir des élèves, parce que, se trouvant heureusement mariée, elle désirait trouver un pensionnat pour sa petite fille. Elle terminait en me disant : « Je ne pourrai jamais assez vous remercier pour la fustigation que vous m'avez administrée. Elle m'a corrigée d'un vice abominable et c'est à votre maternelle sévérité que je dois ma félicité actuelle. »

W. G.

*
* *

L'un de nos correspondants, qui signe « un vieux collégien, » paraît insinuer que les femmes sont poussées par des mobiles malpropres lorsqu'elles donnent le fouet à des garçons de seize ou dix-sept ans. En fait, il prétend qu'une personne qui, par son âge, aurait pu être sa mère n'aurait jamais dû être autorisée à le coucher sur ses genoux et à le fesser comme un gamin, ces pratiques ne pouvant que conduire à l'immoralité. S'il pense que de tels sentiments peuvent naître chez une femme, je dois l'informer, comme femme et comme mère de famille, que je diffère absolument d'opinion avec lui sur ce point. Il n'y a pas de période, en effet, où le caractère des garçons soit plus intolérable et plus grossier qu'entre seize et dix-sept ans et où l'usage du châtiment enfantin rende de plus grands services. Bien loin qu'une femme d'âge mûr soit animée de motifs coupables en fouettant des garçons de seize à dix-sept ans, je crois que la chose ne peut et ne doit exciter chez elle qu'un sentiment de dégoût [1], dans la pensée que les fautes

---

1. Malgré les dénégations de la vieille folle à laquelle nous

enfantines de celui qui devrait être un jeune homme
exigent l'emploi d'une correction également enfantine.
J'ai moi-même des garçons et je serais fort heureuse,
s'ils étaient hors de la maison et soustraits à mon autorité, qu'une personne maternelle leur donnât la fessée à
l'ancienne mode lorsqu'ils l'auraient mérité. L'impudence de ces jeunes drôles de seize ans, l'étonnante estime qu'ils professent pour eux-mêmes, la haute opinion
qu'ils ont de leur personne, tout cela est répugnant pour
une femme de sens et le meilleur moyen de rabaisser cet
orgueil est justement de leur infliger la correction que
l'on administre aux enfants qui ont commis quelque
faute, châtiment assez ridicule pour produire une honte
salutaire. C'est ce que l'on peut très bien faire et qui
sera senti plus vivement encore par le coupable, garçon
ou fille, s'il reçoit la fessée à la vieille manière [1], sur les
genoux d'une sensible matrone.

UNE VIEILLE FILLE.

---

devons cette étonnante correspondance, il n'en demeure pas moins
avéré que c'est dans les motifs les moins avouables qu'il faut
chercher le secret de l'enthousiasme de tant de femmes anglaises
pour l'emploi des corrections manuelles. Déculotter et fouetter
sur les fesses nues de gros garçons et de grandes filles, c'est là,
on l'avouera, des pratiques qui dénotent tout autre chose que le
souci d'une bonne éducation. On connaît d'ailleurs assez les effets
aphrodisiaques de la fustigation sur le patient pour qu'il soit nécessaire d'insister sur ce point.

1. *An old-fashioned slapping,* ou *in the old Style, in nursery
fashion :* une fessée à la vieille mode ou à la manière des nour-
rices, toutes expressions pour désigner le système suivant lequel
la *sensible matrone,* chargée de l'exécution, étend sur ses genoux
le ou la coupable pour la déculotter ensuite dans cette position
et la fouetter à l'aise, ainsi qu'on en use avec les enfants.

*
* *

Je suis actuellement en France dans le pensionnat de
Mme *** et je puis vous affirmer que la pratique des
châtiments corporels y est fréquente. Je ne me plains
pas de la chose en elle-même, parce que je considère les
fessées comme un moyen absolument indispensable
pour maintenir la discipline parmi les jeunes personnes,
tous les autres genres de punitions n'étant, dans mon
opinion, que de véritables jeux d'enfant et faits seulement pour être tournés en ridicule par les élèves. C'est
du moins l'effet qu'ils m'ont produit à moi-même, car je
puis en parler par expérience. Mais ce qui est véritablement scandaleux, c'est l'humiliation et la honte à laquelle
j'ai été soumise lors d'une fustigation que j'ai reçue pour
une faute dont ce n'est pas ici le lieu de parler. Mais
n'est-il pas odieux qu'une fille — je pourrais presque
dire une femme — ait été fouettée de force en présence
d'un homme? Le souvenir seul des indignités auxquelles Mme *** s'est livrée sur ma personne suffit à me
faire rougir de honte pendant que j'écris; et je ne les
oublierai jamais tant que je vivrai. Je ne puis vous donner les détails de cette scandaleuse scène, je vous dirai
seulement que j'ai été traitée comme l'aurait été un
enfant, et cela en présence d'un homme. J'ai maintenant
dix-sept ans et c'était, par conséquent, aussi cruel de la
part de Mme *** de me faire fouetter à nu en présence
d'un homme du commun. Aussi je vous écris ces lignes
comme un avertissement à toutes les mères de prendre
de soigneuses informations avant de placer leurs filles
dans des pensionnats où il se commet des indignités semblables à celles dont j'ai été victime.   ***

*
* *

A l'occasion de la lettre que vous adressait récemment de la France une jeune personne au sujet de la fustigation, je puis vous affirmer que cette correspondance ne renferme aucune exagération et je n'ai pu que trop m'en convaincre par moi-même. J'avais, en effet, placé mes deux filles âgées de treize et quinze ans, dans un pensionnat dont la directrice m'avait positivement assuré, en réponse à mes questions à ce sujet, que les châtiments corporels n'y étaient pas tolérés. Vous pouvez donc juger de ma surprise et de mon indignation lorsque, mes filles étant de retour à la maison pour les vacances, la plus jeune m'apprit, après quelque hésitation, qu'elle avait été fouettée publiquement à la pension ainsi que sa sœur aînée. Lorsque je lui demandai ce qu'elle entendait par « fouettée publiquement », elle refusa de me répondre, et ni les menaces ni la persuasion ne purent la décider à me donner aucun détail à cet égard. Prenant alors mon autre fille à part, elle finit par me dire, non sans avoir auparavant beaucoup résisté, qu'elle avait été fouettée deux fois, ainsi que sa sœur, pour des fautes très légères, en présence du professeur de musique du pensionnat et de son neveu. Passe encore pour le premier qui était marié et avait plus de soixante ans, mais fesser deux jeunes personnes, après les avoir déculottées, en présence d'un homme de trente-cinq ans, c'est à mon avis, un procédé dégoûtant. Je n'ai pas besoin de vous dire que je retirai immédiatement mes filles de cet établissement et qu'elles furent, dès lors, élevées à la maison.

UNE MÈRE INDIGNÉE.

*
* *

Bien que je n'approuve pas que l'on fouette les filles
au delà de treize ans, je ne puis comprendre que l'on
traite d'indécente une fessée à la vieille mode donnée à
de petites filles au-dessous de cet âge. Tous ceux qui
ont à surveiller des enfants savent à quel point ils sont
souvent volontaires et désobéissants et combien il est
nécessaire d'avoir les moyens de réprimer leur mauvaise
conduite. Pour cela, il n'y a pas de châtiment plus efficace et qui présente moins d'inconvénient qu'une bonne
et solide fessée. Le système est, encore actuellement, très
en faveur dans beaucoup de familles, et j'ai entendu
nombre de parents faire la remarque que c'est une
punition tellement redoutée par leurs filles que la seule
menace de leur donner la verge suffit souvent à les
faire obéir. Je ne suis pas, d'ailleurs, pour les exécutions
trop sévères ; elles sont, à mon avis, tout à fait inutiles et
je suis persuadée que si les maîtresses d'école appliquaient dans le particulier cette méthode à leurs élèves,
elles n'auraient pas besoin de leur reprocher continuelle-
ment leur indiscipline. Il est nécessaire, pour que la
fessée soit efficace, que le derrière de la délinquante soit
suffisamment découvert. Je me contente généralement
pour cela de lui ouvrir les pantalons par derrière ; ceux
des filles étant presque toujours fendus, la chose est
facile sans qu'il soit besoin de les détacher complètement. Pour les fautes plus graves cependant, je recommande de déboutonner les pantalons de la petite sotte et
de les lui baisser assez pour lui mettre les fesses bien à
nu ; je n'hésite même pas à la déculotter entièrement

lorsqu'il s'agit de faire un exemple. J'insiste, d'ailleurs, pour que la personne qui doit fouetter la coupable lui déboutonne et lui baisse elle-même les pantalons, après l'avoir couchée sur ses genoux. Cela ajoute encore à la honte de la petite fille et lui montre qu'elle est soumise à une autorité dont elle fera bien à l'avenir de ne pas se jouer.

UNE ADEPTE DE LA VIEILLE MODE.

*
* *

Je ne crois pas qu'aucun de vos correspondants ait encore attiré l'attention sur le fait que les filles, lorsqu'elles sont fouettées à l'école, sont souvent laissées le derrière nu beaucoup plus de temps qu'il n'est nécessaire, et cela dans le but de flatter les sales instincts de certaines maîtresses. Je suis entièrement convaincu qu'il est absolument impossible de maintenir la discipline dans les écoles sans avoir recours à des punitions; mais il est honteux, pour notre système d'éducation et pour la loi qui tolère ces abus, que ce genre de châtiment puisse favoriser des goûts libertins et dépravés. Aussi j'espère que vous continuerez à publier ce qui se passe dans un grand nombre d'établissements d'éducation tant qu'il ne sera pas porté remède à un pareil état de choses.

G. W. L.

*
* *

Je ne puis parler, en ce qui concerne le sujet qui vous occupe, des écoles anglaises, mais l'expérience que j'ai acquise sur le continent m'a convaincu que l'on y a trop librement recours à la verge et très souvent avec beaucoup trop de sévérité. Voici, par exemple, ce qui s'est passé, il y a deux mois, dans un pensionnat de Paris où j'avais eu la mauvaise chance de m'engager. L'une des élèves ayant commis une faute de quelque gravité fut avertie qu'elle serait fouettée pour cela. On la mit au lit jusqu'à quatre heures de l'après-midi, moment où se terminent les classes. Le pensionnat entier fut réuni dans la salle à manger, tandis qu'on y amenait la pauvre fille dans son vêtement de nuit. Elle fut alors saisie par deux femmes de chambre qui l'étendirent sur un sopha élevé tandis que la maîtresse discourait sur l'énormité de la faute commise. La chemise de la coupable fut ensuite relevée jusqu'aux épaules, la laissant ainsi nue pendant que les deux servantes maintenaient ses bras et ses jambes. Quoique à moitié morte de peur, elle ne reçut pas moins de trente coups dont chacun laissait une marque sur sa peau blanche et délicate et au vingtième coup son derrière et ses cuisses étaient en sang. L'exécution terminée, on dut littéralement la porter dans son lit. Vous penserez sans doute, comme moi, que voilà une scène révoltante et je témoignai mon indignation en donnant immédiatement ma démission.

Sans doute, je crois qu'il ne faut pas hésiter à donner la fessée à une fille lorsqu'elle a commis quelque faute grave, mais je pense que c'est au lit et en particulier que la coupable doit recevoir la verge. On peut alors lui mettre le derrière à nu et la fouetter en bien moins de temps que lorsqu'il faut la déshabiller complètement et lui ôter ses vêtements de jour.

M. S.

*
* *

Je suis heureuse d'avoir l'occasion de vous raconter une scène de fustigation qui s'est passée dans une école du West-End. Ma fille, une belle jeune personne de quinze ans, ayant mal fait son exercice de français, fut dénoncée par le professeur à la directrice. Celle-ci lui envoya dire de rester après la classe, ce qu'elle fit, s'attendant à une réprimande et à un exercice supplémentaire qu'elle avait très certainement mérité. Imaginez sa surprise lorsque, l'heure venue, elle fut mandée dans le cabinet de la directrice avec les dix-sept ou dix-huit élèves de sa classe et, là, avertie de se préparer pour la correction. Prise absolument au dépourvu par cette nouvelle, elle ne savait que faire, lorsque, sur un coup de sonnette de la maîtresse, deux vigoureuses femmes de chambre entrèrent dans la pièce et déshabillèrent la pauvre enfant à laquelle elles enlevèrent même ses pantalons et sans lui laisser d'autre vêtement que sa chemise. On lui ordonna ensuite de se mettre à genoux sur une chaise et de se courber sur le dossier, et, tandis qu'on la maintenait dans cette position, la maîtresse lui administrait sur le derrière, douze rudes cinglées avec une longue verge. L'une des élèves qui assistaient à la scène m'a dit ensuite que ce spectacle était pour rendre malade. La jeune personne criait en demandant grâce et se trémoussait tellement à chaque coup que les deux servantes avaient grand'peine à lui maintenir les fesses dans une position qui permît à la maîtresse de continuer à la fouetter. Lorsqu'on la laissa aller, elle se mit à courir dans la chambre comme une folle, en appelant sa mère, et il s'écoula dix minutes avant qu'on pût l'habiller et l'envoyer chez elle. Je n'ai pas besoin de vous dire que ma fille ne remit pas les pieds dans cette scandaleuse école, mais il se passa plusieurs jours avant que les cruelles marques de la verge eussent disparu. Parmi les élèves qui assistaient à la scène, les unes prenaient mal, d'autres riaient ou criaient. Il y a des cas sans doute où une fustigation peut être nécessaire, mais jamais en public comme dans le cas que je viens de raconter.

UNE MÈRE INDIGNÉE.

*
* *

Je suis une jeune fille revenue, depuis peu, de pension chez mes parents et je voudrais vous écrire, moi aussi, quelques lignes au sujet des corrections dont on use dans les écoles. Lorsque je m'y trouvais, j'aurais appuyé de toutes mes forces la suppression de la fessée, mais aujourd'hui je dois avouer, pour être franche, qu'il n'y a souvent rien de plus efficace et de plus nécessaire, pour l'éducation des filles, qu'une bonne verge convenablement appliquée sur ce que vous savez. J'étais, par exemple, d'une paresse honteuse et j'ai été guérie de ce défaut ou, du moins, rendue plus diligente grâce à deux solides fessées que j'ai reçues, l'une en particulier, l'autre en pleine classe, et, pas plus dans l'un des cas que dans l'autre, il ne m'est impossible de voir ce qu'il peut y avoir là de si humiliant ou de si terriblement indécent, comme le disent quelques-uns de vos correspondants. Ce furent seulement des expériences très désagréables que personne ne voudrait recommencer. Je ne fus, d'ailleurs, ni déshabillée ni soumise à des préliminaires élaborés d'avance. La première fois, je fus conduite auprès de la

21

directrice par la maîtresse de ma classe ; celle-ci, après
que plainte eût été faite et sentence rendue contre moi,
me prit contre elle et se penchant sur moi, me troussa
par derrière, m'ouvrit mon pantalon et présenta mon derrière nu à la verge que madame m'administra immédiatement ; je reçus 9 ou 10 cuisantes cinglades. Je changeai
de conduite pendant quelque temps, mais bientôt je re-
tombai dans ma paresse malgré des avertissements
réitérés, et l'on dut finalement me condamner à être
fouettée en présence de mes compagnes. Ce fut un vilain
moment qui est resté gravé dans ma mémoire et je crois
que c'est la crainte d'avoir à passer de nouveau par là qui
m'a rendue plus diligente. Je dus m'agenouiller sur le
siège d'un pupitre placé au bout de la salle et me courber sur la partie inclinée de ce meuble. Deux des maîtresses placées de chaque côté me maintinrent dans cette
position après avoir relevé mes jupes et détaché mes
pantalons qu'elles baissèrent le plus possible. Ces préparatifs, qui avaient duré à peine trois minutes, une fois
terminés, madame m'administra douze ou quinze coups
avec une longue et mince verge à neuf brins ; elle ne me
fessait pas avec précipitation, comme on le fait habituellement, mais avec un temps d'arrêt entre chaque cinglée
afin de lui donner tout son effet. J'essayai de compter les
coups, mais cela me devint bien vite impossible ; la peau
me cuisait tellement qu'il me semblait sentir les piqûres
de mille épingles chauffées au rouge. Malgré cela, lorsque l'exécution fut terminée, il n'y avait ni trace de sang
ni aucune de ces apparences choquantes dont parlent certains correspondants. Les marques de la verge étaient
même beaucoup moins visibles que je m'y serais attendue
et elles avaient presque entièrement disparu dès la nuit
suivante. Il n'y eut, parmi les élèves, ni rires ni réflexions

indécentes; je ne recueillis autour de moi que de la sympathie et je suis certaine que le seul sentiment inspiré par une fustigation publique — ce qui d'ailleurs avait rarement lieu — était celui d'une horreur générale.

Les filles ont souvent des défauts favoris qui, si l'on n'y porte remède, deviennent des vices invétérés. Madame, qui était toujours bonne et parfaitement juste, semblait avoir un secret mystérieux pour les découvrir. Lorsqu'elle pouvait les déraciner par la douceur et les remontrances maternelles, rien de mieux, sinon, elle n'hésitait pas à recourir à la verge, mais jamais elle ne fouettait injustement ou avec colère. J'ai connu beaucoup de jeunes personnes qui se corrigèrent ainsi, les unes après la première, d'autres après la quatrième correction, mais, un peu plus tôt ou un peu plus tard, on finissait toujours par reconnaître qu'il était inutile de résister. Je n'ai connu qu'un seul cas où la verge soit finalement demeurée sans résultat.

A.

*
* *

Je suis entièrement d'accord avec la grande majorité de vos correspondants, sur le fait que la fessée telle qu'on la pratique actuellement dans les écoles, est un mal qui n'est compensé par aucun avantage. J'ai la preuve, en particulier, qu'il en résulte fréquemment des habitudes immorales chez les enfants. C'est, en effet, surtout dans les écoles préparatoires fréquentées par des garçons et filles de douze à quatorze ans qu'on les fouette plus que partout ailleurs et avec le plus de liberté. Nombre de garçons de quatorze ans en savent beaucoup plus long qu'il ne faudrait sur les rapports des deux sexes; aussi n'est-il pas nécessaire d'insister sur le grave abus qu'il y a de mettre à nu le derrière d'une fille et de lui donner la fessée en présence de jeunes drôles de cette espèce, car les maîtresses ne manquent jamais d'ouvrir les pantalons de la coupable ou de les déboutonner. Il serait à désirer que l'on attirât l'attention publique sur les habitudes abominables qui se prennent dans les écoles de garçons, mais je suis persuadé qu'en obtenant la suppression des fustigations indécentes, vous feriez en même temps disparaître chez les enfants la cause d'une quantité de vices honteux.

S...

LE FOUET A L'ECOLE

Salomon a dit : « Celui qui épargne le fouet hait son fils ; mais celui qui le châtie bien lui prouve son amour », et cette maxime a été considérée comme infaillible de tous temps. Des maîtres d'école ont considéré les verges comme absolument indispensables dans l'éducation de la jeunesse. Le premier pédagogue que nous rencontrons en lisant les classiques est Toïlus, qui avait l'habitude de fouetter Homère, et qui, après avoir accompli cette opération d'une manière satisfaisante, prit le titre de *Homero-matix*. Ce digne homme, pour toute récompense, eut le désagrément d'être crucifié sur l'ordre du roi Ptolémée.

Horace appelle son maître d'école, qui était partisan de ce système, *le fouetteur Orbilius (plagosus Orbilius)* ; Quintilien dénonce la pratique de fouetter des écoliers à cause de la sévérité et de la tendance dégradante, et Plutarque, dans son « Traité sur l'Éducation », dit : « Je suis d'avis que la jeunesse doit être poussée à suivre des études libérales et louables par des exhortations et des discours, et certainement pas au moyen des coups et des étrivières. Ce sont là des méthodes d'excitation plus convenables à des esclaves qu'à des hommes libres, sur lesquels elles ne peuvent produire d'autre effet que d'endormir l'esprit et inspirer le dégoût du travail, par suite du souvenir de la douleur et de l'indignité qu'on a eu à endurer dans cette punition. »

Un ancien philosophe nommé Superanus, qui commençait ses études après avoir dépassé l'âge de trente ans, croyait si fermement que le fouet était nécessaire dans l'éducation, que « jamais il ne s'épargnait soit les verges, soit les admonitions, afin de pouvoir apprendre tout ce que les maîtres ou professeurs pouvaient enseigner à leurs élèves. Plus d'une fois, on le vit dans les bains publics s'infliger lui-même les corrections les plus sévères. » Loyola se faisait traiter d'identique façon, même à un âge assez avancé. Molière a mis tout son talent pour ridiculiser et dépeindre un tel caractère dans sa comédie : *Le bourgeois gentilhomme*. M. Jourdain, absolument illettré, quoique arrivé à l'âge de raison, décide qu'il veut être gentilhomme et savant ; et, dans ce but, s'entoure des professeurs de musique, d'escrime, de danse, de philosophie — de tout ce qu'en un mot il pouvait imaginer. Mme Jourdain, aussi ignorante que son mari, mais douée d'un peu plus de bon sens, proteste contre tout ceci, et une fois lui demande d'un ton sarcastique : « N'irez-vous point, un de ces jours, vous donner le fouet, à votre âge? » A quoi M. Jourdain répond très convaincu : « Pourquoi non? |Plût à Dieu que je puisse tout à l'heure recevoir le fouet devant tout le monde, et savoir ce qu'on apprend au collège. »

« Des verges et des bâtons, écrit un auteur pédagogique, sont les glaives de l'école, que Dieu a confiés aux mains des maîtres qui ne devraient pas les manier en vain, mais s'en servir pour châtier les méchants ». Il dit plus loin que les verges et les bâtons sont les sceptres de l'école devant lesquels la foule des enfants doit baisser la tête. Même parmi les païens, qui n'avaient jamais entendu parler du précepte si sage de Salomon, la fustigation était très estimée pour élever la jeunesse. Les Péruviens fouettaient sans restrictions les jeunes générations et les natifs du Brésil donnaient la bastonnade aux enfants sur la plante des pieds. Deux garçons maintenaient le délinquant, tandis que le *molla* frappait ses pieds avec un bâton, et quelquefois assez violemment pour faire jaillir le sang de dessous les ongles. Les Caraïbes appliquaient également le bâton. Mais c'est dans les écoles européennes que nous trouvons les verges systématiquement préférées. Dans les écoles allemandes, autrefois les verges étaient appliquées vigoureusement : l'opérateur était appelé *l'homme bleu*. Non seulement des gamins, mais des jeunes gens, jusqu'à l'âge de dix-huit ou vingt ans, devaient subir cette correction. Quelques professeurs préféraient l'infliger de leur propre main ; mais, en général, c'était un homme masqué qui était chargé de l'opération, et comme il portait l'instrument de punition dissimulé sous un manteau bleu, on l'appelait *l'homme bleu*. La punition était infligée dans le passage attenant à la salle d'étude et en présence du professeur ; et bien peu de jeunes gens pouvaient se vanter, en quittant le collège, de n'avoir jamais passé par les mains de *l'homme bleu*.

On rapporte d'un maître d'école de la Souabe, que, pendant les cinquante et un ans qu'il avait eu la direction

d'une grande école, il avait administré neuf cent onze
mille cinq cents fois le bâton, cent vingt et un mille fustigations, deux cent neuf mille mises aux arrêts, cent
trente-six mille tapes sur les doigts avec une règle, dix
mille deux cents calottes, et avait donné vingt-deux mille
sept cents pensums à apprendre par cœur. On calcule
qu'il avait sept cents fois fait tenir des gamins nu-pieds
sur des pois secs, et les avait six mille fois fait se mettre
à genoux sur le bord aigu d'un morceau de bois, cinq
mille fois porter le bonnet d'âne et dix-sept cents fois
tenir les verges. Le même système prévalait à cette époque en France. Ravisius Textor, qui était recteur de
l'Université de Paris, dans une de ses épîtres, écrit ce
qui suit, concernant le traitement des écoliers : — « S'ils
transgressent les règlements, si on découvre qu'ils ont
menti, s'ils cherchent aussi à échapper du joug, s'ils
murmurent contre lui, ou s'ils se plaignent en quoi que
ce soit, qu'ils soient sévèrement fouettés ; on ne doit leur
épargner ni les verges, ni mitiger la punition jusqu'à ce
qu'il soit évident que leur orgueil est brisé, qu'ils deviennent plus doux que des moutons, et plus mous qu'une
éponge. Et lorsqu'ils s'efforcent par des discours d'apaiser le courroux du précepteur, que leurs paroles soient
emportées par le vent. »

En Angleterre, de tout temps l'écolier a été soumis
aux verges. Au moyen âge, on voyait des enfants recourir aux sanctuaires des saints, espérant y trouver protection contre la cruauté de leurs maîtres. Un gamin, dans
cet espoir, alla une fois s'attacher à la châsse de saint
Adrien, à Canterbury, et le maître, malgré la sainteté
du lieu, se mit en devoir d'infliger la punition. Le premier et le second coups tombèrent impunément, mais
alors le saint, outragé, raidit le bras du maître tandis

qu'il s'apprêtait à porter un troisième coup, et ce n'est qu'après qu'il eût demandé pardon au gamin, et que celui-ci eût intercédé pour lui, que l'usage de son bras lui fut rendu! On raconte une autre légende à ce sujet, où le miracle était encore plus surprenant : — Un enfant maltraité ayant couru, comme d'habitude, au sanctuaire, le maître déclara que pas même le Sauveur de l'humanité ne l'empêcherait d'infliger la correction. Là-dessus, on raconte qu'une colombe blanche vint se percher sur le tombeau du saint, et, en baissant sa tête et agitant ses ailes comme pour supplier, apaisa le courroux du maître et le fit tomber à genoux et implorer son pardon. De même, sainte Ermenilde était la patronne des écoliers d'Ély. Quelques-uns parmi eux avaient été demander protection à son sanctuaire, mais le maître d'école les arracha de leur lieu de refuge, et se mit à les fouetter de toutes ses forces (*usque ad animi satietatem verberat*). La nuit suivante le saint lui apparut, et paralysa complètement ses membres, dont usage ne lui fut rendu que lorsque ses élèves l'eurent porté eux-mêmes sur le tombeau de la sainte où il se présenta en pécheur repentant.

Tuser, dans des vers un peu rustiques, se plaint de la sévérité de la discipline scolaire. Il dit : —

> De l'école Saint-Paul on m'envoya à Eton,
> Pour apprendre à faire la phrase latine;
> Où je reçus comme leçon première
> Cinquante-trois coups de verges.
>
> Pour faute légère ou pour un rien,
> Je recevais quand même ma part de coups.
> Telle était, ô Udall, ta façon de faire
> A un pauvre petit gamin comme moi!

Il paraît qu'en ce temps-là, on fouettait les écoliers, non, pour un délit quelconque, ou pour un oubli, ou encore pour leur mauvais vouloir, ou même pour leur incapacité, mais tout simplement en vertu de la théorie abstraite qu'il était bon de les fouetter. Érasme nous affirme que c'est ce principe-là qui le fit fouetter. Il était cependant l'élève préféré de son maître, qui avait bon espoir dans ses dispositions et ses capacités, mais qui le fustigeait malgré cela, pour voir comment il supporterait la douleur, avec le résultat que les verges finirent par presque démolir l'enfant; sa santé et son esprit en furent brisés, et il finit par prendre ses études en aversion. Il parle aussi, sans le nommer, d'un autre pédagogue de mêmes dispositions. On croit qu'il fait allusion ici à Collet, doyen de l'église Saint-Paul, qui, quoique aimant beaucoup les enfants, et qu'étant au fond un bon homme, pensait qu'aucune discipline ne pouvait être trop sévère dans son école; et, lorsqu'il lui arrivait d'y dîner, on lui servait un ou deux garçons à fouetter en guise de dessert. En une de ces occasions, où Érasme était présent, il appela un jeune gamin de dix ans, très timide et très doux, qui lui avait été récemment instamment recommandé par sa mère, ordonna qu'il fût fouetté pour quelque faute imaginaire, et surveilla l'application de la peine jusqu'à ce que la victime se fût presque évanouie. « Non qu'il l'eût mérité, dit le doyen à Érasme présent, « mais parce que c'était le meilleur moyen de l'humilier. »

La fustigation était considérée comme tellement nécessaire à cette époque dans l'éducation, que dans le cas de princes dont il ne fallait pas entamer la peau délicate, on nommait d'office d'autres gamins pour se faire fouetter à leur place et sur le dos desquels on corrigeait sans merci les fautes de leurs maîtres princiers. Il existe une vieille pièce de théâtre publiée en 1632, dans laquelle un prince (supposé être Édouard III d'Angleterre), a le dialogue suivant avec son remplaçant au fouet :

« LE PRINCE. — Eh bien quoi, Browne, qu'y a-t-il?

« BROWNE. — Votre Grâce est paresseuse, et ne veut pas travailler; et pour cela, vos professeurs me font fouetter.

« LE PRINCE. — Hélas, pauvre Ned! j'en suis peiné. Désormais, je me donnerai plus de peine et intercéderai pour toi auprès de mes professeurs. »

Jacques IV d'Écosse avait pour camarade à fouetter sir David Lindsay of the Mount.

William Murray, père de la comtesse de Dysart, était page et camarade à fouetter de Charles Ier, en sa jeunesse. Le Sage cite un exemple d'un camarade à fouetter dans sa *Vie de Gil Blas :* Don Raphaël, en racontant son histoire au héros, dit qu'à douze ans, il avait été nommé compagnon du jeune marquis Leganez, dont l'instruction était très arriérée, et qui ne tenait pas à l'améliorer. Un des maîtres, à la fin, eut la bonne idée de fouetter don Raphaël pour les fautes de son maître, et ce, d'une façon tellement énergique, que don Raphaël fut contraint de prendre congé *à l'anglaise.*

Les princes modernes n'ont pas toujours joui de cette immunité. Georges III d'Angleterre, quand son professeur lui demanda comment les jeunes princes, ses fils, devaient être traités, répondit promptement : « S'ils le méritent, qu'on les fouette. Faites comme vous en aviez l'habitude à l'école de Westminster. »

Il est dommage que ces suppléants au fouet, que nous venons de mentionner, n'avaient pas *l'humour* de ce jeune garçon qui allait au fouet comme pour se divertir;

et on raconte en plaisantant, de ce garçon nommé Smith,
qu'une fustigation n'était pour lui qu'un jeu, et qu'il s'ex-
posait souvent volontairement à être fouetté pour son
propre amusement et pour celui de ses camarades.
« Comment! Smith, encore »! criait le maître à l'heure
habituelle de ces exécutions, et Smith, toujours prêt, affectait de se mettre à genoux, avec un gémissement lugubre, puis se relevant, disait en riant : « Veuillez, monsieur,
me permettre de mettre mon mouchoir sous mes genoux... Ces culottes ont coûté trente francs à mon père et
il m'a particulièrement recommandé de ne pas les salir. »
Le maître tout le temps hurlait de colère et criait :
« Qu'on le mette en place, qu'on le mette en place!
— Monsieur, disait Smith, soyez assez bon de frapper haut et doucement. » Alors, une fois en position,
il se retournait à chaque coup en faisant les plus horribles
grimaces, comme s'il souffrait une agonie atroce, et quand
l'affaire était terminée, il se levait allègrement, faisait
un profond salut au maître, en disant : « Monsieur, je
vous remercie. »

La plupart des écoles anglaises ont leur légende à ce
sujet, comme sur les maîtres qui étaient experts dans
l'art de flageller. On peut bien appliquer à nombre
de ces écoles les lignes suivantes qui se trouvent dans le
Maître d'école, du poète anglais Crabbe :

Les écoliers sont comme des chevaux sur la route,
Il faut les fouetter pour qu'ils tirent leur charge ;
Pendant quelque temps, ils marcheront fort bien,
Mais il faut le coup de fouet pour leur faire atteindre le but.
Dire à un gamin que s'il travaille mieux,
Il sera loué des amis, aimé de ses parents,
Équivaut à ne rien faire. — Il ne doute nullement

Que les parents ne l'aiment, que ses amis ne l'approuvent ;
Qu'un père indulgent ne se fie pas à l'ambition d'un fils,
Pour le faire travailler, il faut employer la force.

La façon de se procurer les verges au xvie siècle pour
l'école d'Uttoxeter, et l'esprit dans lequel il fallait accepter la punition, se trouvent exposés dans les « ordres »
du fondateur, qui sont développés en dix-sept paragra-
phes. Voici la teneur de ceux qui se rapportent aux verges.

« ITEM. — J'ordonne que tous mes écoliers aiment et
révèrent mon maître d'école et reçoivent de lui, genti-
ment, la punition de leurs fautes, sous peine d'expul-
sion.

« ITEM. — J'ordonne que tous mes écoliers, en entrant
pour la première fois à l'école, versent deux *pence* chacun
pour l'entretien d'un écolier pauvre, nommé par le
maître pour tenir l'école propre et pour fournir les verges. »

On raconte une histoire amusante de Richard Mul-
caster, de l'*École des Marchands tailleurs*. « Se trouvant
un jour sur le point de fouetter un écolier, dont les culottes étaient déjà baissées, il lui vint une idée bouffonne,
et, s'arrêtant un moment avant de frapper, il dit : « Je
déclare procéder à la publication de mariage entre le derrière de ce gamin, de telle et telle paroisse, d'une part ;
et dame Verge, de notre paroisse, d'autre part ; et si
quelqu'un peut produire une raison légale pourquoi ils
ne seraient pas conjoints, qu'il parle, car c'est la dernière fois que cette publication est faite. » Un hardi gaillard, d'esprit assez vif, se leva et dit : « Maître, je m'oppose
à la publication ! » Le maître, tout interloqué, dit : « Vraiment, galopin, et pourquoi ? » Le garçon répondit promp-

tement : « Parce que les parties ne sont pas d'accord ! »
Là-dessus, le maître auquel cette réponse si spirituelle
avait plu, épargna la punition à l'un et pardonna la pré-
somption de l'autre.

Le docteur Busby, directeur de l'école de Westminster,
était renommé pour la sévérité avec laquelle il aimait à
punir. On parle de son administration comme du « règne
terrible de Busby ». Mais quelques-uns de ses succes-
seurs ont rivalisé avec lui sous ce rapport. Ainsi, le docteur Vincent a également laissé un nom exécré. De lui,
on rapporte qu'il ne se contentait pas d'appliquer la
punition règlementaire, mais qu'il calottait les écoliers
et de plus les pinçait. Coleman a protesté contre cette
pratique, disant que si un pédagogue avait le droit de
faire rougir l'envers de son élève avec des verges, il
n'avait pas le droit de lui faire des bleus sur le visage et
sur le corps avec ses doigts. Pendant la direction de
Vincent, les élèves plus âgés fondèrent un journal intitulé
The Flagellant, qui excita tellement la colère de Vincent
qu'il commença un procès contre l'éditeur, et Southey [1],
qui avait écrit dans ce journal un article caricaturant le
docteur, vint publiquement s'en déclarer l'auteur, et fut
en conséquence obligé de quitter l'école.

Les écoliers de Westminster ont une fois administré
le fouet de l'école, à Curll, le libraire. Pope y fait allusion
dans une de ses lettres, disant que les écoliers de
Westminster avaient fait sauter M. Curll, le libraire,
dans une couverture, puis l'avaient fouetté ensuite.
Voici comment il s'était attiré le ressentiment de ces
jeunes gens : — En 1716, Robert South, prébende de

---

1. Southey, plus tard, devint un des poètes les plus distingués
de l'Angleterre.

l’école de Westminster, vint à mourir. A son enterre-
ment, une oraison latine fut prononcée par M. John
Barber, alors premier élève de la classe des écoliers du roi.
Curll, le libraire, par un subterfuge, réussit à se procurer une copie de l’oraison, qu’il imprima sans la permission de l’auteur. Les élèves résolurent d’en tirer vengeance. Sous prétexte de lui donner une copie correcte,
ils le firent venir dans la cour de l’école, et ce qui s’ensuivit est raconté par la *Saint-James’Post :* « Ayant eu la
malchance de se laisser attraper, jeudi dernier, par les
élèves, dans la grande cour de l’école, on lui fit faire
connaissance avec les brimades. On commença par le
passer à la couverte. Ceci fait, on le porta en triomphe
dans l’intérieur de l’école, et, après y avoir écouté, bien
malgré lui, une semonce toute académique sur l’indélicatesse de ses procédés et avoir été vertement tancé, on le
reconduisit dans la cour, et là, ayant été obligé à demander
à genoux pardon à M. Barber pour l’avoir offensé, il fut
expulsé avec accompagnement de coups de pied et sous
les huées et les lazzis de la foule assemblée au dehors. »

Cet incident a été rappelé dans une brochure représentant l’infortuné libraire dans une série de tableaux où
l’on voit d’abord figurer la cérémonie du passage à la
couverte et ensuite la flagellation qu’il subit, étendu sur
une table, et, en dernier lieu, demandant pardon à genoux, devant les écoliers assemblés, à M. Barber.

La verge en usage à l’école de Winchester n’est pas
en bouleau, mais composée de quatre tiges de pommier
fixées dans un manche en bois. L’invention de cet instrument est attribuée au docteur Baker qui a dirigé l’école
pendant trente-trois ans, de 1454 à 1487. Le mode d’application était minutieusement réglementé. Le délinquant
se mettait à genoux devant un banc ou bloc en bois, et

deux autres écoliers lui relevaient les vêtements et alors le maître lui appliquait la punition. En 1570, la reine Élisabeth honora l'école de Winchester d'une visite. Sa Majesté ayant demandé à l'un des jeunes écoliers s'il n'avait jamais fait connaissance avec la célèbre « verge Winton » ; il répondit avec beaucoup d'à-propos par une citation de Virgile :

Infandum, Regina, jubes renovare dolorem.

Grande reine, ce que vous m'ordonnez de dire
Renouvelle en nous le triste souvenir de notre sort !

L'école Shrewsbury était présidée au commencement de ce siècle, par un célèbre martinet, le docteur Butler, et l'on n'a pas oublié encore les fustigations qu'il administrait de la main gauche. Dans cette école se trouvait une petite pièce éclairée par un soupirail, où étaient renfermés les verges et le bloc de punition, et où l'on enfermait également les délinquants. On l'appelait le *trou noir*, ou quelquefois le *trou à Rowe*, du nom d'un garçon qui passait pour y avoir fait des apparitions assez régulières.

Le docteur Parr mérite une mention spéciale dans les annales de la flagellation. Il croyait fermement à l'utilité de cette pratique. A son école, à Norwich, il y avait généralement une séance d'application du fouet avant la terminaison des cours. L'homme qui lui fabriquait ses paquets de verges était un gaillard qui avait été condamné à la pendaison, mais dont la corde fut coupée à temps, et qui eut le bonheur d'être ressuscité par les chirurgiens. S'il faut en croire les dires de l'un de ses élèves, le docteur Parr avait l'habitude de recevoir des mains de cet aimable personnage les « verges avec une expression de figure dénotant chez lui une grande béatitude ».

Un autre de ses élèves parle de « l'éclair de son œil, le
tonnerre de sa voix et le poids de son bras. » Un jour
un des sous-maîtres vint lui dire qu'un de ses élèves
lui semblait doué de dispositions géniales. « Ah, vraiment? dit Parr, alors commencez à le fouetter dès demain matin. »

On fouettait activement à l'école de Rugby du temps
de la direction du docteur James, vers 1780 ; et on ne se
privait pas, en même temps, d'y employer fréquemment
le rotin.

Sous la direction du docteur Wooll, en 1813, un incident mémorable se produisit : Un jour, toute la classe
de quatrième, à l'exception du garçon qui était en train de
réciter sa leçon devant le maître, se sauva avant l'heure.
L'affaire fut de suite rapportée au docteur, qui ordonna
que tous les membres de cette classe recevraient le fouet
à trois heures de l'après-midi, avant le commencement
du troisième cours. Quelques minutes avant l'heure indiquée, le *porte-verge* fit son apparition, et les préparatifs de la cérémonie furent rapidement menés. A l'heure
dite, le docteur Wooll fit son entrée, et commençant par
le n° 38, il les fouetta tous, y compris le malheureux garçon qui ne s'était pas sauvé. Il ne fallut qu'un quart
d'heure pour donner à chacun des trente-huit élèves son
dû.

Un jour que le docteur Wooll montrait à feu lord
Lyttleton, la chambre où l'on avait l'habitude de fouetter,
il demanda à son noble visiteur : « Quelle serait l'inscription la plus appropriée ». « Beaucoup de bruit et fort
peu de laine », (le mot wooll en anglais veut dire laine),
répondit le lord, faisant ainsi allusion à la petite taille du
docteur.

La note suivante se trouve jointe à une lettre de

Mme Piozzi, adressée à Sir James Fellowes, de Bath, le
30 mars 1819. « J'avais rencontré M. Wickens, il y a de
cela quelques jours chez Mme Piozzi. Comme nous étions
tous les deux d'anciens confrères de Rukby, la conversation roulait sur le mode de punition des élèves en
vigueur dans cette école du temps du Dr James, quand
Mme Piozzi nous raconta l'histoire de Van Dyck, qui,
encore gamin, fit d'abord montre de son génie d'une
façon toute particulière en peignant sur le derrière d'un
camarade qui devait être fouetté le portrait exact du maître qui allait infliger la punition; celui-ci fut tellement
étonné et amusé en même temps qu'il se mit à rire et
renonça à punir l'élève. La façon dont Mme Piozzi nous
raconta cette histoire était extrêmement comique. » On
rapporte également une anecdote montrant de quelle
façon les gamins acceptaient leurs corrections autrefois.
Elle se trouve dans *The Guide to Eton*[1].

« Il y a environ soixante-dix ans de cela, — à l'époque
où les élèves qui avaient à subir une correction étaient
encore maintenus par deux de leurs camarades de collège,
Sir Henry B — n qui venait d'être fustigé, releva la tête
et regardant en souriant les deux collégiens qui le maintenaient encore, quoique sa punition fût terminée, leur
dit : « Messieurs de la *robe noire*, je crois que la cérémonie est terminée. »

A Éton, la pratique est très en honneur et date de
longtemps. Nous disons *est en honneur*, car, lors de la
nomination du dernier directeur le Révérend M. Hornby,
le capitaine[2] de l'école, au nom de ses camarades, lui
remit, à titre de présent honorifique, une élégante bras-

----

1. Le *Guide pour Eton*.
2. Premier élève.

sée de verges nouée par un ruban bleu. L'instrument usité à Éton consistait en trois longues tiges de bouleau (sans branches), entourées de ficelle sur environ un quart de leur longueur, et on inscrivait dans le compte de chaque élève une demi-guinée (13 fr. 10 c.), pour frais de bouleau, qu'il eût été fouetté ou non. Le Dr Keate était parmi les plus renommés des fouetteurs de cette école ; il devait sa renommée à la rapidité avec laquelle il dépêchait ce qui était inscrit sur la liste des punitions.

Les mœurs régnantes au collège d'Éton ne permettaient nullement de considérer comme une honte ou comme une humiliation le fait d'avoir été fustigé. Parfois même, ceux d'entre les élèves qui ne l'avaient pas été encore, y voyaient une lacune dans leur jeune carrière et il arrivait alors qu'ils se faisaient fouetter de leur plein gré, pour y avoir passé comme les autres.

Un jeune homme de dix-huit ans avait été condamné à être fouetté pour avoir fumé, mais, sur l'avis de son père, il refusa d'accepter sa punition, et pour cela, fut expulsé du collège. Au temps jadis, c'était le vendredi, le jour néfaste, qui était réservé pour la fustigation à Éton.

Parmi les pères fouettards qui figurent dans les annales du collège d'Éton, comme il a été déjà dit, se trouvait le Dr Keate, dont le règne commença en 1809 et se continua pendant un quart de siècle. On a conservé beaucoup de réminiscences amusantes de sa prédilection pour les verges. L'auteur de *Eothen* donne le portrait suivant du docteur : — « Il n'avait guère, si même il les avait, plus de cinq pieds de haut, et n'était pas très large d'épaules ; mais dans cet étroit espace se trouvait concentré le courage de dix bataillons. Il avait réellement la voix très noble, qu'il savait moduler avec beaucoup d'habileté, mais il avait aussi le pouvoir de crier, en faisant des couacs comme un canard en colère et c'était presque toujours ce mode d'intimidation qu'il employait pour inspirer le respect. C'était un savant de premier ordre, mais son savoir varié n'avait pas *adouci ses mœurs*, et l'avait au contraire rendu féroce, terriblement féroce. Il était si bien maître de son caractère — je veux dire quand il était bon — que rarement il le laissait paraître ; on ne pouvait pas le mettre de mauvaise humeur — c'est-à-dire de la mauvaise humeur qu'il considérait comme convenable pour un directeur d'école. Ses sourcils rouges, en broussailles, étaient tellement proéminents et mobiles qu'il s'en servait habituellement comme des bras et des mains, pour diriger l'attention sur un objet quelconque qu'il désirait signaler. Le restant de ses traits était également frappant à leur façon, et lui imprimaient une originalité toute particulière. Il portait un habit de fantaisie, ressemblant en partie au costume de Napoléon et en partie à celui d'une veuve. »

On rapporte de lui une bien bonne histoire, relative à sa manie fustigatrice : « Un jour, à l'occasion d'une confirmation[1] à laquelle il devait être procédé au collège, chaque professeur fut prié de dresser une liste de ses candidats et de le faire sous telle forme qui lui plairait le mieux. Un des professeurs inscrivit les noms sur le premier morceau de papier qui lui tomba sous sa main, et qui se trouvait malheureusement être une de ces longues bandes de papier de forme et de dimension bien connues, qu'on employait pour inscrire les noms des délinquants et qui était envoyée régulièrement chez le directeur pour qu'il décidât des suites qu'il fallait y donner. La liste ayant été remise au Dr Keate sans autre expli-

---

1. Correspond à notre première communion.

cation, ce dernier envoya chercher les gamins comme
d'habitude, et, en dépit de leurs protestations, montrant
du doigt la signature du maître au bas de la liste, il les
fouetta tous, à tour de bras. »

Un autre jour, un délinquant qui avait été porté sur la
liste des punitions devint introuvable, et le docteur fut
obligé d'attendre sa victime, sur le lieu du supplice ;
alors, par un effet du hasard, un autre élève du même
nom que celui qui manquait à l'appel venant à passer
devant la porte, Keate le fit saisir, et lui fit incontinent
subir la punition à la place de son homonyme. Le manquement à l'appel était puni par le fouet. Un jour Keate
imposa un appel supplémentaire à toute une division
d'élèves à titre de punition. S'étant consultés, les élèves
décidèrent qu'aucun d'eux ne se présenterait à l'appel.
Quand le docteur arriva il se trouva tout seul. Comme
il donnait ce jour-là un dîner chez lui, il s'était levé de
table pour faire l'appel en question. Ne voyant personne,
il réunit tous ses aides et attendit jusqu'à ce que toute
la division se trouvât au complet devant lui. Alors il se
mit à l'œuvre et les fouetta tous — environ quatre-vingts
— et s'en retourna vers ses hôtes aussi calme et aussi
aimable que d'habitude.

On ne connaît qu'un seul cas où un condamné ait
échappé aux verges du docteur Keate : Un gamin qui
venait de commettre une faute envisageait la perspective
de sa première punition avec beaucoup de crainte.
Quelques-uns de ses camarades lui avaient recommandé
avec malice une préparation de noix de galle comme une
recette infaillible pour rendre la surface de la peau absolument insensible à la douleur. Le résultat de cette application peut être plus facilement imaginée que décrite.
Il était impossible de présenter le gamin au docteur en

cet état, et le délinquant ayant confidentiellement dévoilé la chose au maître chez lequel il logeait, ce dernier se rendit chez Keate pour lui expliquer l'impossibilité qu'il y avait de procéder à l'opération sans courir les risques de compromettre le sérieux du directeur aussi bien que de faire conserver le leur aux élèves spectateurs : un pensum de quelques centaines de lignes remplaça en conséquence la peine corporelle.

« Parmi les nombreuses anecdotes sur le « vieux Keate », dit le *Saturday Review,* la meilleure est peut-être celle d'un élève qui vint prendre congé de lui : — « Vous semblez me connaître très bien, dit le directeur ; mais je ne me rappelle pas d'avoir jamais vu votre figure avant ce jour. — Vous connaissiez évidemment, monsieur, bien mieux mon autre figure, répondit avec effronterie le jeune homme. »

Une anecdote semblable a été mise en vers comme suit :

Un ancien Étonien rencontrant un jour son ex-maître,
Lui tendit la main ; mais fut très étonné
De voir que Keate ne le connaissait pas :
« Docteur ! lui dit-il, vous m'avez maintes fois fouetté
Et cependant je vois que vous ne me connaissez plus.
— Même maintenant, dit Keate, je ne puis me rappeler votre
[nom
Tant les derrières des gamins se ressemblent tous ».

Il y a cent ans, et même bien plus tard, les punitions à l'école de *Christ's Hospital* étaient sévères et fréquentes. Les moniteurs ou chefs de dortoir avaient le droit de châtier les élèves qu'ils surveillaient, et ils ne se faisaient pas faute d'user et d'abuser de ce droit. Parlant de ses moniteurs, Charles Lamb dit : « J'étais obligé de sortir de mon lit, *réveillé en sursaut* dans les plus froides nuits de l'hiver — et ceci pas une fois, mais plusieurs nuits de suite — en chemise, pour recevoir une fessée avec une courroie en cuir, en même temps que onze autres victimes, parce qu'il plaisait à notre surveillant cruel, quand il avait entendu causer après l'heure du coucher, de rendre les six derniers lits, dans le dortoir où couchaient les plus jeunes enfants, responsables d'une faute qu'ils n'auraient jamais osé et qu'ils n'avaient, d'autre part, le pouvoir de prévenir. »

Les élèves du Roi, comme on désignait ceux qui étaient destinés à la marine et qui étudiaient la navigation sous William Wales, avaient particulièrement à souffrir, car, pour les habituer aux fatigues de la vie de marin, Wales élevait ses gamins avec une sévérité spartiate, usant du fouet à chaque instant et d'une main impitoyable. Ces châtiments devaient être supportés avec patience, et cette méthode d'élever, quels que pouvaient être ses effets ultérieurs, avait pour résultat immédiat de rendre ces jeunes gens très durs, endurants, mais en même temps développait en eux des instincts brutaux, ce qui les rendait sévères envers les élèves plus jeunes qu'eux. Ils étaient la terreur des jeunes ; mais il faut convenir en même temps qu'ils maintenaient la bonne renommée de l'école en dehors ; les apprentis et les garçons bouchers professaient un craintif respect pour les facultés combattives de ces Étoniens. La punition ordinaire pour les élèves qui s'évadaient était, la première fois, les fers ; pour une deuxième faute de ce genre, le délinquant était enfermé dans une cellule assez large pour lui permettre de se coucher tout de son long sur la paille et avec une couverture, et qu'éclairait à peine un pâle rayon de lumière pénétrant à travers une étroite lucarne. L'emprisonnement était absolument solitaire —

le prisonnier ne voyant que le portier qui lui apportait
du pain et de l'eau, ou le bedeau qui venait deux fois
par semaine lui faire prendre l'air et lui infliger une
fustigation.

Une troisième tentative d'évasion était généralement
la dernière, parce qu'alors le délinquant, après certaines
formalités, était chassé de l'école. Le coupable, dépouillé
de l'uniforme de l'école et recouvert d'une robe de pénitence, était amené de sa cellule dans le grand hall où se
trouvaient assemblés tous ses camarades, l'économe, le
bedeau, qui était en même temps l'exécuteur et qui,
pour la circonstance, revêtait ses habits de cérémonie;
deux des administrateurs étaient également présents
pour certifier que l'extrême rigueur de la loi avait été
observée. Le coupable, porté sur les épaules d'un aide,
était lentement fouetté autour du hall par le bedeau, et
alors formellement remis à ses amis, s'il en avait, ou à
l'officier de sa paroisse qui stationnait devant la porte.

ANECDOTES SUR LA FUSTIGATION A L'ECOLE

Dans le bon vieux temps, la fustigation était permise
par les statuts de beaucoup de collèges; c'était la récréation préférée des doyens, maîtres et censeurs de l'époque. Le docteur Potter, du collège de la Trinité (à Oxford), fouetta un collégien quoiqu'il eût déjà atteint
l'âge d'homme et qu'il portait une épée au côté, et le docteur Bathurst, président de ce collège, avait l'habitude
de surprendre les étudiants le fouet à la main, quand il
les rencontrait se promenant à des heures indues dans
les bosquets. Le docteur Johnson, dans ses *Mémoires de*

Milton, dit : « J'ai honte de le dire, mais je crains bien que ce ne soit vrai, que Milton ait été l'un des derniers étudiants de l'une ou de l'autre université qui eût eu à à subir l'indignité publique de la correction corporelle. » Aubrey rapporte l'histoire de la fustigation de Milton par le docteur Chappell, à Cambridge, après laquelle il fut transféré aux cours d'un certain docteur Tovel. Mais il existe une autre version d'après laquelle ce serait le docteur Johnson lui-même qui aurait été fouetté à Oxford. Mais il n'y a rien qui vienne appuyer ces dires ; il faut donc que cette question de savoir si c'était Milton ou Johnson qui ont été le dernier à recevoir les verges dans une université reste indécise. Dans le *Dublin College Journal*, les actes de certains étudiants élevés dans ce séminaire étaient enregistrés sous la rubrique : *Educatus erat sub ferula* — c'est-à-dire : « *était élevé sous la férule* », d'où l'on peut déduire que leur éducation était activée au moyen des verges.

L'usage excessif de ce mode de punition dans les écoles, à l'époque dont nous parlons, amena la coutume du « barrage », c'est-à-dire un effort de la part des élèves d'exclure le maître d'école du lieu de ses travaux habituels. Cette coutume était très générale dans des villes de seconde importance et dans les grands villages et se produisait généralement vers Noël. Si les élèves arrivaient à « barrer », c'est-à-dire à exclure de l'école leur maître pendant trois jours, le pédagogue vaincu était obligé de signer des capitulations relatives au nombre de jours de congé, aux heures de récréation et en matière de discipline. Si, au contraire, l'essai avortait, les élèves étaient obligés de se soumettre à son bon vouloir, en ces matières, et aussi de subir une quantité illimitée de flagellations.

On raconte que Joseph Addison était un jour le chef
d'un « barrage » de ce genre à l'école de grammaire [1] de
Lichfield, vers 1684 ou 1685. Le *Gentleman's Magazine*
de 1828 nous rapporte un fait semblable qui eut lieu,
probablement vers le commencement de ce siècle, à
l'école de grammaire de Ormskirk, dans le Lancashire.
Quelques jours avant les vacances de Noël, les élèves les
plus âgés résolurent de faire revivre l'ancienne coutume
de « barrer » le maître. Bien des années s'étaient écoulées
depuis qu'une tentative de ce genre ne s'était produite.
Les écoliers avaient entendu parler des glorieux faits de
leurs ancêtres, lorsqu'ils mettaient au défi, pendant des
jours entiers, le fouet de leur maître. Ce fut le premier
de la classe de grec qui en prit la direction, et, assem-
blant autour de lui ses camarades, il leur adressa l'allocution suivante en style emphatique : « Mes camarades,
demain nous devons barrer en dehors notre *pasteur-
fouetteur* pour le forcer à promettre que désormais il ne
nous fouettera plus sans cause, ni ne nous privera de
nos jours de congé. Les élèves de la classe de grec
seront vos capitaines et moi je serai votre général. Ceux
qui ont peur n'ont qu'à se retirer et se contenter d'être
fouettés à l'avenir ; mais, vous qui avez du courage et
qui savez ce que c'est que d'être fustigé sans cause, venez
ici apposer vos signatures. »

Le lendemain, le plan fut mis à exécution, et lorsque
le maître apparut, il trouva la porte de l'école fermée et
barricadée et les gamins qui s'y trouvaient armés de
bâtons, de tisonniers, de vieux pistolets, etc., décidés
à défendre la place à outrance. Le maître, après avoir
vainement tenté d'entrer et s'étant fait frapper sur la

---

1. École supérieure.

tête, envoya chercher le constable. A l'arrivée de l'autorité civile, les gamins eurent peur et proposèrent de se rendre. Quelques-uns s'échappèrent par les fenêtres de derrière; les autres se rangèrent en deux lignes, les armes à la main. La porte fut ouverte — le maître fit son entrée, dénonçant sa vengeance à tous ceux qui étaient compromis. Mais, en même temps qu'il faisait son entrée, les deux files d'élèves sortirent, et il se trouva seul avec une école vide. Par la suite, il fut décidé que les meneurs ne rentreraient qu'autant que leur grâce, sans conditions, serait accordée. Et de fait, il y en eut tant qui ne rentrèrent pas que le maître crut prudent de remettre à plus tard la fustigation dont il les avait menacés.

Sur la flagellation telle qu'elle est pratiquée aujourd'hui dans les écoles en Angleterre, les rapports de commissions d'enquêtes sur les écoles nous fournissent quelques données. D'après le rapport de M. Giffard sur les écoles du Surrey et de Sussex, nous trouvons que dans vingt-deux pensions, c'est-à-dire environ 73 p. 100, la punition corporelle, d'une façon quelconque, était usitée, mais dans presque chaque cas l'usage de la canne et des verges est extrêmement rare et l'infliction de la punition n'est en aucun cas confiée à un maître; cette punition n'est infligée que pour le mensonge, une conduite indécente, les jurements, l'insolence et les offenses contre la morale. Les autres punitions consistent en pensums, en amendes et en arrêt d'argent en poche. Dans toutes les écoles de fondation, les verges sont encore en usage. M. Giffard rapporte que les récits des maîtres d'école sur l'efficacité des punitions corporelles diffèrent considérablement. Le docteur Lowe, de Hurstpierpoint, dit : « C'est une bonté positive envers le gamin. » Un maître d'école privé dans le comté de Sussex dit que la discipline de son école avait été ruinée par l'exclusion de l'usage de la baguette.

Ailleurs, le rapporteur affirme que cet usage était dégradant et d'une nécessité problématique. Mais, en général, les maîtres aussi bien que les élèves semblaient préférer ce remède bref et rapide à des pensums 'ou à des privations de liberté. Ce sont les parents qui s'y opposent le plus, et des écoles privées ont été forcées de céder à leurs désirs. On cite dans ce district deux cas de maîtres d'école qui ont abusé de leur pouvoir d'infliger la punition corporelle. L'un était celui de Hupley, qui souleva pas mal de sensation il y a quelques années ; l'autre était celui d'un sous-maître d'une école de fondation, qui avait été cité devant un magistrat et mis à l'amende pour cruauté envers un élève. De tels cas sont heureusement fort rares.

Dans son rapport sur les écoles au pays de Galles, M. Bompas dit qu'il n'y a presque nulle part de corrections corporelles. Jamais les verges, et très rarement les baguettes, ne sont employées dans les écoles de filles de ce district ; on a inauguré un nouveau genre de punition qui semble être très efficace — c'est-à-dire d'envoyer la délinquante au lit. — Dans le Northumberland, les moyens de coercition, d'après le rapport de M. Hammond, sont des pensums et la correction corporelle, infligée avec la férule ou la baguette ; cette punition est réservée aux garçons. Heureusement pour les enfants, il n'existe pas un seul bouleau dans tout le pays, et la fustigation comme en ancien temps y est inconnue ! Il en est à peu près de même dans les écoles du Lancashire : La baguette est le remède auquel on a recours en dernier lieu pour pallier le vice ou l'insubordination, et, comme le membre du comité, M. Bryce, l'a constaté, il n'y a qu'une seule verge employée régulièrement dans tout le comté. Aux Liverpool Institute Schools, la fustigation est tolérée, mais ne doit être administrée que par le directeur en chef en personne. Un monsieur interrogé sur ces écoles dit que, d'abord, on avait essayé du système des simples admonitions, mais que cela avait tellement manqué son but, qu'on avait dû finalement y introduire la punition corporelle. M. Mason, du *Denmark Hill School,* emploie la baguette et les verges, la première comme allant mieux aux élèves plus âgés et les dernières pour les plus jeunes. Seulement il se réserve à lui-même exclusivement le droit d'administrer ces punitions. M. C. H. Pinches, directeur de *Clarendon House School,* un établissement privé, dit aux membres de la commission d'enquête : « Je suis l'ennemi des accessoires du fouet — c'est-à-dire de mettre bas le pantalon, et ainsi de suite, et vous serez peut-être étonnés d'apprendre que, l'autre jour, j'ai refusé d'accepter deux pensionnaires parce qu'il me répugnait d'employer sur eux les verges comme le voulait la dame qui désirait les placer chez moi. Je pense, en ce qui concerne la punition elle-même, que les verges sont préférables, mais je n'en aime pas les accompagnements. »

Les membres du comité français firent remarquer que les écoles anglaises ont « un genre de punition » que nous ne devrions pas envier — c'est-à-dire la punition corporelle qui, chez nous, est réservée pour les petits enfants ». Leur rapport conclut que — « le fouet est une de ces anciennes traditions qui survivent parce qu'elles ont survécu. Un étranger peut à peine concevoir avec quelle persévérance les maîtres d'école anglais s'attachent à cette vieille et dégradante coutume.

« Dans les ouvrages du docteur Arnold, nous avons pu lire une éloquente dissertation en faveur de la flagellation, mais qui ne nous a pas le moins du monde convaincu, on est bien étonné de voir des maîtres d'école anglais ne pas hésiter à faire ôter un vêtement que la pruderie de leur langue empêche de nommer. »

D'un autre côté, on rapporte beaucoup de cas où ce furent les maîtres d'école qui reçurent le fouet de leurs élèves. Dans la plupart de ces cas, ce furent des élèves plus avancés en âge conduits par l'un d'eux qui avait eu le plus souvent à subir cette punition, qui se saisirent du malheureux pédagogue au moment où il s'y attendait le moins, et s'en rendirent maîtres par la force. Alors, après l'avoir étalé sur une table, ou hissé sur l'estrade à fouetter, ils lui fournirent une preuve éclatante de la bonté de ses propres verges.

En Écosse, la flagellation dans les écoles était poussée au même degré qu'en Angleterre, seulement l'instrument qu'on avait l'habitude d'employer se composait. d'une courroie assez épaisse et longue avec l'extrémité plusieurs fois entaillée. Les instruments pour la discipline de l'école de la paroisse de Dundonald pour l'année 1640 ont été conservés; ils indiquent la façon dont la flagellation devait être appliquée. Après les articles ayant trait à la règlementation des prières, etc., il est enjoint au maître d'apprendre de bonnes manières à ses élèves. « Comment se comporter convenablement et courtoisement envers tous, supérieurs, inférieurs ou égaux. Le maître était tenu de nommer un censeur secret, qui avait pour mission d'informer le maître de tout ce que pouvaient faire les élèves, et, « selon la nature et la gravité des fautes commises, le maître infligerait les punitions, frappant les uns sur la main avec une baguette

en bois ou une courroie, d'autres sur le dos, mais jamai
et en aucun cas, sur la tête ou sur les joues ». On con
seillait de plus au maître de réprimer toute insolence
et d'imposer le devoir plutôt par une attitude grave e
autoritaire que par des coups; il ne devait cependan
aucunement négliger le fouet quand cela devenait néces
saire.

Ce n'était pas toujours d'une façon aussi sérieuse qu
la punition corporelle était appliquée en Écosse. Dan
la haute École d'Édimbourg, un des maîtres, nomm
Nicol, avait de temps en temps une demi-douzaine d
malheureux à fouetter en même temps; et à cet effet, i
les mettait en rang. Quand tout était prêt, il envoyai
poliment prévenir un de ses collègues, « de venir enten
dre jouer son *orgue* ». Celui-ci, s'étant rendu à l'invita
tion, M. Nicol commençait par infliger une rapide fus
tigation superficielle en descendant et en remontant l
rang, provoquant chez les patients une gamme de gémis
sements très variée. Son collègue s'empressait de saisi
la première occasion pour lui rendre la pareille, en l'in
vitant à assister à une opération du même genre.

Le maître d'une école de grammaire dans le centre d
l'Écosse, il y a quatre-vingt-dix ans de cela, était un parti
san convaincu de la flagellation. Ce digne homme, nomm
Hacket, pratiquait tous les genres de flagellation en vogu
à cette époque; la punition la plus anodine était l'application des courroies sur les mains. D'autres fois, le coupable était étendu sur une table, maintenu d'une main e
flagellé de l'autre. Quelquefois, on forçait le gamin à
marcher entre deux planches pendant que le maître le
fouettait par derrière. Les garçons peu intelligents
étaient fouettés pour leur manque de mérite, et ceux qui
étaient plus intelligents pour ce qui manquait à leurs

camarades. Parmi ceux de la première catégorie, se
trouvait un nommé Anderson qui avait eu à maintes
reprises à savourer l'amère jouissance du bouleau pour
stimuler ses facultés. Ses punitions avaient été si nombreuses et si injustes qu'il en conçut les plus féroces sentiments de vengeance à l'égard de son maître. Il quitta
l'école, alla dans l'Inde, y acquit une fortune, puis
revint terminer ses jours en Écosse. Pendant sa longue
résidence dans l'Inde, il n'avait jamais oublié ses injustes fustigations à l'école, ni sa détermination de se venger de Hacket. En arrivant en Écosse, il acheta un fouet,
puis il se rendit jusqu'à la ville où il avait été élevé, et
ayant commandé un dîner pour deux personnes à l'hôtel, envoya un message à Hacket, (qui s'était retiré de sa
profession), l'invitant à dîner avec un ancien élève. Le
vieil Hacket accepta l'invitation, s'habilla de son mieux,
et se rendit à l'hôtel. Là, il fut introduit dans une pièce,
où il vit un monsieur, qui, dès qu'il fut entré, ferma
la porte à clef, et alors, prenant le fouet à la main, il se
présenta, apprenant à Hacket surpris qu'il avait l'intention
maintenant de le punir pour les nombreuses flagellations
qu'il lui avait fait subir à l'école. Ce disant, il lui ordonna
de se dévêtir et de recevoir sa punition. Mais la présence
d'esprit de Hacket ne lui fit pas défaut dans ces circonstances critiques. Il reconnut que peut-être il avait été
autrefois un peu trop sévère envers ses élèves, mais
qu'en tout cas, s'il devait être puni, il aimerait mieux
dîner d'abord et être fouetté ensuite. Anderson ne pouvait
qu'aquiescer à une proposition aussi raisonnable, quoique intérieurement il était décidé à ne pas lâcher Hacket
qui ne perdrait rien pour attendre. Ils se mirent donc à
table, le dîner fut excellent, et la conversation du vieil
Hacket avait tant de charme et il se montra si agréable

que, peu à peu, Anderson sentit faiblir ses idées de vengeance. A la fin, il y renonça complètement, et non seulement Hacket rentra à son domicile en parfaite sûreté mais son ancien élève avait insisté pour l'accompagner jusqu'à sa porte.

Nous possédons une collection considérable d'anecdotes de punitions d'écoles en Écosse, mais ayant entre elles une telle analogie, que nous n'en reproduirons qu'une ou deux comme échantillon. Même aujourd'hui, l'ancienne façon de fouetter des garçons et même des filles subsiste dans quelques districts éloignés de l'Écosse, et, il y a quarante ans le *houpsy-doubsy*, comme on appelait le fait (être renversé sur les genoux du pédagogue) était pratiqué même dans les écoles d'Édimbourg. Un dignitaire de l'Église presbytérienne écossaise, qui à l'époque indiquée, était simple instituteur dans une petite école de village, avait l'habitude de régulièrement fouetter ses élèves, mâles et femelles, et cela au su de leurs parents. Autrefois, il punissait ses élèves sans les faire dévêtir, mais trouvant un jour qu'un gamin avait introduit dans ses culottes un morceau de peau pour atténuer la violence des coups, il insista par la suite à appliquer la punition à l'antique façon.

Le gamin qui avait imposé à son maître cette nouvelle méthode fut affublé par ses camarades du sobriquet de *Doublé de Cuir* qui lui resta par la suite.

On nous rapporte qu'autrefois des peaux d'anguilles servaient pour fouetter les élèves. Dans un village de pêcheurs, près d'Édimbourg, le maître d'école, il y a quelque quarante ans, s'en servait pour flageller ses élèves, et on dit que les femmes des pêcheurs du village gratifièrent un jour un galant de la ville, qui vint courtiser une des jeunes filles de l'endroit, d'une bonne fustigation, car il était de règle que les pêcheurs ne devaient se marier qu'avec gens de leur métier : l'instrument employé était un paquet de peaux d'anguilles desséchées.

Un noble écossais quelque peu excentrique, avait été, tout enfant, fréquemment fouetté dans une école dirigée par une vieille dame, alors qu'il n'avait aucune perspective de devenir un homme titré. Peu après avoir été mis en possession de ses biens et de son titre, il insista pour être encore une fois fouetté par sa vieille maîtresse d'école. Pour sa condescendance en cette occasion, il lui fit cadeau d'une somme de cent livres sterling. Tout récemment, on tenta de légiférer en matière de flagellation domestique et scolaire. Le marquis de Townsend présenta à la Chambre des lords un projet de loi pour mieux protéger les enfants, les domestiques, et les apprentis. Ce projet tendait à interdire, tant aux maîtres d'école qu'aux répétiteurs ou aux précepteurs, ayant charge d'enfants au-dessus de seize ans, d'infliger d'autre punition corporelle que la flagellation au moyen de verges et en outre à interdire l'infliction de cette peine pour le manquement à l'exactitude ou pour des fautes d'inattention. Un article du projet interdisait à un patron ou à une patronne de frapper un apprenti ou une domestique. Cette dernière clause était absolument superflue puisque la loi telle qu'elle existe actuellement prévoit ce cas. Dans la discussion, à la suite de laquelle le projet fut retiré, on fit ressortir que si la loi était votée l'emploi du seul instrument vraiment efficace de la discipline scolaire en Écosse, la courroie, deviendrait illégal, et puisque les garçons écossais ne sont d'habitude pas fouettés avec des verges, il ne restait aucune sorte de châtiment corporel qui permettrait à un maître d'école, ou même à un parent, de corriger un gamin récalcitrant.

DE LA FLAGELLATION DES JEUNES FILLES

Au siècle dernier, dans les pensionnats de demoiselles en Angleterre, on fouettait les jeunes filles sans les épargner et il en était de même pour les jeunes dames jusque vers 1830. Afin de ne pas dévier de l'ordre chronologique, nous reproduisons ici le compte-rendu de la discipline exercée dans une pension de jeunes dames vers la fin du siècle dernier, extrait d'une lettre écrite il y a quelques années, et qui éclaire la question d'un jour tout nouveau :

« Ma chère petite fille,

« Je ne devrais pas vous appeler *petite* puisqu'il paraît que maintenant les demoiselles au-dessus de douze ans prétendent être considérées comme des dames.—Je vous envoie ci-joint un paquet de jolies choses que j'avais promis de vous porter moi-même à l'École. Ah! ma chérie, les choses étaient bien différentes de mon temps! et je vous envoie également à vous, et à vos sœurs, ce que vous m'avez tant de fois demandé — c'est-à-dire le récit de ce qui se passait à l'école quand j'étais jeune. — Je l'ai rédigé moi-même, ou plutôt je l'ai dicté à ma femme de chambre, Martha. Dieu merci, j'ai encore bonne mémoire, malgré mes quatre-vingts ans sonnés ; mais je possède, en outre, beaucoup de notes prises à cette époque, et de lettres qui m'ont aidée dans ma tâche.

Ma chérie, je n'avais que douze ans lorsque je fus envoyée à l'école. C'était à *Regent House*, à Bath ; le voyage d'ici, y compris un court séjour à Londres,

dura une semaine. Aujourd'hui, on n'est pas en peine
d'équiper les jeunes filles pour les envoyer à l'école,
mais à cette époque, il en était tout autrement. Ma mère
avait fait retourner toutes les vieilleries que contenait la
maison, et les avait fait passer en revue, pour voir ce
qu'on pouvait confectionner pour moi ; car, alors, les
robes étaient de véritables vêtements, et passaient en
héritage, de mère en fille, non pas comme les choses
légères qu'on fabrique aujourd'hui, qu'on porte une demi-
douzaine de fois et qu'on ne voit plus que chez les mar-
chandes à la toilette. Et ma mère possédait une garde-
robe qui était l'envie de tout le voisinage. J'étais une
jeune personne de qualité et mon trousseau était relativement de choix. J'avais six robes : les jeunes dames n'en
penseraient pas grand'chose aujourd'hui, mais alors,
c'était beaucoup ; j'avais aussi toute une collection de
mitaines de différentes couleurs. On portait les cheveux
coiffés à l'anglaise avec des chapeaux fort petits, et posés
sur le haut de la tête ; sans doute, aujourd'hui, on les
trouverait fort laids, mais, ils nous paraissaient alors fort
beaux. C'était alors, comme aujourd'hui, une question
de mode, il y avait même une époque antérieure où les
femmes portaient des coiffures de deux pieds de haut
avec, pour ornements, des chariots, des navires et des
animaux. Ma grand'mère portait, à ma souvenance, dans
ses cheveux, comme un ornement, un carrosse à quatre
chevaux en verre soufflé, et elle s'en affublait seulement
dans les grandes occasions. Mais de mon temps la mode
était plus simple. En tout cas, j'étais admirablement
montée en toilettes pour cette époque. Je passai un jour
ou deux à Londres, et mon oncle me mena au théâtre
voir *le Mariage clandestin* et *la Vierge Démasquée*,
deux pièces alors très en vogue.

De Londres à Bath, le voyage nous prit deux journées,
et nous arrivâmes à l'Institution dans la soirée du second jour. Les demoiselles Pomeroy, qui tenaient cette
pension, passaient pour très distinguées. Elles avaient la
réputation d'inculquer à leurs élèves toutes les grâces et
les talents qui leur étaient nécessaires dans la société.
Mon trousseau fut examiné et approuvé, à l'exception de
mes corsets, qu'on ne trouva pas assez raides, et qu'on
envoya immédiatement faire changer; Mlle Pomeroy
disait, en effet, que des jeunes filles n'avaient pas besoin
de balancer leur corps comme des laitières. Elle ne le
faisait jamais, et nous étions obligées à être aussi droites
et raides qu'elle l'était elle-même. Tous les matins, en
entrant dans la salle d'études, nous devions saluer la
maîtresse avec la dernière courtoisie enseignée par le
maître de danse; après quoi, on nous plaçait les pieds dans
un appareil *ad hoc*, on nous fixait le dos contre une
planche pour nous maintenir droites, et une aiguille, la
pointe en haut, était attachée sous nos mentons de façon
à ne jamais baisser la tête sans courir le risque de nous
blesser. Nous étions punies si nous avions ce malheur
et bien des fois ai-je été fouettée bien sévèrement pour
cela ou pour d'autres délits tout aussi futiles. Quoique,
à cette époque, on commençait déjà à ne plus faire usage
dans d'aussi larges mesures de la flagellation en guise de
punition corporelle, les demoiselles Pomeroy croyaient
cependant à son efficacité, et la pratiquaient largement.
Quand l'une de nous avait eu le malheur de commettre
un délit (et vous seriez certainement très surprise de
savoir ce qu'elles appelaient délit), et qu'on jugeait qu'elle
avait mérité d'être fouettée, elle devait marcher tout
droit au pupitre de la gouvernante, et, faisant un salut
très bas, demander la permission d'aller chercher la

verge. Cette permission accordée — avec beaucoup de cérémonie — elle revenait, sans ses gants, portant la verge sur un coussin. Alors, elle la présentait à genoux, et la maîtresse, lui ordonnant de se lever, lui appliquait quelques coups sur ses bras et ses épaules nues.

Les verges étaient de deux espèces, l'une faite de tiges de bouleau, et l'autre de targettes très fines de baleine, avec du fil ciré, enroulé autour pour les maintenir ensemble. L'une et l'autre étaient également cinglantes, mais on craignait surtout celle qui était en baleine et qu'on appelait parmi nous *soko*. Toutes deux produisaient le même effet qu'un *chat à neuf queues*, lorsqu'elles s'appliquaient sur notre malheureuse peau. *Soko* était surtout réservé pour les offenses graves, parmi lesquelles on comptait tout manque de respect à nos maîtresses. Et les demoiselles Pomeroy étaient de vraies maniaques sur ce point.

L'école était très collet-monté ; on n'y recevait pas plus de trente jeunes filles, et celles-là appartenaient aux familles les plus distinguées. Il n'était pas rare du tout, en ces temps-là, pour une jeune fille, de rester à l'école jusqu'à ce qu'elle eût atteint dix-neuf ou vingt ans, ne la quittant que lorsqu'un parti éligible se présentait pour l'épouser, ou lorsque le mariage d'une sœur aînée lui faisait place pour faire son entrée dans le grand monde. Mais, jeune ou vieille, riche ou noble, comme beaucoup d'entre elles l'étaient, aucune ne pouvait se soustraire aux verges quand c'était le bon plaisir des demoiselles Pomeroy de les fouetter ; il se passait assez de flagellations à Regent House pour satisfaire les plus ardents adeptes de l'adage bien connu : « Épargnez la verge et gâtez l'enfant. »

Il y avait deux ou trois degrés de correction sévère :

l'une se pratiquait à huis-clos; les demoiselles Pomeroy, avec une domestique, étaient seules présentes ; une autre punition était de préparer publiquement la coupable pour être fouettée devant l'école assemblée, après quoi on lui pardonnait; et en dernier lieu, il y avait la flagellation en public exécutée dans tous ses détails. La seule fois où je fus fouettée en particulier, je me le rappelle, vieille comme je suis, comme si cela datait d'hier. La maîtresse ayant charge de la salle d'études m'enjoignit formellement d'aller chercher la verge, et de la porter dans la salle que les demoiselles Pomeroy appelaient leur *bureau*. Là, je trouvai les deux dames, devant lesquelles je me mis à genoux, en leur présentant la verge, que l'aînée prit et passa entre ses doigts amoureusement, comme il me sembla. Alors, elle agita une clochette sur une table à côté d'elle, et l'une des servantes arriva, à laquelle on ordonna de me préparer. Ceci consistait simplement à me trousser les jupons et à me tenir les mains; en public, la cérémonie préparatoire était bien plus compliquée. J'avais terriblement peur; la honte que je ressentis — je n'avais jamais été fouettée encore de ma vie — était trop pour moi, et le résultat de ma première flagellation à l'école fut une violente attaque de nerfs. Hélas! je finis par être habituée à souvent voir et sentir ces punitions avant de quitter *Regent House*. J'ai vu des jeunes filles en âge de se marier fouettées devant toutes leurs camarades pour des infractions au règlement de la maison, après qu'on les eut dépouillées de leurs vêtements indispensables. Pour une flagellation publique, on revêtait la coupable d'une espèce de chemise de nuit, et dans cet accoutrement, elle était exhibée à toutes ses camarades pour recevoir sa punition. Elle devait se baisser en avant au-dessus d'un des pupitres, ses mains étant solidement maintenues par une servante et ses pieds fixés au plancher. Je me souviens très bien qu'une jeune demoiselle fut ainsi châtiée quelques semaines avant de quitter l'école pour se marier. Je ne dirai pas son nom. C'était une mauvaise fille, foncièrement mauvaise, je le reconnais. Elle avait la manie du vol, rien n'était en sûreté auprès d'elle. Nous perdîmes toutes sortes de choses, de l'argent, des bijoux, et jusqu'à des vêtements. C'était ce qu'on appelle aujourd'hui une kleptomane, mais lorsque j'étais jeune, on n'avait pas encore de grands noms pour les crimes : le vol, c'était le vol, et c'était tout. J'oublie quel était le vol commis par la jeune fille et qui lui valut cette punition, mais je me souviens très bien de l'événement. Pendant la classe de l'après-midi, Mlle Pomeroy vint nous dire : « Mesdemoiselles, vous irez vous habiller, aujourd'hui, une demi-heure plus tôt que d'habitude, et vous vous trouverez dans la salle d'études à quatre heures et demie au lieu de cinq heures. »

Nous nous regardâmes l'une l'autre, et Mlle X*** rougit un peu, mais ne manifesta pas autrement qu'elle savait la cause du changement et nous nous rendîmes dans nos chambres. Arrivées en haut, nous n'eûmes pas de peine à comprendre ce dont il s'agissait, car la servante qui avait l'habitude de me coiffer devait ce jour-là préparer les verges qui allaient être ficelées expressément pour cette occasion. A l'heure fixée, nous nous rendîmes toutes dans la salle de classe et Mlle Pomeroy vint s'asseoir à sa place. On enjoignit à Mlle X*** de se placer au milieu de la salle, après quoi notre maîtresse lui dit tout haut ce qu'elle avait fait et la punition qu'elle allait subir. La patiente était femme jusqu'au bout des doigts : elle joignait à un physique admirable toutes les

faiblesses et les défaillances de son sexe. Mais en la circonstance, faisant preuve d'une remarquable fermeté,
elle s'apprêta à subir son châtiment sans appréhension
aucune, comme une fatalité qu'il lui était impossible
d'éviter. Elle était élégamment vêtue d'une robe de
brocart vert, avec un jupon blanc, des bas de soie et des
souliers brodés en harmonie avec la robe. Les cheveux,
retenus par un ruban rouge, étaient frisés ou bouclés; au
cou, elle portait un très beau collier de perles et de
splendides boucles aux oreilles.

Mlle Pomeroy sonna une domestique qui vint se mettre
à ses côtés en faisant une profonde révérence.

« Préparez-la » fut le commandement, et la jeune fille,
faisant une révérence, demanda la permission d'ôter ses
gants. Mlle X*** salua (c'était la règle) et on continua à la
déshabiller. On lui mit la blouse de punition — cela
nous rappelait un suaire, — puis la jeune fille, prenant la verge, la présenta à genoux à Mlle Pomeroy. La
maîtresse prit la verge et descendit du dais où son siège
se trouvait, tandis que Mlle X***, placée entre deux
maîtresses, était menée vers le pupitre sur lequel on
l'attacha de la manière déjà décrite. Alors, la première
maîtresse, de toute sa force, la fouetta jusqu'à ce que des
raies rouges firent leur apparition un peu partout sur
sa peau blanche. La castigation terminée, tremblante
maintenant de tout son corps, avec les joues en feu et
les yeux brillants, la patiente rendit la verge à Mlle Pomeroy et se retira pour faire sa toilette, une domestique
portant ses vêtements dans un panier.

Une autre punition bizarre se pratiquait dans notre
école, pour briser notre orgueil comme le disaient nos
maîtresses : Une élève qui commettait une infraction
aux règles de la propreté ou de l'ordre — et il n'était pas

facile de se les rappeler toutes — était déshabillée et
affublée du costume d'une enfant trouvée! La moindre
infraction de ces règlements, la plus légère négligence
de nos devoirs de toilette nous faisaient infliger cette
dégradation si pénible. Le costume porté à *Regent House*
était le *fac simile* de celui porté par les *Filles Rouges*,
une grande école d'enfants trouvés à Bristol, dont l'habillement se composait en entier de serge rouge et un
tablier blanc. Rien de plus malséant ou de plus désagréable à porter... et il n'y avait peut-être pas une
seule parmi nous qui n'eût préféré être fouettée. On
observait la même cérémonie que pour les flagellations :
la coupable demandait la permission de chercher les
vêtements et les portait proprement pliés sur un plateau
avec les grossiers bas et souliers posés sur le tout.
Alors une domestique était appelée qui emportait la robe
et les ornements de la jeune fille, et, après aussi, elle était
revêtue de la robe, pélerine et bonnet d'une fille de charité. Enfin, on lui ôtait ses souliers à la mode qu'on
remplaçait par de grossières chaussures en cuir et dans
cet accoutrement elle devait rester le temps prescrit. Peu
importait qui elle était, ou quel visiteur venait la voir,
elle devait quand même porter ce costume humiliant :
elle allait ainsi chez le maître de danse, dans les différentes classes, chez le maître de gymnastique, et, pendant les heures de classe, devait se tenir sur un escabeau
élevé pour être bien en vue. Je suis certaine que de
telles punitions ne sont pas de mise à présent, ma chérie, et que vous ne devez pas être aussi sévèrement
traitée à l'école où vous allez vous rendre. Que penseriez-vous d'avoir votre jolie petite bouche fermée par un
emplâtre pour avoir parlé un peu trop librement? C'était
cependant à *Regent House* la punition pour avoir bavardé

pendant les heures d'études. On mettait en travers de la
bouche, mais en biais, une bande de taffetas gommé,
retenant les lèvres bien fermées, et cela, on le gardait
pendant plusieurs heures : c'était généralement une large
bande qui fermait la bouche complètement, mais une
jeune fille un peu délicate ayant été presque étouffée par
le procédé, on avait dû cesser ce procédé. Le nombre et
la diversité des punitions que nous avions à subir pour
des fautes légères feraient ouvrir de grands yeux aux maîtresses de pension de nos jours. Nous avions les mains
attachées derrière le dos si nous faisions des pâtés sur
nos devoirs, et nos coudes attachés par des courroies en
cuir si nous ne nous tenions pas droites en jouant de
l'épinette. Notre vie était dure, mais on croyait qu'il
était utile d'agir ainsi pour former des dames gracieuses
et accomplies. Je pourrais vous en dire bien davantage
sur notre vie scolastique — sur nos leçons, repas et récréations — mais je crois que ceci doit suffire pour le
moment.

« Quand votre maîtresse de pension vous paraîtra
sévère, ma chérie, réfléchissez à ce que je vous ai dit et
soyez satisfaite. Vous apprendrez plus, j'ose le dire, que
je ne l'ai jamais fait, car l'éducation d'une jeune lady à
cette époque était bien limitée, comparée à ce qu'elle est
aujourd'hui ; on n'attendait pas d'elle de comprendre
toutes sortes de choses et de tenir son rang avec n'importe qui, quel que fût le sujet de la conversation. Son
éducation était complète si elle pouvait bien danser,
parler le français, jouer de l'épinette et lire et écrire
passablement. C'est avec ce bagage que j'ai traversé le
monde, et je ne crois pas que je fus plus mauvaise
épouse ou plus mauvaise mère pour ne pas avoir compris une demi-douzaine de langues ou pour n'avoir pu

causer avec des gens savants sur n'importe quel sujet.
C'est une longue lettre que je viens de vous écrire, ma
petite chérie, — peut-être la dernière que vous recevrez
de moi, car quatre-vingt-trois ans est un âge où l'avenir
ne compte plus. Si je ne vous vois pas à votre retour
après le premier semestre, ma chérie, ne m'oubliez pas
tout à fait, mais songez quelquefois à votre vieille grand'-
mère qui vous a bavardé parfois de ses jours de pension.
Vous ne serez jamais fouettée, ma chère ; ce n'est plus à
la mode.

« Mais Marthe me dit que je lui ai fait assez écrire,
et qu'elle a mal à la main. Donc, adieu, et croyez-moi

« Votre toujours affectionnée grand'mère. »

LA FLAGELLATION ÉLECTRIQUE
DES JEUNES FILLES EN AMÉRIQUE

Les Américains qui marchent en tête de toutes les nations dans la voie du progrès ont été les premiers et jusqu'à présent les seuls à apporter à la flagellation scolaire le dernier des perfectionnements.

C'est ainsi que les journaux de Chicago nous racontaient dernièrement avec force détails que la direction de l'école industrielle pour jeunes filles à Denver venait de mettre en pratique un nouveau stimulateur de l'éducation féminine, sous forme d'un appareil flagellatoire, actionné par l'électricité.

L'appareil en question a la forme d'une chaise à laquelle il manquerait le fond ou le cannage. La patiente est tenue de s'asseoir sur ce siège, évidemment après avoir préalablement découvert ce qu'irrespectueusement on appelle le postérieur. Cette chaise fin de siècle est suffisamment élevée pour permettre à quatre battoirs fixés au-dessous d'elle, d'opérer librement un mouvement rotatoire plus ou moins rapide selon le bon vouloir de l'opérateur, qui n'a qu'à mettre en action une batte-

rie électrique mise en communication avec la chaise, au
moyen de fils métalliques. Les battoirs mis en mouvement accomplissent fort consciencieusement leur tâche
et ont l'avantage de produire un travail très réglé, très
régulier et sans la moindre fatigue pour l'opérateur.
Quant aux sentiments de la principale intéressée, c'est-
à-dire de l'élève qui est fixée dans la chaise au moyen
d'étaux qui lui maintiennent solidement les poignets et
les chevilles, les journaux américains n'en parlent pas.

Mais avouons que c'est là un système aussi ingénieux
que pratique pour appliquer une bonne fessée. L'opérateur n'a qu'à presser sur un bouton et la chaise fouet-
teuse fait le reste...

IL Y A SOIXANTE ANS

*Lettre d'une vieille dame à sa nièce sur les bons effets
de la discipline des verges convenablement appliquée aux
postérieurs des méchantes filles de tous les âges.*

Ma chère nièce,

Vous désirez savoir pourquoi je suis tellement en faveur du maintien des châtiments corporels dans les
pensions de filles. Je vais donc écrire à votre intention
quelques réminiscences du temps où j'étais moi-même
pensionnaire.

Mon père était fort riche, et j'avais été élevée dans
une maison luxueuse, choyée par tout le monde, et je
ne savais guère ce que c'était que de me voir contra-
riée dans le moindre caprice de mon cœur d'enfant. En

effet, ma mère m'avait complètement gâtée et m'avai[t]
dorlotée à tel point qu'après sa mort, mon père et un[e]
vieille tante, qui était venue pour diriger sa maison, n[e]
pouvaient absolument rien faire de moi.

A la fin, la vieille dame fut si outrée de ma mauvais[e]
humeur et de mon effronterie qu'elle persuada mon pèr[e]
de m'envoyer, malgré ma jeunesse, — j'avais à peine di[x]
ans, — dans une pension très sévère, au lieu de prendr[e]
une institutrice, comme il en avait d'abord eu l'intention.

Environ trois mois après la mort de ma mère, pap[a]
me demanda un jour si j'aimerais faire une promenad[e]
en voiture avec lui et ma tante, à quoi je répondis, bien
entendu, affirmativement.

J'avais souvent entendu parler de *Hill House*, un[e]
pension de jeunes filles très renommée, située à environ dix milles [1] de chez nous, et dirigée par la célèbr[e]
Mme Smart et par Mlle Birch [2], associées ensemble, et
particulièrement connues de toute la jeune génératio[n]
des grandes familles du Comté, pour leur discipline
très sévère. De fait, c'était devenu tout à fait une
menace dans les familles de dire à une petite demoiselle méchante qu'elle serait expédiée à *Hill House* pour
y avoir son postérieur chatouillé par les verges de
Mme Smart...

Lorsque notre voiture entra dans le parc attenant [à]
une grande habitation très pittoresque, et que j'aperçus
plusieurs très gentilles demoiselles y prenant leur[s]
ébats, jouant à la corde ou à la raquette, etc., je pen-

---

1. Seize kilomètres.

2. Le mot anglais *Smart* veut dire *piquer, sentir une douleur
cuisante; Birch* signifie *bouleau,* synonyme de verges.

sai naturellement que nous n'allions qu'y faire une visite ordinaire; mais quels ne furent pas ma surprise et
mon dépit en constatant que l'endroit n'était autre que
le redouté pensionnat de Mmes Smart et Birch!

Un laquais poudré nous introduisit dans le salon, où
la première des deux dames en question nous attendait.

Après l'échange des courtoisies usuelles, Mme Smart
dit à mon père : « Combien suis-je heureuse, monsieur
Day, que vous m'ayez sitôt amené votre petite fille;
nous en avons en ce moment plusieurs du même âge
qu'elle, et de si bonne conduite que, sans aucun doute,
leur exemple exercera une bonne influence sur une
gamine qui a été, il me semble, un peu gâtée par feu
sa maman; pauvre petite orpheline chérie, combien
mon cœur se tourne vers elle ! Ne veux-tu pas venir
m'embrasser, ma chérie ?

— Non, je ne veux pas; je ne resterai pas ici. Je
n'aime pas l'école, vous voudrez me fouetter, m'écriai-
je en fondant en larmes.

— Non pas, à moins que tu ne sois méchante, ma chérie. Je suis certaine que ton papa et ta tante ne voudraient pas te confier à moi si ce n'était pour ton bien.
Monsieur Day, je sais toujours tempérer ma sévérité avec
la bonté; c'est le secret de mon succès comme maîtresse
d'école, et toutes les jeunes dames ici m'aiment comme
une mère. »

Peu après, mes parents partirent, et je me trouvai
assise sur une chaise, seule avec Mme Smart.

— Comment vous nommez-vous, mademoiselle Day ?

— Je ne vous le dirai pas; je ne veux pas rester ici, je
me sauverai plutôt, oui ! dis-je en sanglotant.

— Maintenant, répondez-moi à l'instant, mademoiselle, quel est votre nom? ou j'appellerai Louise la ser-

vante, qui ira chercher la boule de punition, et vous étalera dessus de suite, et votre méchant petit derrière apprendra bien vite à quoi elle sert. Vous ne voulez pas parler ? »

Alors elle tira le cordon de la sonnette, et Louise se présenta. La boule de punition fut apportée, et la bonne, une grande et belle jeune femme, d'environ vingt-cinq ans, m'enleva dans ses bras, malgré mes efforts pour me cramponner à la chaise.

Il fallait m'entendre hurler. « Vous ne le ferez pas, dégoûtantes vieilles que vous êtes, je ne veux pas être fouettée, je vais me sauver de suite !

— C'est une enfant absolument gâtée, elle nous donnera beaucoup de mal, si elle n'est pas matée de suite. Je n'ai pas de verges prêtes. Tenez, Louise, étalez-la sur la boule et découvrez son derrière, il faut que ma main suffise pour cette fois-ci, » — et en disant cela Mme Smart ramassait la large boule ronde et la posait sur le sopha.

Cette boule était environ de la grandeur d'un tambour : quarante-cinq centimètres de diamètre ; elle était recouverte de tapis, et rembourrée de sciure de bois.

Louise m'avait mis bientôt en position, tirant mon corps par-dessus la boule jusqu'à ce qu'elle se soit trouvée bien en dessous de mon ventre, et alors, tandis que d'une main elle me tenait la tête baissée, de l'autre elle relevait mes jupons, et ouvrit mon pantalon, jusqu'à ce que je pus sentir sa main sur ma peau nue.

Il serait impossible de décrire les sensations que j'éprouvai en ce moment ; l'idée d'être aussi honteusement exposée, et la prévision de ce qui devait bientôt arriver me remplirent l'âme de rage, d'indignation et de honte ; j'avais la face cramoisie, et mes yeux remplis de larmes, en même temps que je regardais Mme Smart, mais trop suffoquée d'émotion pour pouvoir articuler une parole.

« A-t-on jamais vu un entêtement pareil, Louise, et dire qu'elle est encore si jeune?

— Oui, madame, je suis sûre que c'est tout à fait honteux, la façon dont elle a été gâtée; sans doute, on ne pouvait en venir à bout chez elle.

— Précisément, répondit Mme Smart, c'est ainsi que les parents gâtent leurs enfants et ensuite me les amènent pour que je les guérisse de la méchanceté et de l'obstination qu'ils ont mis tant de soin à implanter dans leurs jeunes esprits, mais il faut quelquefois corriger même des petits bébés. Maintenant, mademoiselle Day, voulez-vous me dire votre nom, ou faut-il que je commence? »

Pas de réponse.

Claque — claque — claque — claque — claque, etc., je ne saurais dire comment j'ai supporté cette avalanche de coups qui tombaient de sa vigoureuse main sur mes fesses qui se tordaient. Cuire ne rend qu'à peine la sensation que j'éprouvais, c'était plutôt comme si mon pauvre petit derrière était en train d'être écorché et rôti tout à la fois, tellement insupportable que j'étais forcée d'implorer grâce, et de demander à être relâchée.

« Eh bien alors, quel est votre nom, mademoiselle, ou je recommence? Ce n'est pas un plaisir pour moi d'avoir à corriger une jeune fille dès le premier moment qu'elle est confiée à mes soins, dit Mme Smart, en retenant sa main pour un instant.

— Mon nom est Rachel Day, lui répondis-je en sanglotant éperdument, je vous en prie, épargnez-moi.

— Dites que vous vous repentez, et alors, Rachel, je m'arrêterai pour cette fois ; mais rappelez-vous qu'une autre fois je serai plus sévère. » Elle me donna encore deux ou trois coups, mais un peu moins fort, comme pour me rappeler qu'elle était toute prête à recommencer.

« Oh! oh! je vous en supplie, madame, m'écriai-je tellement mon postérieur était à vif, je vous demande pardon, et tâcherai de me bien conduire. »

Louise alors me releva, et me fit embrasser ma maîtresse d'école, après quoi elle me monta coucher dans sa propre chambre, où je ne tardai guère à m'endormir tout en sanglotant un peu.

« Maintenant, me dit Louise en me réveillant le lendemain matin, ma petite Rachel, vous devez commencer l'école aujourd'hui, tâchez donc de vous bien conduire. »

Nous descendîmes pour assister à la prière du matin, ensuite le déjeuner et, après, une petite promenade dans les jardins, et vers neuf heures nous entrâmes dans la salle d'études.

Il n'y avait pas moins de cinquante élèves, depuis mon âge jusqu'à de grandes jeunes filles de dix-huit à vingt ans. C'était Mme Smart qui présidait, assise à une table au bout de la salle; cette table était placée sur une estrade élevée d'environ un pied au-dessus du parquet, de façon à ce qu'elle pût facilement tout surveiller et que bien peu de choses pussent échapper à sa vue perçante.

Son associée, Mlle Birch, trônait à une table semblable à l'autre bout de la salle.

Au moment où nous prîmes nos sièges, la directrice avait devant elle un livre qu'elle lisait attentivement. J'appris que ce livre était le rapport quotidien des délits de toutes sortes, et deux ou trois des élèves furent appelées sur l'estrade pour y recevoir de trois à six coups sur la paume de la main, appliqués au moyen d'une palette en cuir, dans laquelle des entailles longitudinales étaient faites pour les faire cingler davantage.

Le vicaire de la paroisse venait souvent visiter notre salle d'études, et j'appris bientôt que les délits les plus sérieux étaient réservés, pour que les corrections puissent être infligées en sa présence même, dans la salle des punitions.

Cet endroit redouté avait été élevé derrière la maison, de plain-pied avec le salon, et je ne fus pas longtemps sans avoir l'occasion d'en faire la connaissance.

Je ne me rappelle pas exactement en ce moment quelle faute j'avais commise, mais je crois que dans une dispute j'avais donné un soufflet à une de mes camarades. Il y avait deux autres élèves portées en punition en même temps que moi : Mlle de Bergue, qu'on avait trouvée entretenant une correspondance clandestine avec un jeune homme que ses parents à elles refusaient d'agréer, raison pour laquelle ils l'avaient placée à *Hill House* pour être plus en sûreté.

L'autre était Lady Gladys Finch, une très belle jeune fille de quatorze ans, qui avait été dénoncée par une camarade de chambre d'avoir voulu l'entraîner dans des pratiques contraires à la morale.

Louisa nous fit entrer dans la salle, où se trouvaient déjà Mme Smart et le Rev. M. Firstly, le vicaire, qui nous attendaient.

Ils étaient assis dans deux fauteuils, en face d'une table en bois, sur laquelle étaient étalées plusieurs brassées de verges de bouleau, élégamment nouées au moyen de rubans ; ce n'étaient pas de bien lourdes bottes, elles ne formaient que d'élégantes gerbes de quatre ou cinq rameaux, très longs et très flexibles, noués ensemble. Elles n'avaient pas l'air bien terribles, mais je puis dire par expérience que leur effet était fulminant, à telle enseigne qu'en écrivant ces lignes je puis encore, en imagination, ressentir la douleur cuisante que je ressentis il y a tant d'années de cela.

Aussitôt que nous fûmes placées en rang devant lui, le recteur de la paroisse mit ses lunettes et étudia une feuille de papier qu'il tenait dans ses mains.

« Rachel Day, une bien polissonne et très mal tempérée petite fille, accusée d'avoir giflé une de ses camarades de classe et de s'être disputée. Vous devriez rougir, mademoiselle ; pensez un peu ce que vous deviendrez en grandissant ainsi : vous deviendrez une plaie pour vous-même et pour d'autres si un pareil caractère n'est pas guéri à temps. Est-ce que vous ne trouvez pas que cela est dégradant pour vous que Mme Smart se soit vue dans la nécessité de vous faire corriger en ma présence? Il va falloir que vous embrassiez la verge, que vous demandiez à madame qu'elle vous punisse comme vous le méritez, et alors Louisa vous soulèvera sur son dos tandis que Mme Smart vous appliquera dix bons coups avec la verge. »

C'est ainsi que me sermonna ce bon recteur, et comme j'étais devenue bien trop prudente pour ignorer que la meilleure des choses, en la circonstance, était de me soumettre dans la mesure du possible, et que, d'autre part, je n'étais pas mal désireuse de voir fouetter les deux grandes filles, je me hâtai d'obéir à tous les points de vue.

Saisissant l'une des verges, je m'agenouillai en face de ma maîtresse d'école et lui demandai pardon de ma faute, puis, baisant le manche de la verge, je le lui présentai. Elle se leva, et de suite Louisa me prit sur son dos, tandis que les deux autres jeunes dames, à un signe de Mme Smart, soulevèrent mes jupes et déboutonnant mes pantalons, découvrirent les joues de mon postérieur tout prêt à être soumis à l'opération.

Quoique à l'instant même je n'y prêtai aucune attention, je me souvins néanmoins plus tard qu'elles me placèrent exactement de façon à ce que mon cucu se trouvât vis-à-vis du Recteur, lequel certainement goûta très complètement le beau spectacle qu'on lui offrait. J'ai d'ailleurs appris plus tard que l'école était en réalité sa propriété et qu'elle était dirigée par les deux maîtresses, tout autant pour son intérêt que pour sa distraction ; et il était extraordinairement entiché de la flagellation...

Mme Smart aligna sur mon derrière les dix coups, si doucement et avec une telle science que mon supplice fut prolongé bien au-delà de ce que je pouvais augurer.

« Méchante, mauvaise petite fille que vous êtes, est-ce que cela vous chagrine ? Giflerez-vous encore une fois quelqu'un ? Vous repentez-vous réellement ? Est-ce que vous le ferez jamais plus ! hein, méchante, méchante fille ? » etc.

Elle s'arrêtait et disait quelque chose de semblable après chaque coup, tandis que je pouvais entendre distinctement le vieil ecclésiastique compter chaque cinglement jusqu'au dernier.

Ma douleur fut terriblement cruelle, chaque coup me faisait sérieusement gémir et ils me furent appliqués si méthodiquement et à intervalles si espacés que, à part la sensation cuisante que j'éprouvais, il me semblait que je sentais ma peau se gonfler en rayures avant que le coup suivant se fût produit.

« Grâce, madame, je veux être bonne. Je ne veux, croyez-le bien, je ne veux jamais plus le faire ! »

Je ne pouvais m'empêcher de crier et mon repentir

était sincère, car cette flagellation me guérit radicalement et je n'eus jamais plus l'occasion de renouer connaissance avec cette chambre, pendant les trois années que dura mon séjour à Hill House.

Quelques filles cependant étaient souvent punies : elles me racontèrent par la suite qu'après les premiers coups elles se sentaient envahies par une sensation délicieuse et que ce qui était destiné à leur servir de punition faisait naître dans leur esprit des idées tellement paradisiaques qu'elles en éprouvaient les plus voluptueuses émotions.

Je n'étais pas assez âgée pour le comprendre à cette époque, mais plus tard mon mari me l'expliqua et me le démontra si bien que je suis maintenant d'avis que des fillettes de plus de douze ans ne devraient jamais être flagellées, parce que à partir de cet âge cette opération produit le plus pernicieux effet sur leurs vices juvéniles ou leurs folies.

« Votre péché, ma jeune dame, est bien, bien plus grave... Je puis à peine croire cela d'une jeune fille respectable, encore moins d'une jeune patricienne, mais je suppose que cela doit être vrai ; votre joli minois me cause réellement de la peine quand je songe quelle perversité se cache derrière. Je vois ici que vous êtes indubitablement coupable d'avoir demandé à votre camarade de lit de s'associer à vos instincts libidineux, de vous permettre d'embrasser ses parties intimes en lui demandant en retour d'en faire de même pour vous ; n'avez-vous pas cherché à séduire Mlle Cory en lui disant qu'elle trouverait cela magnifique, délicieux, divin ? Fille dépravée, n'était le scandale que cela provoquerait, vous mériteriez d'être renvoyée de l'école, parce que, sans doute aucun, vous n'êtes pas seulement coupable, mais vous

avez dû aussi enseigner à d'autres jeunes filles vos
roueries... Il faut que vous soyez attachée à l'échelle,
tandis que Louisa vous flagellera convenablement
jusqu'à ce que vous demandiez grâce et promettiez de ne
jamais plus penser à de pareilles choses. »

L'échelle, que je n'avais pas encore remarquée jusqu'alors, fut apportée par la servante, d'un coin écarté
de la chambre où elle se trouvait. Elle ressemblait en
quelque sorte à une paire d'escaliers quand elle fut dres-
sée au milieu de la pièce.

Mme Smart enjoignit à la coupable d'ôter sa robe et ses
jupons.

« Oh non, jamais devant M. le Recteur, madame,
vous ne m'infligerez pas cet affront? sanglota la fillette
éperdue tandis qu'un torrent de larmes inondait son visage cramoisi.

— Obéissez et à l'instant, mademoiselle! dit le recteur sur un ton fâché. C'est très pénible pour moi,
mais je suis un ecclésiastique et il n'y a donc pas lieu
pour vous d'être honteuse de quoi que ce soit. De la décence! vraiment! Jusqu'à quel point pouvez-vous avoir
le sentiment de la pudeur, vous qui vous êtes rendue
coupable d'une conduite aussi immorale; je voudrais
bien le savoir? »

Mme Smart, saisissant une verge, cingla brusquement
le cou et les épaules de la pauvre fille qui poussa comme
un cri de détresse.

« Allez donc et préparez-vous un peu vite! dit la
maîtresse d'école visiblement excitée. Ou bien je vous
couperai en lanières, mauvaise graine, indécente chipie
que vous êtes! je vais vous apprendre à séduire mes
jeunes demoiselles! Allez-y! Allez-y! Allez-y!.. »

Et, ce disant, elle continua à fouetter sans pitié sa victime jusqu'à ce que l'enfant n'eût plus rien pour cacher sa nudité, qu'une chemise et une paire de jolis pantalons collants qui permettaient de distinguer parfaitement son corps adorable.

Mlle Gladys était une blondine au profil grec, avec une belle peau blanche et de grands yeux d'un bleu profond. Elle faisait déjà pitié à voir quand on la fixa sur le chevalet, avec ses belles épaules déjà striées de longues raies d'un rouge foncé, résultat des coups de verge de Mme Smart.

Elle fut bientôt fixée, attachée par les poignets et les chevilles de façon à se trouver plutôt douloureusement allongée, la pointe de ses pieds seulement arrivant jusqu'au parquet tandis que tout le poids de son corps paraissait reposer sur ses poignets fixés en l'air.

Louisa déboutonna de suite ses pantalons et les fit tomber jusqu'aux genoux, relevant d'autre part le pan de derrière de la chemise qu'elle fixa vers le col avec une épingle de façon à découvrir amplement, tout prêt à recevoir l'assaut, un derrière admirable, en plein épanouissement.

Les jambes largement écartées de la jeune fille me permirent de voir une fente moelleuse, ombragée, sous ses fesses, desquelles descendait jusqu'aux genoux une paire de cuisses délicieusement modelées et se terminant par deux jambes splendides, encastrées dans des bas de soie blanche, avec, aux pieds, des souliers bas à talons hauts, qu'ornaient des boucles serties de pierreries, reluisant au soleil, le tout donnant à cette scène un charme si vif que, même après une aussi longue période de temps écoulé, j'en ai gardé un vivant souvenir.

Louisa prit la verge et je constatai que son visage ordinairement pâle était envahi d'une rougeur inaccoutumée et qu'une lueur étrange semblait briller dans ses yeux d'un brun sombre ; et sa rougeur et l'éclat de ses yeux augmentait à mesure qu'elle mettait plus d'ardeur dans l'accomplissement de sa tâche.

Les coups se succédèrent d'abord lentement mais en produisant un effet évident, à en juger par les gémissements accentués de la patiente après chaque application, et lorsque peu à peu Louisa accentua et accéléra ses mouvements, je demeurai en quelque sorte hébétée, tandis que je pouvais entendre le sifflement de la verge dans l'air, le claquement sec sur la chair et les « oh! » gémissants et douloureux que provoquait l'instrument de supplice toutes les fois qu'il s'abattait.

A un moment donné, la pauvre Gladys poussa un cri aigu qui enchanta à tel point le recteur qu'il se frotta les mains en s'exclamant : « Ah! c'est cela, Louisa ; appliquez-moi ça bien, atteignez-la entre les jambes où la chair est tendre ; c'est cela... et maintenant, largement tout autour des fesses : faites de sorte que les extrémités de la verge lui caressent le ventre ; faites sortir d'elle les idées perverses, etc. »

Gladys était sur le point de perdre connaissance et je crois bien que cela serait arrivé, si Mme Smart n'avait aspergé son visage avec de l'eau de Cologne.

Je pouvais voir, le long du derrière de la jeune fille, de longues raies gonflées comme des veines, puis peu à peu, de petites gouttes de sang filtrer à travers la peau qui se gerçait.

La pauvre fille ne faisait que gémir et sangloter, et, de temps à autre, je pus distinguer de faibles appels à la pitié, des demandes de pardon, jusqu'à ce que, à la fin, sa tête retomba inerte et qu'elle dut être pour ainsi dire privée de sens lorsqu'on la détacha. Le vieux recteur conseilla aux deux femmes d'asseoir la jeune fille avec son derrière nu sur le siège d'une des chaises de bois, afin que cela la rafraîchisse et lui fasse quelque bien.

Puis, ce fut le tour de Mlle de Bergue ; jamais je n'oublierai le regard haineux qu'elle lança à la maîtresse d'école et au Recteur tandis qu'on la ligotait... Ce regard ne fut évidemment pas perdu pour eux, en ce sens qu'ils se rattrapèrent amplement sur ses fesses, chacun des deux, à tour de rôle, prenant la verge, jusqu'à ce que leur pauvre victime saignât et gémît d'une façon peut-être encore plus désespérée que la pauvre Gladys.

A la fin, le Recteur laissa retomber son bras complètement épuisé et dit à sa victime qu'il estimait qu'elle en avait assez pour la guérir pour quelque temps de faire l'amour contrairement aux désirs de ses parents, en ajoutant que son papa avait tout spécialement exprimé le désir que lui, le Recteur, assistât au châtiment.

En matière de conclusion Louisa frotta le derrière de la jeune dame avec une toile rugueuse pour la faire se souvenir aussi longtemps que possible de sa fustigation.

Je n'ai jamais plus été témoin d'une flagellation sérieuse par la suite, mais je pense qu'une sévérité aussi déterminée doit nécessairement produire un bon et salutaire effet sur des natures dépravées. Je sais, pour ma part, que j'ai été effectivement expurgée de mes vices juvéniles par cette scène, malgré qu'elle exerçât sur mon esprit une fascination angoissante et qu'en me la rappelant de temps en temps, j'éprouvai de bien agréables sensations, sur lesquelles je ne veux pas insister, la matière étant par trop délicate.

Votre tante affectionnée,
Sophie M...

SCÈNE D'ÉCOLE

Charles était arrivé de l'école dans un état d'esprit passablement voisin du malaise, qui ne fut nullement diminué à l'aspect d'une respectable badine de bouleau et de quelques lanières de cuir fixées à un bâtonnet et qui étaient déposées sur le sofa.

Il savait que sa conduite avait été très mauvaise durant les vacances et que sa tante avait écrit à la maîtresse d'école pour se plaindre de lui, mais il espérait néanmoins encore que cette dernière hésiterait avant d'user du fouet à l'égard d'un aussi grand garçon que lui.

Il s'assit, néanmoins, tout tremblant; chaque pas à la porte le remplissait de terreur.

A la fin il entendit un pas bien connu; la porte s'ouvrit et la maîtresse entre, tenant dans sa main un immense roseau jonc.

De suite il voit que son sort est jeté; mais il tombe, néanmoins, à genoux, implorant un pardon qu'il sait très bien qu'on ne lui accordera pas.

Elle le regarde froidement, sévèrement et avec résolution : « Toutes supplications sont inutiles ! dit-elle. Votre tante m'a fait connaître votre conduite scandaleuse pendant les vacances et avant peu vous aurez reçu une fustigation comme jamais gamin de votre trempe n'en aura goûté de sa vie. »

Elle retrousse ses manches pour donner plus de liberté à ses mouvements. Puis, cela fait, elle dit : « Levez-vous, Charles, il faut que je remplisse mon devoir ! »

Elle lui défait ses culottes, lui ordonne de s'étendre sur le canapé et soulève sa chemise, mettant ainsi son corps en mesure de recevoir, sans entrave, la correction annoncée.

Après l'avoir brièvement sermonné, elle saisit le *martinet* et lui applique une fouettée en règle; mais, trouvant qu'il ne se trouvait pas trop affecté de cela, elle saisit l'un des joncs, elle l'élève et le laisse retomber avec toute la puissance de son jeune bras.

Encore, et de nouveau, et encore! Il crie, il supplie, il se tord, mais la verge poursuit son cours inexorable, faisant enfler la peau et ruisseler le sang.

De cette façon elle lui inflige bien trois douzaines de coups. La première douzaine par trois coups, faisant une pause ensuite; ensuite par six coups, et, finalement, une douzaine de coups [à la file, sans arrêt. C'est alors qu'il cède et donne libre cours à ses regrets de s'être mal conduit.

« Puisque vous exprimez des regrets, qui, j'espère, sont sincères, je veux vous laisser aller, mais il faut que je vous avertisse que j'ai encore quelque chose de sérieux à vous dire; cependant, je veux vous donner le temps de vous remettre un peu. »

Ensuite elle le quitte.

Pendant son absence, sa douleur et sa préoccupation sont terribles. En dehors de la flagellation intempestive qui vient de lui être infligée, il a un secret pressentiment que quelque chose de terrible est en réserve à son intention.

Mais la voilà qui revient!

« Charles, votre tante m'a informé que vous avez à plusieurs reprises découché. C'est scandaleux pour un garçon aussi jeune et il faut que vous avouiez sans tergiverser où vous avez été. Faites bien attention maintenant; vous prétendez que vous ne pouvez le dire... Mais il le faut! Bien, je comptais employer des moyens débonnaires, mais comme ils ne répondent pas à mon attente, il faut que je voie ce qui résultera d'une autre fessée! Et maintenant, pour la dernière fois, voulez-vous avouer?... Non?... Eh bien, monsieur, je veux vous fouetter jusqu'à ce que vous le fassiez! »

Comme précédemment, elle retrousse ses manches; ses pantalons sont défaits; il est étendu sur le canapé et sa chemise est relevée. Elle lui offre une échappatoire, mais lui est obstiné.

Alors, elle prend le martinet et avec un bel entrain elle commence à le fouetter, mais, comme il persiste dans son obstination, elle a recours à la verge.

La correction tourne maintenant au sérieux : les coups succèdent aux coups et dans tous les sens la verge laisse des marques.

A la longue, ne pouvant plus y résister, — il a reçu quatre douzaines de coups bien appliqués, — il avoue qu'il a été entraîné par une jeune fille habitant près de chez lui.

« Vous auriez mieux fait, dit-elle, d'avouer tout de suite. Vous auriez ainsi échappé à cette punition. Mais maintenant, recouchez-vous, monsieur, pour recevoir, en fin de compte, encore deux douzaines de coups pour votre obstination. »

Les dernières paroles de la maîtresse sont : « Je vous laisse maintenant, Charles; j'ai suivi les instructions de votre tante et je vais l'informer que si vous vous conduisez de nouveau mal, elle n'aura qu'à vous envoyer à moi! »

Et ainsi se termina une scène vécue.

UNE AUTRE SCÈNE D'ÉCOLE

Maître Henri, qui ruminait depuis quelque temps dans son esprit ce que pouvait bien lui réserver l'avenir le plus immédiat, est surpris par l'entrée de Miss Lily, armée d'une fantastique verge de bouleau.

« Mon Dieu ! mon Dieu ! bien sûr, Miss Lily, vous n'allez pas fouetter un grand garçon comme moi !

— Mais certainement, je le ferai, et ce, même, très rigoureusement. Levez-vous, monsieur, et venez à moi. »

Il obéit.

Elle lui défait tranquillement et délibérément les pantalons, absolument inaccessible à ses tentatives pour lui démontrer qu'il n'est plus tout à fait un gamin.

Il est bientôt dépouillé de ses vêtements et allongé sur le sofa ; sa chemise est retroussée.

« Je m'en vais vous fouetter jusqu'à ce que vous me disiez où vous avez été, et en quelle compagnie, durant ces trois derniers jours où vous avez vagabondé ! »

Elle lui donne une douzaine de coups plutôt légers, puis lui permet de se lever, lui posant de nouveau la question relative à son absence. Il pleure mais ne veut pas parler. Une autre douzaine de coups, plus forts cette fois-ci, lui sont appliqués. Ensuite, une troisième, puis une quatrième douzaine, toujours plus forte, la dernière de toute la puissance de ses bras.

Mais lui rechigne toujours et refuse de répondre.

« Je vous ai donné quatre douzaines de coups, maître Henri. Je veux maintenant vous laisser à vos réflexions. J'espère qu'elles vous conduiront à de meilleurs sentiments et qu'elles vous décideront à confesser ce que je vous demande. »

Il est laissé seul avec ses douleurs cuisantes, son derrière tanné de fond en comble, la verge ayant sifflé dans tous les sens.

Il est anéanti rien qu'à la pensée d'une répétition de ce qui s'est passé, mais malgré cela, il est fermement décidé à ne rien avouer. Il ne sait pas à qui il a affaire et que, s'il est doué d'une bonne dose de détermination, il a rencontré quelqu'un qui lui rendrait des points.

Au bout d'un certain temps elle revient. Il se jette à ses genoux.

« J'espère, dit-elle, que c'est là un moment de repentir. Dites la vérité et vous vous épargnerez beaucoup de désagréments ! »

Mais lui, crie, supplie, il ne confesse pas.

De nouveau elle lui applique une douzaine de coups, augmentant de violence à chaque reprise.

A la longue, il n'y peut plus tenir et révèle qu'il a été débauché par une jeune fille.

« Je le savais, dit-elle, mais j'étais bien décidée à vous le faire avouer. Et maintenant, je veux terminer votre punition ; recouchez-vous ! »

Et de toute la vigueur de son jeune bras elle lui administre deux douzaines de coups complémentaires.

On entend le sifflement de la verge d'un bout à l'autre de l'école, chaque coup fait couler du sang et son derrière est réduit dans un état qui lui rappellera pendant de longues semaines Miss Lily et sa verge !

EXTRAIT D'UNE LETTRE D'UNE JEUNE DAME

QUI VIT UNE FLAGELLATION

... En regardant à travers la fente dans le mur je vis un spectacle des plus extraordinaires.

Solidement attaché à une échelle placée perpendiculairement, au pied d'un lit lourd et massif, se trouvait un monsieur de belle apparence et dans la fleur de l'âge. Il était complètement nu de la ceinture jusqu'aux genoux. A une distance d'un mètre à peu près de lui, sur la gauche, se tenait une femme jeune, de bel aspect et élégamment vêtue.

Elle tenait, dans la main droite, une verge longue et flexible, faite avec une cravache de dame et ayant à son extrémité plusieurs lanières. Elle en fouetta avec une force et une précision remarquables les cuisses et les fesses de son ami. Chaque coup laissait sur sa peau une trace sanglante qui se distinguait facilement de l'autre bout de la chambre.

L'appartement était brillamment éclairé, de sorte que tout pouvait être vu distinctement.

Les agissements du monsieur, ses appels, ses cris de grâce étaient réellement poignants et je me demandais comment elle pouvait avoir assez peu de cœur pour se livrer à un pareil exercice, lorsque soudain, à mon grand étonnement, la jeune femme, évidemment subjuguée par ses cris, jeta la cravache sur le lit, entoura son cou de ses bras et le couvrit de baisers. Et ce faisant, sa robe de velours noir vint croiser ses cuisses nues, et le contraste fut frappant, la peau du monsieur étant extraordinairement blanche et veloutée.

Elle s'en aperçut de suite et, se baissant, elle commença à appliquer son visage sur ses fesses en ayant soin de frotter en même temps les marques boursouflées avec la main.

Puis, à ma grande surprise, au bout de quelques minutes de ce travail caressant, elle saisit une autre verge et, reprenant sa place comme auparavant, elle recommença à le flageller cruellement.

Je ne pus y résister plus longtemps et m'éloignai, très étonnée de ce que j'avais vu.

LETTRE REÇUE PAR LAURA LOVEBIRCH [1]

Cher Monsieur,

J'ai reçu votre intéressante lettre. En retour et en guise de réponse, je ne puis mieux faire que de vous communiquer un extrait d'une lettre que j'ai reçue d'une jeune dame il y a quelques jours.

« J'habite avec ma mère qui est veuve, et quand je fais quelque chose qui lui déplaît, elle envoie chercher mon oncle afin qu'il me fouette. Je suis une jeune dame âgée de dix-sept ans, et malgré tout ce que cela peut avoir d'étrange, il n'en est pas moins vrai que j'ai été mise complètement à nu, qu'il m'a attachée au mur et qu'il m'a fouettée maintes fois. Je leur en suis reconnaissante maintenant, car je crois que le traitement si

---

1. *Lovebirch* signifie en anglais : Qui aime la verge de bouleau ; de *love*, aime ; *birch*, verge de bouleau.

sévère que m'infligèrent mon oncle et ma mère me sauvèrent de ma perte.

« Ma mère a toujours été très rigoureuse envers moi, quoique bien intentionnée, et elle a toujours fermement cru aux vertus de la verge.

« Naturellement, elle m'a fouettée quand j'étais enfant. Mais je quittai la maison paternelle à l'âge de douze ans pour aller demeurer avec ma grand'mère où je devins très volontaire et très coquette.

« Il y a six mois de cela, à peu près, je rentrai chez ma mère. Je coiffais un chapeau dit à la *Gainsborough*, quelque peu scientifique, et j'avais coupé mes cheveux sur mon front.

« Ma mère fit des objections quant à ma toilette et m'informa qu'elle ne me permettrait pas de sortir dans cet accoutrement et qu'il me fallait me coiffer d'une autre façon.

« Je fus très insolente à l'égard de ma mère et je lui dis que je porterais ce qui me plairait, que j'irais où je voudrais, et je conclus en lui annonçant que je me rendrais à l'Aquarium le lendemain soir.

« Elle me répondit qu'aussi sûrement que je me rendrais où j'avais dit elle me fouetterait d'importance quand je rentrerais. Je me contentai de rire en lui disant que je n'étais plus une enfant maintenant.

« Quand je rentrai, après mon escapade, elle ne me dit rien sur le moment, mais le lendemain matin je fus éveillée par son entrée dans ma chambre. Elle tenait une verge de bouleau et une cravache à la main et m'informa qu'elle allait me fouetter sévèrement. De plus, elle m'invita à lui tendre mes mains afin qu'elle pût les lier ensemble.

« Je refusai de le faire. Elle me cingla alors sur les

épaules avec sa cravache que je lui arrachai des mains et
que je brisai en lui disant que certainement je ne me
laisserais plus frapper dorénavant.

« Elle me répondit qu'elle était cependant résolue de le
faire et que je trouverais que je serais bien fouettée pour
lui avoir désobéi. Je me mis de nouveau à rire et il n'en
fut plus question ce jour-là.

« Le lendemain matin, je fus réveillée par quelqu'un qui
se tenait aux côtés de mon lit. On peut juger de ma
surprise quand je vis devant moi mon oncle muni d'une
baguette souple et d'une verge de bouleau.

« Il me dit que ma mère l'avait instruit de ma conduite
et qu'il croyait de son devoir de faire respecter ses
ordres.

« Il ajouta que, comme elle n'était pas assez forte pour
me fouetter, elle avait manifesté le désir qu'il le fît en
ses lieu et place.

« Il me retraça alors quelle avait été ma conduite et
que, malgré tout ce que cela pouvait avoir de pénible
pour lui, il était préférable que je fusse punie.

« Je promis alors de me corriger et demandai pardon,
mais en vain.

« Il me repartit seulement que j'avais bien mérité une
bonne fessée et qu'il avait fait un bout de chemin pour
me l'administrer.

« Il sortit alors de sa poche un bâillon, un morceau de
bois rond, avec, dans le centre, un trou pour laisser
passer l'air et deux liens disposés de façon à permettre
de les ramener derrière la tête pour le fixer. Il me fallait
mettre cela dans la bouche pour étouffer mes cris. Mais
j'étais bien résolue à ne pas l'introduire dans ma bouche,
et, comme je refusais de lui laisser le faire, il saisit la
baguette et m'en frappa rudement sur l'épaule. La dou-

leur fut si vive que je m'écriai : « Oui, je veux mettre le bâillon ! »

« Alors mon oncle m'apposa cet instrument qui me maintenait la bouche ouverte, en me permettant de respirer sans me laisser cependant la latitude de parler.

« Ma mère et mon oncle me déshabillèrent alors complètement. Mon oncle me dit alors de lui donner mes mains, ce que je refusai de faire. Mais, de suite, la fatale baguette redescendit sur mes épaules. Incapable de résister à la douleur, je cédai et je tendis mes mains qu'il lia avec un mouchoir. Il me coucha alors sur le lit, et, se penchant au-dessus de moi, entoura ma taille de son bras gauche, de sa droite il m'appliqua une avalanche de tapes énergiques, affirmant que cette précaution préliminaire avait pour unique but de me faire ressentir plus vivement la flagellation à laquelle il allait me soumettre ensuite.

« J'étais tellement humiliée que je savais à peine si j'étais encore en pleine possession de mes sens quand il eut terminé. Je croyais que ma fustigation était terminée, mais le pire devait encore se produire.

« M'ayant fait mettre sur le bord du lit, il fixa solidement mes poignets à un crochet sur le mur, de telle façon que je pouvais à peine toucher le sol de l'extrémité de mes pieds.

« Saisissant alors la verge de bouleau, il commença à me fouetter violemment avec. La douleur que je ressentis fut terrible. Je pouvais entendre la verge siffler dans l'air et retomber sur mon corps. Il me sembla que cela devait durer éternellement. Je ne pouvais parler, mais je pouvais sentir le sang ruisseler le long de mes cuisses, et, malgré toute ma douleur, je me rendais cependant compte que je n'avais que ce que je méritais.

« La fin de mon supplice arriva cependant et on me descendit. On me délia les mains, le bâillon fut retiré de ma bouche et l'on m'enferma dans ma chambre, après que mon oncle m'eût donné à entendre qu'il reviendrait et qu'il me fouetterait de nouveau dès que ma mère en exprimerait le désir.

« Cette fessée, dont je garderai à jamais le souvenir, sembla avoir changé mon caractère. Des épaules jusqu'aux mollets, soit par les effets de la baguette ou de la verge, ce n'étaient sur mon corps que traces brûlantes et boursouflures. Et cependant je savais que c'était de ma faute et que je l'avais mérité.

« Ma mère vint me voir à plusieurs reprises dans le courant de la journée. Je lui dis qu'à l'avenir je lui obéirais ; ma volonté était complètement brisée et depuis ce jour je m'assagis.

« Mon oncle a depuis eu souvent l'occasion de me fouetter, mais jamais aussi terriblement. Je puis donc affirmer que les fessées exercent une influence salutaire. »

Je désirerais connaître votre opinion en la matière. J'aimerais bien recevoir encore quelques extraits de l'*Académie de Flagellation* en ce qui a trait aux fessées. Je tiendrais également à en apprendre plus long sur les fessées données par le mari à sa femme.

Merci d'avoir détruit mes lettres.

Quand je punis, je frappe toujours à coups secs sur le derrière et les cuisses ; quand je flagelle seulement pour passer le temps, je frappe légèrement. En ce qui me concerne, une fessée me procure toujours d'agréables sensations, si les coups ne sont pas portés avec trop de force.

Mais il faut que je vous dise adieu en restant, votre bien sincère   FRANÇOISE.

LE PETIT DINER DU MAITRE D'ÉCOLE [1]

A l'époque où je dirigeais une école dans le North Riding [2] du Yorksire, je fus une fois invité à un « petit dîner », chez un maître d'école du voisinage que je ne connaissais que depuis peu. Il avait la réputation d'être un homme très instruit, d'un caractère aimable, mais ayant un goût très prononcé pour les verges et une imagination des plus versatiles pour en faire les applications les plus étranges. Il était veuf et son ménage était dirigé par une dame qui était connue sous le nom de *Mère Fouettard*, à cause de l'habileté dont elle faisait preuve dans leur confection.

A mon arrivée, je constatai qu'en dehors de moi deux autres pédagogues avaient été conviés. L'un, que je puis désigner comme le Dr S..., était le directeur d'un grand lycée dans la ville de B...t, qu'il dirigeait avec beaucoup d'habileté et en même temps de sévérité, et qui présentait cette particularité que les sous-maîtres avaient, comme leur directeur, le droit d'infliger des punitions corporelles et étaient encouragés par son exemple à pousser cette licence aussi loin que possible. Mais le résultat était généralement bon, car la plupart des jeunes gens réussissaient à se faire recevoir dans les Universités, et personne ne se souciait des cancres dont les postérieurs passaient de sous-maître en sous-maîtres pour venir finalement échouer sous le bras flagellant du Docteur lui-même qu'il affirmait hautement être encore

---

1. D'après Pisanus Fraxi, qui dit que cette pièce est inédite.
2. *North Riding*, circonscription du Nord.

le plus vigoureux de l'école. L'autre invité, que j'appellerai M. T..., était un jeune homme moins âgé que moi, d'un extérieur des plus agréables, mais auquel une taille frêle, la fraîcheur du teint et la blonde chevelure bouclée donnaient presque une apparence gamine. Il avait été précepteur dans une famille aristocratique, ce qui lui avait permis de monter une petite école avec une clientèle respectable, et la noble famille en question lui avait confié ses enfants. Après les premières salutations, et avoir parlé de la pluie et du beau temps, je demandai au Docteur « s'il avait eu assez d'exercice à l'école en ce jour humide? » A quoi le Sage répondit : « Quinze seulement, dont deux des bébés. »

Nous entrâmes dans la salle à manger. C'était une pièce spacieuse, et, en promenant mes regards autour de moi, je m'aperçus, qu'en dehors des lumières sur la table, il y avait aux quatre coins de la chambre quatre candélabres, qui paraissaient être soutenus par quatre gamins, leurs faces tournées contre le mur, leurs pantalons descendus jusqu'aux chevilles, et leurs chemises relevées jusqu'aux épaules et retenues par des épingles. Jamais je n'ai vu quatre postérieurs aussi joufflus et aussi blancs. En regardant de plus près, on voyait que leurs mains étaient attachées de façon à sembler tenir les candélabres. Comme le maître de céans ne fit aucune remarque sur ces meubles de nouveau genre, et que les domestiques ne s'en occupèrent guère si ce n'était pour leur envoyer sournoisement des coups de fourchette en passant, nous autres invités, de notre côté, ne soufflâmes mot. Je remarquai pourtant que le docteur jetait de temps en temps des yeux d'ogre sur un gamin qui retournait la tête vers lui avec une expression de terreur manifeste. La conversation roula à un moment donné sur la sculpture ancienne, et, après le premier service, notre amphytrion nous dit : « Je suis désireux de colorer en rouge ces statues que voilà, si ces messieurs veulent m'aider ». Et le domestique nous présenta à chacun une longue poignée de verges élastiques, garnies de centaines de boutons. Le docteur courut sus à celui de son choix qui hurla raisonnablement à son approche. Pendant quelque temps on n'entendit plus rien que le cinglement des verges et les hurlements des victimes. Les postérieurs qui nous avaient été confiés à moi et à M. T.... ne furent que frottés légèrement ; ceux qui incombaient à notre hôte, avaient été bien rougis ; mais celui dévolu au Docteur baignait dans le sang et nous eûmes assez de difficulté à l'en arracher. Lorsqu'on eut détaché les malheureux gamins, leur maître d'école les envoya coucher, saluant leurs pénibles meurtrissures d'un vigoureux coup de pied en disant que le lendemain matin « il égaliserait les choses pour celui qui s'en était le mieux tiré ». On peut s'imaginer que nous nous remîmes à table pour attaquer avec un appétit féroce nos perdreaux ; le Docteur S... broyait les os de celui qu'il entamait comme si c'étaient ceux du malheureux gamin qu'il venait de fouetter.

Rien d'extraordinaire ne se produisit jusqu'au dessert ; alors quatre assiettes furent placées aux quatre coins de la table, qui furent occupés par quatre charmants gamins de douze à treize ans, habillés de jaquettes bleues couleur bleu de ciel, brodées d'argent et de pantalons blancs. Ces acolytes ou Ganymèdes, ou ce que vous voudrez, passaient les fruits, les gâteaux et le vin, et acceptaient gaiement les portions qu'on leur allouait. Je les voyais cependant jeter quelquefois un regard inquiet du côté d'une longue boite en carton, que

notre hôte ouvrit à un moment donné, en disant :
« Voici des bonbons pour la confection desquels ma
femme de ménage a acquis une juste renommée, » et ce
disant, il sortit trois très élégants paquets de verges, liés
au moyen de rubans bleus. Il confia alors le gamin le
plus grand, son propre neveu, aux tendres soins du docteur, prit son second neveu à sa charge, confia les autres
deux, ses propres enfants, à M. T... et à moi-même. En
un clin d'œil ils furent renversés sur nos genoux : pendant quelque temps nous nous contentâmes, en épi-
curiens, de les claquer sur les fesses bien tendues, avant
de les détrousser, tandis que le lubrique docteur, ne
pouvant modérer son impatience, en arriva de suite à la
nudité, et s'escrimant de sa poignée de verges, eut bientôt usé son instrument jusqu'au manche, tandis que nous
avions encore les gamins qui nous résistaient. La ména-
gère arriva sur ces entrefaites pour emmener les pauvres
gamins, qui pleuraient et se lamentaient, et elle fut
hautement complimentée par le docteur, qui dit : « qu'il
ne s'était jamais servi d'un paquet de verges plus agréables ; qu'il ne s'en fatiguerait jamais s'il pouvait toujours
en trouver de pareilles ; et ainsi de suite, jusqu'à ce
qu'elle lui eût offert de lui en faire cadeau d'une douzaine, ce qu'il accepta, ajoutant « qu'il les réserverait
pour ses propres enfants pendant les vacances. »

La cohversation tourna maintenant sur le sujet de la
flagellation. Notre amphytrion, un ancien élève d'Éton,
parodiant la façon grotesque du docteur Keate, et M. T...
imitant aussi les contorsions absurdes d'un camarade de
collège à Winchester, qui faisait tant rire son maître
qu'il ne pouvait pas continuer à le fouetter. « Ah ! dit
le docteur S..., aucune sorte de contorsions n'aurait
arrêté le vieux Keate, » mais il ajouta que ce serait très

drôle de s'imaginer ce que Keate aurait fait dans un cas semblable. « Je n'ai aucune objection », dit T..., et il aida notre hôte à sortir un cheval de la remise. « J'aimerais essayer de ce cheval, dit-il, un gamin doit être aussi bien là-dessus que dans son lit. » T... fut attaché sur le cheval, ses culottes furent baissées et la représentation commença. Ses contorsions et ses grimaces étaient tout ce qu'il y avait de plus grotesque ; mais il était évident, par les marques imprimées sur sa peau, qu'il n'y avait aucune fiction dans les coups du pseudo-docteur Keate. T... accepta d'abord quelques coups comme faisant partie de la comédie, mais ils continuèrent à pleuvoir et de plus en plus drus, si bien qu'il prit un ton sérieux et insista pour être descendu de cheval. Mais le docteur S..., représentant le docteur Keate, eut l'air de prendre toutes ces remontrances comme faisant partie du programme, et moi ainsi que notre hôte nous affectâmes de le croire de même, en riant à chaudes larmes. « Enfin, malgré tous mes efforts, dit le docteur S... je ne puis pas mettre un terme à l'impudence de ce gaillard !... Le laisser descendre ? En vérité, une belle idée ! Ah ! il ne veut pas se soumettre ? il ne le veut pas ?... Eh bien, c'est ce que nous verrons ! » Et, prenant une nouvelle poignée de verges, il lui asséna cinq ou six douzaines de coups jusqu'à ce que ses fesses se mirent à saigner abondamment.

Je vis maintenant que la chose allait trop loin. T... était furieux et de la douleur et de la farce ; j'écartai donc le docteur, et, avec de nouvelles verges en main, je criai : « C'est maintenant mon tour, est-ce une farce, ou êtes-vous assez simple pour vous fâcher ? — Ce n'est pas une farce, me dit-il, comme vous le trouverez à vos dépens. — Alors, lui dis-je, faites ce que vous pourrez, en attendant je vais vous couper le derrière. » Il

me regarda en face, et voyant que je parlais sérieusement, il me dit : « Oui, c'est une farce, mais elle est mauvaise; déliez-moi et je n'en dirai rien. » — Je lui déliai
les mains, et après lui avoir essuyé le postérieur et l'avoir
aidé à se remettre, il nous serra la main à tous et vint
jouer au whist avec nous pendant le restant de la soirée.
Mais c'était amusant de le voir de temps en temps porter
la main à son derrière et se tromper de carte.

Espérons que cette aventure l'aura rendu pour l'avenir
plus indulgent à l'égard des autres.

LES CORRECTIONS DOMESTIQUE
ET CONJUGALE

LA CORRECTION CONJUGALE

Peu de questions revêtent une plus réelle importance
que celle qui a trait à la correction corporelle dans le
cercle familial. En cette époque si agitée par la question
de l'émancipation des femmes et par la revendication de
leurs droits agressifs, en raison de leur éducation supérieure ; par leur désir d'accaparer les fonctions remplies
jusqu'à ce jour par des hommes, il nous semble que
cette discussion présente un intérêt général.

Depuis longtemps il y a un pressentiment qui couve
dans l'âme de l'homme qu'une crise est imminente. Ce
qu'il y a de pire, c'est que jusqu'ici il n'y avait aucun
moyen de s'y soustraire. Si vous discutez la question
avec le « bas bleu » moderne, vous êtes perdu. Sa langue
se meut avec beaucoup plus de rapidité que la vôtre, et
son esprit naturellement logique, aiguisé par « l'instruction supérieure », réduira vos arguments à néant. Employez le sarcasme, et elle vous répondra en ricanant.
Employez l'invective et elle vous jettera à la face tout le

vocabulaire d'une Xantippe. Si vous menacez la femme d'employer la force. elle vous défiera en invoquant la loi ! Ayez recour⸱ des larmes habilement produites, son cœur cuirassé par les doctrines de Stuart Mill n'aura pour vous qu'un rire moqueur. La « femme moderne », en un mot, n'a en elle absolument aucune crainte de l'homme. Toutes les étincelles de la pitié féminine sont bannies de son cœur, de même que tout sentiment de respect. La femme est non seulement parvenue avec malice à se faire nourrir par l'homme, mais maintenant elle l'évince des fonctions publiques et elle le nargue par-dessus le marché. Depuis cinq décades les hommes gémissent en silence sous un fardeau lentement accumulé de souffrances, cherchant anxieusement autour d'eux un moyen de salut.

En vain l'homme a-t-il cherché toutes les voies et tous les moyens possibles pour reconquérir le terrain perdu. Tous ses efforts ont été inutiles et, en fin de compte, il s'en trouve plus mal qu'au début. « Tel qu'un chien qui retourne à ce qu'il a vomi ou le porc qui se vautre dans sa fange », il s'est trouvé forcé de retourner et de se soumettre à celle qui le torture, et de reconnaître de nouveau la suprématie de sa tyrannie femelle.

Ce qui précède ne s'applique évidemment qu'à l'infortuné mortel affligé d'une virago savante. Le sort de l'homme qu'un heureux hasard a gratifié d'une compagne simple de la vieille école est tout autre.

Jeremy Taylor trace, de la femme de vieille école, ce tableau d'une exquise finesse : « La bonne épouse est le meilleur et le plus précieux des dons que le ciel puisse faire à l'homme. Elle est pour lui un ange gardien qui lui prodigue les bonnes grâces ; elle est son joyau, son

dispensateur de vertus; c'est un écrin à bijoux... Sa voix
résonne à ses oreilles comme une douce musique; son
sourire lui est un gai rayon de soleil; son baiser est la
meilleure sauvegarde de son innocence, et dans ses bras
il trouve le plus sûr des refuges... Il y trouve la garantie
de sa santé, le baume de longue vie. Son activité constitue la plus certaine de ses richesses et son économie la
meilleure des sauvegardes... Ses seins lui offrent un
asile où il vient se reposer dans l'oubli de ses soucis, et
les prières de la bonne épouse sont certainement celles
qui sont le plus promptement exaucées et qui ont, plus
que d'autres, le don d'attirer les bénédictions du Ciel. »

Et nous pouvons ajouter, de notre côté, que ses vertus matérielles ne le cèdent en rien aux perfections morales dont elle est douée.

Sa vigoureuse compagne n'a qu'un souci, celui de lui
faire des enfants, de montrer ses talents culinaires et de
tenir son mari bien au chaud pendant les froides nuits
de l'hiver. Quant il lui plaît de s'enivrer elle cherche à
lui éviter tout accident; et lorsque, pour un moment, il
peut oublier « la femme de son cœur », et tourner ses
yeux vers de la « chair étrangère », elle ferme les yeux
sur ses peccadilles, sachant bien que ses propres charmes, bien supérieurs, le ramèneront vite à elle. S'il
désire éprouver la force de ses muscles en l'absence
d'hommes, c'est avec résignation qu'elle reçoit ses coups,
et témoigne même de la gratitude pour cette preuve de
véritable affection [1]. Aux injures elle répond par des

---

1. Alphonse Daudet a représenté, de magistrale façon, une
scène de ce genre dans son *Sapho*. Nous en citons ce passage
pour que des personnes qui ne réfléchissent point ne puissent
supposer que nos remarques sont simplement pour plaisanter : —
« Et puis le bouquet du bagne! Depuis le temps que tu vivais avec

sourires, et mesure la profondeur de l'amour de son seigneur et maître à la fréquence des châtiments qu'il lui inflige. Comme ces mots peuvent paraître étranges à ceux qui n'ont pas eu l'avantage d'avoir été élevés dans une famille bien gouvernée, nous y ajoutons un extrait de lettres écrites par une jeune épouse anglaise à son mari. Elles nous ont été communiquées par le gentleman qui les recevait de sa femme pendant une de ses absences de chez lui.

LETTRES D'UNE JEUNE ÉPOUSE ANGLAISE A SON MARI

« ... Je t'autorise à me réclamer tout ce que tu voudras, même si, comme tu le dis, cela peut être humiliant pour moi, parce que je comprends, et que je voudrais bien, il me semble, goûter le plaisir de la parfaite docilité en amour, une chose toute nouvelle pour moi, parce que généralement, dans la vie ordinaire, la docilité et la soumission ont été jusqu'à présent choses ignorées de moi. Mais avec toi je serais heureuse de me soumettre à tous tes caprices, exécuter tes ordres, violer toutes les lois de la pudeur, me laisser caresser par toi comme tu le voudras et te rendre, après, caresse pour caresse, m'énivrer de ta présence, me rouler dans tes bras, me laisser fouet-

---

un honnête homme.... ça t'a semblé bon, hein?... Avez-vous dû vous en fourrer de ces caresses.... Ah! saleté!... tiens!... »

« Elle vit venir le coup sans l'éviter, le reçut en pleine figure, puis, avec un grondement sourd de douleur, de joie, de victoire, elle sauta sur lui, l'empoigna à pleins bras : « M'ami, m'ami...., tu m'aimes encore,... » et ils roulèrent ensemble sur le lit. »

ter, pincer, mordre même, si tu le veux. Oui, on peut
jouir par ce sentiment exquis d'esclavage, et j'éprouve-
rais un grand bonheur d'être matée. Je me rends compte
de l'étrangeté de la souffrance avec ses jouissances
latentes, que je crois être la seule volupté dont je puisse
réellement me soucier.

« ... C'est pour moi un bonheur de me forcer à ne pas
me révolter quand tu me fouetteras avec ta cravache, et
la violence volontaire que je m'imposerai pour rester
tranquille, me remuera délicieusement.

« ... J'essaie et m'efforce d'être soumise et obéissante.
Je promets de ne jamais bouder ni être vexée, quelles que
puissent être tes exactions, et de ne te rien cacher de ce
que je puis penser et sentir. Je sens que pas une des caresses que tu m'ordonnes d'exécuter ou auxquelles tu
m'ordonnes de me soumettre ne me répugne, surtout
parce que je suis sûre de te plaire en me prêtant à tes
caprices de volupté.

« ... Ta présence me procure une sensation de doux
enivrement, relevé par les caresses autoritaires du mari
et du maître que j'aime et auquel je m'abandonne entièrement sans résistance ni arrière-pensée, supprimant
avec joie tous mes désirs personnels et ma personnalité
en face de sa volonté et de sa force....

« Pour commencer, jamais plus je ne me révolterai
contre toi. Je me soumettrai volontiers et avec amour à
tes caresses, et je puis, je le confesse, quelquefois te
désobéir exprès pour que tu me punisses et que tu me
traites durement, de façon à ce que je me sente accablée
par ta force virile, me pliant, moi, frêle et débile, à être
attachée et corrigée.

« J'aime que tu me presses dans tes bras et que tu me
secoues et me meurtrisses. Et j'aime ressentir ta force.

« . . . Maître adoré, use et abuse de mon entière et inépuisable bonne volonté. Humilie, tracasse, et abaisse-moi et je serai heureuse. Je suis fière de comprendre tes idées, parce que je t'aime et que je voudrais apprendre encore davantage ce dévouement passionné, qui ne trouve son bonheur que dans l'anéantissement volontaire de soi-même, dans la dégradation morale et physique de la femme pour l'homme qu'elle aime et auquel appartient son âme et son corps.

« . . . C'est si stupide et banal d'être aimé d'un homme qui se sent obligé de satisfaire tous nos caprices et être ainsi l'esclave de la volonté d'une femme. Si tu te soumettais à mes caprices et ne savais pas me dominer et me forcer à accepter tes idées et tes goûts, je te mépriserais et je n'aurais aucun regret à être infidèle, parce que tu ne serais plus pour moi un mari, mais une sorte de nullité mécanique sans esprit, sans force morale et, par conséquent, indigne de tout amour.

« . . . J'aime que tu me punisses pour manque d'obéissance. C'est un plaisir pour moi de me mettre de temps à autre un peu en révolte pour te forcer encore à être sévère, te mettre de mauvaise humeur pour ensuite obtenir ton pardon, en me soumettant. Pardonne-moi, je t'ai dit que plus jamais je ne me révolterai. Mais ceci n'est pas de la vraie rébellion. Tu sais que j'en suis incapable... »

On suppose généralement que les épouses anglaises ont le monopole de la patience et de la soumission. Cela n'est pas strictement exact. Les dames françaises, tant notées pour leur fierté et leur force de caractère, peuvent aussi être apprivoisées et rendues obéissantes, lorsque leur compagnon de chaîne est doué d'une force de volonté supérieure. Nous avons vu beaucoup d'exemples de la sorte. Voici un extrait de la lettre d'une très vertueuse veuve française, qui correspondait avec un monsieur dans le but de conclure un mariage avec lui.

** **

LETTRE DE LA VEUVE FRANÇAISE.

« Vous me parlez de corrections ; peu de femmes, j'en suis persuadée, n'en ont eu à supporter autant que moi, et je ne doute pas un seul instant que bien des esclaves ont senti et subi moins souvent que moi des corrections par le fouet.

« Pour le surplus, je n'ai pas besoin d'ajouter que c'est par les corrections corporelles, et seulement par les corrections corporelles que la femme atteindra ce degré de soumission et d'humilité qui la rend aussi soumise et aussi humble qu'une esclave, et encore faut-il que cette femme soit une cérébrale, une passionnée.

« En ce cas, la femme accepte avec jouissance le joug et sait s'y plier avec bonheur ; habituée à s'humilier devant l'homme aimé, elle s'humiliera toujours davantage, et ce qui, pour certaines femmes, serait une vie insupportable devient au contraire pour elle une existence de jouissance ; pour l'esprit et pour les nerfs, elle se donne toute entière, elle a fait le sacrifice de son moi, âme et corps elle appartient réellement à son maître, mari ou amant.

« Je connais mon caractère et mon tempérament, je n'aimerais pas un homme faible, un homme qui ne saurait pas me dominer, me dompter toute entière.

« Comme j'ai eu l'honneur de vous le dire, mon mari

me flagellait souvent, mais presque toujours au fouet de chasse, ou au martinet, ou à la cravache ou encore avec une corde. Je n'ai pas besoin de vous dire que, pour recevoir ces corrections corporelles, je me mettais absolument nue, à poil, comme il disait, les corrections m'étaient infligées sur toutes les parties du corps sans exception ; souvent, pendant plus de quinze jours j'en portais les traces.

« Habituellement je me mettais à genoux ou prosternée, face contre le plancher.

« Mais, avant de commencer la correction proprement dite, il me faisait, pour me servir de son expression, « la face ». C'est-à-dire qu'il commençait par me gifler d'importance, et par me tirer et me frotter les oreilles jusqu'au sang.

« Pendant toute la durée de la correction, je mettais mon amour-propre à ne point pousser un seul cri, ni une seule plainte et souvent cela l'horripilait.

« Souvent il me mettait en sang, j'en avais la fièvre, mais sous quelques caresses cela passait. »

Il y a nécessairement des cas où la dame, gâtée par la nature, usurpe les droits de punition de son mari, et, au lieu de se soumettre tranquillement au fouet, essaie d'appliquer, ô sacrilège ! une correction corporelle à son seigneur et maître. Peut-il y avoir d'énormité plus coupable, crime plus contraire aux préceptes de la Bible et au bon sens ? En lisant le *Petit Parisien* du 3o novembre dernier, le paragraphe suivant tomba sous nos yeux étonnés.

*
* *

ÉPOUX MAL ASSORTIS

Rien de plus dissemblable que les époux P... Alors que le mari, employé de commerce, est d'un tempérament maladif et d'un naturel timide, sa femme, au contraire, est une matrone au visage coloré, aux formes opulentes, au verbe haut et à la main légère, bien qu'habituée à manier le battoir de la blanchisseuse.

Auguste P... rentre-t-il avec quelque retard à l'heure du repas, sa femme lui fait une scène, laquelle se termine invariablement par une correction plus ou moins dure.

Le malheureux, dans les premiers temps, avait vainement tenté de réagir contre les empiétements de sa moitié, qui, après plusieurs pugilats en règle, était restée maîtresse de la situation et en abusait étrangement.

A diverses reprises, Auguste P... déserta le toit conjugal. Mais ces escapades ne furent jamais de longue durée, car sa femme parvint chaque fois à découvrir sa retraite et à le ramener au logis.

Hier, à la suite d'une scène nouvelle, P... abandonnait de nouveau le domicile conjugal, et bien décidé à ne pas reprendre la vie commune, se décidait, non point au figuré, à casser les vitres.

Après s'être livré à de copieuses libations dans le voisinage, Auguste P... était arrêté place de Vaugirard alors qu'il jetait des pierres dans les vitres d'une vespasienne.

Conduit au poste de police voisin, l'employé de commerce raconta son long martyre et termina par un éloquent plaidoyer :

—Je vous en supplie, disait-il au commissaire qui l'interrogeait, envoyez-moi au dépôt, c'est pour moi le seul moyen d'être débarrassé de ma femme.

Mais celle-ci ne tarda pas à connaître les intentions de son mari, qu'elle vint réclamer au poste.

Le délit n'étant pas grave et la casse étant payée, P... a été mis en liberté. Le magistrat a, toutefois, engagé la blanchisseuse à traiter son mari avec plus de ménagements.

Tiendra-t-elle sa promesse?

LES CORRECTIONS CONJUGALES

En discutant la question de la correction conjugale, nous ne prétendons nullement être les premiers à en parler. Le sujet est aussi vieux que le monde. Le spirituel auteur de *History of the Rod* (Histoire de la Verge), dit très judicieusement : « Si nous devons accepter l'interprétation rabbinique du récit de la chute de l'homme, la flagellation comme discipline domestique a commencé dans le paradis terrestre, et la mère de toute l'humanité entière a été la première à appliquer les verges. Les Rabbins déclarent que lorsque Adam s'excusait, en disant que sa femme lui avait donné du fruit de l'arbre défendu et qu'il en avait mangé, il veut dire qu'elle le lui avait donné d'une façon palpable — de fait, qu'elle le lui avait inculqué d'une façon si énergique qu'il fut forcé de céder, et *l'avala pour de bon*, sans contrainte; et nous savons que beaucoup de dames ont suivi son exemple, et ont assumé le droit de corriger leurs maris. Butler, dans son *Hudibras*, en donne un exemple remarquable :

Récemment une épouse, en grand courroux peut-être
N'a-t-elle point fessé son cher seigneur et maître ?
Et pour qu'il fût vraiment le chef de la maison
Elle tanna son derrière, sans rime ni raison !
Tout nu elle l'attacha, et avec sa quenouille
Elle fourbit son dos de même que ses c....,
Et quand elle comparut devant le magistrat
Qui d'habitude avait à juger de tels cas,
... Elle en sortit grandie et presque auréolée...

Le noble personnage en question n'était autre que lord Munson, qui habitait Bury-Saint-Edmund, et était un des juges du Roi. Sa dame, pour lui faire comprendre jusqu'à quel point elle réprouvait sa conduite et qui était lasse d'user d'indulgence à son égard, aidée de ses servantes, l'attacha à un lit, et le fouetta d'importance jusqu'à ce qu'il eût promis de se mieux conduire à l'avenir ; et, pour cet acte de salutaire discipline, milady Munson fut publiquement remerciée par le juge devant la Cour.

D'autre part, la plupart des législateurs ont été particulièrement indulgents envers les hommes en matière de discipline conjugale. Le cas a été souvent débattu si un homme avait logiquement le droit de fustiger sa femme, et ce point délicat a été tranché dans ce sens que ce droit du mari dépend de la conduite et de l'humeur de sa femme. Steele fait remarquer dans le *Spectator* qu'il y a des mégères si incontestablement perverses qu'il faut à l'homme qui en a une de ce genre en partage, une dose de philosophie peu ordinaire pour pouvoir vivre avec elle. Quand elles se trouvent unies à des hommes de tempérament ardent auxquels manquent le sang-froid et l'éducation, elles récoltent souvent des coups. On a prétendu que la femme a été créée pour être la compagne, l'aide de l'homme, son ange tutélaire, et que son propre était de se montrer bonne, paisible et rangée, et lorsqu'elle est ainsi, elle accepte facilement l'autorité de son mari et se soumet docilement à son gouvernement. Quand, au contraire, elle est l'opposé de tout cela, le besoin de verges se fait sentir, et on doit la traiter d'après le conseil du poète :

> Tu te verras forcé de lui flanquer des claques [1].
> Et sans céder surtout au sentiment humain,
> Saisis ce qui d'abord te viendra dans la main :
> Que ce soit verge, corde ou bien une matraque
> Ou même s'il le faut avec la bassinoire.
> Si tu veux à la fin remporter la victoire
> Il te faut la mater jusqu'à l'étendre à terre... :
> Que ton cœur soit d'acier, que ton bras soit sévère !...

Un homme avait une femme passablement hargneuse. Il alla consulter l'oracle, et demanda ce qu'il fallait faire d'un vêtement infesté de mites.

« *Il faut l'épousseter*, répondit l'oracle.

— Et, ajouta l'homme, j'ai une femme qui est pleine de mauvaise humeur, ne devrait-elle pas être traitée de pareille façon ?

---

1.   Thou wilt be constrained her head to punch
And let not thine eye then spare her :
Grasp the first weapon that comes to hand
Horse-whip, or cudgel, or walking stick.
Or batter her well with the warming pan
Dread not to fling her down on the earth,
Nerve well thine arm, let thy heartd be stout
As iron, as brass, or stone, or steel.

— Évidemment, fut la réponse : Époussetez-la journellement. »

Si le conseil si sage du vieil oracle était plus généralement suivi, les épouses jouiraient d'une meilleure santé,
et il y aurait moins d'escapades maritales. Les femmes
comme les enfants ont besoin de corrections, et quelle
vue plus adorable que celle de voir la femme aimée à genoux devant nous, et nous suppliant de ne point la fouetter ? Nous trouvons dans le *London Examiner*, du 11 octobre 1856, un exemple de ce droit de châtier les femmes.

« Les magistrats de Whitehaven ont eu à s'occuper récemment d'un grand nombre de plaintes portées pour
voies de fait par des épouses contre leurs maris. A
Whitehaven, il existe une secte de chrétiens pratiquants
qui admettent au nombre de leurs doctrines le châtiment
corporel des femmes, comme conforme aux commande-
ments de Dieu. Le révérend George Bird, autrefois vicaire de Gumberworth, près de Hudderfield, s'y est
établi, et a réuni autour de lui une nombreuse colonie de
croyants. Or, ces jours derniers, on apprit qu'il profes-
sait comme doctrine, d'après les Écritures, qu'un homme
avait parfaitement le droit de battre sa femme. Il y a
environ six semaines, un nommé James Scott, un membre de la congrégation du révérend Bird, fut cité devant
les magistrats pour avoir brutalement battu sa femme
qui avait refusé de fréquenter le même endroit de culte
que lui. Devant les juges, Mme Scott déclara n'avoir aucun désir de faire punir son mari, pourvu qu'il s'engageât
à ne plus la maltraiter à l'avenir. Lorsque les magistrats
lui demandèrent de prendre cet engagement, il refusa,
disant : « Dois-je obéir aux lois de Dieu ou à celles des
hommes ? » Comme il persistait dans son refus, les magistrats le condamnèrent à un mois de prison avec tra-

vaux forcés. Depuis, le révérend M. Bird a donné une série de conférences au sujet de la condamnation de Scott. Il y maintenait que c'était le devoir d'un homme de gouverner sa maison, et que si sa femme refusait d'obéir à ses ordres, il était en droit, d'après les lois de Dieu, de la battre pour la forcer à l'obéissance. »

Comme parmi nos lecteurs il pourrait s'en trouver auxquels cette immixtion de la Bible et de ses préceptes dans la flagellation domestique et conjugale, en raison même de l'étrangeté de la chose, pourrait à bon droit paraître invraisemblable, nous tenons à citer ici, très superficiellement et à titre documentaire, quelques-uns de ces passages du Livre Saint dans lesquels il est très explicitement prescrit aux hommes de ne pas se montrer trop parcimonieux, en matière de flagellation, à l'égard de leurs chères et tendres.

La bienveillance toute patriarcale de nos premiers ancêtres envers leurs épouses, bienveillance qui se traduisait le plus souvent par de saines bastonnades, a certainement dû faire naître le proverbe : *Qui aime bien châtie bien!* à moins que ce ne fût précisément en vertu de ce proverbe qu'ils s'adonnaient à la pratique de la fustigation, laquelle avait le double avantage d'influer salutairement sur le moral des filles d'Ève et de procurer aux hommes un exercice éminemment hygiénique...

Nos lecteurs précités auraient donc grand tort de supposer un seul instant que nous cherchons ici à leur en imposer ou à tabler sur leur crédulité en nous référant aux Écritures.

Le roi Salomon, qui compte parmi les plus fervents partisans des punitions corporelles, recommande l'usage des verges dès la plus tendre jeunesse à seule fin de garantir pour l'avenir une vie austère et honnête. Cela ne l'a pas empêché, d'ailleurs, de finir lui-même très mal.

Voici, d'ailleurs, quelques passages de la Bible, que nous reproduisons textuellement : — Le fou méprise le châtiment de son père, mais celui qui reçoit des coups deviendra sage : châtie ton fils tant qu'il y a encore de l'espoir, mais ne laisse pas ton âme s'entraîner jusqu'à l'assommer : ne crains pas de fustiger le profane afin d'assagir le fou... La castigation franche vaut mieux que l'amour clandestin ; les fustigations d'un ami sont sincères et bien intentionnées, mais les caresses d'un sycophante sont indignes ; le fouet marque la peau, mais une mauvaise langue brise les os et le reste.

Nous pourrions en citer encore pas mal, mais les passages qui précèdent suffisent amplement à donner une idée de l'esprit de ces prescriptions. Les anciens Hébreux se montraient, à l'égard de leurs épouses, d'une *générosité flagellatoire* digne de tous éloges et le Coran nous enseigne que Job, le doyen des pauvres hères, a eu plusieurs fois l'avantage d'administrer à sa digne moitié des fessées *di primo cartello*, histoire de chasser le diable qui avait élu résidence dans son corps.

Mais continuons, en mentionnant le cas d'un ecclésiastique résidant à Londres qui se permit d'administrer à sa servante la correction qu'on inflige à un écolier ; et qui, lorsqu'il fut cité devant le magistrat pour ce fait, fit prononcer une éloquente harangue pour affirmer son droit d'agir comme il l'avait fait. Il en appela en même temps au public par la voie de la presse pour établir la légalité de la flagellation qu'il avait infligée.

Quelques gens stupides, nous le savons bien, trouveront nos observations extravagantes, même fantasques. D'autres, doués de plus de bon sens, reconnaîtront que nos raisonnements sont gouvernés par la logique et imbus de mobiles philanthropiques. Nous allons plus loin en affirmant que toute l'histoire de l'Angleterre, ainsi que le présent et l'expérience du passé, confirment la doctrine du « propre gouvernement de la femme par son mari. » Il a été démontré que parmi les droits que possédait le mari sur sa femme, pendant toute la période anglo-saxonne en Angleterre, était celui de la battre. Le droit civil permettait au mari, pour certaines infractions, de battre sa femme sévèrement avec des fouets et des bâtons, *flagellis et fustibus acriter verberare uxorem*, ou, selon d'autres, d'infliger seulement un châtiment modéré, *modicum castigationem adhibere*. « Mais, comme dit Blackstone dans ses commentaires, chez nous, sous le règne plus policé de Charles II, on commençait à mettre en doute ce droit de correction, et aujourd'hui une femme est presque sûre d'être, de ce côté-là, « en sécurité. » Cependant, le bas peuple, toujours épris de l'ancien droit commun, continue à revendiquer et à exercer ses anciens privilèges. Les autorités ne sont pas d'accord sur ce qui constitue un « châtiment modéré », ou l'instrument avec lequel il doit être infligé. Une loi du Pays de Galles fixe la quantité raisonnable à *trois coups d'un manche à balai sur toute partie du corps excepté sur la tête* : et une autre loi règle la longueur du bâton à celle du bras du mari, et l'épaisseur à celle de son doigt du milieu. Une autre ordonnance dit qu'un homme peut légalement châtier sa femme avec un bâton pas plus gros que son pouce. Un époux avait l'habitude de dire à sa femme que, quoiqu'un mari ne pouvait pas légalement battre sa femme avec un bâton d'une certaine grosseur, il le pouvait en toute sécurité avec une badine ou avec la main. Quelques hommes, ne voulant pas être trop sévères, limitaient la grosseur du bâton à celle   du petit doigt.

LA CORRECTION D'UNE FEMME JALOUSE

Le récit suivant émane d'un témoin de l'incident.

« Il y a environ une douzaine d'années de cela, un cas assez drôle de correction maritale s'est produit aux environs de Paris. Un écrivain de talent et bien connu avait coutume d'offrir souvent une aimable hospitalité à ses nombreux amis, hommes de lettres, journalistes et artistes, dans la jolie villa qu'il occupait à une heure de distance de la capitale. Quelques années auparavant, il avait épousé une belle fille beaucoup plus jeune que lui et qui ne brillait pas précisément par l'intelligence. |Cependant, malgré la disproportion d'âge, la jeune femme était très attachée à son mari; mais elle était, par contre, horriblement jalouse, au point d'imaginer que les amis qui venaient le visiter, dont la plupart étaient des hommes de lettres éminents, lui donnaient de mauvais conseils pour le détourner de ses devoirs, et que c'étaient eux qui le retenaient à Paris lorsque parfois il lui arrivait de rentrer tard. Elle prit donc la mauvaise habitude, chaque fois qu'ils venaient dîner chez lui à la campagne, de leur adresser toutes sortes de reproches, qui souvent frisaient même l'injure.

« Un jour qu'elle s'était oubliée plus que d'ordinaire en insultant grossièrement un ami de vieille date très estimé de la famille de son mari, celui-ci, qui était d'une belle prestance et passablement vigoureux, à bout de patience, la saisit tout à coup et, avant qu'elle eût eu le temps de ré-

sister, la renversa sur ses genoux, et troussant prestement ses jupes, lui administra, devant ses amis stupé-
faits, une magistrale fessée, comme on en donne à une
enfant qui se conduit mal. Alors il la lâcha, et la pauvre
petite femme se sauva, accablée de honte et de confusion.

« La leçon était sévère, mais elle porta ses fruits. A partir de ce jour la petite dame devint une épouse modèle,
aimante et satisfaite, à tout jamais guérie de sa jalousie et
qui n'eut jamais plus la moindre envie de faire des
scènes aux amis qui venaient rendre visite à son époux. »

CONSÉQUENCES DES CORRECTIONS CONJUGALES

La correction d'une épouse peut quelquefois entraîner
des conséquences sérieuses, surtout si elle a été exercée
d'une façon brutale.

Dans une ville de l'Allemagne du Sud, il y a quelques
années de cela, vivait un docteur qui avait l'habitude de
fouetter sa gentille petite femme pour les plus futiles
motifs. Il était extrêmement jaloux et trouvait bon de
pratiquer la flagellation si souvent sur le corps de sa
femme qu'elle s'en plaignit à la fin à ses amis, et, suivant leur avis, elle demanda et obtint le divorce.

Nous avons entendu parler d'un autre cas dans le
même pays, où le mari n'infligeait pas la correction lui-
même mais en confiait le soin aux autorités ecclésiastiques qui s'en acquittaient à merveille. Cette dame était
très belle et avait, par suite, de nombreux admirateurs.
Conformément à des instructions données par son
mari, elle fut une nuit arrachée de son lit, enlevée de sa

maison et conduite, dans une voiture fermée, dans un
endroit qu'elle ne connaissait pas. Là, elle fut interrogée et on lui enjoignit de livrer les noms de ses adorateurs, et, comme elle persistait dans son refus de le
faire, elle fut violemment fouettée avec des verges et
ramenée quelques jours après chez son mari. Ses adorateurs se cotisèrent alors dans le but de lui offrir un riche
cadeau pour récompenser sa fidélité et son silence. C'est
de la même façon, avec moins de sévérité cependant,
mais toujours avec les verges (quoique nous ne sachions
pas que les maris aient sanctionné ou ordonné une telle
opération) qu'un chanoine de Limbourg punissait les
peccadilles des jolies femmes mariées qui venaient se
confesser à lui. Naturellement, elles ne faisaient point
de résistance et savaient endurer patiemment leur châtiment.

LA FUSTIGATION DÉSIRÉE

« La femme est en général d'un naturel bizarre et difficile à contenter. » Tandis que quelques-unes d'entre
elles acceptent de fort mauvaise grâce une correction
même méritée, d'autres ne se sentent véritablement à
l'aise qu'après avoir reçu une bonne volée de coups. Le
cas suivant peut servir d'illustration aux réflexions qui
précèdent. Il faut parfois toute une série de corrections
pour satisfaire au goût de ces dames, mais, dans le cas
qui nous occupe, une seule application semble avoir
amplement suffi pour calmer du coup l'ardent désir de
la femme d'être fouettée.

Une dame de bonne famille avait épousé un jeune

magistrat très riche et fort aimable et qui était aux petits
soins pour elle. Il se rendait à ses moindres désirs; elle
était maîtresse absolue de la maison et on ne lui refusait
rien ; son mari était absolument son esclave. Malgré
tout le bonheur qu'aurait dû lui procurer cette continuelle lune de miel, la jeune femme devint tout à coup
mélancolique et maussade; là-dessus, le pauvre mari
redoubla de prévenances et de caresses et la supplia
presque à genoux de lui dire ce qu'elle avait. A la fin,
en réponse à ses supplications, elle lui avoua qu'elle
avait une envie tellement forte, irrésistible et extraordinaire, qu'elle aimait mieux mourir que l'avouer. Bien
entendu, ceci ne fit qu'accroître le désir du mari de
savoir quelle était cette envie afin de la satisfaire, si c'était
possible, et, après plusieurs jours de prières et de supplications, elle avoua qu'elle avait envie d'une bonne
fessée! — Non pas de recevoir des coups de poing ou
des coups de pied, mais d'être vigoureusement, vivement
et radicalement fouettée avec des verges, de façon à complètement satisfaire cette absurde envie. Le mari la regarda d'un air étonné, croyant qu'elle avait perdu la
raison : de sorte que, ne voulant pas satisfaire son caprice
comme elle le désirait, il la fit mettre au lit comme s'il se
fût agi chez elle d'une grave maladie. Un médecin fut appelé, qui, à l'étonnement du mari dérouté et absolument
abasourdi, donna raison à la malade, lui ordonnant comme
seul remède une vigoureuse application de verges sur
cette partie de sa personne qui présentait en même
temps le moindre danger et la plus ample surface. Le
mari alors, se résignant pour ainsi dire à son sort, se
décida à exécuter l'ordonnance du médecin, et, profitant
un jour d'un accès de mauvaise humeur de sa femme,
s'arma de verges et lui appliqua une volée bien sentie

sur la région indiquée. A partir de ce moment, la jeune épouse fut parfaitement satisfaite et guérie.

———

CORRECTION D'UNE ÉPOUSE TROP GAIE

Il y avait autrefois une dame fort gaie qui avait l'habitude de rentrer chez elle à des heures absolument indues ; elle ne rêvait que bals et mascarades et ne faisait pas la moindre 'attention au chagrin manifeste de son mari jusqu'à ce que, finalement, celui-ci fut tellement indigné de sa façon d'agir qu'il résolut de provoquer une explication catégorique. En conséquence, il lui dit un jour : « Ma chère amie, les journées ne sont-elles pas assez longues, pour que vous consacriez les nuits à vos plaisirs? J'insiste pour que vous rentriez à la maison à une heure fixe et raisonnable, et, si vous n'obtempérez pas à cette injonction, j'ai un moyen tout à fait infaillible pour vous ramener à la raison ; et dans cette affaire je serai à la fois accusateur et juge. »

La belle dame, qui était d'avis que ses plaisirs n'avaient rien que d'innocent, ne prêta aucune attention à ces remontrances et rentra à la maison ce soir-là comme d'habitude, très tard, ne pensant pas un seul instant à la méthode de guérison infaillible que son mari lui réservait. Cependant, ce dernier, depuis quelques jours déjà, avait préparé à son intention une collection de tiges de bouleau vert, et, pour qu'elles puissent bien cingler madame, il les avait laissées tremper dans de la saumure. Il l'avait attendue ; il la prit dans ses bras, lui laissant croire que c'était pour plaisanter ; mais une

vigoureuse volée de bois vert, bien appliquée par le bras
du mari indigné, eut le don de vite lui prouver le contraire.

Ce fut en vain qu'elle jeta de hauts cris, qu'elle appela
au secours, c'est en vain qu'elle voulut résister aux
étreintes de son mari ; il continua à la flageller jusqu'à
ce qu'elle fût absolument matée.

Le lendemain, elle s'en plaignit très amèrement aux
dames de sa connaissance qui ne firent que rire de cette
aventure sério-comique. Enfin, redoutant une nouvelle
fustigation, et, n'ayant pas le moindre désir d'essayer
encore une fois du remède infaillible de son mari, elle
crut plus prudent de se taire et de réformer sa manière
de vivre.

CELLES QUI SE REBIFFENT

Quoique la flagellation soit un remède des plus effi-
caces contre les tendances nerveuses et les irritations hystériques des jeunes filles, quelques-unes d'entre elles se
prêtent de fort mauvaise grâce et regimbent contre le
procédé.

Mme Roland protestait énergiquement contre l'indignité d'être fouettée et communique dans ses mémoires
plusieurs anecdotes personnelles remarquables.

Son père, un homme très violent, avait l'habitude de
la battre souvent pendant sa jeunesse ; plus d'une fois,
elle lui avait mordu la cuisse sur laquelle il l'avait renversée pour la fouetter. Refusant une fois de prendre un
médicament, elle fut condamnée à être flagellée. Comme
elle persistait dans son refus de le prendre, elle fut

fouettée avec sévérité. Une autre fois, lorsqu'une punition du même genre devait lui être infligée, elle se
montra féroce dans son opposition, et son père en fut
irrité ; mais, voyant sa mère en pleurs, elle se soumit
avec humilité et accepta la punition. Mais elle résolut de
faire prévaloir sa volonté, — de mourir plutôt que de
céder, — et jamais plus elle ne fut fouettée.

COUTUMES MATRIMONIALES EN RUSSIE

Dans l'empire du Czar, la flagellation commence dès
le seuil de la vie conjugale, et se perpétue longtemps
après la lune de miel. Quel bonheur pour le mari de
pouvoir ainsi affirmer son autorité ! Combien soumise
doit être l'épouse qui a de la sorte de bonne heure
appris à marcher dans la voie de l'obéissance maritale !
Nous citons : — « Les coups rituels du fouet que la
fiancée reçoit de son futur époux », — une coutume qui
existe parmi toutes les nations slaves, et chez d'autres
peuples indo-européens [1], — sont aujourd'hui aussi bien
expliqués par les paroles mêmes que le mari prononce
en administrant les coups, que par les chansons de ses

---

1. Voir Soumtzor, *Sur les usages nupt.*, p. 94 ; Krauss, *Sitte
und Branch der Südslaven*, p. 385 ; Boiev, *K. Bratchnomou pravou
Bolgar (Sur les Us. jurid. Bulg.)*, p. 40 ; Liebrecht, *Völkerkunde*,
pp. 376-377 ; Laumier, *Cérém. nupt.*, p. 91 ; Wood, *The Wedding
Day*, II, p. 48, 118 : Dans le gouvernement de Kazan, parmi les
Tcheremisses, la jeune épouse n'entre pas de suite dans la couche
nuptiale ; elle y place seulement un pied pour le retirer ensuite.
Ceci est répété trois fois jusqu'à ce que le chef du cortège lui
donne trois coups de son fouet (Smirnoff, *Les Tcheremisses*,
pp. 130-131).

camarades et par les commentaires des savants, comme symbolisant la sujétion de l'épouse à son mari. M. Soumt-zor donne une explication qui paraît très plausible du sens primitif de ces coutumes. Il y trouve une analogie avec les coups rituels des *Luperci* pendant les *Lupercales* chez les anciens Romains, et les fouets mellifères d'Asvines qui symbolisaient la rosée de l'aube et celle du soir, causes de la fertilité des champs [1].

Cette manière de voir est confirmée par les coutumes subsistant en beaucoup d'endroits, où le mari se contente d'éventer sa jeune épouse de tous les côtés avec un long fouet, ou bien il en frappe la voiture qui la porte, en tournant autour. On peut également reconnaître les conditions ci-dessus mentionnées dans la coutume qui s'est perpétuée dans la Russie Blanche, de faire lever les nouveaux époux de leur couche nuptiale à coups de fouet, comme de fait le fouet ou le bâton figure dans la plupart des cérémonies nuptiales.

LA FLAGELLATION DES SERVES EN RUSSIE

Le pouvoir despotique dont les propriétaires de domaines en Russie étaient autrefois investis est heureusement aboli. Les droits sur les serfs n'existent plus ; en pratique, cependant, le vieil état de choses subsiste encore dans beaucoup d'endroits. Espérons, cependant, que des cas comme celui relaté ci-dessous sont rares :

« Une belle jeune fille dont le père était serf était fiancée à un jeune homme de sa condition. Mais son

---

1. Soumtzor, *loc. cit.*, pp. 94-95.

seigneur désirait en faire sa maîtresse, et, parce qu'elle
refusa de la façon la plus énergique à se commettre à
cette dégradation, il résolut de la faire fouetter : elle
fut donc accusée d'un méfait quelconque, et sur cette
fausse accusation elle fut arrêtée et envoyée en prison,
où, à porte close, elle fut mise immédiatement nue et
étendue sur un banc au bout duquel se trouvaient deux
trous dans lesquels on fit passer ses bras : alors deux
hommes lui tinrent la tête et les pieds, tandis qu'un troisième la fouetta jusqu'à ce qu'elle fût couverte de sang,
et qu'il lui fallût plus tard près de trois mois pour se
remettre. »

« *The Englishwoman in Russia* [1] » parle d'une dame
du plus haut rang, qui avait usé du privilège, qu'a toute
femme dans un bal masqué, de glisser quelques mots
dans l'oreille de l'Empereur ; elle en avait profité pour
risquer une suggestion un peu indiscrète. Ayant été suivie jusque chez elle par un mouchard, elle fut mandée le
lendemain au bureau du comte Orloff. A son arrivée, on
lui indiqua une chaise, où, s'étant assise, elle fut tranquillement interrogée. Peu de temps après on la descendit doucement dans une chambre inférieure, où elle
fut vigoureusement fouettée avec des verges par quelqu'un d'invisible tout comme si elle avait été une petite
fille. La « *Englishwoman* » se porte garante de l'exactitude de cette anecdote. Elle connaissait la dame en
question, et l'histoire lui fut contée par une amie intime
de la famille.

---

1. « *The Englishwoman in Russia* » (L'Anglaise en Russie), un
périodique.

LA FLAGELLATION D'UNE DAME HAUT PLACÉE

On entend quelquefois de singulières histoires à propos de l'extrême sans-gêne des agissements du monde officiel russe. Voici le traitement terriblement indigne qui fut infligé à une dame russe et que, Dieu merci, la préfecture de police de Paris n'a pas encore adopté.

Une dame de haute lignée, soupçonnée d'avoir trempé dans quelque affaire de trahison, fut mandée au bureau de la police secrète : lorsqu'elle y arriva et que la porte se fut refermée sur elle, on la pria poliment de s'avancer un peu plus, mais en ce faisant, une trappe s'ouvrant soudainement sous elle, elle y glissa jusqu'à ce qu'elle ne fût plus suspendue que par ses vêtements qui étaient restés accrochés sous ses bras. Elle resta dans cette position qui l'empêchait de faire le moindre mouvement, exposée librement aux coups de fouet qu'un exécuteur appelé dans ce but lui administra à tour de bras.

Il ne serait peut-être pas inutile de se servir de ce moyen un peu vif pour guérir à jamais une femme trop loquace, mais il nous semble qu'il serait plus convenable et plus décent d'appeler le mari ou même le frère ou le cousin, pour exécuter ce travail, que de le déléguer à un inconnu caché sous le plancher. Un député qui aurait l'audace de proposer de telles mesures de coercition pour des Françaises, ne garderait pas longtemps son mandat.

APRÈS LE BAL!

On prétend que la transition des larmes au rire et *vice-versa* est tellement rapide que l'on peut considérer la différence entre ces deux manifestations du tempérament humain comme si elle n'existait pas en réalité. Il y a cependant bien peu de gens qui aimeraient quitter la salle de bal et les plaisirs pour la chaise de flagellation ; de même il serait difficile de trouver beaucoup de galants hommes qui, après avoir prêté une oreille complaisante aux propos frivoles et peut-être irréfléchis que l'esprit folichon d'une beauté en verve lui aurait suggérés dans le tourbillonnement d'une valse, s'en serviraient sans retard pour faire ignominieusement fouetter l'imprudente. Bon nombre de grandes dames ont cependant été flagellées de cette façon et dans des circonstances analogues. De fait, on pourrait multiplier tant qu'on voudrait les exemples de ce genre. Il y a quelques années, un journal allemand annonçait que trois des plus belles femmes de Saint-Pétersbourg avaient été conduites directement d'un des bals de la Cour impériale, dans leurs propres carrosses, encore affublées de leurs belles toilettes de satin et de guipures, jusqu'au bureau de police, où, après avoir été hissées sur l'épaule d'un homme, leurs jupes relevées, elles furent vigoureusement fouettées avec des verges. Aucune explication ne leur fut donnée ; mais on les renvoya avec la recommandation très significative de ne donner à l'avenir plus aucun libre cours à leurs langues.

Au cours d'une autre soirée impériale, quelques jeunes dames, qui avaient bavardé un peu trop librement,

furent poliment escortées jusqu'à un appartement éloigné, où, forcées de s'agenouiller, les coudes appuyés sur
une ottomane, elles reçurent une bordée de claques
administrées par la main vigoureuse d'une des femmes
de charge du palais, avec leurs propres escarpins en
satin, après quoi elles furent renvoyées chez elles.

LA CORRECTION DES FEMMES

EN ORIENT

LE TAUREAU ET L'ANE [1]

Il y avait une fois un marchand qui possédait une grande fortune et beaucoup d'esclaves et qui était riche en bétail et en chameaux; il avait aussi une femme et de la famille et il habitait à la campagne, et il était très versé dans l'art d'être époux et il aimait l'agriculture. Or, Allah, le Très-Haut, l'avait doué de la faculté de comprendre le langage d'animaux et d'oiseaux de toute espèce, mais cela, sous peine de mort, pour lui, s'il divulguait à qui que ce soit ce don. Ainsi il garda le secret par pure peur. Il avait dans son étable un taureau et un âne, chacun desquels était attaché dans son propre compartiment, très près l'un de l'autre. Un jour que le marchand se trouvait assis près de là avec ses domestiques et ses enfants jouant autour de lui, il entendit le taureau dire à l'âne:

---

1. Ce conte est traduit de l'arabe avec toutes les originalités du style et les pléonasmes qu'il comporte.

« Salut et santé à toi, ô père du réveil [1]! Afin que tu jouisses de repos et de bien-être, tout, au-dessous de toi, est proprement balayé et fraîchement garni : des gens te servent et te nourrissent, et ta provende consiste en orge choisi, ta boisson est de l'eau de source pure, tandis que moi, — malheureuse créature, — je suis sorti au milieu de la nuit, alors qu'ils placent sur mon échine la charrue et quelque chose qu'ils appellent le joug et je me fatigue à creuser la terre depuis le point du jour jusqu'au coucher du soleil. Je suis forcé de faire plus que je ne puis et de supporter toutes sortes de mauvais traitements de nuit en nuit ; après quoi ils me ramènent, les côtes moulues, mon échine rompue, mes jambes flagellantes et mes yeux remplis de larmes. Ensuite ils me renferment dans l'aire et me jettent des haricots et de la paille écrasée, mêlée à de la poussière et à des impuretés. Et je couche dans le fumier, dans les ordures et les puanteurs, durant toute la nuit. Mais toi, tu es toujours dans une place balayée, litiérée et nettoyée et tu es toujours couché à l'aise, sauf quand il arrive — et cela assez rarement — que le maître a quelque affaire et qu'il te monte jusqu'à la ville et retourne avec toi sans retard. Ainsi il se trouve que je suis travaillant et misérable tandis que toi tu prends tes aises et ton repos ; tu dors tandis que je suis sans sommeil ; j'ai encore faim quand tu te remplis à ta faim et je récolte du mépris tandis que tu gagnes des bontés. »

Lorsque le taureau eut fini de parler, l'âne se tourna vers lui et dit :

« O pauvre délaissé ! Il n'a pas menti celui qui t'a

---

1. En arabe : « *Abù Yakȥan* », le réveilleur, parce que l'âne a l'habitude de braire à l'aube.

appelé tête de taureau, car toi, ô père d'un taureau, tu
n'as ni prévoyance ni esprit d'invention; tu es le plus
simple des simplets [1] et tu ne sais rien de bons conseil-
lers. N'as-tu pas entendu la parole du Sage :

> Pour d'autres je supporte ces peines et ces travaux
> Et pour eux est le plaisir, pour moi le labeur;
> Comme le blanchisseur qui noircit son front au soleil
> Pour blanchir la toile que d'autres porteront.

Mais toi, ô fou, tu es plein de zèle et tu te fatigues, tu
t'échines devant le maître ; et tu peines, tu fatigues et te
ruines pour le confort des autres. N'as-tu jamais entendu le dicton qui dit : « Personne pour guide et éloi-
gne-toi bien loin du chemin ! » Tu pars à l'appel pour
la prière du matin et tu ne retournes pas jusqu'au coucher du soleil ; et durant toute la sainte journée tu
endures toutes sortes de misères ; ensemble des coups,
le labour et des injures. Maintenant écoute-moi, messire taureau ! Quand ils t'attachent à ton râtelier puant,
tu laboures le sol avec ton front, tu rues avec tes pieds
de derrière, tu frappes avec tes cornes et beugles fortement, de sorte qu'ils te croient content. Et quand ils te
jettent ta pitance, tu te précipites dessus avec joie et te
dépêches de remplir ta panse bien dodue. Mais, si tu
veux accepter mon conseil, cela sera bien meilleur pour
toi et tu mèneras une vie peut-être encore plus agréable
que la mienne. Quand tu iras aux champs et qu'ils dé-
posent sur ton cou la chose appelée *joug*, couche-toi et
ne te relèves pas, malgré qu'ils te fustigeront avec désinvolture ; et si tu te relèves, recouche-toi une deuxième

---

1. En arabe : *Balid*, un égyptianisme qui signifie *innocent,
imbécile.*

fois ; et quand ils te ramèneront au logis et qu'ils t'offri-
ront tes haricots, recule en arrière et ne fais que sentir
ta pitance, retire-toi et ne la goûte pas et contente-toi
de ta paille écrasée et de tes gausses ; et de cette façon
feins d'être malade et ne cesse pas de faire cela pendant
un jour ou deux ou même trois jours, tu auras ainsi du
répit de tes peines et soucis.

Quand le taureau entendit ces paroles, il sut que l'âne
était son ami et il le remercia en disant : « Juste est ton
discours ! » et il pria que toutes les bénédictions lui
fussent prodiguées et il cria : « O père Réveilleur, tu
m'as consolé dans mes sentiments ! » (Maintenant[1], ô ma
fille, le marchand comprit tout ce qui s'était passé entre
eux.)

Le lendemain, le bouvier prit le taureau et, lui plaçant le trait de la charrue sur l'échine, le fit travailler
comme de coutume ; mais le taureau se mit à faire le
mauvais, conformément au conseil de l'âne, et le laboureur le battit jusqu'à ce que le joug se rompît et qu'il
s'échappât ; mais l'homme le rattrapa et le tanna au point
qu'il crut en mourir. Malgré cela il ne voulut faire rien
autre que rester immobile et se laisser tomber jusqu'au
soir. Alors le bouvier le conduisit à la maison et l'ins-
talla dans son étable. Mais il s'éloigna de son manger,
et ne piaffa, ni ne rampa, ni ne beugla ni ne se comporta
comme il avait l'habitude de faire ; ce qui fit que l'homme
s'en étonna. Il lui apporta les haricots et les écausses,
mais les renifla et se coucha aussi loin d'eux qu'il put et
passa toute la nuit à jeuner. Le paysan vint le lendemain matin, et, voyant le râtelier plein de haricots, la
paille écrasée intacte, et le taureau couché sur son dos

---

1. En arabe le wà (') est le signe de la parenthèse.

dans une attitude peinée avec un ventre gonflé et étendu,
il s'inquiéta de lui et dit : « Par Allah ! sûrement il est
devenu malade, et voilà la cause pourquoi il n'a pas
voulu labourer hier. »

Alors il se rendit auprès du marchand et lui rapporta :
« Oh ! mon maître, le taureau est souffrant ; il refusa sa
pitance hier soir, et de plus, il n'en a pas goûté une
miette ce matin. »

Maintenant, le marchand comprenait tout ce que cela
signifiait, parce qu'il avait surpris la conversation entre
le taureau et l'âne. En conséquence, il dit : « Prends ce
chenapan d'âne, place-lui le joug sur l'échine et fais-
lui faire le travail du taureau. » Là-dessus le laboureur
prit l'âne et le fit travailler durant toute la sainte journée le même travail que le taureau ; et, quand il manquait par faiblesse, il lui fit manger du bâton jusqu'à ce
que ses côtes fussent ramollies, que ses reins furent
renfoncés et que son échine fût brisée par le joug ; et
quand il revint au logis le soir, il put à peine traîner ses
jambes, ni en avant, ni en arrière. Quant au taureau, il
avait passé la journée couché de tout son long et il avait
mangé sa pitance avec excellent appétit, et il ne cessa
pas d'appeler des bénédictions sur l'âne, pour son bon
conseil, ignorant ce qui lui était arrivé à cause de lui.
De sorte que, quand la nuit tomba et que l'âne retourna
à l'étable, le taureau se leva pour lui faire honneur et
dit : « Que de bonnes choses veuillent rendre ton cœur
content, ô père Réveillonneur ! Grâce à toi j'ai pu me
reposer toute la journée durant et j'ai mangé ma nourriture en paix et tranquillité ! » Mais l'âne ne lui fit pas
de réponse, par dépit, par l'indicible fatigue endurée et
par suite des bastonnades reçues ; et il se repentit avec
la plus profonde sincérité ; et il se dit à lui-même :

« Ceci provient de la folie que j'ai commise de donner
un bon conseil. » Comme la scie dit : J'étais dans la joie
et dans le contentement, et rien que ma franchise
m'a procuré ce désastre. Mais je veux me souvenir de
ma valeur innée et de la noblesse de mon naturel. Car,
que dit le poète :

La magnifique couleur du Basilic [1] doit-elle disparaître
Quoique les pieds de l'Abeille eussent rampé sur le Basilic ?
Et quoique l'Araignée et la Mouche soient ses hôtes ?
Est-ce que le malheur doit s'attacher à la Maison Royale ?
Le Kauri [2], je suppose, peut avoir cours,
Mais faut-il pour cela que la goutte claire d'une perle perde
[sa valeur ?

Et maintenant il faut que je réfléchisse et que j'in-
vente un tour pour lui, pour le remettre à sa place, sans
cela il me faut mourir. » Puis, il se mit à son râtelier
avec lassitude, tandis que le taureau le remerciait et le
bénissait. Et de même ainsi, ô ma fille, dit le vizir, tu
mourras par manque d'esprit. Pour cela, reste coite et
ne dis rien et n'expose pas ta vie à une pareille épreuve,
car, par Allah ! je te donne le meilleur conseil qui émane
de mon affection et de ma bienveillante sollicitude pour
toi.

— Oh ! mon père, répondit-elle, il est nécessaire que je
monte chez ce roi et que je sois mariée avec lui. — Et lui
dit : « Ne fais pas cela. » Et elle répondit : « En vérité,
je le veux. » Sur quoi il ajouta : « Si tu ne te tais pas et
que tu ne restes pas tranquille, je veux faire avec toi-

---

1. Le Basilic, connu dans le Midi de la France sous le nom
d'angélique, l'*herbe royale* si réputée en Orient.
2. En arabe : *Sadaf*. Petit coquillage blanc originaire des Mal-
dives et servant de monnaie de billon.

même ce que ce marchand fit avec sa femme ! — Et que fit-il ? — demanda-t-elle.

— Sache donc, répondit le vizir, qu'après le retour de l'âne, le marchand sortit sur la terrasse qui formait le toit de sa maison, avec sa famille, car c'était par une nuit de clair de lune et la lune était dans son plein.

Or, la terrasse dominait l'étable et, comme il était assis là, avec ses enfants jouant autour de lui, le négociant entendit l'âne qui disait au taureau :

« Dis-moi, frère *Grand-Sourcil*, que comptes-tu faire demain ? »

Le taureau répondit :

« Quoi d'autre, sinon suivre ton conseil, ô Aliboron ? En effet, cela a été aussi bon que bon ce pouvait être et cela m'a procuré du répit et du repos. Je n'ai donc nulle envie d'en départir d'un cran, de sorte que, quand ils m'apporteront ma nourriture, je la refuserai et gonflerai mon ventre et simulerai la maladie. »

L'âne secoua la tête et dit :

« Garde-toi d'agir de la sorte, ô père d'un taureau ! »

Le taureau demanda :

« Pourquoi ? »

Et l'âne répondit :

« Sache que je suis sur le point de te donner le meilleur des conseils, car, en vérité, j'ai entendu notre patron dire au bouvier : « Si le taureau ne se lève pas de sa couche pour faire son travail aujourd'hui et qu'il se retire de sa pitance, conduis-le chez le boucher pour qu'il l'abatte et donne sa viande aux pauvres et façonne un peu de cuir avec sa peau. » Or, je crains pour toi en raison de cela. Donc, prends mon avis, avant qu'une calamité ne t'atteigne. Et quand ils t'apporteront ta nourriture, mange-la, lève-toi et laboure la terre, ou notre maître te fera certainement charcuter et qu'alors la paix soit avec toi ! »

Sur ce, le taureau se leva, loua à haute voix et remercia l'âne et dit : « Demain je veux, avec docilité, aller avec eux ! »

Et de suite il se mit à avaler toute sa pitance et alla même jusqu'à lécher son râtelier.

(Tout ceci eut lieu et le propriétaire écoutait leurs discours.)

Le lendemain matin, le commerçant et sa femme se rendirent à l'étable et s'assirent, et le bouvier survint et fit avancer le taureau qui, apercevant son maître, dressa sa queue et se mit à renifler, et se mit à se trémousser avec tant de vivacité que le marchand eut un éclat de rire et continua de rire jusqu'à ce qu'il tombât à la renverse, sur son dos.

Sa femme lui demanda :

« — De quoi ris-tu avec un rire aussi bruyant que cela ? »

Et il lui répondit :

« Je ris d'une chose secrète que j'ai entendue et vue et que je ne puis pas dire, si je ne veux pas mourir de malemort. »

Elle répliqua :

« A tout prix il faut que tu me la dévoiles, et que tu me découvres la cause de ton rire, dût-il en résulter ta mort ! »

Mais lui répondit :

« Je ne puis pas révéler ce que les bêtes et les oiseaux disent en leur langue de peur que je ne meure ! »

Alors elle dit :

« Par Allah ! tu mens ! ce n'est là qu'une vaine excuse : tu n'as ri de personne autre que de moi et main-

tenant tu voudrais me cacher quelque chose. Mais, par
le Seigneur des Cieux ! à moins que tu ne me dévoiles
la cause, je ne veux pas cohabiter plus longtemps avec
toi : Je veux te quitter de suite ! »

Et elle s'assit et pleura. Sur quoi le marchand dit :

« Malheur à toi ! Que signifie ton pleurnichage?
Crains Allah et laisse ces paroles et ne pose plus de
questions.

— Il faut que tu me dises la cause de tes rires, » dit-
elle. — Et il répondit :

« Tu sais que quand je priai Allah de m'accorder
le don de comprendre les langages des animaux et des
oiseaux, j'ai fait un vœu de ne jamais révéler le secret à
personne sous peine de mourir sur le coup. »

— N'importe ! cria-t-elle, dis-moi quel secret s'est
échangé entre l'âne et le taureau et meurs à l'heure
même... »

Et elle ne cessa pas de l'importuner jusqu'à ce qu'il
fût à bout et proprement exaspéré. Alors, il dit à
la fin :

« Fais venir ton père et ta mère et nos fils et filles
et des voisins tant que tu pourras ! »

Et ainsi elle fit ; et lui envoya chercher le Kazi [1] et ses
assesseurs, dans l'intention de faire son testament, et de
lui révéler, à elle, son secret, et de mourir de malemort. Car il l'aimait d'amour extrême, parce qu'elle était
sa cousine, la fille du frère de son père et la mère de ses
enfants, et il avait vécu avec elle une vie de cent vingt
ans.

---

1. Le plus vieux cadi, un juge en matières religieuses. Les
Shuhùd ou assesseurs sont des officiers du *Mahkamak* ou cour du
Kaʒi.

Alors, ayant réuni toute sa famille et les gens du voisinage, il leur dit :

« Il y a avec moi une étrange histoire, et elle est telle que si je révèle le secret à quiconque, je suis un homme mort ! »

Pour cela, chacun de ceux qui étaient présents dirent à la femme :

« Allah sur toi ! laisse là cette coupable obstination et reconnais les droits en cette matière, sans quoi, misérablement, ton époux et le père de tes enfants mourra ! »

Mais elle repartit :

« Je ne veux pas en démordre, jusqu'à ce qu'il me le dise, dût-il en advenir sa mort ! »

Alors ils cessèrent de la presser et le négociant se leva d'au milieu d'eux et se retira dans une construction, à l'écart, pour procéder à l'ablution de *Wuzu*[1] et il se proposa de retourner ensuite parmi eux et de leur communiquer son secret et de mourir. Maintenant, Sheharazade, ma fille, ce marchand avait dans ses dépendances quelque chose comme cinquante poules avec un seul coq, et tandis qu'il s'apprêtait à prendre congé des siens, il entendit l'un de ses nombreux chiens de garde parler en ces termes et en sa propre langue, le coq qui battait des ailes, chantait à cœur-joie, sautant du dos d'une poule sur une autre et se trémoussant tout alentour :

« Oh ! Chanteclaire, comme ton esprit est mesquin et combien ta conduite est sans pudeur ! Que celui qui

---

1. On trouvera l'explication de ce mot plus loin : il se purifia ainsi avant la mort.

t'a élevé s'en trouve déconvenu[1] ! N'es-tu pas honteux de ta conduite en un jour comme celui-ci ?

— Et, demanda le Rougeaud, qu'est-il donc arrivé en ce jour ?

Ce à quoi le chien répondit :

« Ne sais-tu donc pas que notre maître est en ce jour en train de se préparer pour sa mort ? Sa femme est résolue à lui faire dévoiler le secret qui lui a été confié par Allah, et, du moment qu'il le fera, il devra sûrement mourir. Nous autres chiens sommes tous en deuil, mais toi, tu bats de tes ailes, tu claironnes du plus fort que tu peux et tu montes une poule après l'autre. Est-ce là une heure pour se divertir et s'amuser ? N'es-tu pas honteux de toi-même ?

— Alors, par Allah ! dit le coq, notre maître est un impotent et un privé de bon sens : s'il ne peut pas se débrouiller avec une seule femme, sa vie ne mérite pas d'être prolongée. Or, moi, j'ai environ cinquante dames partenaires ; et il me plaît ceci et je veux cela, et je fais souffrir l'une de privations et j'emplis l'autre ; et, par suite de mon bon gouvernement, elles sont toutes bel et bien sous ma domination. Notre maître que voilà a des prétentions à être spirituel et sage et il n'a qu'une seule femme, et cependant il ne sait pas la diriger. »

Et le chien de demander :

« Alors, ô Coq ! que devrait-il faire, notre maître, pour sortir nettement de cette impasse ?

— Il devrait se lever incontinent, répondit le coq, et prendre quelques pousses de ce mûrier que voilà, et lui

---

1. Cette expression est plutôt chrétienne que mulsumane : un juron favori des Maltais est en effet le suivant : *Yahrak Kiddi-sak man rabba-K !* soit : Que brûlé soit le saint qui t'a élevé !

donner une bonne tripotée, à lui faire cuire le dos et rôtir les côtes, jusqu'à ce qu'elle s'écrie : « Je me repens, ô mon seigneur! Je ne veux plus te poser de question aussi longtemps que je vivrai! » Puis il devrait la frapper derechef et à tour de bras ; et quand il aura fait cela, qu'il aille dormir tranquillement, exempt de soucis et joyeux de vivre. Mais voilà, ce maître que nous avons n'a ni bon sens, ni jugeotte.

— Maintenant, ma fille Sheharazade, continua le Vizir, je veux te faire à toi ce que ce mari fit à son épouse. »

Et Sheharazade de dire :

« Et que fit-il ? »

Il répondit :

« Quand le marchand entendit les sages paroles que le coq avait dites au chien, il se leva à la hâte et se rendit dans la chambre de sa femme, après avoir coupé une brassée de tiges de mûrier, et il les y cacha, puis, s'adressant à elle, il lui cria :

— Viens dans ce réduit, afin que je te communique le secret pendant que personne ne me voit, et que je meure ensuite. »

Elle entra avec lui et il ferma la porte, et s'abattit sur elle avec une si vigoureuse fouettée sur le dos et les épaules, les côtes, les bras et les jambes, tout en disant : « Poseras-tu jamais plus des questions sur ce qui ne te regarde pas ? » qu'elle en fut presque sans conscience.

Alors elle s'écria :

« Oh! je suis de celles qui se repentent! Par Allah! je ne te poserai plus de questions et, réellement, je me repens sincèrement et complètement. »

Puis elle baisa sa main et ses pieds, et il la reconduisit

hors de la chambre, soumise comme une épouse doit l'être.

Ses parents et toute la société se réjouirent, et la tristesse et le deuil se changèrent en joie et contentement.

C'est ainsi que le marchand apprit de son coq à discipliner sa famille, et lui et sa femme vécurent ensemble la plus heureuse des vies jusqu'à leur mort.

UNE VERGE POUR L'AUTRE [1]

N'a guères que ung marchant de Tours, por festoier
son curé et aultres gens de bien, acheta une grosse et
belle lamproye ; si l'envoya à son hostel, et chargea très
bien à sa femme de la mettre à point, ainsi qu'elle savoit
bien faire : « Et faictes, dit-il, que le disner soit prest à
douze heures, car je ameneray nostre curé et aucuns
autres qu'il lui nomma. — Tout sera prest, dit-elle,
amenez qui vous vouldrez. » Elle mist à point ung grant
tas de beaux poissons ; et quand vint à la lamproye, elle
la souhaita aux cordeliers, à son amy, et dist en soy mes-
me : « Ha, frère Bernard, que n'estez-vous ici ! Par ma
foy, vous n'en partiriés jamais tant que eussiez tasté de la
lamproye, ou se mieux vous plaisoit, vous l'emporteriés
en vostre chambre ; et je ne fauldroye pas de vous y
faire compaignie.» A très grant regret mettoit ceste bonne
femme la main à ceste lamproye, voire pour son mary,
et ne faisoit que penser comment son cordelier la pourroit avoir. Tant pensa et advisa qu'elle conclud de lui

---

1. Les *Cent Nouvelles nouvelles*. Nouvelle XXXVIII.

envoyer par une vieille qui scavait de son secret, ce qu'elle fist, et lui manda qu'elle viendra annuyt soupper et couchier avec luy. Quand maistre cordelier vit celle belle lamproye et entendit la venue de sa dame, pensez qu'il fut joyeuz et bien aise ; et dit à la vieille que s'il peut finer de bon vin, que la lamproye ne sera pas fraudée du droit qu'elle a, puis qu'on la mengue. La vieille retourna de son messaige et dit sa charge. Environ douze heures, vécy nostre marchant venir, le curé et plusieurs aultres bon compaignons, pour dévourer ceste lamproye qui estoit bien hors de leur commandement. Quand ilz furent en l'ostel du marchant, il les mena trestouz en la cuisine pour veoir ceste grosse lamproye dont il les vouloit festoyer ; et appella sa femme, et lui dit : « Monstrez nous nostre lamproye, je vueil savoir à ces gens si j'en eu bon marchié. — Quelle lamproye ? dit-elle. — La lamproye que je vous fis baillier pour nostre disner, avec cest autre poisson. — Je n'ay point veu de lamproye, dit-elle ; je cuyde, moy, que vous songiez. Vécy une carpe, deux brochetz et je ne scay quel aultre poisson ; mais je ne vy aujourduy lamproye. — Comment, dit-il, et pensez-vous que je soye yvre ? — Ma foy ouy, dirent lors le curé et les autres, vous n'en pensiez pas aujourduy mains, vous estes ung peu trop chiche pour acheter lamproie maintenant. — Par dieu, dit la femme, il se farse de vous, ou il a songé d'une lamproye, car seurement je ne vis de cest an lamproye. » Et bon mary de soy courroucer, qui dit : « Vous avés menty, paillarde ; vous l'avés mengée ou caichée quelque part, je vous promez que oncques si chière lamproye ne fut pour vous. « Puis se vira vers le curé et les aultres et juroit la mort bieu et ung cent de sermens, qu'il avoit baillié à sa femme une lamproye qui lui avoit cousté ung franc. Et eulx,

pour encore plus le tourmenter et faire enraigier, fai-
soyent semblant de le non croire, et tenoient termes
comme s'ilz fussent mal contens, et disoient : « Nous
estions priez de disner chés ung tel, et si avons tout
laissié pour venir icy, cuidant mengier de la lamproye,
mais à ce que nous voyons, elle ne nous fera jà mal. »
L'oste, qui enraigeoit tout vif, print ung baston, et
marchoit vers sa femme pour la trop bien frotter, se les
autres ne l'eussent retenu qui l'emmenèrent à force hors
de son hostel, et misdrent peine de le rapaiser le mieux
qu'ils scéurent, quant ilz le virent ainsi troublé. Puis
qu'ilz eurent failly à la lamproye, le curé mist la table,
et firent la meilleure chière qu'ils scéurent. La bonne
damoiselle à la lamproye manda l'une de ses voisines qui
veufve estoit, mais belle femme et en bon point estoit
elle, et la fist disner avecque elle. Et quant elle vit son
point, elle dist : Ma bonne voisine, il seroit bien en vous
de me faire ung singulier plaisir ; et se tant vous vouliez
faire pour moy, il vous seroit tellement desservi que
vous en deveriez estre contente. — Et que vous plaist il
que face ? dit l'autre. — Je vous diray, dit-elle, mon mary
est si très ardant de ses besongnes que c'est une grant
merveille ; et de fait, la nuyt passée, il m'a tellement retournée que, pour ma foy, je ne l'ouseroye bonnement
annyt attendre. Si vous prie que vous voulez tenir ma
place, et se jamais puis rien faire pour vous, vous me
trouverez preste de corps et de biens. La bonne voisine,
pour lui faire plaisir et service, fut bien contente de tenir
son lieu, dont elle fut largement et beaucoup merciée.
Or devés vous savoir que nostre marchant à la lamproye.
quand vint puis le disner, il fit très grosse et grande garnison de bonnes verges qu'il apporta secrètement en sa
maison, et aux piez de son lit il les caicha, pensant que

sa femme annuyt en sera trop bien servie. Il ne scéut
faire si secrètement que sa femme ne s'en donnast très
bien garde, qui ne s'en pensa pas mains, congnoissant
assez par expérience la cruauté de son mary, lequel ne
souppa pas à l'ostel, mais tarda tant dehors qu'il pensa
bien qu'il la trouvera nue et couchée. Mais il faillit à
son entreprise, car quant vint sur le soir et tard, elle fist
despouillier sa voisine et couchier en sa place, en lui
chargeant expressément qu'elle ne respondist mot à son
mary quand il viendra, mais contreface la muette et la
malade. Et si fist encores plus, car elle estaignit le feu
de léans, tant en la cuisine comme en la chambre.

Et ce fait, à sa voisine chargea que tantost que son mari
sera levé matin, qu'elle s'en voise en sa maison; elle lui
promist que si feroit elle. La voisine en ce point logée
et couchée, la vaillante femme s'en va aux cordeliers
pour mengier la lamproye et gaingnier les pardons,
comme assez avoit de coustume.

Tandiz qu'elle se festoyera léans, nous dirons du
marchant qui après soupper s'en vint en son hostel, es-
prins de yre et de mautalent à cause de la lamproye. Et
pour exécuter ce qu'en son par dedens avoit conclud, il
vint saisir ses verges et en sa main les tint, cherchant par
tout de la chandelle, dont il ne scéut oncques recouvrer;
mesmes en la cheminée faillit à feu trouver. Quand il
vit ce, il se coucha sans dire mot, et dormit jusques
sur le jour qu'il se leva et s'habilla, et print ses verges et
batit la lieutenante de sa femme en telle manière que à
peu qu'il ne la craventa, en lui ramentevant la lamproye,
et la mist en tel point qu'elle saignoit de tous coustez,
mesmes les draps du lit estoient tant sanglans qu'il
sembloit que un bœuf y fust mort; mais la povre martire n'osoit pas dire ung mot, ne monstrer le visaige.

Ses verges lui faillirent, et fut lassé, si s'en alla hors de son hostel. Et la povre femme, qui s'attendoit d'estre festoyée de l'amoureux jeu et gracieux passetemps, s'en alla tost après en sa maison, plaindre son mal et son martire, non pas sans menasser et bien mauldire sa voisine. Tandis que le mary estoit allé dehors, revint des cordeliers sa bonne femme qui trouva sa chambre de verges toute jonchée, son lit dérompu et froissié et les drapz tout ensanglantez. Si congn'eut bien tantost que sa voisine avoit eu affaire de son corps, comme elle pensoit bien; et sans tarder ne faire arrest refist son lit et d'aultres beaux draps et frez le rempara, et sa chambre nettoya. Après vers sa voisine s'en ala qu'elle trouva en piteux point; et ne fault pas dire qu'elle ne trouvast bien à qui parler. Au plus tost qu'elle peut en son hostel s'en retourna, et de tous poins se deshabilla, et on beau lit qu'elle avoit très bien mis à point se coucha, et dormit très bien jusques à ce que son mary retourna de la ville, comme changié de son courroux, parce qu'il s'en estoit vengié, et vint à sa femme qu'il trouva ou lit faisant la dormeveille : Et qu'est cecy, ma damoiselle, dit-il, n'est-il pas temps de lever? — Henry, dit-elle, est-il jour? Par mon serment je ne vous ay pas ouy lever; j'estoie entrée en ung songe qui m'a tenue ainsi longuement. — Je crois, dit-il, que vous songiez de la lamproye, ne faisiez pas? Ce ne seroit pas trop grant merveille, car je la vous ai bien ramentéue à ce matin. — Par Dieu, dit-elle, il ne me souvenoit de vous ne de vostre lamproye. — Comment, dit-il, l'avez-vous si tost oublié? — Oublié, dit-elle, ung songe ne me arreste rien. — Et à ce songe, dit-il, de ceste poingnié de verges que j'ay usée sur vous n'a pas deux heures. — Sur moi? dit-elle. — Voire vraiement sur vous, dit-il. Je scay bien qu'il

y perd largement et aux draps de nostre lit avecques.
— Par ma foy, beaux amys, dit-elle, je ne scay que
vous avez fait ou songié, mais quant à moy il me souvient très bien qu'aujourd'hui, au matin, vous me fistes
de très bon appétit le jeu d'amours; autre chose ne scay
je, aussi bien povez vous avoir songié de m'avoir fait
autre chose, comme vous fistes hyer de m'avoir baillé la
lamproye. — Ce seroit une étrange chose, dit-il, monstrez ung peu que je vous voye. Elle osta et si reversa la
couverture et toute nue se montra; sans taiche ni bles-
seure quelconques. Vit aussi les draps beaulx et blancs
sans soullieure ni taiche. Si fut plus esbahy que on ne
vous sauroit dire, et se print à muser et largement
penser; et en ce point longuement se tint. Mais toutesfoys
assez bonne pièce après il dist : Par mon serment,
m'amie, je vous cuydoie à ce matin avoir très fort batue
jusqu'au sang, mais maintenant je voy bien qu'il n'en
est rien, si ne scay qu'il m'est advenu. — Dea, dit-elle,
ostez-vous hors de ceste ymagination de baterie, car
vous ne me touchastes oncques, vous le povez bien présentement veoir et appercevoir; faictes votre compte que
vous l'avez songé comme vous fistes hier de la lamproye.
— Je congnois, dit-il lors, que vous dictes vray; si vous
requiers qu'il me soit pardonné, car je scay bien que
j'euz hier tort de vous dire villennie devant les estran-
giers que je amenay céans. — Il vous est légièrement
pardonné, dit-elle, mais toutesfois advisez bien que vous
ne soyez plus si légier ni si hastif en vos affaires, comme
vous avés de coustume. — Non seray-je, dit-il, m'amie.
Ainsi qu'avez ouy, fut le marchant par sa femme
trompé, cuidant avoir songié d'avoir acheté la lamproye
et fait le surplus ou compte dessus escript et racompté.

LA FLAGELLATION DANS LE BOUDOIR

Parmi les journaux anglais, le *Family Herald* n'est pas le seul qui se soit occupé de cette question. Le *Queen*, un journal fashionable, publié dans la grande métropole, a ouvert, il y a quelque cinq ans de cela ses colonnes à une controverse sur ce sujet. Au début, les communications qu'on recevait ne roulaient que sur le mode le plus logique de corriger les petits enfants, et si cette punition devait être ou non tolérée dans la *Nursery*; mais, avec le temps, beaucoup de lettres arrivaient qui parlaient de la punition corporelle d'enfants beaucoup plus grands. Nous n'avons pas besoin de les citer, elles étaient exactement semblables à celles qui avaient déjà paru dans le *Family Herald*. Un grand nombre de ces lettres étaient tellement invraisemblables que nous présumons que la communication burlesque suivante signée B. était destinée à jeter le ridicule sur la polémique qui, entre parenthèses, fut arrêtée par le directeur :

« Je pense que l'exposition publique et la punition de filles adultes devrait être légalement prohibée. Fouetter un enfant de sept à huit ans est une chose plausible, il n'en est pas de même d'une fustigation telle que vos correspondants la décrivent. Il y a à peine quelques mois de cela, leurs dires rencontraient chez moi la plus parfaite incrédulité. Mais une aventure récente est venue en tous points confirmer ce qu'ils avançaient.

« Je suis célibataire. Il y a bien des années, ma sœur unique mourut, me léguant sa fille pour que je l'élève. Ma nièce n'a que dix-huit ans ; c'est une jeune fille modeste et bien élevée, comme j'en connais peu. Jusqu'au mois de septembre dernier, elle fréquentait un collège de jeunes filles de premier rang à Londres, où l'on était très satisfait d'elle. Elle était toujours la première de sa classe. A cette époque, je choisis pour résidence une petite ville charmante sur les bords de la Tamise. Ma nièce, qui aime l'étude, manifesta le désir de suivre certain cours dans une grande école privée du voisinage et un arrangement à cet effet fut conclu entre moi et la directrice de l'établissement.

« Un samedi après midi, au commencement de décembre, revenant de Londres à l'heure du dîner, ma vieille femme de ménage vint à moi la figure toute bouleversée. Elle me dit que sa jeune maîtresse était rentrée de l'école à moitié folle, et s'était enfermée dans sa chambre. La vieille servante avait pu néanmoins se faire admettre, et avait appris ce qui s'était passé.

« Le matin, à l'école, il y avait eu un cours de composition anglaise, par un professeur occasionnel. Ce monsieur qui traitait assez superficiellement son sujet avait attribué le vers :

Des millions de mortels, nous vivons isolés !

à M. Tennyson. Comme je m'occupe de littérature, ma nièce avait lu beaucoup plus que bien des jeunes filles de son âge ; de suite elle corrigea donc l'erreur en disant que le vers en question était de Matthew Arnold. Une sous-maîtresse qui se trouvait dans la salle lui dit ouvertement de ne point contredire, ni d'interrompre, et lorsque la conférence fut terminée un mauvais point lui fut noté dans le registre. C'est la coutume de cette maîtresse d'école d'infliger des punitious corporelles pour tout mauvais point qui dépasse une certaine importance, et ma nièce avait vu encore deux des plus jeunes filles corrigées, mais comme elle ne venait que certains jours de la semaine, elle ignorait que cette discipline s'appliquait aussi bien aux grandes demoiselles.

« A sa surprise, au moment de s'en aller après les leçons, elle fut appelée dans la salle d'études. Là elle apprit avec stupeur et indignation qu'elle allait être fouettée pour avoir été insolente à l'égard d'un professeur. Ce fut inutilement qu'elle protesta et implora. La résistance fut vaine contre la force : elle fut maintenue en travers d'un pupitre, ses vêtements furent entièrement relevés pour découvrir le bas de sa personne et la directrice la cingla de douze forts coups de verge.

« Je suis un Irlandais et vous pouvez vous imaginer l'indignation qu'un tel outrage commis sur une jeune fille modeste qui est actuellement sur le point de se marier fit naître en moi. Je conçus alors un plan que je communiquai le soir même aux femmes de trois de mes amis qui l'approuvèrent sans réserve. J'eus beaucoup de peine à décider ma nièce à retourner à l'école. Mais nous étions aux approches de la Noël et elle y retourna quand même. Elle n'eut pas à subir d'autre affront si ce n'est que de temps à autre quelques jeunes élèves la plaisantaient à propos du châtiment qui lui avait été infligé. Dans les premiers jours de janvier, j'envoyai un mot poli à la directrice de l'établissement, l'invitant à déjeuner chez moi, et y recevoir ce qui lui était dû. Elle vint, et fut introduite dans la bibliothèque, où les trois dames mariées déjà mentionnées l'attendaient. L'ayant invitée à s'asseoir, je lui dis ce que je pensais de sa conduite ; et j'observai que, dans l'intérêt de ma nièce, je désirais éviter l'esclandre public qui résulterait de poursuites en justice, ajoutant, qu'avec l'approbation des trois dames présentes, je la punirais comme elle avait puni ma nièce. Il y eut, naturellement, une scène orageuse, mais finalement, elle dut se soumettre. Je m'étais rendu à cheval jusqu'à Éton et là je m'étais procuré une bonne verge chez l'homme qui les fabrique pour le collège. Il va sans dire que très consciencieusement je la traitai absolument et dans les moindres détails comme l'avait été ma nièce ; je lui administrai une vingtaine de coups, dont l'état de son épiderme attestait pleinement l'énergie.

« Elle était d'ailleurs parfaitement capable de les supporter, étant une femme de quarante ans, non mariée, grande et fortement bâtie. Ma nièce refusa d'assister à cette punition, mais je forçai ensuite la femme à lui faire d'humbles excuses. J'ai depuis entendu dire qu'elle avait l'intention d'abandonner son école et de quitter le voisinage. »

On aurait pu supposer que les discussions dans le *Family Herald* et dans le *Queen* auraient épuisé le sujet du bouleau à l'usage de jeunes filles, mais qu'il ne l'était pas, ressort du fait qu'une controverse sur la flagellation domestique surgit dans une revue populaire, il y a quelques années. *Birches in the Boudoir*[1] était le titre sous lequel parut un article dans la *Saturday Review*, dans

---

1. La verge de bouleau dans le boudoir.

lequel étaient critiquées les lettres qui avaient paru dans le *Englishwoman's Domestic Magazine*, un périodique féminin. Après avoir fait quelques remarques très satiriques sur la correspondance en question, le *Saturday Review* conclut en demandant: « Est-il possible que d'ici peu, les seuls êtres qui seront fouettés en Europe, à part les bestiaux, seront les criminels anglais et les jeunes filles anglaises? Ou bien, toute cette correspondance extraordinaire ne serait-elle qu'imaginaire? Ne serait-ce donc rien de plus qu'une vulgaire fumisterie? »

Le directeur de l'*Englishwoman's Domestic Magazine* assure qu'il n'a publié qu'une petite portion de ce qu'il avait reçu au sujet de la flagellation de jeunes filles; quelques-unes de ces communications, en effet, étant impropres à être rendues publiques. Voici une de ces lettres textuellement reproduite : — « Je viens justement de lire dans votre admirable revue les observations de vos correspondants sur l'importante question du châtiment corporel pour enfants, et comme j'ai quelque expérience en la matière, je vous demanderais de vouloir bien me permettre de placer un mot. Je puis dire qu'à la suite de la mort de ma femme, il y a environ trois ans, je fus laissé seul avec la charge d'élever tout seul mes enfants, deux filles et quatre garçons. J'ai envoyé ces derniers en pension, et je pris une gouvernante pour surveiller l'éducation des jeunes filles, qui, jusqu'à l'année dernière, avaient été soigneusement élevées dans mon système opposé au châtiment corporel; mais leurs progrès furent si peu satisfaisants, et leur conduite en général laissait tellement à désirer que, cédant aux sollicitations réitérées de leur institutrice, je donnai mon consentement à ce qu'on eût recours à l'application des verges. On s'en procura donc une, et, sur l'avis de la gouvernante, elle fut faite de lanières de cuir doux et souple, émincé à l'extrémité, qu'elle m'assurait devoir produire une douleur intense sur la peau sans grandement nuire au corps. On en fit l'application pour la première fois quand les jeunes filles furent surprises au moment où elles dérobaient de petites sommes d'argent, et après que je les eus examinées et que je me fus convaincu de leur culpabilité. J'ordonnai à l'institutrice de leur infliger à chacune une sévère correction qui devait leur être administrée dans leur chambre immédiatement après la prière du soir. C'est l'aînée qui fut d'abord amenée dans son boudoir et préparée pour l'opération, et, de là, conduite par l'institutrice dans le salon où elle lui administra de suite la discipline. Ce fut alors le tour de la plus jeune, également fustigée avec soin. Ces corrections furent infligées *supra dorsum nudum*, les délinquantes se trouvant étroitement attachées à une ottomane pendant l'opération, à la conclusion de laquelle elle durent baiser le fouet et remercier la gouvernante qui leur donna alors la permission de se retirer. Depuis ce fait, je constatai une amélioration sensible dans leur conduite, et le progrès qu'elles ont accompli dans leurs études a été de tous points satisfaisant. Près de neuf mois se sont écoulés depuis que l'une d'elles a dû être corrigée, quoique, de temps en temps, on applique le fouet aux paumes de leurs mains quand elles sont négligentes, et pour qu'elles ne l'oublient pas. Je l'ai aussi employé avec bon effet, et je le trouve beaucoup plus efficace que les verges qui, parfois, peuvent beaucoup nuire au corps après une application sévère. Ceci n'est pas à redouter lorsqu'on emploie le fouet à lanières de cuir, tandis que la douleur subie par le patient est bien plus aiguë; et c'est ce qui me semble devoir être le but

de toute correction corporelle : Il faut que le souvenir
en subsiste longtemps! Pour conclure, je recomman-
derai à vos correspondants de se procurer un fouet tel
que je viens de le décrire, et ils trouveront que, après
s'en être servis vigoureusement une ou deux fois, leurs
enfants deviendront parfaitement dociles. »

Le récit suivant sur la façon dont la discipline était
administrée dans une école de demoiselles, à Cuba, a été
résumé d'après un vieux journal. Les pratiques auxquelles on réfère sont évidemment assez vieilles, puisqu'elles remontent à 1836, date de la publication du
journal en question.

« L'école de Mme de Berros était la plus belle institution du genre dans la ville de la Havane. Elle était très
aristocratique, et les prix d'admission passaient à juste
titre pour exorbitants; aucune señorita n'y était admise
si elle ne pouvait payer 5,000 francs par an. Comme
on n'y recevait que trente-deux élèves, il fallait de
grandes influences pour obtenir l'admission dans cette
institution. C'était une école de perfectionnement dans
toute l'acception du terme. Aucune demoiselle n'y
était admise avant l'âge de quatorze ans, et le cours
complet d'instruction comprenait une période de trois
années. Comme j'ai eu l'avantage de terminer mon éducation dans l'établissement de Mme de Berros, je racon-
terai, aussi brièvement que possible, comment la discipline y était observée; les cérémonies étaient d'étiquette
usuelle dans la maison.

« Comme j'avais dû attendre assez longtemps qu'une
place fût vacante, j'avais dépassé l'âge convenu quand
j'y fus admise — un fait que mes tuteurs avaient été
obligés de cacher à Madame, attendu que la règle très
stricte était qu'aucune jeune fille au-dessus de quatorze

ans n'y pouvait être admise. Il y avait beaucoup de
parents qui employaient quelques petites fraudes de ce
genre pour obtenir l'admission de leurs enfants ; et j'ai
connu une jeune demoiselle, un peu frêle de constitution, qui avait dépassé l'âge de dix-sept ans au
moment de son entrée, et que j'ai vu fouetter par
Mme de Berros, le jour même où elle entrait dans sa dix-
neuvième année. Mme de Berros, bien entendu, ne reconnaissait que l'âge nominal de ses élèves, et n'était pas
supposée être au courant des petites manœuvres des
parents. Tous les parents connaissaient les règlements
de l'école et savaient que la flagellation était une des
punitions les plus communes ; mais, de fait, à cette
époque, ce genre de punition était si répandu dans
chaque maison que même des jeunes dames et des gentilshommes avaient à subir le fouet, et Madame excellait
dans cet exercice.

« Chaque pensionnaire était obligée d'apporter un
trousseau très riche : des dessous en dentelle, et, en fait
de linge, tout ce qu'il y avait de plus fin ; des pantoufles
en satin de couleurs différentes et des souliers en maro-
quin noir, d'autres pantoufles pour la chambre à coucher, etc. ; de même, des bas de soie et des dentelles de
texture très fine, des jupons richement ornés, des robes
de chambre très élégantes, ainsi qu'une grande quantité
de gants pour compléter les fournitures. Je fus amenée
à l'école par ma tante et Madame nous reçut dans un
salon très élégant ; je fus obligée de lui faire une révérence jusqu'à terre lors de ma présentation, et alors,
conduite par une des sous-maîtresses, on me dirigea sur
la première salle pour y être présentée à mes futures
compagnes.

« L'école était installée dans un très large et élégant

château qui avait été construit pour le gouverneur de la cité. Il se composait de quatre salons de réception ainsi que de plusieurs autres salons moins grands et de boudoirs; le tout était très richement meublé. Chaque série de huit élèves occupait un salon à part avec chambre à coucher, salle d'études, boudoirs, etc.; Madame elle-même occupait le principal salon dans lequel se tenaient toutes les semaines des soirées dansantes auxquelles prenaient part les élèves et au cours desquelles avaient lieu ce que nous appelions les « flagellations d'état. »

« Je n'avais pas été une heure ou deux dans la maison que j'avais déjà appris ce qui m'était réservé. Des novices, cependant, échappaient longtemps avant d'être fouettées en grande cérémonie. Quoique c'est peut-être anticiper quelque peu, je puis mentionner qu'une fois on m'envoya au boudoir de Madame lui porter le terrible livre noir dans lequel était inscrit mon premier délit. Madame était vêtue d'un magnifique peignoir de cachemire, et avait un air terriblement imposant. Il me fallait faire une révérence très profonde pour lui présenter le livre, et, après que Madame y eut jeté un coup d'œil, elle sonna et pria sa servante de préparer le fouet pour moi. Oh! comme je tremblais! La jeune femme me dépouilla de ma robe et de mes jupes et alors, relevant mes dessous, me laissa exposée devant Madame. J'aurais voulu disparaître sous terre, mais, après avoir enduré une longue et sévère admonition, je fus, à mon grand soulagement, relâchée sans avoir reçu le fouet.

« La première flagellation publique dont je fus témoin était celle d'une très belle et très accomplie jeune personne; mais ni sa beauté, ni ses talents, ne pouvaient la sauver de la discipline habituelle de la maison — le fouet universel, qui ne connaissait pas le respect dû aux personnes, comme chaque jeune fille qui avait terminé son éducation chez Madame le savait fort bien. Je n'avais pas été bien longtemps dans la maison que je vis cette jeune demoiselle se raidissant sous les verges vigoureusement appliquées par la directrice. Cette élève étant une personne de haute famille, d'une disposition très altière, qui négligeait l'étiquette de la maison, ce qui constituait aux yeux de Madame une faute tout à fait impardonnable. Ayant, dans la même journée, oublié à trois reprises de faire la révérence en entrant dans ce que nous avions l'habitude d'appeler le salon de présence, Mme de Berros en fut tellement offusquée qu'elle résolut de fouetter la délinquante sur-le-champ, quoique ce n'était pas l'heure habituelle ; elle ne permit pas non plus à Mlle B*** de changer sa toilette, ce qui se faisait cependant d'ordinaire.

« La flagellation que je vais décrire eut lieu tout de suite après le souper, alors que nous étions assemblées pour danser pendant une heure dans le salon bleu. Voyant que son élève était plus hautaine que jamais, Madame avait évidemment résolu de la fouetter ; donc, l'appelant devant elle, elle lui fit un petit discours sur son arrogance et son manque de courtoisie, concluant en lui disant tranquillement : « Dorothée, je me vois obligée de vous fouetter encore une fois. » Mme de Berros frappa alors dans ses mains, et deux servantes, qui se trouvaient toujours sur le qui-vive dans l'antichambre entrèrent et firent leur révérence. « Apportez-moi des verges », dit Madame à l'une d'elles. « Préparez Mlle B*** », fit-elle à l'autre. La coupable ne changea même pas de couleur et, paraissant savoir que toute résistance serait inutile, se résigna de suite à son sort. La servante ayant apporté une longue verge faite de tiges très minces, la présenta à Madame sur un plateau en faisant la révérence et se mit ensuite à aider sa camarade à dévêtir la délinquante. Ayant de nouveau fait une révérence à Madame et baisé l'instrument du supplice — une cérémonie qui n'était jamais omise à l'occasion d'une flagellation — une des bonnes hissa Mlle B*** docilement sur son épaule, se retournant à peu de distance de Madame. Comme c'était la première fois que je devais assister à une scène de ce genre, j'éprouvai un ensemble d'émotions qu'il m'est impossible de décrire.

« Tout étant prêt, Madame, donnant de l'essor à son bras, fit tomber les verges doucement sur la coupable, qui, sur-le-champ, poussa une exclamation comme si on l'avait plongée dans un bain froid. Une douzaine de coups environ, également doux, suivirent, et alors Madame, comme si elle était animée par l'exercice, termina d'une façon qui fit venir les larmes aux yeux de la malheureuse patiente. Étant alors remise sur un divan, ses mains furent déliées, et alors, après s'être mise à genoux et avoir embrassé le fouet, Mlle B*** se retira en faisant une profonde révérence, la servante qui attendait lui portant ses vêtements dans l'antichambre. »

Beaucoup d'autres exemples et descriptions de la discipline appliquée aux élèves des écoles de jeunes filles, ici et dans d'autres pays, pourraient bien être ajoutés, mais comme elles ont toutes une grande ressemblance, nous n'avons pas besoin d'étendre davantage ce chapitre en les citant.

LA VEUVE ET SON VALET

« Le passage suivant, dit Pisanus Fraxi, que j'extrais des *Mémoires de John Bell, domestique*, LONDRES, 1797[1], est encore plus à propos :

« La place que j'occupai ensuite était dans la maison d'une veuve de grande famille, très riche et dont l'entourage se composait uniquement de deux nièces âgées de moins de vingt ans et d'un jeune neveu d'une douzaine d'années. Ma nouvelle maîtresse avait dû être fort belle autrefois, et quand j'entrai à son service elle était encore très bien de sa personne. Lorsqu'elle m'engagea, elle me dit qu'elle s'attendait à ce que je l'aide en toutes choses et en toutes circonstances où elle pourrait avoir besoin de mes services. Je lui promis de suite de me plier à tous ses ordres. Ce qu'elle entendait par *toutes choses* me fut bientôt expliqué, car le lendemain matin, lorsque je lui apportai son déjeuner, elle me demanda si je n'avais jamais été domestique dans une école, où j'aurais aidé à fouetter les enfants? Je lui répondis que non, mais que j'avais souvent eu à fouetter mon frère alors que je lui apprenais à lire. Une demi-heure après son neveu se heurta contre moi pendant que je portais une assiette qui tomba et fut brisée. « Maintenant, John, dit-elle, tenez ce garçon ferme, tandis que je vais quérir

---

1. Je n'ai vu ni l'un ni l'autre de ces volumes, m'étant servi seulement de quelques extraits manuscrits qui m'ont été fournis par un ami qui s'intéressait spécialement à tout ce qui concernait la flagellation.

de bonnes verges pour son imprudent derrière. Elle eut tôt fait de sortir les verges d'une armoire, et, me les tendant, elle dit : « Asseyez-vous, et fouettez-le comme vous le faisiez pour votre frère. » Je ne mis pas beaucoup de temps à détrousser le gamin et à lui administrer une bonne correction, ma maîtresse regardant tout le temps avec une satisfaction très évidente. « Très bien, dit-elle, vous voyez ce qu'il faut à ce garçon, et vous pourrez le lui appliquer chaque fois qu'il l'aura mérité, mais en ma présence seulement, retenez-le bien. » Je m'aperçus alors qu'elle avait une violente passion pour voir fouetter les enfants, mais je dois avouer que mon étonnement fut excessif, quand, le même soir, après le thé, elle m'ordonna de renouveler l'opération avec ses deux nièces. De fait, c'était une chose assez étrange de voir des jeunes demoiselles de bonne maison flagellées par un valet, et d'avoir leurs blanches cuisses en contact avec ses culottes de peluche écarlate. Lorsque ma maîtresse s'aperçut que j'hésitais, elle me regarda sévèrement en me criant : « A l'instant même, sur ce sopha, ou vous quitterez la place séance tenante ». Et, troussant les jupons de l'aînée, et fixant sa chemise en haut avec une épingle, elle la poussa de mon côté. Je la couchai doucement sur mes genoux, et, tout en faisant semblant d'employer la violence, je ne fis que la chatouiller si doucement qu'elle fut bientôt debout plus effrayée que meurtrie. Il n'en était pas de même pour la sœur cadette, qui était petite et grosse, avec une vilaine et méchante figure, mais des fesses magnifiques, lesquelles, je l'avoue avec honte, je cinglai vigoureusement avec des sentiments bien différents de ceux dont j'étais animé en opérant sur sa sœur plus gracile et bien autrement belle. Une deuxième et plus légère flagellation du gamin terminait les récréa-

tions de la journée. Il n'est point nécessaire que j'entre
dans le détail complet des différentes manières que j'em-
ployai pour exécuter mes fonctions si nouvelles et im-
prévues pour moi. Le matin Madame aimait voir fouetter les enfants, pendant qu'elle travaillait, comptant en
même temps les coups donnés et ses points de couture.
Le soir, cette distraction lui plaisait tandis qu'elle prenait
son thé, qu'elle buvait en le savourant avec délices, en
même temps qu'elle disait tranquillement : « Un peu
plus sur la fesse droite, s'il vous plaît, John ! — c'est
bien comme cela ! » Mais cette occupation me prit tellement de temps qu'il me fallait l'aide d'un page pour
accomplir ma besogne. D'abord ma maîtresse s'y était
absolument refusée, mais lorsque je lui eus observé que
le page aurait probablement lui-même besoin de beaucoup de corrections, elle se laissa persuader. Donc, je
choisis un gamin dans la maison des pauvres, solide et
râblé, et qui, m'assura le directeur de l'établissement,
pouvait supporter une forte dose de correction. Je le
faisais coucher dans ma chambre pour m'assurer qu'il
serait toujours propre, et son postérieur toujours en état
d'être présenté devant une dame. Comme il n'était pas
commode à tenir, je proposai à Madame de faire plan-
ter quatre crampons de fer dans le mur du salon, auxquels on l'attacherait en aigle déployé. Ces crampons
étaient cachés à la vue, les deux d'en haut par des tableaux, ceux d'en bas par un escabeau. Vous pouvez
bien supposer qu'un solide gamin de quinze ans habitué
à recevoir des coups, fournissait bien plus d'occasions à
ma maîtresse de satisfaire sa passion préférée que ses
nièces et son neveu tous ensemble.

« Mais ces scènes, en ce qui me concernait, devaient
bientôt avoir une fin. Ma maîtresse, malgré son goût

dépravé pour la flagellation, était, en dehors de cela, un ange de vertu, et ayant découvert qu'il existait une tendre liaison entre moi et sa gentille femme de chambre, elle nous mit tous les deux sans cérémonie à la porte, quoique cela devait la gêner elle-même considérablement. J'ignore comment elle s'est arrangée plus tard, car la nouvelle place que je trouvai était dans un quartier fort éloigné. J'ai cependant appris plus tard que mes deux jeunes élèves, ayant personnellement des fortunes considérables, avaient fait de beaux mariages. Je les ai souvent vu passer dans leurs carrosses, dans les rues de Londres, et je pensais que leurs maris ne devaient guère se douter de la part que j'avais prise à leur éducation. »

*
* *

Sur un des sièges du sanctuaire de l'église de la Sainte-Trinité, à Stratford-on-Avon, se trouve une sculpture sur bois représentant un mari en train d'administrer un peu plus qu'un *modicam castigationem* à son épouse qui s'y trouve représentée dans une situation aussi nouvelle qu'évidemment pénible.

Où le droit de correction conjugale est négligé par le mari, quoi de plus naturel que ce droit soit délégué par lui à d'autres ? Lorsqu'une femme est livrée à ses propres idées, elle manifeste fréquemment beaucoup de mauvaise humeur et de la vanité d'esprit dont seule une bonne flagellation pourrait la corriger. La nature a donné ce droit au mari ; mais s'il néglige son devoir, et que d'autres le suppléent, aucune protestation hypocrite ne pourrait être élevée au point de vue de l'inconvenance. Des gamins qui, dans leur jeunesse, n'ont pas été

corrigés à la maison, tombent souvent plus tard sous le
chat à neuf queues de par la justice. Des jeunes filles, arrivées jusqu'à l'àge adulte, deviennent perverses alors
que quelques coups de fouet hygiéniques, à la maison,
auraient dirigé leurs pieds errants dans le droit chemin.
La marquise de Tresnel a été fouettée d'une façon indécente sur la voie publique, alors que la fustigation, qui
aurait bridé son esprit altier, aurait pu avoir été pratiquée
bien des années plus tôt par son mari légal. On rapporte
une bonne histoire des apprentis savetiers de Linlithgow,
en Écosse, qui est renommé comme centre de fabrica-
tion de bottes et de souliers, industrie dans laquelle un
nombre considérable d'apprentis étaient autrefois employés. Grand nombre de ces gamins étaient des enfants
abandonnés, et beaucoup parmi eux avaient été déjà
pas mal disciplinés par leurs patronnes de façon tout à
fait orthodoxe ; de fait, les bonnes dames de Linlithgow
étaient très expertes dans le maniement de la courroie :
une bonne dame était particulièrement habile à ce ma-
nège, au point qu'elle pouvait détrousser et polir une
demi-douzaine des apprentis de son mari en moins de
dix minutes ! D'autres dames de la même ville étaient
également renommées pour ce talent particulier. Cependant, au bout d'un certain temps, quelques-uns de ces
gamins commencèrent à se plaindre d'être si souvent
renversés sur les genoux de leur patronne. Ils se réuni-
rent de temps en temps et échangèrent leurs doléances,
et finalement résolurent de prendre un jour leur revanche ; et c'est ce qu'ils firent. On savait que quatre des patrons devaient partir bientôt pour affaires particulières à
Édimbourg ; et comme c'était justement les maîtres des
gamins qui avaient le plus souvent à subir les étrivières
administrées par leurs épouses, le jour de ce départ fut

choisi par les conjurés pour être celui de la revanche. A un moment donné, les maîtresses de ces gamins si malmenés furent saisies chacune en sa maison, et, après avoir été convenablement apprêtées par des mains bénévoles, on leur administra une bonne dose « d'huile de courroie, » comme on l'appelait alors, chaque gamin y contribuant par quelques coups pour sa part. De terribles menaces de vengeance se firent entendre, mais lorsqu'on apprit que plus d'une patronne avait eu à subir semblable sort, la prudence imposa le silence, et ce ne fut que quelque temps après que les patrons vinrent à savoir comment leurs femmes avaient été houspillées pendant leur absence.

On rapporte une histoire semblable sur les apprentis tisseurs de Kilmarnock. Les patronnes, dans cette ville, nous assure-t-on, fouettaient bien plus que les maris et à chaque instant mettaient leurs apprentis sur leurs genoux pour la moindre peccadille.

Pour qu'il n'y ait pas de malentendu sur notre opinion, nous dirons que nous ne soutenons pas la fustigation en général et indiscriminée. Nous espérons bien que le moment n'arrivera jamais où le gamin fouettera sa mère, le père sa bru, et le frère sa sœur ou sa vieille tante. Il y a des circonstances où une telle action est admissible, mais ces circonstances ne se présentent que rarement ; nous devons trembler à la pensée des terribles accidents qui pourraient arriver si la fustigation universelle devenait à la mode. Heureusement que la loi a prévu de telles éventualités : Un chapelier d'un village dans le Bedfordshire, qui avait pris l'habitude de fouetter les jeunes filles employées à son service, fut, un jour, à son grand étonnement, condamné à *six mois d'emprisonnement* pour avoir indécemment fouetté une jeune bonne. On raconte aussi l'histoire toute récente d'une enfant trouvée qui devint comtesse pour avoir été fouettée par sa patronne qui fabriquait des chaussures pour dames : La jeune fille avait été envoyée chez une dame de haut rang lui porter des escarpins de bal, et avait montré tant de gaucherie dans l'essayage que la dame en fut grandement offusquée. Elle envoya son fils porter un petit mot d'elle à la patronne, menaçant de lui retirer sa clientèle, ce qui la mit en telle fureur qu'elle commença de suite à punir cette fille avant même que le messager ait eu le temps de se retirer. Ce jeune homme, frappé des beautés cachées qui lui étaient ainsi révélées, s'occupa de lui faire donner de l'instruction, et, plus tard, en fit sa femme ; et le mari ayant hérité du titre, elle devint *madame la Comtesse* ! Les patronnes avaient autrefois le droit, qui n'existe plus de nos temps dégénérés, de fouetter les femelles employées à leur service. Les filles employées par les couturières, modistes, corsetières, et autres travaux pour dames, étaient toutes susceptibles d'être fouettées et beaucoup d'entre elles l'avaient été d'une façon très sérieuse pendant leur apprentissage.

Une modiste très en vogue à Londres, il y a cent ans, était notée pour la grande sévérité qu'elle déployait comme patronne. C'est à Paris qu'elle avait appris à se servir du fouet alors qu'elle était soubrette dans une grande famille.

Cependant, la correction des jeunes filles par le fouet peut être menée trop loin. Les pratiques sadiques révélées par le célèbre *Cas Defert* peuvent encore être rappelées par ceux qui vivaient en France sous le règne de Napoléon III. Cette affaire était tellement extraordinaire, et d'une atrocité si particulière, que le compte-rendu de ce procès ressemble plutôt à un chapitre de *Justinius*, qu'à un événement possible à notre époque. Le 3 décembre 1859, les époux Nicolas et Rose Defert, habitant le village de Ripon, canton de Ville-sur-Tourbe, étaient amenés devant la Cour d'assises de la Marne, et condamnés aux *travaux forcés à perpétuité*, pour avoir fouetté et autrement maltraité leur fille, Adeline, âgée de dix-sept ans.

Voici le compte-rendu de ce procès que nous extrayons de « *la Presse* » du 17 décembre 1859 :

Chaque jour, matin et soir, Adeline était fouettée sur les reins et sur les cuisses, à nu, avec un martinet. Il est même arrivé que son père l'a même suspendue par les poignets au plafond, et, dans cette situation, après lui avoir préalablement relevé les vêtements, il lui appliquait sur toutes les parties du corps de nombreux coups de martinet.

Enfin un soir, au mois de mars, les accusés la firent venir dans un fournil, situé derrière la cuisine. Là, Defert l'attacha solidement avec des cordes sur un établi, sa poitrine et son ventre étaient fixés contre le bois ; puis il prit dans un brasier, qu'il avait préparé, des charbons ardents, et les promenant sur les jambes de sa fille, il la brûlait çà et là par places, renouvelant les charbons à mesure qu'ils s'éteignaient. Déjà il l'avait brûlée au cou par le même procédé...

Le lendemain soir, elle fut de nouveau liée sur l'établi, flagellée avec le martinet, et, quand ce premier supplice fut fini, sa mère entra, armée d'un bâton, à l'un des bouts duquel était enroulé un linge imbibé d'acide nitrique, et, à l'aide de cette espèce d'éponge, elle baignait lentement les plaies produites par les brûlures de la veille...

On ne flagellait pas seulement ses plaies vives avec un

martinet, on frappait aussi les chairs sanglantes avec une planchette garnie de clous. Dès le lendemain, on lui infligeait ce supplice ; bien plus, sa mère lui brûlait la fesse droite en y tenant apposées, jusqu'à leur entière combustion, des allumettes enflammées, après quoi elle arrosait la blessure d'acide nitrique.

Defert tenait à sa fille des propos grossiers, cyniques, et il avait essayé de l'initier, dans des conversations significatives, à la connaissance de tout un ordre d'idées qu'il eût dû lui cacher soigneusement. Il avait même tenté des attouchements sur sa personne ; mais là s'arrêtent les révélations d'Adelina, qui a refusé de s'expliquer davantage à cet égard. Toutefois, il est certain que sa mère a été informée par elle de tout ce qui s'était passé.

Quoi qu'il en soit, il lui était réservé de subir un nouvel outrage et un nouveau supplice. Un soir, au mois d'avril, ses frères étant couchés ou occupés ailleurs, les accusés la firent déshabiller dans la cuisine ; quand elle fut demi-nue, on la coucha par terre sur les reins ; l'un de ses pieds fut attaché à une table, l'autre à la poignée de la serrure d'une porte : elle avait ainsi les jambes écartées et relevées. Alors son père lui introduisit de force un morceau de bois dans les organes sexuels et l'y maintint pendant plusieurs minutes ; sa mère, elle, assistait son mari et l'avait aidé dans les préparatifs de ce crime. Le morceau de bois, une baguette de sureau, a été retrouvé. Le médecin avait pu constater les étranges désordres que cet acte de barbarie avait apportés dans l'organe. Il en avait soupçonné la cause, en raison même de la nature des ravages qu'il avait observés. Les aveux d'Adelina ont, à la fin, expliqué les conjectures.

LA FLAGELLATION DES APPRENTIES

UN CAS DE FLAGELLATION DOMESTIQUE

En Angleterre, pendant très longtemps, les jeunes apprenties qui provenaient la plupart du temps des orphelinats qui les confiaient aux soins des entrepreneurs de couture, des modistes, des tailleuses, etc., etc., étaient fréquemment flagellées, et ce, parfois, avec la dernière violence. Il était d'un usage courant de leur infliger des punitions corporelles pour les moindres manquements. Un fait entre beaucoup suffira à illustrer cette coutume quelque peu arbitraire.

Il s'agit du cas d'une certaine mère Brownrigg, qui fut pendue à Londres pour avoir fouetté jusqu'à les faire succomber sous les coups, deux de ses apprenties, qu'elle avait coutume, après chaque fustigation, d'enfermer dans sa cave à charbon.

Cette aimable personne, qui vivait sous le règne du roi Georges III, exerçait la profession de garde-malade accoucheuse dans un hôpital, mais, à côté de cela, elle exploitait pour son propre compte une maison *hospitalière* privée, pour les personnes qu'une *position intéres-*

sante obligeait d'avoir recours à ses bons et naturellement intéressés offices.

La mère Brownrigg était une chrétienne fervente : elle affectait, du moins, un zèle très louable dans l'accomplissement de ses devoirs religieux et ses voisins la pre-
naient pour un modèle de femme, active, travailleuse, sobre, bref, recommandable en tous points.

Elle avait auprès d'elle, en qualité d'apprenties, trois orphelines. — Mary Mitchell, Mary Jones et Mary Clif-
ford. Ces orphelines sortant des asiles communaux n'étaient pas, à cette époque, il faut le dire, des modèles de vertu, et les cas n'étaient pas rares où la plus grande sévérité s'imposait aux personnes qui avaient pris charge de leur éducation, pour les empêcher de mal tourner. La mère Brownrigg se chargea d'inculquer à ses trois apprenties les bons principes d'après une méthode spéciale et singulièrement énergique. Les débats en appri-
rent long à ce propos. Ainsi, il fut prouvé qu'elle battait les filles *comme un marchand des quatre saisons fré-
nétiquement ivre battrait son baudet.*

Il lui arrivait souvent d'étendre Mary Jones sur deux chaises de cuisine et de lui tanner le derrière nu jusqu'à ce qu'elle n'eût plus la force de soulever le bras. Le corps de la pauvre enfant ne fut bientôt plus qu'une vaste plaie : sa tête, ses épaules, son dos et ses cuisses étaient couverts d'ecchymoses. Un beau jour, ayant réussi à s'enfuir, elle retourna à l'Orphelinat où elle fut accueillie et soignée. Les administrateurs de l'asile écri-
virent à M. Brownrigg en le menaçant de poursuites, mais ce dernier ne tint aucun compte de la missive. Cependant, la mère Brownrigg consacrait toute son attention et ses prévenances aux deux autres apprenties. Mary Mitchell tenta à son tour de s'évader, mais elle fut

rejointe par un fils de M. Brownrigg qui la ramena *au bercail*. Mary Clifford était fustigée presque continuelle-ment soit avec un bâton, soit avec un manche à balai ou encore avec une cravache. On la faisait dormir dans la cave au charbon avec quelques fétus de paille en guise de lit et du pain sec et de l'eau pour toute nourriture. Quand elles avaient déchiré leurs habits, les deux fillettes étaient attachées toutes nues pendant plusieurs jours. Quand parfois la mère Brownrigg, épuisée, n'en pouvait plus après avoir, à tour de bras, fustigé les pauvres créa-tures, son fils aîné la remplaçait et continuait l'œuvre si dignement commencée. Un jour, Mary Clifford fut atta-chée à cinq reprises différentes et battue cruellement avec le manche d'un fouet. Mais alors les voisins inter-vinrent et les autorités furent informées de ce qui se pas-sait. M. Brownrigg fut arrêté ; la jeune fille, transportée à l'hôpital dans un état alarmant, y mourut quelques jours plus tard; quant à Mme Brownrigg, elle s'était enfuie avec son fils. Pendant plus d'un mois, ils réussi-rent à se soustraire aux recherches de la police qui, fina-lement, les dénicha et les conduisit en prison. Le procès qui s'ensuivit se termina par la condamnation du père et du fils à six mois de prison, tandis que la mère Brown-rigg — la sainte et digne femme — dut expier sous la hart l'affection toute maternelle dont elle avait fait preuve à l'encontre de ses pupilles.

Elle fut exécutée à Tyburn en 1776 [1].

* *

Un écrivain de cette époque eut l'audace de rédiger

---

1. Le lieu des exécutions capitales à cette époque.

une apologie de cette atroce mégère, et d'entreprendre
la défense de la fustigation en toute circonstance [1]. Nous
reproduisons quelques-unes de ses observations qui
peuvent spécialement se rapporter à la cause en question, et d'après lesquelles il paraît qu'à cette époque la
coutume de fouetter les ouvrières apprenties était assez
généralement répandue :

« J'ai cru, dit cet écrivain cynique, rendre service à
mes concitoyens et au public en formulant les affirmations suivantes :

« *Primo.* — Que Mme Brownrigg n'a pas été exécutée
pour avoir simplement fouetté d'importance ses ouvrières
prises en faute.

« *Secundo.* — Que la mort de Mary Clifford, survenant
après sa correction, n'a rien en elle-même de nature à
empêcher les parents, tuteurs, patrons et patronnes,
maîtres et maîtresses d'écoles, d'user de toutes les
sortes de correction, que permettent les bonnes vieilles
coutumes de ce pays, et qui servent essentiellement
à maintenir la paix et le bon ordre dans la commu-
nauté.

« *D'abord.* — Il saute aux yeux de tout homme raisonnable que Mme Brownrigg n'a été que la victime de sa
propre imprudence. Elle aurait pu fouetter ses ouvrières
tant qu'il lui plaisait, et même plus, et personne n'y
aurait trouvé à redire, si elle les avait bien nourries,
convenablement logées, et traitées en général avec bienveillance, quand elle ne les corrigeait pas leur prodi-
guant les soins nécessaires pour guérir leurs meurtrissures et prendre soin de leur santé en général. Sa négli-

---

1. Mrs Brownrigg's case fairly considered, adressed to the Citi-
zens of London, by ONE OF THEMSELVES, London, MDCCLXVII.

gence à leur égard après l'infliction des corrections est surprenante. Sinon par humanité, elle aurait dû, au moins par bon goût, préférer avoir en face d'elle une peau propre et saine à flageller, plutôt qu'une chair corrompue et ulcérée : cela est absolument sans excuse. Dans toutes les écoles de filles bien gérées, les postérieurs sont parés aussi régulièrement et proprement que le sont les élèves elles-mêmes. Quand un malandrin a reçu les étrivières attaché à l'arrière d'une charrette, ou qu'un soldat subit la peine du fouet, on lui prodigue les meilleurs soins médicaux pour activer sa guérison. Un bon maître ou maîtresse d'école consciencieux doit avoir sous sa main de la toile et de l'onguent en même temps que des verges, et quoiqu'il puisse quelquefois être nécessaire de revoir un derrière avant que les marques de la dernière correction aient disparu, (autrement on pourrait produire un *podex* meurtri comme excuse de toute incartade), il n'en est pas moins vrai qu'alors la répétition de la punition devrait être accompagnée d'un redoublement de soins. Le témoignage du chirurgien de l'hôpital où Mary Clifford avait été amenée, portait « que les blessures qu'elle avait subies en flagellation, *faute de soins convenables*, avaient occasionné sa mort. » Il n'y a pas de doute que si elle avait eu des soins humains et habiles après ses six flagellations, elle ne se serait portée tout aussi bien après qu'avant : quoique, cependant, six fouettages consécutifs dans une seule journée semblent un peu dépasser la mesure ; il est vrai qu'il nous est difficile d'établir une opinion sans savoir quelle était l'importance de chaque correction, et les différentes causes qui l'avaient provoquée. Le tout n'a peut-être pas en tout comporté trois douzaines de coups de fouet, et nous nous rappelons dans nos souvenirs de collège avoir vu un camarade, aujourd'hui conseiller municipal, qui avait été fouetté dix fois jusqu'à ce qu'il eût confessé avoir dit un mensonge ; c'est peut-être à ces dix fustigations consécutives qu'il doit d'être resté par la suite un très honnête homme : mais pendant trois jours il était entre les mains des médecins, et il avait fort triste mine quand il était retourné à l'école.

« D'un autre côté, Mary Jones, une autre apprentie ouvrière, ne semble pas avoir trop souffert de ses punitions, infligées d'une façon à la fois commode et ingénieuse. On mettait deux chaises par terre dans la cuisine, de façon à ce qu'elles se maintinssent l'une l'autre : la fille était solidement attachée sur leurs dossiers, soit nue ou avec ses jupons relevés sur sa tête, et elle y recevait sa ration, une méthode à la fois commode et intelligente et qui sera certainement adoptée dans beaucoup de ménages dès qu'elle sera mieux connue.

« La décision du jury dans le cas de John Brownrigg prouve également qu'il n'attribuait pas la mort de la jeune fille aux corrections qu'elle avait reçues. En effet, ce jeune homme, soit par amour du sport ou par affection pour sa mère (qui était très aimée de ses quinze enfants auxquels cependant elle n'épargnait point les verges), prit souvent une large part à la castigation des apprenties ouvrières. Il fut néanmoins acquitté. Il avait cependant plusieurs fois fouetté Mary Mitchell *con gusto*...

« Une fois, après l'avoir liée toute nue à un piton, pour avoir dérobé quelques noix, il s'était vigoureusement servi d'une cravache. Ne négligeant pas non plus Mary Clifford, la fouettant un jour jusqu'à n'en plus pouvoir pour avoir négligé de border un lit, et une autre fois, quand sa mère avait épuisé ses forces à battre sa victime, il vint y ajouter encore une vingtaine de coups.

« Je suis persuadé que tout ceci aurait bien été accepté comme une chose naturelle par des filles sortant d'un asile de l'Assistance publique, et qui, tombées dans une famille un peu dure, reçoivent les premiers éléments de leur éducation imprimés sur leurs postérieurs d'une façon un peu vive. Mais cette femme stupide, non contente de les battre cruellement, enfermait ses ouvrières dans des caves infectes, les laissait manquer de nourriture, les frappait sur la tête avec des bâtons et autres objets durs, et laissait les meurtrissures qu'elle leur avait infligées sur la tête et sur le corps s'envenimer et putréfier. C'est pour cela qu'elle a été pendue et sa famille déshonorée. Mais ceci ne doit pas être confondu avec une juste discipline. Cette cruauté et cette férocité n'ont rien de commun avec l'honnête satisfaction avec laquelle le patron, le maître d'école, et même le père, applique la verge ou le fouet sur les postérieurs du précoce galopin, et imprime ses leçons de morale en caractères bien rouges sur la personne du délinquant. Il est évident que la Providence a implanté cet instinct dans l'âme humaine, afin de combattre la partialité trop excessive de l'affection paternelle et l'indifférence endormie qui laisserait les jeunes gens soumis à nos soins croupir dans l'oiseveté, dans l'ignorance et le vice. Les qualités de la verge sont définies dans un autre sens par l'immortel Shakespeare :

« Cela bénit celui qui donne et celui qui reçoit. »

« J'arrive maintenant à ma deuxième affirmation, c'està-dire que le seul fait de la mort de Mary Clifford ne devrait en aucune façon limiter la somme de flagellation à administrer dans nos écoles et dans nos foyers. On ne doit pas priver les Londoniens du plaisir de voir la fustigation d'un coquin attaché à la queue d'une charrette le long des rues, parce que, de temps en temps, un malandrin, atteint d'une fièvre de geôle, meurt avant que les traces des coups qu'il a reçus n'aient entièrement disparu. »

LES PUNITIONS MILITAIRES

D'OUTRE-MANCHE

LES CHATIMENTS CORPORELS

DANS L'ARMÉE ET DANS LA MARINE

Dans l'antiquité les esclaves et prisonniers de guerre étaient traités à coups de fouet. Les Égyptiens, les Grecs, les Romains, et, après eux, les Vénitiens employaient ce moyen pour faire produire, à ceux qu'ils avaient asservis, les monuments et les ouvrages gigantesques qu'ils destinaient à la perpétuation de leurs gloires nationales.

Plus tard, aiguillonnés par la cupidité, les hommes s'armèrent de la férule pour tirer de leurs esclaves le plus de labeur possible, le plus de sueur, afin de pouvoir, au moyen de ce labeur et de cette sueur transformée en or, goûter dans une plus large mesure les plaisirs et les joies de ce monde.

Ils frappaient des hommes adultes qui étaient leurs esclaves, c'est-à-dire leur propriété, leur chose...

Mais que dire de ces champions de la civilisation qui ont maintenu dans l'échafaudage de leurs lois, les peines corporelles à l'égard d'hommes libres, d'hommes qui n'ont même pas, au point de vue purement moral, mérité de pareils châtiments dont l'effet démoralisant et avilissant n'aboutit, en général, qu'à l'effondrement de leur dignité innée?

Si l'on peut admettre dans une certaine mesure que des forçats, l'écume de l'humanité, des monstres à face humaine, chez lesquels tout sentiment noble, toute dignité ont disparu, soient traités en parias, fouettés, châtiés corporellement, on ne saurait admettre que des soldats et des marins, au service de la Patrie, pour laquelle ils doivent à tout moment être prêts à verser leur sang, soient traités de la même façon, pour des fautes commises dans le service, fautes parfois même légères.

Et cependant, quoique cela puisse paraître invraisemblable, en notre fin de siècle ultra civilisée, il existe encore une nation européenne, une nation qui se flatte de marcher en tête dans la voie du progrès, qui a conservé dans son armée et dans sa marine la peine du fouet et qui l'applique fréquemment avec une révoltante brutalité.

Cette nation, c'est la Grande-Bretagne et l'Irlande...

En Allemagne, le fouet est parfois appliqué dans les prisons, mais son usage est absolument arbitraire, le code pénal n'en admettant en aucune façon le principe. En Italie, dès 1866, les châtiments corporels étaient supprimés. En Espagne même, au pays de Torquemada, le règne de la férule a fait son temps.

En France, personne ne l'ignore, il y a beau temps que le *chat* ne fonctionne plus; il y avait cependant joué un grand rôle dans la discipline militaire et marine.

Aujourd'hui, comme au temps où les galères du roi voguaient sur les océans, sous l'impulsion des bras vigoureux de ceux que la société avait rejetés de son sein, la libre Albion réserve à ses défenseurs attitrés pris en

faute, la peine infamante que les autres nations ont
abolie comme barbare, cruelle et, par-dessus tout, inhumaine.

Le *chat à neuf queues*, l'instrument de torture ignoble,
digne du règne d'un Néron, d'un Caligula ou d'un
Ivan le Terrible, est encore en grande faveur chez nos
voisins et les cas sont encore fréquents où ce traitement
indigne, qui mérite d'être stigmatisé, est infligé à des
hommes, qui le sont dans toute l'acceptation du terme,
c'est-à-dire qui ont atteint depuis longtemps l'âge de raison.

Dans la marine anglaise, les exemples de fustigation
sont nombreux et d'une fréquence déplorable. Les marins condamnés à recevoir le *chat* ne sont plus, comme
autrefois, attachés à un mât : on les fixe, dans une position de crucifiés, à des agrès présentant plus de surface.
Inutile d'insister sur les douleurs physiques et les peines
morales qu'endurent les malheureux ainsi martyrisés.

Pour donner une idée approximative de toute l'horreur qui réside dans cette barbare coutume, nous redon-
nons ici deux chapitres d'un ouvrage très curieux et
intéressant publié à Londres, en 1897, sous le titre de
Scarlet and Steel[1]. C'est un roman vécu.

« — C'était par une après-midi de février ; le temps
était froid, mais il y avait déjà dans l'air ce frissonne-
ment de printemps qui fait circuler plus rapidement le
sang dans les veines et réveille d'ardents désirs de
liberté, de lumière, d'amour et de toutes ces choses qui
rendent la vie agréable. Une brise du nord-ouest tapo-
tait, de ses doigts chargés de pétales, venant du jardin

---

1. *Écarlate et Acier :* allusions aux jaquettes rouges des soldats
anglais.

du gardien-chef, contre les vitres de Sholto ; le soleil vint et lui sourit, lui apportant un fort, un tendre souvenir des premières fleurs de l'année dans le jardin clos de murs à Thornhaugh et fit que son esprit se révolta à l'aspect de la froide contrainte qui l'entourait.

Il arpenta sa cellule fiévreusement [1] et mangea peu à déjeuner et encore moins à dîner. Après ce dernier repas, il fut informé par Boucher [2], qui avait l'air d'un homme réprimant avec difficulté le plaisir que lui procurait la perspective d'une délicieuse plaisanterie, « que le docteur le demandait. » Et en conséquence il fut conduit vers le docteur qui tapota, ausculta, poignit un peu avec un air de pince-sans-rire, et le renvoya sans rien dire, sauf qu'il fit un signe de tête au gardien de l'infirmerie qui se tenait gravement tout près de là.

Boucher et un autre gardien réapparurent en lui adressant un bref commandement : « Chez le *visiteur* [3] maintenant, n° 22 ! » puis, le prenant entre eux, le conduisirent en bas, par des couloirs qu'il ne connaissait pas.

Il eut comme une intuition qu'un exercice renforcé l'attendait et il se risqua à demander : « Où me conduit-on ? »

Boucher répondit sarcastiquement : « Vous allez voir ! »

---

1. Il s'agit d'un jeune homme de très bonne famille, une tête brûlée, qui s'est enrôlé au service de la Reine et que quelques frasques ont exposé à la sévérité des règlements militaires en vigueur dans le Royaume-Uni.

2. Individu qui avait pris le soldat en grippe et en avait fait son souffre-douleur.

3. *Visiteur* équivaut en Angleterre à l'inspecteur en France. Ce sont des personnes qui visitent les prisons, sans recevoir pour cela la moindre rétribution. Ils n'ont qu'un mandat officiel qui leur accorde toutes les prérogatives qui se rattachent à leurs fonctions.

tandis que l'autre n'eut qu'une grimace incertaine que ni parut pas à Sholto, dénuée de quelque compassion.

On le fit avancer rapidement ; par intervalles il surprenait au passage quelques rayons de soleil et quelques bouffées d'air. Il remarqua avec grand étonnement que toutes les cellules devant lesquelles ils passaient étaient fermées et que l'on n'apercevait aucun prisonnier...

Sholto et son escorte tournèrent rapidement un coin et entrèrent dans la chambre de réception dont la porte se referma sur eux. Il se trouva en présence du major de hussards, le gardien-chef, le docteur, Martin et encore un autre officier.

Il ressentit un élan d'inquiétude alarmée à l'aspect de ce déploiement inusité de hauts personnages, songeant vaguement que peut-être son procès allait recommencer ou que Boucher, l'instigateur, avait été démasqué. Il s'était arrêté interdit et rempli d'appréhension en présence de ces gros bonnets et le Visiteur commença à lire quelques phrases solennelles, si terribles qu'elles eurent pour lui tout d'abord très peu de sens, quoique le chiffre *six* le frappât particulièrement.

« Six coups avec le *chat !* »

Puis un signal bref fut donné ; ses bras furent brusquement saisis, on le retourna et il fut poussé vers une partie de la salle qui, jusque-là, s'était trouvée derrière lui. Là se détachait une sorte de cadre en fer, de sept à huit pieds de hauteur, formé de deux tiges montantes, barrées dans le haut par une autre tige de fer. Au-dessous se trouvait une autre barre en forme de croix, et, pour supporter le tout, une grosse tige de fer; de plus, une série de courroies.

Lorsque ses yeux écarquillés aperçurent cela, Boucher se mit avec empressement à le débarrasser de sa jaquette et de sa chemise, de façon à ce que ses épaules et son dos se trouvèrent à nu, tandis que ses autres gardiens le maintinrent solidement et que Martin, s'avançant, lui passa un linge autour de son cou et un autre autour de ses cuisses.

Ils le hissèrent, implacablement silencieux, sans résistance, hébété qu'il était de surprise, sur l'appareil. Ils se mirent à lui lier solidement les mains ensemble, à les élever au-dessus de sa tête — ce qui le souleva en même temps, — au moyen d'une autre courroie et à les fixer à la barre du haut.

Puis, les chevilles, les coudes et les genoux furent également attachés solidement aux montants, sa poitrine s'appuyant sur la barre de traverse en bois, de manière à ce qu'il lui fût impossible de faire un mouvement. Il perçut, comme en un rêve, la voix du major, murmurant avec dégoût : « Par Dieu ! Je ne savais pas que c'était comme cela ! » et un rire diabolique et étouffé de Boucher. Il vit un grand gardien se placer tout près de lui présenter et soulever en une attitude d'apprêt un instrument bizarre, — un bâton long de deux à trois pieds, armé au bout de neuf queues, dont chacune était garnie de trois nœuds en corde de fouet.

Alors, et alors seulement, il se rendit compte que là, devant ces sept hommes, il se trouvait lié, à moitié nu, prêt à être fouetté comme un chien.

En présence de cette honte, son courage l'abandonna et, avec l'instinctif sentiment qu'inspire toute extrémité, il s'écria, les lèvres sèches, la voix rauque : « Oh ! monsieur ! ne le faites pas ! Monsieur ! si vous êtes un homme, ayez pitié ! » Sa voix s'abaissa jusqu'à un murmure pitoyable, presque larmoyant : « Ne me faites pas fouetter comme un chien ! je ne l'ai pas mérité. J'ai été

mauvais, — mais je veux demander pardon, — tout,
seulement pas cette honte effroyable! Monsieur! — et
ici il supplia avec plus de chaleur, parce que son oreille
avait perçu une exclamation compatissante derrière lui
— pour l'amour de Dieu! épargnez-moi cela! Vous êtes
un galant homme. Je le fus aussi une fois. Aidez-moi!
Sauvez-moi! »

Il entendit, comme une vision, tandis qu'il se contor-
sionnait désespérément, la voix du major disant avec
animation : « J'ai le pouvoir de pardonner, n'est-ce
pas? » Il vit le gros gardien lever son bras; il y eut
dans l'air le sifflement du fouet et le bruit, plus lamentable, qu'il produisit en s'abattant sur sa chair nue. Il
sentit le premier coup luisant, qui fit se contracter
chaque nerf dans son corps; il hurla fort, parce que cela
sembla lui arracher l'âme, lui enlever sa virilité, son
honneur, sa décence.

« Oh! dit-il, en hoquetant plus faiblement, grâce!
grâce! ne me brisez pas le cœur! »

Comme il parlait, les lanières retombèrent pour la
deuxième fois.

Alors le major s'avança et dit impérieusement, d'une
seule haleine : « Que je sois pendu si je puis supporter
cela! Ce n'est pas une punition. c'est de la torture!
N... de D..., descendez-moi l'homme! la peine lui est
remise! »

Ce Boucher, qui n'est qu'une brute humaine, voyant
que sa victime lui échappait pour cette fois, mit tout en
œuvre pour exaspérer le prisonnier. Il réussit si bien
dans son infernale machination que Sholto, poussé à
bout, hors de lui-même, se laisse aller à des actes de violence sur le mobilier de sa cellule, qu'il réduit en miettes.
Boucher ne demandait que cela ; le prétexte était tout

trouvé pour faire condamner de nouveau son souffre-douleur, et, avec une audace imperturbable, il affirme que le prisonnier s'est livré à des voies de fait sur sa personne.

Le conseil de discipline se réunit; le coupable est entendu, puis reconduit dans la cellule de pénitence en attendant son verdict. Voici, d'ailleurs, la scène qui suit, telle qu'elle est décrite dans le livre :

« ... A un moment donné, Wilkins et Brown apparurent à la porte de sa cellule.

« Maintenant, n° 22, le docteur vous demande en bas ! » dirent-ils.

Il poussa un soupir angoissé et demanda, les lèvres pâles : « Pourquoi?... Pourquoi faire?... »

Les deux hommes échangèrent un regard mais ne répondirent pas. Brown sortit une paire de menottes. Sholto eut involontairement un mouvement de recul ; la terreur se lisait dans ses yeux ; une sueur froide perla sur son front.

« Pourquoi?... ce n'est pas nécessaire cela... pourquoi voudriez-vous ? » — Ses phrases entrecoupées ne rencontrèrent que du mutisme.

« Nous ne pouvons pas rester ici à causer. Tendez vos mains. »

Sholto, passivement, se laissa mettre les menottes. Tandis que l'on procédait à cette opération, il s'informa, avec un sentiment de malaise, de la cause de l'absence de son bourreau.

« Pourquoi Boucher n'est-il pas là ? »

Les deux hommes se regardèrent l'un l'autre.

« Oh ! il a un autre travail aujourd'hui, dit Wilkins avec une insouciance affectée. Ça y est ! c'est prêt ! »

Les trois hommes se dirigèrent en bas, à travers des

couloirs, vers la chambre du docteur. Sholto avait déjà une fois fait ce trajet et accompagné de même façon. Il commença à fixer l'un et l'autre de ses conducteurs, les yeux dilatés par la terreur, à frissonner en plein soleil ; il sentit son cœur, lourd comme du plomb, descendre dans les talons.

« Marchez un peu plus vite ! dit Wilkins, le docteur attend !

— Je... je ne puis pas ! » Il se retourna avec affolement vers cet homme qui lui avait témoigné quelque sympathie : « Laissez-moi retourner, je ne suis pas en état... » Mais on ne le laissa pas s'arrêter.

« Allons, venez, ne flanchez pas ! » dit Brown. Ils pressèrent un peu le pas. Alors, claquant des dents, il hasarda la question suprême :

« Est-ce qu'ils vont — me — fouetter?

— Nous ne savons pas ! répondit Wilkins comme ils venaient d'arriver à la porte du Docteur, qui les reçut avec une exclamation d'impatience.

— Allons, dépêchez-vous. Déshabillez-vous, voulez-vous? »

Ils débarrassèrent Sholto de ses menottes et Martin qui se tenait à l'ordre, assista le malheureux dont les doigts tremblants n'arrivaient que difficilement à défaire son uniforme. Ses yeux paraissaient être devenus le double de leur grandeur naturelle, son pouls battait furieusement dans ses poignets, tandis que des gouttes de sueur glacée coulaient le long de ses joues et de son cou. Avec des accents de désespéré il fit un appel au docteur qui, le maintenant par une main lourde, que Martin lui tenait l'autre, l'auscultait nonchalamment.

« Monsieur, est-ce qu'il vont me fouetter? Vraiment, monsieur, je ne suis pas en état de le supporter! Je n'ai pas dormi depuis des nuits — j'avais des névralgies — et mon cœur, — oh, il me fait souffrir ! »

Le médecin, continuant son examen, dit tranquillement :

« Très bien ! Il n'y a absolument rien !

— Mais — monsieur, — je suis malade !

— N'essayez pas cela avec moi. Je n'aime pas un homme qui essaye de tirer des carottes... Je vous répète, ajouta-t-il d'un air plutôt ennuyé, — il n'y a absolument rien de dérangé chez vous, si ce ne sont vos nerfs. »

Son oreille se trouvait en ce moment juste sous l'omoplate de Sholto qui entendit sa voix résonner sourdement :

« Si vous deviez être fouetté, — et je ne dis pas que vous le serez — cela ne vous ferait pas de mal.

— Avez-vous jamais été fouetté, monsieur? demanda Scholto d'une voix étouffée.

— Ne soyez pas impudent, monsieur. Mettez-lui ses habits. Ah, vraiment ! des névralgies !! Des farces, tout cela. Bien vrai ! j'ai connu un gaillard à peine la moitié grand comme vous et qui ne bronchait pas d'un cheveu : un garçon faible... et vous mesurez six pieds et trois ou quatre pouces et vous êtes solide comme un bloc de marbre. Très bien ; emmenez-le ! »

On lui remit les menottes et il fut conduit, faible et malade, tremblant de tous ses membres, dans la chambre voisine, — la même où il avait été précédemment.

Il vit d'un seul regard atterré le cadre de fer, les entraves et le *chat*, prêts à servir et Boucher, avec un horrible sourire de satisfaction, luttant avec le besoin de conserver son air de dignité officielle.

On le mit en présence du visiteur, du gardien-chef et du docteur comme auparavant. Son cœur bondissait dans sa poitrine, puis s'arrêta soudain pour entendre prononcer, comme la fois précédente également, sa sentence, de la même voix antipathique...

« Quinze coups avec le *chat*. »

Lorsque la dernière phrase : « Sentence approuvée et confirmée — l'officier général commandant » eut été prononcée, on se saisit fermement de lui et on lui ôta les menottes. Ensuite, ils le dépouillèrent et l'attachèrent comme la première fois, tandis qu'il se débattait vainement, tandis que la sueur coulait à flot le long de ses membres frémissants, et ses yeux, tout noirs d'épouvante, hors des orbites, erraient d'un visage à l'autre. Son regard tomba finalement sur Boucher et ce fut pour lui le comble du martyre ; car, dans la main soulevée de ce dernier, — cette main dont Sholto ne connaissait que trop bien le pouvoir torturant, il aperçut... le *chat !*

— Oh Dieu ! murmura-t-il. Est-ce vous qui....? »

La réponse lui arriva sous forme d'une violente cinglée de l'instrument de torture ; le bruit si particulier des lanières tombant sur la chair nue suivit, et, malgré toutes ses résolutions, Sholto ne réussit à réprimer un cri ; il avait cependant tenté de le retenir énergiquement.

« Un ! » dit la voix, d'une froideur officielle, du gardien-chef.

Flac !... le fouet retomba une deuxième fois. C'était entre les mains de Boucher un instrument bien plus redoutable qu'entre celles du vieux gardien Meuzies, qui, malheureusement, s'était trouvé empêché. Mais les assistants ne pouvaient certainement pas apprécier cette différence et Boucher s'excusa ensuite en disant qu'il ne connaissait pas sa propre force et que son désir avait été de faire de son mieux.

Les coups se succédèrent régulièrement, comptés au fur et à mesure par le gardien-chef. Vers le milieu, la victime sentit quelque chose ruisseler le long de son corps. Wilkins et Brown échangèrent quelques regards et le premier fixa avec insistance et une expression pas très sympathique, tandis que Sholto haletait et grognait faiblement en prononçant, — comme le font ceux qui sont torturés, non pas des phrases suivies, mais une succession péniblement impressionnante de « Oh, ne le faites pas! — Oh! arrêtez! — Oh! — Oh! — Oh! Dieu! — Oh! Enfer! »

Sa théologie s'embrouillait et il donna un démenti à sa propre déclaration à l'aumônier[1] en s'écriant : « Oh! Christ! »

Mais la punition suivait son cours, et la vue de ce corps à moitié nu, convulsé et frémissant, la chair zébrée de rouge, de pourpre en longues raies, qui augmentaient à chaque coup, sous les pleins rayons du soleil, n'avait certainement rien de bien attrayant, et encore moins d'humain.

Pendant les derniers coups, Sholto était soudainement devenu silencieux. Le médecin fit un pas en avant et scruta d'un regard professionnel la victime : il vit, par la tension des muscles, qu'il ne s'était pas évanoui. Il jeta un regard soupçonneux sur Boucher, qui s'était laissé entraîner et avait, à la fin, mis un peu trop d'ardeur dans l'accomplissement de sa besogne.

« Quatorze! »

Sholto eut un léger tressaillement.

« Quinze! »

---

1. Il avait déclaré ne pas croire au Christ et en sa mission sur terre.

Il ne bougea pas. Le gardien-chef et les autres personnes s'apprêtèrent à partir.

Les yeux de Sholto, injectés de sang, brillants de souffrance, s'attachèrent fiévreusement sur la main dans laquelle Boucher tenait encore le fouet. Mais il se contint jusqu'à ce que la dernière entrave lui eût été enlevée..... »

Mais là ne devaient pas s'arrêter les tortures infligées au malheureux Sholto. On pourra en juger par la description suivante qui est faite d'une nouvelle scène de flagellation, avec les verges, cette fois, après une autre infamie du tortionnaire Boucher.

« ... On força Sholto de descendre, il était pâle comme un mort, le cœur gonflé d'une haine féroce, et il se trouva, pour la troisième fois, dans la salle où on le mit en présence des deux mêmes *visiteurs* qui l'avaient condamné précédemment. L'un était un petit officier du génie royal dont la dignité eût été plus grande si son cœur eût été assez grand pour étouffer en lui l'affectation et la frivolité qui se manifestaient chez lui à l'aspect de la torture supportée par un autre.

Sholto, solidement maintenu par ses gardiens, se tenait la tête haute, — il ne la tint jamais plus par la suite aussi haut que ça, — et son cœur dans la bouche [1], écoutant machinalement la lecture de sa sentence. Il s'attendait à une dose plus élevée que la fois précédente. Il dressa l'oreille au chiffre *vingt-cinq*. Mais il crut avoir mal entendu ce qui suivit, jusqu'au moment où il vit le sourire moqueur qui se jouait sur les lèvres du petit officier du génie.

« Vingt-cinq coups — avec la verge de bouleau ! »

---

1. Prêt à parler librement.

Comme en un rêve, il perçut le colloque fait à mi-voix, la demande et la réponse.

« Est-ce que cela fait aussi mal que le chat?

— Mais peut-être que non, quoique cela soit diablement salé tout de même. Elles sont conservées dans de la saumure, vous savez!

— La verge dans l'eau salée, hein?.. »

Un cri étouffé et une nouvelle question...

« Est-ce que cela laisse des traces?

— Oui, comme une éruption...

— Appliquées sur les épaules nues?..

— Non, sur une partie moins honorable. »

Et les deux se mirent à rire doucement. L'auditeur frissonnant du dialogue se mordit les lèvres d'indignation, dans son impuissance, lorsque la conversation prit fin sur ces mots, prononcés d'un ton dégagé et badin : « Ces gaillards le craignent plus que le chat, d'après ce que l'on m'a dit! »

Et une voix donna l'ordre de procéder.

Le sang qui avait afflué au visage de Sholto fit place à une pâleur extrême; il laissa retomber sa tête sur sa poitrine, mais, malgré cela, il continua à lutter avec une résignation désespérée contre ses gardiens et un cri d'effroi suffoqué s'échappa de sa gorge.

« Oh! non, monsieur, ne faites pas cela! Cette infamie! Oh Dieu! — il avait rencontré ces regards sans pitié et s'était tourné des hommes vers son Créateur — oh! mon Dieu! — il serait tombé à genoux s'il n'avait pas été maintenu de force, — Dieu tout-puissant! Ne permets pas que cette indignité me soit infligée devant eux tous! Je ne puis, — oh! je ne puis! »

Et il continuait de se débattre tandis qu'on le traînait à travers la salle.

Il aperçut le visage de Boucher et sentit sa main pendant qu'il aidait les autres à le déshabiller. Pas un mot de ce qui se murmurait, même très doucement, autour de lui, ne lui échappait. Et il entendit :

« La chevauchée du poney, M. Sholto ! »

Et il se trouva forcé de prendre une position mi-agenouillée, mi-couchée sur un meuble de bois de forme allongée appelé facétieusement le *poney* et qui suivait exactement les ondulations du corps. Il s'y trouva solidement lié par les genoux, les jambes et la taille, ses bras descendus en angle droit, si solidement attachés que le moindre mouvement lui était devenu impossible. Sa tête était repliée sur l'extrémité du chevalet et ses parties postérieures étaient mises à découvert comme l'avait dit le petit officier du génie.

La vue de cet homme ligotté, en prostration, palpitant, — Dieu fit l'homme à son image ! — à moitié nu, la tête branlante, les doigts crispés ; à ses côtés le robuste bourreau, prêt à agir, — cette vue n'était certainement pas pour faire honneur ni à l'inventeur, ni aux metteurs en pratique de ce supplice.

« Pourquoi ne gueule-t-il pas? » se demandait l'insatiable Boucher en s'efforçant de se rapprocher de son souffre-douleur désespéré. Mais Sholto avait renoncé à faire appel à la pitié : il ne s'y attendait d'ailleurs plus, sa dernière et suprême humiliation semblait lui arracher le cœur de la poitrine. Il était là, muet, en agonie ; et, quand le premier coup descendit sur lui, il n'eut pour toute réponse qu'un frisson qui le secoua comme une vague glaciale, et un afflux de sang, — la honte qui lui montait aux joues creuses..

L'officier du génie regardait d'un regard curieux à travers son lorgnon ; le visage du directeur était impla-

cable — quelque chose dans la voix de la victime avait
touché les cordes sensibles de son cœur. L'autre *visiteur* — qui assistait pour la première fois à l'application
des verges, — eut un grognement de dégoût et se retourna.

Le gardien-chef, très calme, comptait les coups qu'infligeait Menzie. Le bruit, moitié sifflant, moitié raclant
de la brassée de verges salées et aiguës, produit par ce
bras vigoureux, se mêlait aux rumeurs vagues du faubourg; à part cela, le silence était complet.

Les coups se succédaient trop rapidement pour permettre de respirer. La tête de Sholto se mouvait sans
relâche; les gardiens se tenaient alentour immobiles.
Les yeux de Boucher allaient de la verge levée à la chair
frissonnante qui était maintenant sombre, d'un sombre
rougeâtre.

La victime tressaillait faiblement quand les coups
s'abattaient en cadence et les veines de son bras se gon-
flaient, violâtres. Le sang, arrêté dans sa circulation par
les coups tombant drus, battait terriblement dans ses
tempes et son cœur était près d'éclater. Les coups, répétés
sur la surface maintenant endurcie, tombaient toujours
en une vigoureuse cinglée.

Une fois, il poussa un grognement sourd, mais il le
réprima de suite. Vers le milieu de la correction un mot
brutal tomba, doucement, mais distinctement, de ses
lèvres enfiévrées — ce fut le premier de ce genre que
Sholto eût jamais prononcé, mais ce ne devait malheureusement pas être le dernier. Il n'en appela plus à Dieu
ni aux hommes pour lui venir en aide; mais pendant
quelque temps, une syllabe ou deux comme la première
était prononcée par cette douce voix de gentilhomme —
un langage qui avait souvent frappé ses oreilles mais

qu'il n'avait jamais pu se décider à adopter jusqu'alors.
Mais la verge l'inspirait à sa façon. La dégradation
gagnait son âme à travers sa chair...

Le petit officier du génie fronça les sourcils et dit :
« Voilà que nous avons trouvé le véritable homme,
l'homme tel qu'il est. » Et Boucher ricana de contentement; mais le restant des spectateurs fut quelque pen
déconcerté. Peu à peu, aux syllabes succédèrent quelques gémissements, puis le silence, puis une immobilité
cadavérique. Le docteur s'avança et lui tâta le pouls; il
ne s'était pas évanoui, quoique ses muscles détendus
fussent flasques, et ses yeux renfoncés et éteints.

« Vingt-quatre !

« Vingt-cinq ! »

Les *visiteurs* partirent et, auparavant, l'officier du
génie s'arrêta un instant pour jeter un coup d'œil curieux
sur les résultats de sa propre sentence... »

Et voilà comment en Angleterre sont encore traités
de nos jours les soldats et les marins au service de la
Reine !

DE GUSTIBUS

NON EST DISPUTANDUM

Maintenant que nous avons placé sous les yeux de nos
lecteurs un historique très complet de la Flagellation
sous toutes les formes; que nous avons, avec grand soin,
recueilli et incorporé dans l'ensemble de notre ouvrage
— que nous pouvons sans crainte considérer comme le
plus important et le plus complet du genre, qui ait été
publié jusqu'à ce jour en France, — tout ce qui, à un
point de vue quelconque, historique, documentaire ou
anecdotique, pouvait se rapporter à notre sujet et à ses
dérivatifs, il nous reste à tirer une conclusion, une mo-
ralité que nous nous efforcerons de formuler dans le sens
que nos lecteurs auront eux-mêmes adopté.

Il existe bien un proverbe latin qui dit : *De gustibus
non est disputandum* et l'on pourrait nous taxer de pré-
somption si nous voulions affirmer que tous nos lecteurs seront du même avis que nous, en ce qui concerne
la flagellation et les pratiques qui s'y rattachent.

Mais il n'en est pas moins vrai que, de nos jours, en
France, où la flagellation, quoi qu'on en dise, n'a jamais

été bien en vogue, elle est complètement tombée en désuétude et que bien rares sont ceux qu'un fanatisme religieux digne d'une autre époque, pousse encore à se livrer en cachette ou à l'ombre des couvents à ces castigations barbares dont l'efficacité n'a jamais pu être bien prouvée. D'autre part, les cerveaux maladifs des névrosés en quête de jouissances anormales, les manies bizarres de ceux qu'une fièvre érotique talonne d'une façon absolument chronique, ne sauraient fournir un argument sérieux aux écrivains anglais qui, adeptes fervents de la flagellation, voient, dans certains cas connus, une preuve de l'existence de la flagellomanie chez nous.

La France est un pays où, de tous temps, la brutalité n'a pas trouvé droit de cité. Les mœurs violentes ne s'y sont implantées que difficilement et d'une façon passagère, et alors seulement qu'elles étaient provoquées par les passions politiques ou bien par le fanatisme religieux : jamais elles n'ont pu être introduites au foyer familial et même à l'école, elles n'ont pas été mises en pratique avec cette révoltante obstination et cet acharnement qui se retrouve dans tous les épisodes de la castigation domestique et scolaire dans les Iles Britanniques, et ce, en dépit des affirmations de quelques écrivains d'Outre-Manche qui ont placé le théâtre des exploits de certains de leurs héros et héroïnes sur le territoire français, en commettant cependant la maladresse, en de très nombreux cas, d'affubler les acteurs de leurs scènes de flagellation — scolaire ou orgiaque — de noms anglais très caractéristiques. En bien peu de cas les noms sont français ou peuvent se traduire dans notre langue d'une façon quelque peu sensée.

Mais ceci ne veut pas dire que nous n'ayons pas eu, chez nous comme ailleurs, des flagellants de toutes catégories, depuis la secte fanatique dont les membres s'imaginaient sérieusement gagner le Paradis, au moyen de mortifications corporelles ; depuis les clandestines associations qui voilaient avec la religion des passions inavouables et des lubricités écœurantes, jusqu'à ceux que la cruauté seule, un abject désir de faire souffrir, de voir souffrir, stimulait dans leurs violentes ardeurs et jusqu'à ceux encore qu'un érotisme tout pur entraînait vers ces pratiques dans lesquelles les plaisirs sexuels seuls étaient recherchés avidement. Mais, dans ce dernier cas, la flagellation n'était certainement qu'un moyen pour atteindre le but que les amateurs de coups de verge plus ou moins cérémonieusement appliqués se proposaient : Un luxe de mise en scène étrange, une progression lente dans les phases de l'opération, la suggestivité des vêtements adoptés, la lasciveté des poses, tout contribuait à produire une surexcitation de l'imagination qui amenait fatalement un assouvissement des instincts sensuels mis en ébullition.

Et comme il existe toujours de ces êtres hystériques que des excès de toute sorte ont prématurément usés, ou que des affections héréditaires ont doués d'un système nerveux anormal, que seules les plus âpres jouissances peuvent calmer et qui sont, pour ainsi dire, dominés par une *fringale* de volupté quasi perpétuelle, — comme, plus nous avançons dans notre époque de progrès à outrance, le nombre de ces créatures ira toujours en augmentant, nous pouvons d'ores et déjà affirmer et conclure qu'à ce point de vue-là, la flagellation, au lieu de se perdre, ne fera que gagner du terrain et qu'elle a bien des chances de se répandre, sous des formes plus variées, plus compliquées. Nous n'en voulons pour preuve que les nombreuses annonces figurant dans les journaux mondains de Paris, de Londres, de Berlin et de Vienne et dans lesquelles des *Masseuses* offrent leurs bons services. Et qui dit, en la circonstance, *Masseuses*, dit *Flagellantes* et le reste...

Au point de vue du fanatisme religieux, la flagellation est encore en honneur dans quelques pays d'Europe à l'heure où nous écrivons : Il existe en effet en Russie plusieurs sectes qui se meurtrissent le corps, dans l'espoir d'aller plus sûrement au ciel[1].

En Turquie, nous avons les *derviches tourneurs*, une autre catégorie de fous du même calibre qui se mettent en sang au moyen de lanières de cuir, pour complaire à Allah et à son Prophète. Mais en France aussi il existe encore des Flagellantes — les hommes en sont revenus depuis longtemps — qui se fustigent encore pour obtenir la rémission de leurs péchés, bien souvent imaginaires. Ce sont quelques rares individus du monde laïque d'abord, — puis certaines religieuses, — principalement des Béguines, — pauvres filles simplistes, à l'esprit borné, — des estropiées au point de vue intellectuel, en un mot, — qui, au fond de leurs étroites cellules, ont encore recours à la discipline, parce qu'elles sont dominées par la ferme persuasion qu'elles ne pourront jamais obtenir leur salut si elles n'ont pas passé par les tortures et les souffrances qu'a endurées leur divin fiancé, — Jésus-Christ !

Les femmes européennes, civilisées, sont indubita-

---

1. Le fanatisme religieux en certaines provinces de l'empire russe est si développé que le gouvernement s'est vu et se voit encore assez fréquemment obligé d'intervenir avec la plus grande sévérité. On se souvient, d'ailleurs, des faits tout récents publiés au sujet des *envoûteurs*, qui croyaient conquérir l'éternel bonheur en se faisant enterrer et emmurer tout vivants. (Note de l'éditeur).

blement plus *rouées* de nos jours : jadis, elles étaient
plus rouées... de coups par leurs seigneurs et maîtres.
Autrefois, quand la femme ne passait aux yeux du mari
que pour un *utile dulci*, elle n'était pas toujours traitée
avec beaucoup de délicatesse et de galants égards : Martin
bâton jouait dans les ménages un rôle qui n'était nullement effacé, et, dans l'humble hutte au toit de chaume
comme au castel orgueilleux du seigneur, il interve-
nait fréquemment entre les époux, — au détriment de la
femme la plupart du temps...

Les époux de nos jours ont-ils changé ? Les hommes
sont-ils devenus meilleurs ou les femmes plus sages ?
Quien sabe ? disent les Espagnols. Le fait est que les
femmes sont de nos jours *moins* battues qu'autrefois, et
si nous disons moins, c'est ce qu'il ne nous est pas possible de dire qu'elles ne le sont plus, car, aujourd'hui
comme au temps jadis, il y a des époux mal assortis, en
désaccord, des hommes grincheux et des femmes jalouses ;
des femmes coléreuses et des maris ivrognes, et quand on
a appris le matin que le charretier du coin a *servi une
danse* à sa chère et tendre épouse avec le manche de son
fouet, on est informé le soir que le prince Un Tel, de
sang impérial, s'il vous plaît, a cravaché, avec une belle
désinvolture, sa noble et volage conjointe, de royale ex-
traction...

Plus le monde se fait vieux, plus les choses se ressemblent sur ce point en matière conjugale...

Les époux désunis se battront toujours comme plâtre,
réciproquement, tant qu'ils s'aimeront suffisamment
pour bien se châtier, chacun selon ses mérites, car, le
vieux dicton : « Qui aime bien, châtie bien » est, à notre
connaissance, toujours en vogue. Quand les coups pleu-
vront trop dur de part et d'autre et que l'Amour, saisi

d'effroi, aura pris son vol vers d'autres régions plus pacifiques, alors, dame, cela change; les femmes d'aujourd'hui ont tôt fait de se soustraire à la férule de leurs tyrans et, *vice versa*, les hommes aux arguments par trop frappants de leurs Xantippes : le progrès nous a gratifiés de cette belle institution dont M. Naquet, en France, s'est fait le champion : le divorce.

Mais, dans certains pays, le divorce n'existe pas, et alors cela ne va pas sans inconvénients. Seulement, il faut bien avouer que le rôle de la femme est devenu bien plus important en notre fin de siècle, et que les hommes, en général, lui témoignent plus d'égards et plus d'estime qu'autrefois : ne parlons pas de l'amour, parce que, nous l'avons dit déjà, c'est souvent la trop grande ou violente affection qui provoque précisément la bastonnade.

Il nous en coûte, évidemment, de faire ces constatations; mais, comme il nous reste l'espoir de voir, avec le temps, la galanterie masculine se raffiner de plus en plus, — pourrions-nous de même pouvoir compter sur une galanterie égale de la part de nos irascibles épouses? — nous conseillons à messieurs les maris qui trouvent absolument indispensable de corriger leurs compagnes qui n'auront pas été tout à fait sages, d'entrer franchement dans la voie des réformes, de faire le premier pas dans la modération et de reléguer *Martin Bâton* et *Martinet* au grenier pour ne plus s'inspirer, à l'avenir, que de l'exemple de ce galant mari, que, d'une façon si magistrale, nous présente le fameux tableau du Corrège et qui laisse à l'Amour armé de fleurs le soin de châtier, comme elle le mérite, la belle pécheresse...

Au point de vue de la fustigation domestique, il est établi qu'elle n'est plus guère pratiquée en Europe sur les membres étrangers à la famille, tels que domestiques, petites bonnes, grooms ou apprentis. Des lois protectrices sont intervenues dans presque toutes les contrées civilisées et le droit de castigation a été enlevé même en Angleterre aux personnes qui emploient de jeunes serviteurs, des bonnes ou des apprentis, même quand ces derniers sortent d'un orphelinat et deviennent, dans une certaine mesure, des enfants adoptifs de ceux qui les accueillent.

Il se produit encore, néanmoins, des cas de castigation domestique de nos jours : mais alors on peut être certain que l'opinion publique s'en émeut et que les autorités ont tôt fait de mettre le holà. Deux cas se sont produits tout récemment à un très court intervalle. Nous les mentionnons en passant : c'est, d'abord, celui d'un pasteur en Suisse qui fouettait régulièrement sa bonne parce qu'elle avait un peu la tête à l'envers et faisait un peu trop de bêtises; puis, le cas d'une dame de Londres qui, tout dernièrement, a été jugée et condamnée pour avoir fustigé sa bonne au point que la pauvrette en mourut à l'hôpital où on l'avait transportée.

La fustigation à l'école — le grand dada des Anglais des siècles derniers et même d'un passé encore très peu éloigné — n'est plus de mise aujourd'hui dans nos écoles publiques et n'est pratiquée que bien rarement dans des établissements privés. Nous sommes cependant obligés d'en excepter les écoles congréganistes, où les religieuses, aussi bien que les prêtres enseignants, ont conservé les usages chers à Torquemada et à ses fidèles continuateurs de l'Inquisition. Plusieurs procès scandaleux nous ont révélé les moyens de torture employés dans les séminaires et les écoles des Frères.

Mais n'insistons pas. Les parents français ont toujours

été très jaloux de leurs prérogatives paternelles et n'ont jamais bien franchement voulu admettre, dans un sens général et illimité, le droit de châtiment corporel pour les enseignants à l'égard de leurs élèves. Nous parlons naturellement dans un sens général. Il y a des exceptions partout.

Et même à la maison, la fustigation des enfants n'a pas joui en France de la faveur qu'elle a rencontrée chez les peuples d'origine saxonne, comme les Anglais, les Allemands et les Suisses.

En France, c'est la taloche qui prime tout, ou bien la petite fessée anodine, sur le cucu nu du petit délinquant. Il est rare qu'un grand garçon soit fouetté chez nous avec le cérémonial décrit dans cet ouvrage et usité en Angleterre. Et quand cela arrive, par hasard, les parents ne prennent pas la peine de descendre d'abord les culottes...

Mais il y a encore quelque chose qui, en France, fait de nos petits citoyens des êtres privilégiés en matière de correction corporelle. Les parents aiment leurs enfants avec une tendresse beaucoup plus indulgente que les parents dans d'autres pays, mais cette tendresse ne leur servirait évidemment pas à grand'chose, ne les protégerait certainement pas contre les coups quelque peu sévères, si elle n'était divisée entre le père et la mère, et par suite, créant deux influences contraires, n'arrivait à neutraliser les effets. Dans huit ménages sur dix, en effet, quand il y a plusieurs enfants, le père a ses favoris et la mère les siens : « Gare si papa punit un peu trop le préféré de maman, et gare à maman, si elle tire un peu plus fort que de juste les oreilles au Benjamin de papa ! »

En conclusion, nous ne sommes pas en France de bien grands admirateurs du système anglais. Notre

but n'est pas de moraliser les enfants par la terreur;
nous ne voulons pas que la crainte des châtiments corporels et de la douleur physique qu'ils peuvent provoquer, retienne seule nos enfants de mal faire et leur
inculque l'amour de l'étude et du travail.

A notre point de vue, c'est là un moyen barbare et
cruel dans l'efficacité duquel nous nous refusons à
croire. Pour nous, il est bien préférable, sans renoncer
absolument dans les cas graves — qui se produisent rarement — à une bonne raclée quand un petit chenapan l'a
absolument méritée et qu'elle s'impose, de ne jamais
employer les moyens violents, pour punir des peccadilles
ou des fautes du genre de celles que peut commettre tout
enfant. On ne récolte que ce que l'on sème, et, si les
coups sévères et les mauvais traitements font naître chez
l'enfant une crainte salutaire, s'ils laissent dans son
esprit et dans sa mémoire un souvenir cuisant et toujours présent, ils infiltrent également dans son jeune
cœur, comme du fiel, le ressentiment après chaque correction et bien souvent aussi... la haine, quand la punition est imméritée.

Notre système d'éducation, celui que nous voudrions
voir adopter, puise sa principale force dans la confiance
que nous voulons faire naître chez les enfants. Nous ne
voulons pas que, pareils à un chien que l'on fouette et
qui vient ensuite, obéissant, vous lécher la main qui l'a
frappé, — obéissant par crainte, naturellement, de voir
se renouveler la correction, — nos enfants nous craignent
et rampent soumis à nos pieds, pour devenir ensuite har-
gneux comme la bête maltraitée...

C'est au cœur de notre jeunesse que nous voulons
parler... C'est à leurs sentiments élevés que nous voulons faire appel, — c'est leur générosité innée que nous

voulons stimuler et leur amour-propre que nous voulons mettre en jeu.

Nous leur enseignons dès leur jeune âge qu'ils sont des hommes libres, qu'ils ne sont pas esclaves : Ne les traitons donc pas comme ces esclaves qui vivaient sous la perpétuelle menace du fouet et devenaient des êtres abrutis, tombaient au rang des bêtes de somme.

Prenons nos enfants par les sentiments : soyons fermes, énergiques cependant, mais ne soyons pas cruels, et que la brutalité soit une parole dont le sens leur échappe à jamais. Quand ils ont fauté, humilions-les, faisons-les souffrir moralement, plaçons-les sous l'empire de la honte que nous nous efforcerons de faire naître chez eux en leur démontrant l'indignité de leur conduite. Et quand cela ne suffira pas, punissons-les en les prenant par leurs faibles, par leurs petites passions d'enfants, privons-les de ce qui leur est le plus cher, de leurs jou-joux, de leur liberté en temps des jeux, de leurs sucreries s'ils sont gourmands, ou de toute autre chose à laquelle ils attacheront beaucoup de prix.

Et quand, en désespoir de cause, il nous faudra quand même recourir à la fessée, alors faisons-le avec modéra-tion chez les grands enfants, et d'une façon tout à fait anodine chez les bébés : ayons toujours présents à l'es-prit le petit poëme qui se trouve dans le corps de ce livre et qui nous apprend la mésaventure qui arriva à ce petit polisson de Cupidon, qui, se trouvant un jour à faire l'école buissonnière, rencontra une jeune bergère qu'il blessa au cœur d'une de ses flèches les plus acérées. La belle, pour le punir, s'empara de lui, l'attacha à un pêcher en fleurs et, après avoir, avec des branches toutes fleuries de roses, façonné une verge, elle le fustigea d'im-portance. Et Cupidon en eut plus de peur que de mal.

Comme la gentille bergère agit avec Cupidon, agissons aussi envers nos bambins trop folâtres : châtions-les bénévolement, avec douceur, fustigeons-les avec des roses, car, — au fond, — nos bébés ne sont-ils pas nos Amours?..

Paris, octobre 1898.

BIBLIOTHÈQUE NATIONALE — R. F. — IMPRIMÉS.

FIN

TABLE

FIN DE LA TABLE

SAINT-DENIS. — IMPRIMERIE H. BOUILLANT, 20, RUE DE PARIS. — 11587

BIBLIOTHEQUE NATIONALE DE FRANCE
3 7531 00210446 2

www.ingramcontent.com/pod-product-compliance
Ingram Content Group UK Ltd.
Pitfield, Milton Keynes, MK11 3LW, UK
UKHW022050120726
13694UKWH00001B/61

9 782013 602860